精品课程配套教材

21世纪应用型人才培养“十四五”规划教材

“双创”型人才培养优秀教材

建筑工程计价与计量

总主编 曹丹阳

主　审 肖飞剑

主　编 孙凌志 亢磊磊

副主编 陈云钢 任艳萍 王　军

姚兴贵 徐　芳 赵小春

西北工业大学出版社

【内容简介】 本书根据企业对职业岗位技能的需求，重新提炼并整理相关内容，适度降低理论学习的深度，重点突出对实践技能的掌握，注重实际应用。本书以项目为载体，体现任务引领、实践导向、工学结合的特色，合理定位学生应具备的相应技能与知识结构。

本书可作为电类专业电工基础的教材，也可作为相关专业学生自学参考书和培训教材。

图书在版编目（CIP）数据

建筑工程计价与计量／曹丹阳，孙凌志，亢磊磊主编.--西安：西北工业大学出版社，2015.7（2021.1重印）

ISBN 978-7-5612-4496-8

Ⅰ.①建… Ⅱ.①曹…②孙…③亢… Ⅲ.①建筑工程-工程造价 ②建筑工程-计量Ⅳ.①TU723.3

中国版本图书馆CIP数据核字（2015）第182904号

JIANZHU GONGCHENG JIJIA YU JILIANG

建　筑　工　程　计　价　与　计　量

责任编辑：张　潼　　**策划编辑：**付高明

责任校对：李阿盟　　**装帧设计：**尤　岛

出版发行：西北工业大学出版社

通信地址：西安市友谊西路127号　　**邮编：**710072

电　　话：（029）88491757，88493844

网　　址：www.nwpup.com

印 刷 者：北京俊林印刷有限公司

开　　本：787 mm×1 092 mm　1/16

印　　张：21.5

字　　数：535千字

印　　次：2021年1月第2次印刷

定　　价：45.00元

如有印装问题请与出版社联系调换

前　言

本书摈弃了传统的教材编写模式，采用了课题引领型的教学编写模式。本书以实例工程为载体，以工程造价工作过程作为教材主线，充分体现造价工作须具备的实践能力。以单元、课题的层次来编写，生动展示了工程计价与计量的综合训练。

本书内容共有三篇，第一篇为建设工程计价依据与方法；第二篇为建筑工程计量与计价实践；第三篇包含建筑工程与装饰工程算量计价两部分，配备建筑 CAD 设计图纸实例，应用上海神机妙算软件算量计价，描述软件操作的全过程。第三篇 CAD 设计施工图、神机妙算软件及实例应用电子资料均由西北工业大学出版社提供，可向出版社索取资料。

本书采用近年来新颁发的一些标准、规范和定额，主要有 GB/T 50353-2013《建筑工程建筑面积计算规范》、GB50854 - 2013《房屋建筑与装饰工程工程量计算规范》，GB50500-2013《建设工程工程量清单计价规范》，建标〔2013〕44 号文件《建筑安装工程费用项目组成》，2014 年湖南省《建筑工程消耗量标准》《建筑装饰装修工程消耗量标准》，16G101-1，16G101-2，16G101-3《混凝土结构施工图平面整体表示方法制图规则和构造详图》等。

在本书的编写过程中，参考了许多专家、学者的相关著作、教材及政府的相关造价管理文件，在此向他们表示深深的谢意。

由于水平有限，书中不足和疏漏之处在所难免，恳请读者、同行批评指正。

编　者

目 录

第一篇 建设工程计价依据与方法

第二篇 建筑工程计量与计价实践

第三篇　工程实例

第一篇

建设工程计价依据与方法

单元一　建设工程造价构成

课题1　我国建设项目投资及工程造价构成

一、建设项目总投资

建设项目总投资是为完成工程项目建设并达到使用要求或生产条件，在建设期内预计或实际投人的全部费用总和。生产性建设项目总投资包括建设投资、建设期利息和流动资金三部分，非生产性建设项目总投资包括建设投资和建设期利息两部分，其中建设投资和建设期利息之和对应于固定资产投资，固定资产投资与建设项目的工程造价在量上相等。工程造价基本构成包括用于购买工程项目所含各种设备的费用，用于建筑施工和安装施工所需支出的费用，用于委托工程勘察设计应支付的费用，用于购置土地所需的费用，也包括用于建设单位自身进行项目筹建和项目管理所花费的费用等。总之，工程造价是指在建设期预计或实际支出的建设费用。

二、工程造价

工程造价中的主要构成部分是建设投资，建设投资是为完成工程项目建设，在建设期内投入且形成现金流出的全部费用。根据国家发展改革委和建设部发布的（建设项目经济评价方法与参数（第三版）》（发改投资（2006）1325号）的规定，建设投资包括工程费用、工程建设其他费用和预备费三部分，工程费用是指建设期内直接用于工程建造、设备购置及其安装的建设投资，可以分为建筑安装工程费和设备及工器具购置费；工程建设其他费用是指建设期发生的与土地使用权取得、整个工程项目建设以及未来生产经营有关的构成建设投资但不包括在工程费用中的费用。预备费是在建设期内因各种不可预见因素的变化而预留的可能增加的费用，包括基本理论费和价差预备费，建设项目总投资的具体构成内容如图1.1.1所示①。

流动资金指为进行正常生产运营，用于购买原材料、燃料、支付工资及其他运营费用等所需的周转资金。在可行性研究阶段用于财务分析时计为全部流动资金，在初步设计及以后阶段用于计算“项目报批总投资”或“项目概算总投资”时计为为铺底流动资金。铺底流动资金是指生产经营性建设项目为保证投产后正常的生产运营所需，并在项目资本金中筹措的自有流动资金。

- 建设项目总投资
  - 固定资产投资——工程造价
    - 建设投资
      - 工程费用
        - 设备及工器具购置费
        - 建筑安装工程费
      - 工程建设其他费用
        - 建设用地费
        - 与项目建设有关的其他费用
        - 与未来生产经营有关的其他费用
      - 预备费
        - 基本预备费
        - 价差预备费
    - 建设期利息
  - 流动资产投资——流动资金

图 1.1.1　我国现行建设项目总投资构成

三、工程计价的特征

工程计价的特征是由工程项目的特点决定，工程计价具有以下特征。

（一）计价的单件性

建筑产品的单件性特点决定了每项工程都必须单独计算造价。

（二）计价的多次性

工程项目需要按一定的建设程序进行决策和实施，工程计价也需要在不同阶段多次进行，以保证工程造价计算的准确性和控制的有效性。多次计价是个逐步深化、逐步细化和逐步接近实际造价的过程。工程多次计价过程如图 1.1.2 所示。

- 建设项目总投资
  - 固定投资投资—工程造价
    - 建设投资
      - 工程费用
        - 设备及工器具购置购
        - 建筑安装工程费
      - 工程建设其他费用
        - 建设单位管理费
        - 用地与工程准备费
        - 市政公用配套设施费
        - 技术服务费
        - 建设期计列的生产经营费
        - 工程保险费
        - 税费
      - 预备费
        - 基本预备费
        - 价差预备费
    - 建设期利息
  - 流动资产投资—流动资金

图 1.1.2　工程多次计价过程

注：竖向箭头表示对应关系，横向箭头表示多次计价流程及逐步深化过程。

1. 投资估算。投资估算是指在项目建议书和可行性研究阶段通过编制估算文件测算和确定的工程造价。投资估算是建设项目进行决策、筹集资金和合理控制造价的主要依据。

2. 概算造价。概算造价是指在初步设计阶段，根据设计意图，通过编制工程概算文件预先测算和确定的工程造价。与投资估算造价相比，概算造价的准确性有所提高，但受估算造价的控制。概算造价一般又可分为建设项目概算总造价、各个单项工程概算综合造价、各单位工程概算造价。

3. 修正概算造价。修正概算造价指在技术设计阶段，根据技术设计的要求，通过编制修正概算文件预先测算和确定的工程造价。修正概算是对初步设计阶段的概算造价的修正和调整，比概算造价准确，但受概算造价控制。

4. 预算造价。预算造价是指在施工图设计阶段，根据施工图纸，通过编制预算文件预先测算和确定的工程造价。它比概算造价或修正概算造价更为详尽和准确，但同样要受前一阶段工程造价的控制。

5. 合同价。合同价是指在工程招投标阶段通过签订总承包合同、建筑安装工程承包合同、设备材料采购合同，以及技术和咨询服务合同所确定的价格。

6. 结算价。结算价是指在工程竣工验收阶段，按合同调价范围和调价方法，对实际发生的工程量增减、设备和材料价差等进行调整后计算和确定的价格，反映的是工程项目实际造价。

7. 决算价（实际造价）。决算价是指工程竣工决算阶段，以实物数量和货币指标为计量单位，综合反映竣工项目从筹建开始到项目竣工交付使用为止的全部建设费用。决算价一般是由建设单位编制，上报相关主管部门审查。

（三）计价的组合性

工程造价的计算是分布组合而成的，这一特征与建设项目的组合性有关。一个建设项目是一个工程综合体，它可以按单项工程、单位工程、分部工程、分项工程等不同层次分解为许多有内在联系的工程。建设项目的组合性决定了确定工程造价的逐步组合过程。工程造价的组合过程：分部分项工程单价→单位工程造价→单项工程造价→建设项目总造价。

（四）计价方法的多样性

工程项目的多次计价有其各不相同的计价依据，每次计价的精确度要求也各不相同，由此决定了计价方法的多样性。例如，投资估算方法有设备系数法、生产能力指数估算法等；概预算方法有单价法和实物法等。不同方法有不同的适用条件，计价时应根据具体情况加以选择。

（五）计价依据的复杂性

由于影响造价的因素多，决定了计价依据的复杂性。计价依据主要可分为以下7类：

1. 设备和工程量计算依据。其包括项目建议书、可行性研究报告、设计文件等。

2. 人工、材料、机械等实物消耗量计算依据。其包括投资估算指标、概算定额、预算定额等。

3. 工程单价计算依据。其包括人工单价、材料价格、材料运杂费、机械台班费等。

4. 设备单价计算依据。其包括设备原价、设备运杂费、进口设备关税等。

5. 措施费、间接费和工程建设其他费用计算依据。其主要是相关的费用定额和指标。

6. 政府规定的税、费。

7. 物价指数和工程造价指数。

工程计价依据的复杂性不仅使计算过程复杂，而且需要计价人员熟悉各类依据，并加以正确应用。

课题 2　建筑安装工程费用构成和计算

一、建筑安装工程费用的构成

（一）建筑安装工程费用内容

建筑安装工程费是指为完成工程项目建造、生产性设备及配套工程安装所需的费用。

1. 建筑工程费用的内容

（1）各类房屋建筑工程和列入房屋建筑工程预算的供水、供暖、卫生、通风、煤气等设备费用及其装设、油饰工程的费用，列入建筑工程预算的各种管道、电力、电信和电缆导线敷设工程费用。

（2）设备基础、支柱、工作台、烟囱、水塔、水池、灰塔等建筑工程以及各种炉窑的砌筑工程和金属结构工程的费用。

（3）为施工而进行的场地平整，工程和地质勘察，原有建筑物和障碍物的拆除以及施工临时用水、电、气、路和完工后的场地清理，环境绿化，美化等工作的费用。

（4）矿井开凿，井巷延伸，露天矿剥离，石油、天然气钻井，修建铁路、公路、桥梁、水库、堤坝、灌渠及防洪等工程的费用。

2. 安装工程费用内容

（1）生产、动力、起重、运输、传动和医疗、实验等各种需要安装的机械设备的装配费用，与生产相连的工作台、梯子、栏杆等设施的工程费用，附属于被安装设备的管线敷设工程费用，以及被安装设备的绝缘、防腐、保温、油漆等工作材料费和安装费。

（2）为测定安装工程质量，对单台设备进行单机试运转，对系统设备进行系统联动无负荷试运转工作的调试费。

（二）我国现行建筑安装工程费用项目组成

根据住房城乡建设部、财政部颁布的“关于印发《建筑安装工程费用项目组成》的通知”（建标〔2013〕44号），我国现行建筑安装工程费用项目按两种不同的方式划分，即按费用构成要素划分和按造价形成划分，其具体构成如图1.1.3、图1.1.4所示。

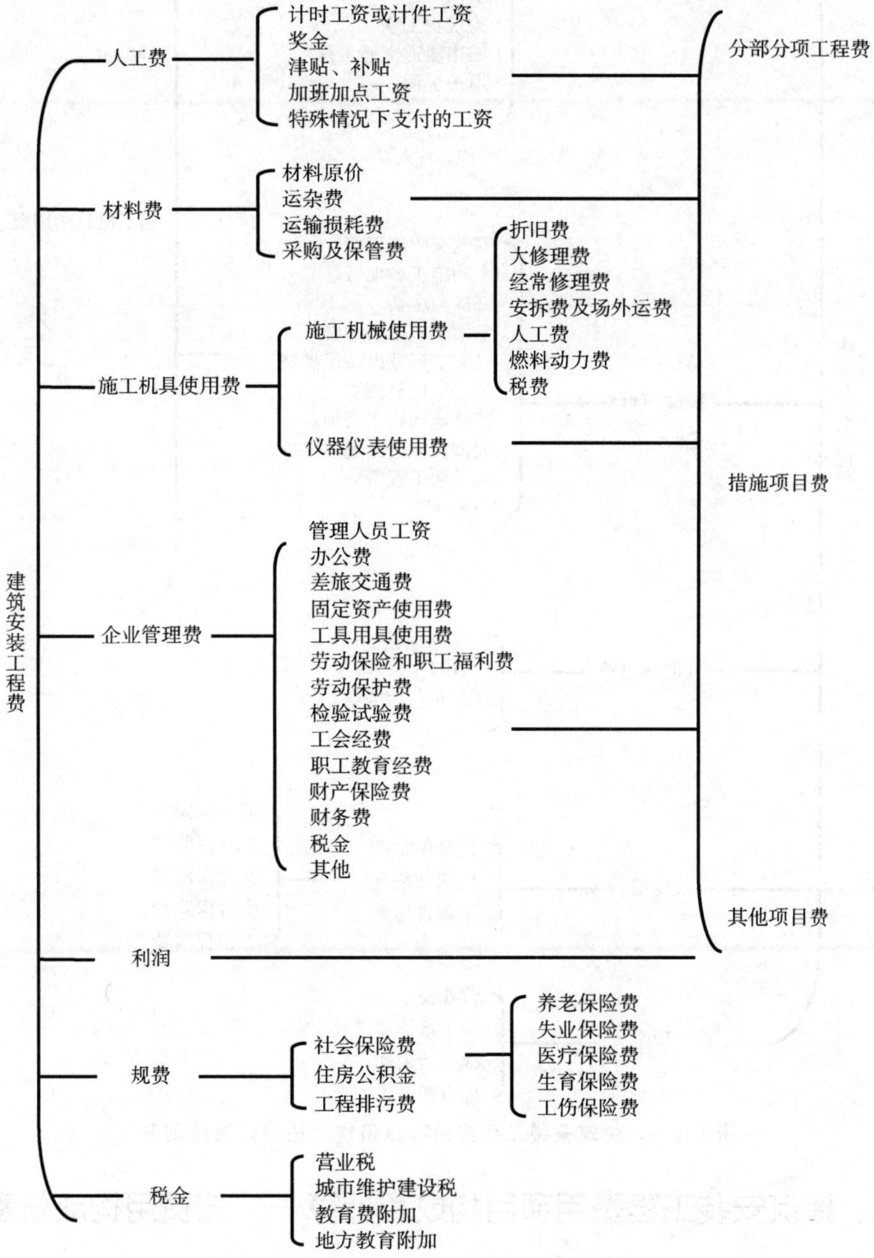

图1.1.3　建筑安装工程费用项目组成（按费用构成要素划分）

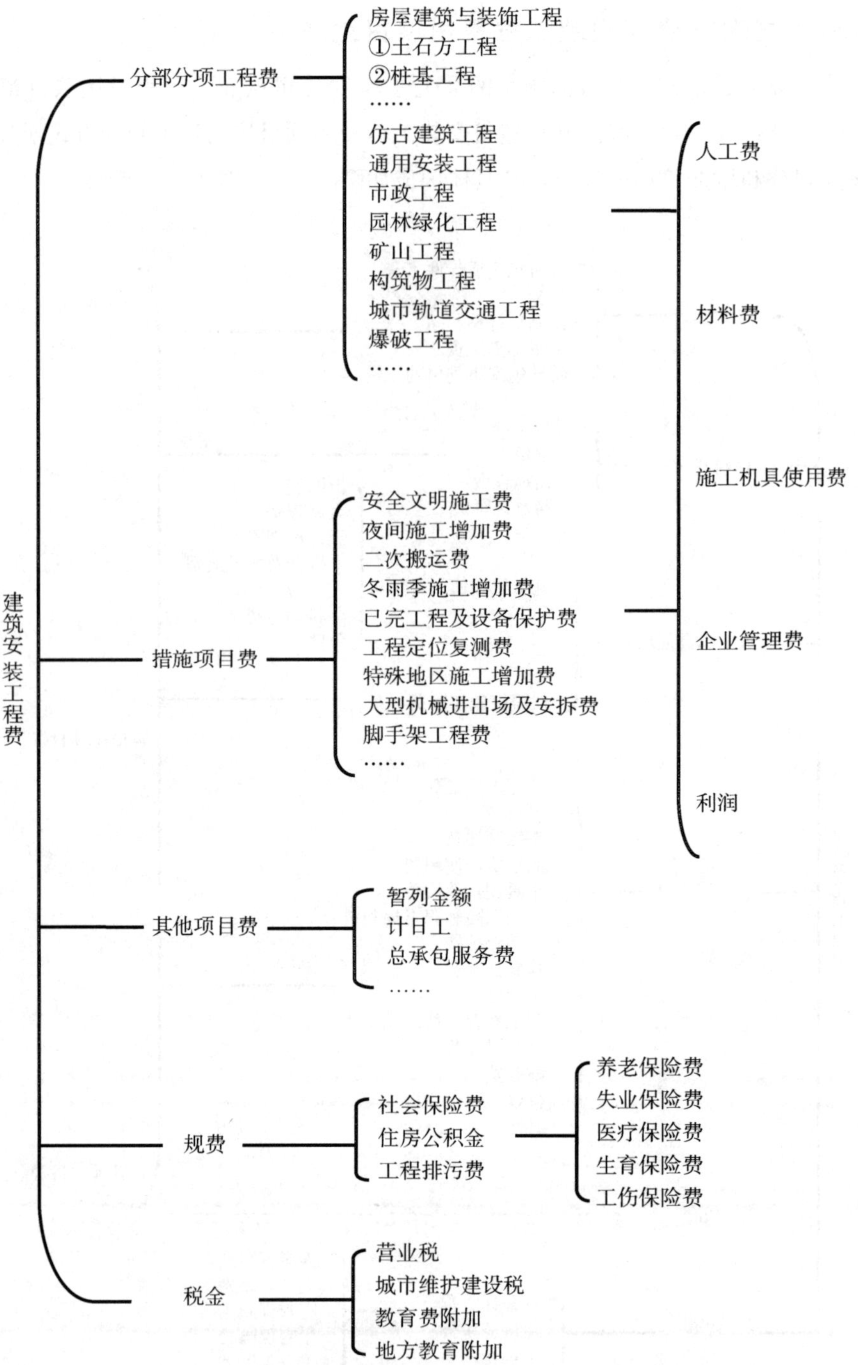

图 1.1.4　建筑安装工程费用项目组成（按造价形成划分）

二、建筑安装工程费用项目构成和计算——按费用构成要素划分

建筑安装工程费按照费用构成要素划分：人工费、材料（包含工程设备，下同）费、施工机具使用费、企业管理费、利润、规费和税金，如图 1.1.3 所示。

其中人工费、材料费、施工机具使用费、企业管理费和利润包含在分部分项工程费、措施项目费、其他项目费中。

（一）人工费

人工费是指按工资总额构成规定，支付给从事建筑安装工程施工的生产工人和附属生产单位工人的各项费用。计算人工费的基本要素有两个，即人工工日消耗量和人工日工资单价。

1. 人工工日消耗量。人工工日消耗量是指在正常施工生产条件下，生产建筑安装产品（分部分项工程或结构构件）必须消耗的某种技术等级的人工工日数量。它由分项工程所综合的各个工序劳动定额所包括的基本用工、其他用工两部分。

2. 人工日工资单价。人工日工资单价是指施工企业平均技术熟练程度的生产工人在每工作日（国家法定工作时间内）按规定从事施工作业应得的日工资总额。

人工费的参考计算公式为

$$人工费=\sum（工日消耗量\times 日工资单价）$$

工程造价管理机构确定日工资单价应通过市场调查、根据工程项目的技术要求，参考实物工程量人工单价综合分析确定，最低日工资单价不得低于工程所在地人力资源和社会保障部门所发布的最低工资标准的：普工 1.3 倍、一般技工 2 倍、高级技工 3 倍。

工程计价定额不可只列一个综合工日单价，应根据工程项目技术要求和工种差别适当划分多种日人工单价，确保各分部工程人工费的合理构成。

（二）材料费

材料费是指施工过程中耗费的原材料、辅助材料、构配件、零件、半成品或成品、工程设备的费用。计算材料费的基本要素是材料消耗量和材料单价。

1. 材料消耗量。材料消耗量是指在合理使用条件下，生产建筑安装产品（分部分项工程或结构构件）必须消耗的一定品种、规格的原材料、辅助材料、构配件、零件、半成品或成品等的数量。它包括材料净用量和材料不可避免的损耗量。

2. 材料单价。材料单件是指建筑材料从其来源地运到施工工地仓库直至出库形成的综合平均单价，其内容包括材料原价（或供应价格）、材料运杂费、运输损耗费、采购及仓库保管费等。

材料费的基本计算公式为

$$材料费=\sum（材料消耗量\times 材料单价）$$

$$材料单价=[（材料原价+运杂费）\times（1+运输损耗率（\%））]\times[1+采购保管费率（\%）]$$

3. 工程设备费。工程设备是指构成或计划构成永久工程一部分的机电设备、金属结构设备、仪器装置及其他类似的设备和装置。

$$工程设备费=\sum（工程设备量\times工程设备单价）$$

工程设备单价=（设备原价+运杂费）×［1+采购保管费率（%）］

（三）施工机具使用费

施工机具使用费是指施工作业所发生的施工机械、仪器仪表使用费或其租赁费。

1. 构成施工机具使用费的基本要素是施工机械台班消耗量和机械台班单价。施工机械使用费的基本公式为

$$施工机械使用费=\sum（施工机械台班消耗量\times机械台班单价）$$

施工机械台班单价通常由折旧费、大修费、经常修理费、安拆费及场外运输费、人工费、燃料动力费和税费组成。

如租赁的施工机械使用费，公式为

$$施工机械使用费=\sum（施工机械台班消耗量\times机械台班租赁单价）$$

2. 仪器仪表使用费。仪器仪表使用费是指工程施工所需使用的仪器仪表的摊销及维修费用。仪器仪表使用费的基本公式为

仪器仪表使用费=工程使用的仪器仪表摊销费+维修费

（四）企业管理费

1. 企业管理费的内容

企业管理费是指建（筑安装企业组织施工生产和经营管理所需的费用。其内容包括：

（1）管理人员工资。管理人员工资是指按规定支付给管理人员的计时工资、奖金、津贴补贴、加班加点工资及特殊情况下支付的工资等。

（2）办公费。办公费是指企业管理办公用的文具、纸张、账簿、印刷、邮电、书报、办公软件、现场监控、会议、水电、烧水和集体取暖降温（包括现场临时宿舍取暖降温）等费用。当一般纳税人采用一般计税方法时，办公费中增值税进项税额的抵扣原则，以购进货物适用的相应税率扣减，其中购进自来水、暖气冷气、图书、报纸、杂志等适用的税率为9%，接受邮政和基础电信服务等适用的税率为9%，接受增值电信服务等适用的税率为6%，其他一般为13%。

（3）差旅交通费。差旅交通费是指职工因公出差费、调动工作的差旅费、住勤补助费，市内交通费和误餐补助费，职工探亲路费，劳动力招募费，职工退休、退职一次性路费，工伤人员就医路费，工地转移费以及管理部门使用的交通工具的油料、燃料等费用。

（4）固定资产使用费。固定资产使用费是指管理和试验部门及附属生产单位使用的属于固定资产的房屋、设备、仪器等的折旧、大修、维修或租赁费。当一般纳税人采用一般计税方法时，固定资产使用费中增值税进项税额的抵扣原则：购入的不动产

适用的税率为9%，购入的其他固定资产适用的税率为13%。设备、仪器的折旧、大修、维修或租赁费以购进货物、接受修理修配劳务或租赁有形动产服务适用的税率扣除，均为13%。

（5）工具用具使用费，工具用具使用费是指企业施工生产和管理使用的不属于固定资产的工具、器具、家具、交通工具和检验、试验、测绘、消防用具等的购置、维修和摊销费。当一般纳税人采用一般计税方法时，工具用具使用费中增值税进项税额的抵扣原则：以购进货物或接受修理修配劳务适用的税率扣减，均为13%。

（6）劳动保险和职工福利费。劳动保险和职工福利费是指由企业支付的职工退职金、按规定支付给离休干部的经费，集体福利费、夏季防暑降温、冬季取暖补贴、上/下班交通补贴等。

（7）劳动保护费。劳动保护费是企业按规定发放的劳动保护用品的支出，如工作服、手套、防暑降温饮料以及在有碍身体健康的环境中施工的保健费用等。

（8）检验试验费。检验试验费是指施工企业按照有关标准规定，对建筑以及材料、构件和建筑安装物进行一般鉴定、检查所发生的费用，包括自设试验室进行试验所耗用的材料等费用、不包括新结构、新材料的试验费，对构件做破坏性试验及其他特殊要求检验试验的费用和建设单位委托检测机构进行检测的费用，对此类检测发生的费用，由建设单位在工程建设其他费用中列支。但对施工企业提供的具有合格证明的材料进行检测不合格的，该检测费用由施工企业支付。当一般纳税人采用一般计税方法时，检验试验费中增值税进项税额现代服务业以适用的税率6%扣减。

（9）工会经费。工会经费是指企业按《中华人民共和国工会法》规定的全部职工工资总额比例计提的工会经费。

（10）职工教育经费。职工教育经费是指按职工工资总额的规定比例计提，企业为职工进行专业技术和职业技能培训，专业技术人员继续教育、职工职业技能鉴定、职业资格认定以及根据需要对职工进行各类文化教育所发生的费用。

（11）财产保险费。财产保险费是指施工管理用财产、车辆等的保险费用。

（12）财务费。财务费是指企业为施工生产筹集资金或提供预付款担保、履约担保、职工工资支付担保等所发生的各种费用。

（13）税金。税金是指企业按规定缴纳的房产税、非生产性车船使用税、土地使用税、印花税、城市维护建设税、教育费附加、地方教育附加等各项税费。

（14）其他。其他包括技术转让费、技术开发费、投标费、业务招待费、绿化费、广告费、公证费、法律顾问费、审计费、咨询费、保险费等。

2. 企业管理费的参考计算办法

（1）以直接费为计算基础：

$$\text{企业管理费费率}=\frac{\text{生产工人年平均管理费}}{\text{年有效施工天数}\times\text{人工单价}}\times\text{人工费占直接费的比例}\times 100\%$$

（2）以人工费和机械费合计为计算基础：

$$企业管理费费率(\%)=\frac{生产工人年平均管理费}{年有效施工天数\times(人工单价+每一工日机械使用费)}\times100\%$$

(3) 以人工费为计算基础：

$$企业管理费费率(\%)=\frac{生产工人年平均管理费}{年有效施工天数\times人工单价}\times100\%$$

工程造价管理机构在确定计价定额中企业管理费时，应以定额人工费或（定额人工费＋定额机械费）作为计算基数，其费率根据历年工程造价积累的资料，辅以调查数据确定，列入分部分项工程和措施项目中。

（五）利润

利润是指施工企业完成所承包工程获得的盈利。由施工企业根据企业自身需求并结合建筑市场实际自主确定，列入报价中。工程造价管理机构在确定计价定额中利润时，应以定额人工费或（定额人工费＋定额机械费）作为计算基数，其费率根据历年工程造价积累的资料，并结合建筑市场实际确定，以单位（单项）工程测算，利润在税前建筑安装工程费的比例可按不低于5%且不高于7%的费率计算。利润应列入分部分项工程和措施项目中。

（六）规费

1. 规费的内容

规费是指按国家法律、法规规定，由省级政府和省级有关权力部门规定必须缴纳或计取的费用。

(1) 社会保险费。社会保险费包括：

1) 养老保险费：是指企业按照规定标准为职工缴纳的基本养老保险费。

2) 失业保险费：是指企业按照规定标准为职工缴纳的失业保险费。

3) 医疗保险费：是指企业按照规定标准为职工缴纳的基本医疗保险费。

4) 生育保险费：是指企业按照规定标准为职工缴纳的生育保险费。

5) 工伤保险费：是指企业按照规定标准为职工缴纳的工伤保险费。

(2) 住房公积金。住房公积金是指企业按规定标准为职工缴纳的住房公积金。

2. 规费的计算

(1) 社会保险费和住房公积金。

1) 社会保险费和住房公积金应以定额人工费为计算基础，根据工程所在地省、自治区、直辖市或行业建设主管部门规定费率计算。

2) 社会保险费和住房公积金＝ $\sum$ (工程定额人工费×社会保险费和住房公积金费率)

3) 社会保险费和住房公积金费率可以每万元发承包价的生产工人人工费和管理人员工资含量与工程所在地规定的缴纳标准综合分析取定。

（七）增值税

建筑安装工程费用中的增值税按税前造价乘以增值税税率确定。

1. **采用一般计税方法时增值税的计算**

当采用一般计税方法时，建筑业增值税税率为9%，计算公式为：

$$增值税=税前造价\times 9\% \tag{1.3.9}$$

税前造价为人工费、材料费、施工机具使用费、企业管理费、利润和规费之和，各费用项目均以不包含增值税可抵扣进项税额的价格计算。

2. **采用简易计税方法时增值税的计算**

(1) 简易计税的适用范围。根据《营业税改征增值税试点实施办法》以及《营业税改征增值税试点有关事项的规定》的规定，简易计税方法主要适用于以下几种情况：

1) 小规模纳税人发生应税行为适用简易计税方法计税，小规模纳税人通常是指纳税人提供建筑服务的年应征增值税销售额未超过500万元，并且会计核算不健全，不能按规定报送有关税务资料的增值税纳税人。年应税销售额超过500万元。但不经常发生应税行为的单位也可选择按照小规模纳税人计税，

2) 一般纳税人以清包工方式提供的建筑服务，可以选择适用简易计税方法计税。以清包工方式提供建筑服务，是指施工方不采购建筑工程所需的材料或只采购辅助材料，并收取人工费、管理费或者其他费用的建筑服务。

3) 一般纳税人为甲供工程提供的建筑服务。就可以选择适用简易计税方法计税、甲供工程，是指全部或部分设备、材料、动力由工程发包方自行采购的建筑工程。

4) 一般纳税人为建筑工程老项目提供的建筑服务，可以选择适用简易计税方法计税，建筑工程老项目：①《建筑工程施工许可证》注明的合同开工日期在2016年4月30日前的建筑工程项目；②未取得《建筑工程施工许可证》的，建筑工程承包合同注明的开工日期在2016年4月30日前的建筑工程项目。

(2) 简易计税的计算方法。当采用简易计税方法时，建筑业增值税税率为3%。计算公式为：

$$增值税=税前造价\times 3\% \tag{1.3.10}$$

税前造价为人工费、材料费、施工机具使用费、企业管理费、利润和规费之和，各费用项目均以包含增值税进项税额的含税价格计算。

三、按造价形成划分建筑安装工程费用项目构成和计算

建筑安装工程费用项目构成和计算—按造价形成划分。

（一）分部分项工程费

分部分项工程费是指各专业工程的分部分项工程应予列支的各项费用，各类专业工程的分部分项工程划分遵循国家或行业工程量计算规范的规定。分部分项工程费通常用分部分项工程量乘以综合单价进行计算。

1. 专业工程。专业工程是指按现行国家计量规范划分的房屋建筑与装饰工程、仿古建筑工程、通用安装工程、市政工程、园林绿化工程、矿山工程、构筑物工程、城

市轨道交通工程、爆破工程等各类工程。

2. 分部分项工程。分部分项工程指按现行国家计量规范对各专业工程划分的项目。如房屋建筑与装饰工程划分的土石方工程、地基处理与桩基工程、砌筑工程、钢筋及钢筋混凝土工程等。

各类专业工程的分部分项工程划分见现行国家或行业计量规范。

$$分部分项工程费=\sum(分部分项工程量\times综合单价)$$

综合单价包括人工费、材料费、施工机具使用费、企业管理费和利润，以及一定范围的风险费用。

（二）措施项目费

1. 措施项目费的构成

措施项目费是指为完成建设工程施工，发生于该工程施工准备和施工过程中的技术、生活、安全、环境保护等方面的费用，措施项目及其包含的内容应遵循各类专业工程的现行国家或行业工程量计算规范。以《房屋建筑与装饰工程工程量计算规范》GB50854－2013 中的规定为例，措施项目费可以归纳为以下几项：

（1）安全文明施工费。安全文明施工费是指工程项目施工期间，施工单位为保证安全施工、文明施工和保护现场内外环境等所发生的措施项目费用。通常由环境保护费、文明施工费、安全施工费、临时设施费组成。

1）环境保护费。是指施工现场为达到环保部门要求所需要的各项费用。

2）文明施工费。是指施工现场文明施工所需要的各项费用。

3）安全施工费。是指施工现场安全施工所需要的各项费用。

4）临时设施费。是指施工企业为进行建设工程施工所必须搭设的生活和生产用的临时建筑物、构筑物和其他临时设施的费用。临时设施费包括临时设施的搭设、维修、拆除、清理费或摊销费等。

（2）夜间施工增加费、夜间施工增加费是指因夜间施工所发生的夜班补助费、夜间施工降效、夜间施工照明设备摊销及照明用电等措施费用。内容由以下各项组成：

1）夜间固定照明灯具和临时可移动照明灯具的设置、拆除费用；

2）夜间施工时，施工现场交通标志、安全标牌、警示灯的设置、移动、拆除费用；

3）夜间照明设备摊销及照明用电、施工人员夜班补助、夜间施工劳动效率降低等费用。

（3）非夜间施工照明费。非夜间施工照明费是指为保证工程施工正常进行，在地下室等特殊施工部位施工时所采用的照明设备的安拆、维护及照明用电等费用。

（4）二次搬运费。二次搬运费是指由于施工现场条件限制而发生的材料、成品、半成品等一次搬运不能到达堆放地点，必须进行二次或多次搬运的费用。

（5）冬雨季施工增加费。冬雨季施工增加费是指因冬雨季天气原因导致施工效率降低加大投人而增加的费用，以及为确保冬雨季施工质量和安全而采取的保温、防雨等措施所需的费用。内容由以下各项组成：

1）冬雨（风）季施工时增加的临时设施（防寒保温、防雨、防风设施）的搭设、拆除费用；

2）冬雨（风）季施工时，对砌体、混凝土等采用的特殊加温、保温和养护措施费用；

3）冬雨（风）季施工时，施工现场的防滑处理、对影响施工的雨雪的清除费用；

4）冬雨（风）季施工时增加的临时设施、施工人员的劳动保护用品、冬雨（风）季施工劳动效率降低等费用。

（6）地上、地下设施和建筑物的临时保护设施费。在工程施工过程中，对已建成的地上、地下设施和建筑物进行的遮盖、封闭、隔离等必要保护措施所发生的费用。

（7）已完工程及设备保护费。竣工验收前，对已完工程及设备采取的覆盖、包裹、封闭、隔离等必要保护措施所发生的费用。

（8）脚手架工程费。脚手架工程费是指施工需要的各种脚手架搭、拆、运输费用以及脚手架购置费的摊销（或租赁）费用。脚手架工程费通常包括以下内容：

1）施工时可能发生的场内、场外材料搬运费用。

2）搭、拆脚手架、斜道、上料平台费用。

3）安全网的铺设费用。

4）拆除脚手架后材料的堆放费用。

措施项目及其包含的内容详见各类专业工程的现行国家或行业计量规范。

（9）混凝土模板及支架（撑）费。混凝土施工过程中需要的各种钢模板、木模板、支架等的支拆、运输费用及模板、支架的摊销（或租赁）费用，内容由以下各项组成：

1）混凝土施工过程中需要的各种模板制作费用；

2）模板安装、拆除、整理堆放及场内外运输费用等；

3）清理模板黏结物及模内杂物、刷隔离剂等费用。

（10）垂直运输费。垂直运输费是指现场所用材料、机具从地面运至相应高度以及职工人员上下工作面等所发生的运输费用，内容由以下各项组成：

1）垂直运输机械的固定装置、基础制作、安装费；

2）行走式垂直运输机械轨道的铺设、拆除、摊销费。

（11）超高施工增加费。当单层建筑物檐口高度超过 20m，多层建筑物超过 6 层时，可计算超高施工增加费，内容由以下各项组成：

1）建筑物超高引起的人工工效降低以及由于人工工效降低引起的机械降效费；

2）高层施工用水加压水泵的安装、拆除及工作台班费；

3）通信联络设备的使用及摊销费。

（12）大型机械设备进出场及安拆费，机械整体或分体自停放场地运至施工现场或由一个施工地点运至另一个施工地点，所发生的机械进出场运输和转移费用及机械在施工现场进行安装、拆卸所需的人工费、材料费、机具费、试运转费和安装所需的辅助设施的费用，内容由安拆费和进出场费组成，

1）安拆费包括施工机械、设备在现场进行安装拆卸所需人工、材料、机具和试运

转费用以及机械辅助设施的折旧、搭设、拆除等费用；

2）进出场费包括施工机械，设备整体或分体自停放地点运至施工现场或由一施工地点运至另一施工地点所发生的运输、装卸、辅助材料等费用。

（13）施工排水、降水费。施工排水、降水费是指将施工期间有碍施工作业和影响工程质量的水排到施工场地以外，以及防止在地下水位较高的地区开挖深基坑出现深基坑浸水，地基承载力下降，在动水压力作用下还可能引起流砂、管涌和边坡失稳等现象而必须采取有效的降水和排水措施费用，该项费用由成井和排水、降水两个独立的费用项目组成；

1）成井。成井的费用主要包括：①准备钻孔机械、埋设护筒、钻机就位，泥浆制作、固壁，成孔、出渣、清孔等费用；②对接上、下井管（滤管），焊接，安防，下滤料，洗井，连接试抽等费用。

2）排水、降水。排水、降水的费用主要包括：①管道安装、拆除，场内搬运等费用；②抽水、值班、降水设备维修等费用。

（14）其他。根据项目前专业特点或所在地区不同。可能会出现其他的措施项目。如工程定位复测费和特殊地区施工增加费等。

2. 措施项目费的计算

按照有关专业工程量计算规范规定，措施项目分为应予计量的措施项目和不宜计量的措施项目两类。

（1）应予计量的措施项目。基本与分部分项工程费的计算方法基本相同，公式为：

措施项目费＝∑（措施项目工程量 X 综合单价）

不同的措施项目其工程量的计算单位是不同的，分列如下：

1）脚手架费通常按建筑面积或垂直投影面积按“m^2”计算；

2）混凝土模板及支架（撑）费通常是按照模板与现浇混凝土构件的接触面积以“m^2”计算；

3）垂直运输费可根据不同情况用两种方法进行计算：①按照建筑面积以“m^2”为单位计算；②按照施工工期日历天数以“天”为单位计算；

4）超高施工增加费通常按照建筑物超高部分的建筑面积以“m^2”为单位计算；

5）大型机械设备进出场及安拆费通常按照机械设备的使用数量以“台次”为单位计算。

6）施工排水、降水费分两个不同的独立部分计算：①成井费用通常按照设计图示尺寸以钻孔深度按“m”计算；②排水、降水费用通常按照排、降水日历 天数按“昼夜”计算。

（2）不宜计量的措施项目。对于不宜计量的措施项目，通常用计算基数乘以费率的方法予以计算。

1）安全文明施工费。计算公式为：

安全文明施工费＝计算基数×安全文明施工费费率（％）

计算基数应为定额基价（定额分部分项工程费＋定额中可以计量的措施项目费）、定额人工费或定额人工费与施工机具使用费之和，其费率由工程造价管理机构根据各专业工程的特点综合确定。

2）其余不宜计量的措施项目。包括夜间施工增加费，非夜间施工照明费、二次搬运费，冬雨季施工增加费，地上、地下设施和建筑物的临时保护设施费，已完工程及设备保护费等。计算公式为：

措施项目费＝计算基数×措施项目费费率（％）

公式中的计算基数应为定额人工费或定额人工费与定额施工机具使用费之和，其费率由工程造价管理机构根据各专业工程特点和调查资料综合分析后确定。

（三）其他项目费

1．暂列金额

（1）用于施工合同签订时尚未确定或者不可预见的所需材料、工程设备、服务的采购。

（2）施工中可能发生的工程变更、合同约定调整因素出现的工程价款调整以及发生的索赔、现场签证确认等的费用。

（3）建设单位估算，如有余额，归建设单位。

2．暂估价

（1）指招标人在工程量清单中提供的用于支付必然发生但暂时不能确定价格的材料、工程设备的单价以及专业工程的金额。

（2）材料、工程设备暂估单价根据工程造价信息或参照市场价格估算，计入综合单价。

（3）专业工程暂估价分不同专业，按有关计价规定估算。

（4）暂估价在施工中按照合国约定再加以调整。

3．计日工

（1）施工单位完成建设单位提出的工程合同范围以外的零星项目或工作所需的费用。

（2）由建设和施工单位按施工过程中形成的有效签证计价。

4．总承包服务费

（1）总承包人为配合、协调建设单位进行的专业工程发包，对甲供材、工程设备等进行保管以及管理、竣工资料等服务所需的费用。

（2）招标控制价体现，投标时自主报价，按签约合同价执行。

（四）规费和税金

规费和税金的构成和计算与按费用构成要素划分建筑安装工程费用项目组成部分是相同的。

单元二 工程计价

课题1 工程计价原理

工程计价是指按照规定的程序、方法和依据，对工程造价及其构成内容进行估计或确定的行为。工程计价依据是指在工程计价活动中，所要依据的与计价内容、计价方法和价格标准相关的工程计量计价标准，工程计价定额及工程造价信息等。

一、工程计价的含义

工程计价是指按照法律法规及标准规范规定的程序、方法和依据，对工程项目实施建设的各个阶段的工程造价及其构成内容进行预测和估算的行为。工程计价应体现出《住房城乡建设部关于进一步推进工程造价管理改革的指导意见》中提出“市场决定工程造价原则，全面清理现有工程造价管理制度和计价依据，消除对市场主体计价行为的干扰”原则。工程计价依据是指在工程计价活动中，所要依据的与计价内容、计价方法和价格标准相关的工程计量标准、工程计价定额及工程造价信息等。工程计价的作用主要表现在：

（一）工程计价结果反映了工程的货币价值。建设项目兼具单件性与多样性的特点。每一个建设项目都需要按业主的特定需求进行单独设计、单独施工，不能批量生产和按整个项目确定价格，只能将整个项目进行分解，划分成可以按有关技术参数测算价格的基本构造单元，即假定建筑安装产品（或称分部、分项工程），计算出基本构造单元的费用，再按自下而上的分部组合计价法，计算出总造价。

（二）工程计价结果是投资控制的依据。前一次的计价结果都会用于控制下一次的计价工作。具体说，后一次估价不能超过前一次股价的幅度。这种控制是在投资者财务能力限度内为取得既定的投资效益所必需的，工程计价基本确定了建设资金的需要量，从而为筹集资金提供了比较准确的依据。当建设资金来源于金融机构贷款时，金融机构在对项目偿贷能力进行评估基础上，也需要依据工程计价来确定给予投资者的贷款数额。

（三）工程计价结果是合同价款管理的基础。合同价款管理的各项内容中始终有工程计价活动的存在，如在签约合同价的形成过程中有招标控制价、投标报价以及签约合同价等计价活动；在工程价款的调整过程中，需要确定调整价款额度，工程计价也贯穿其中；工程价款的支付仍然需要工程计价工作，以确定最终的支付额。

二、工程计价基本原理

（一）利用函数关系对拟建项目的造价进行类比匡算

当一个建设项目没有具体的图样和工程量清单时，需要利用产出函数对建设项目投资进行匡算。在微观经济学中把过程的产出和资源的消耗这两者之间的关系称为产出函数。在建筑工程中，产出函数建立了产出的总量或规模与各种资源投入（比如人力、材料、机具等）之间的关系。因此，对某一特定的产出，可以通过对各投入参数赋予不同的值，从而找到一个最低的生产成本。房屋建湖面积的大小和消耗的人工之间的关系就是产出函数的一个例子。

投资的匡算常常基于某个表明设计能力或者形体尺寸的变量，比如建筑面积、公路的长度、工厂的生产能力等。在这种类比估算方法下尤其要注意规模对造价的影响。项目的造价并不总是和规模大小呈线性关系的，典型的规模经济或规模不经济都会出现。因此要慎重选择合适的产出函数，寻找规模和经济的经验数据。例如生产能力指数法就是利用生产能力与投资额之间的关系函数来进行投资估算的方法。

（二）分部组合计价原理

如果一个建设项目的设计方案已经确定，常用的是分部组合计价法。任何一个建设项目都可以分解为一个或几个单项工程，任何一个单项工程都是由一个或几个单位工程组成。作为单位工程的各类建筑工程和安装工程仍然是一个比较复杂的综合实体，还需要进一步分解。单位工程可以按照结构部位、路段长度及施工特点或施工任务分解为分部工程。分解成分部工程后，从工程计价的角度，还需要把分部工程按照不同的施工方法、材料、工序及路段长度等，加以更为细致的分解，划分为更简单细小的部分，即分项工程。按照计价需要，将分项工程进一步分解或适当组合，就可以得到基本构造单元了。

工程计价的基本原理就是项目的分解和价格的组合。即将建设项目自上而下细分至最基本的构造单元（假定的建筑安装产品），采用适当的计量单位计算其工程量，以及当时当地的工程单价，首先计算各构造单元的价格，再对费用按照类别进行组合汇总，计算出相应的工程造价。

工程计价的基本过程可以用公式示例如下：

分部分项工程费（或单价措施项目费 ＝∑［基本构造单元工程量（定额项目或清单项目）×相应单价］

工程计价可分为工程计量和工程计价两个环节。

1. **工程计量**

工程计量工作包括工程项目的划分和工程量的计算。

(1) 单位工程基本构造单元的确定，即划分工程项目。编制工程概预算时，主要是按工程定额进行项目的划分；编制工程量清单时主要按照清单计算规范规定的清单项目进行划分。

(2) 工程量的计算就是按照工程项目的划分和工程量计算规则，就不同的设计文件对工程实物量进行计算。工程实物量是计价的基础，不同的计价依据有不同的计算规则规定。目前，工程量计算规则包括两三类：

1) 各类工程定额规定的计算规则；

2) 各专业工程量计算规范附录中规定的计算规则。

2. **工程组价**

工程组价包括工程单价的确定和总价的计算。

(1) 工程单价是指完成单位工程基本构造单元的工程量所需要的基本费用。工程单价包括工料单价和综合单价。

1) 工料单价仅包括人工、材料、机械使用费，是各种人工消耗量、各种材料消耗量、各类施工机械台班消耗量与其相应单价的乘积。用公式表示：

工料单价＝$\sum$（人材机消耗量×人材机单价）

2) 综合单价除包括人工、材料、机具使用费外，还包括可能分摊在单位工程基本构造单元上的费用。根据我国现行有关规定，又可以分成清单综合单价（不完全综合单价）与全费用综合单价（完全综合单价）两种：清单综合单价中除包括人工、材料、机具使用费外，还包括企业管理费、利润和风险因素；全费用综合单价中除包括人工、材料、机具使用费外，还包括企业管理费、利润、规费和税金。

(2) 工程总价是指按规定的程序或办法逐级汇总形成的相应工程造价。根据计算程的不同，分为单价法和实物量法。

1) 单价法。单价法包括工料单价法和综合单价法。

①工料单价法。首先依据相应计价定额的工程量计算规则计算项目的工程量，其次依据定额的人、材、机要素消耗量和单价，计算各个项目的直接费，汇总成直接费合价，最后再按照相应的取费程序计算其他各项费用，汇总后形成相应工程造价。

②综合单价法。若采用全费用综合单价（完全综合单价），首先依据相应工程量计算规范规定的工程量计算规则计算工程量，并依据相应的计价依据确定综合单价，然后用工程量乘以综合单价，并汇总即可得出分部分项工程及单价措施项目费，之后再按相应的办法计算总价措施项目费、其他项目费、汇总后形成相应工程造价。我国现行的《建设工程工程量清单计价规范》GB50500 中规定的清单综合单价属于不完全综合单价，当把规费和税金计入不完全综合单价后即形成完全综合单价。

2）实物量法。实物量法是依据施工图纸和预算定额的项目划分即为工程量计算规则，先计算出分部分项工程量，然后套用定额（消耗量定额）计算人、材、机等要素的消耗量，再根据各要素的实际价格及各项费率汇总形成相应工程造价的方法。

三、工程计价依据

我国的工程造价管理体系可划分为工程造价管理的相关法律法规体系、工程造价管理标准体系、工程计价定额体系和工程计价信息体系四个主要组成部分。法律法规是实施工程造价管理的制度依据和重要前提；工程造价管理的标准是在法律法规要求下，规范工程造价管理的技术要求；工程计价定额是进行工程计价工作的重要基础和核心内容；工程计价信息是市场经济体制下，准确反映工程价格的重要支撑，也是政府进行公共服务的重要内容。从工程造价管理体系的总体架构，看前两项工程造价管理的相关法律法规体系，工程造价管理的标准体系属于工程造价宏观管理的范畴，后两项工程计价定额体系工程计价信息体系，主要用的是工程计价属于工程造价微观管理的范畴。工程造价管理体系中的工程造价管理的标准体系、工程计价定额体系和工程计价信息体系是当前我国工程造价管理机构最主要的工作，也是工程计价的主要依据，一般也将这三项称为工程计价依据体系。

（一）工程造价管理标准

工程造价管理标准泛指，除应一法律法规进行管理和规范的内容外，应以国家标准行业标准进行规范的工程管理和工程造价咨询行为质量的有关技术内容。工程造价管理的标准体系，按照管理性质，可分为：统一工程造价管理的基本术语，费用构成等的基础标准；规范工程造价管理行为、项目划分和工程量计算规则等管理性规范；规范各类工程造价成果文件编制的业务操作规程；规范工程造价咨询质量和档案的质量标准，规范工程造价指数发布及信息交换的信息标准等。

1. 基础标准。包括《工程造价术语标准》GB/T 50875、《建设工程计价设备材料划分标准》GB/T50531 等。此外，我国目前还没有统一的建设工程造价费用构成标准，而这一标准的制定应是规范工程计价最重要的基础工作。

2. 管理规范，包括《建设工程工程量清单计价规范》GB 50500、《建设工程造价咨询规范》GB/T51095、《建设工程造价鉴定规范》GB/T 51262、《建设工程建筑面积计算规范》GB/T 50353 以及不同专业的建设工程工程量计算规范等。建设工程工程量计算规范由《房屋建筑与装饰工程工程量计算规范》GB 50854、《仿古建筑工程工程量计算规范》GB 50855、《通用安装工程工程量计算规范》GB 50856、《市政工程工程量计算规范》GB 50857、《园林绿化工程工程量计算规范》GB 50858、《矿山工程工程量计算》规范 GB 50859、《构筑物工程工程量计算规范》GB 508650、《城市轨道交通工程工程量计算规范》GB 508651、《爆破工程工程量计算规范》GB 50862 组成。同时也包括各专业部委发布的各类清单计价工程量计算规范，包括《水利工程工程量清单计价规范》GB 50501、《水运工程工程量清单计价规范》JTS271 以及各省市发布的公路工程工程量清单计价规范等。

3. 操作规程主要包括中国建设工程造价管理协会陆续发布的各类成果文件编审的操规程：《建设项目投资估算编审规程》CECA/GC—1、《建设项目设计概算编审规程》CECA/GC—2、《建设项目施工图预算编审规程》CECA/GC—5、《建设项目工程结算编审规程》CECA/GC—3、《建设项目工程竣工决算编制规程》CECA/GC—9、《建设工程招标控制价编审规程》CECA/GC—6、《建设工程造价鉴定程序》CECA/GC—8、《建设项目全过程造价咨询规程》CECA/GC—4。其中，《建设项目全过程造价咨询规程》CECA/GC—4 是我国最早发布的涉及建设项目全过程工程咨询的标准之一。

4. 质量管理标准。主要包括《建设工程造价咨询成果文件质量标准》CECA/GC—7，该标准编制的目的是对工程造价咨询成果文件和过程文件的组成、表现形式、质量管理要求要素、成果质量标准等进行规范。

5. 信息管理规范。主要包括《建设工程人工材料设备机械数据标准》GB/T 50851 和《建设工程造价值指标指数分类与测算标准》GB/T51290 等。

2. 工程定额

工程定额主要指国家、地方或行业主管部门制定的各种定额，包括工程消耗量定额和工程计价定额等。工程消耗量定额主要是指完成规定计量单位合格建筑安装工程产品所消耗的人工材料，机械，施工机具台班的数量标准。工程计价定额是指直接用于工程计价的定额或指标，包括预算定额、概算定额、概算指标和投资估算指标等。此外，部分地区和行业造价管理部门还会颁布工期定额，工期定额是指在正常的施工技术和组织条件下完成建设项目和各类工程所需的工期标准。

根据《住房城乡建设部关于进一步推进工程造价管理改革的指导意见》（建标［2014］142 号）的要求，工程定额的定位应为“对国有资金投资工程，作为其编制估算、概算、最高投标限价的依据，对其他工程仅供参考”。同时通过购买服务等多种方式，充分发挥企业、科研单位，社团组织等社会力量在工程定额编制中的基础作用，提高工程定额编制水平，并应鼓励企业编制企业定额。

应建立工程定额全面修订和局部修订相结合的动态调整机制，及时修订不符合市场实际类的内容，提高定额时效性。编制有关建筑产业现代化、建筑节能与绿色建筑等工程定额，发挥定额在新技术，新工艺、新材料，新设备推广应用中的引导约束作用，支持建筑业转型升级。

3. 工程计价信息。

工程计价信息是指工程造价管理机构发布的建设工程人工、材料、工程设备、施工机具的价格信息，以及各类工程的造价指数、指标等。

四、工程计价基本程序

（一）工程概预算的编制程序

工程概算预算的编制是应应用国家、地方或行业主管部门统一颁布的计价定额或指标，对建筑产品价格进行计价的活动。如果用工料单价法进行概算编制，则应按概算定额或预算定额规定的定额子目，逐项计算工程量，套用概预算定额单价（或单位估价表），确定直接费（包括人工费、材料费、施工机具使用费），然后按规定的取费标准确定间接费（包括企业管理费，规费），再计算利润和税金，经汇总后即为工程概算预算价值。工程概算的基本程序如图 1.2.1 所示。

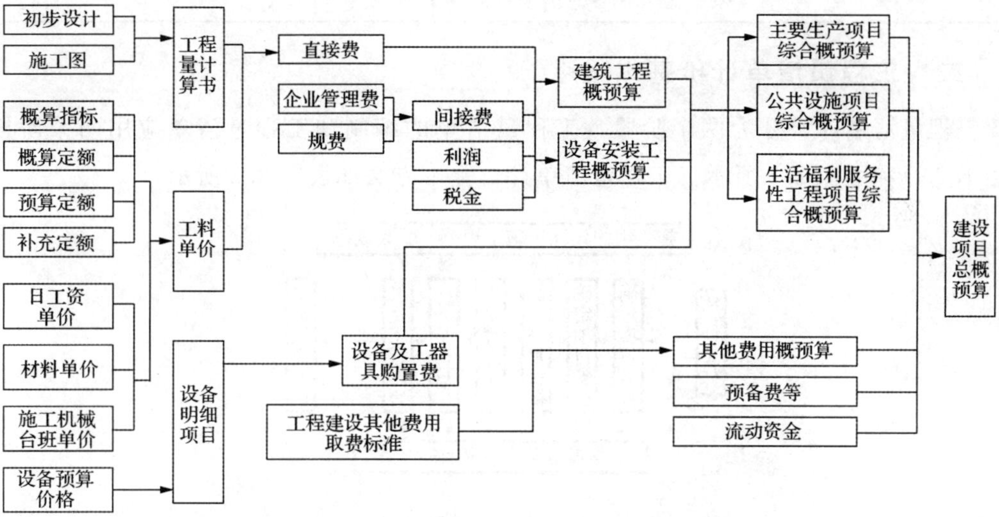

图 1.2.1　工料单价法下工程概预算编制程度示意图

工程概预算价格的形成过程就是依据盖预算定额所确定的消耗量乘以定额单价或市场价，经过不同层次的计算形成相应造价的过程。可以用公式，进一步明确工程概算编制的基本方法和程序。

表 1.2.1　工程概算编制的基本方法与程序

项　目	计　算	备　注
每一计量单位建筑产品的基本构造要素（假定建筑产品）的直接工程费单价	人工费＋材料费＋施工机械使用费	其中： 人工费＝$\sum$(人工工日数量×人单价) 材料费＝$\sum$(材料用量×材料基价)＋检验试验费 机械使用费＝$\sum$（机械台班用量×机械台班单价）

续表

项　目	计　算	备　注
单位工程直接费	$\sum$（假定建筑产品工程量×直接工程费单价）＋措施费	
单位工程概、预算造价	单位工程直接费＋间接费＋利润＋税金	
单项工程概、预算造价	$\sum$ 单位工程概、预算造价＋设备、工器具购置费	
建设项目全部工程概、预算造价	$\sum$ 单项工程的概、预算造价＋预备费＋有关的其他费用	

（二）工程量清单计价基本程序

工程量清单计价分为两个阶段：工程量清单的编制和工程量清单应用两个阶段。如图 1.2.2 和图 1.2.3 所示。工程量清单计价基本方法如表 1.2.2 所示。

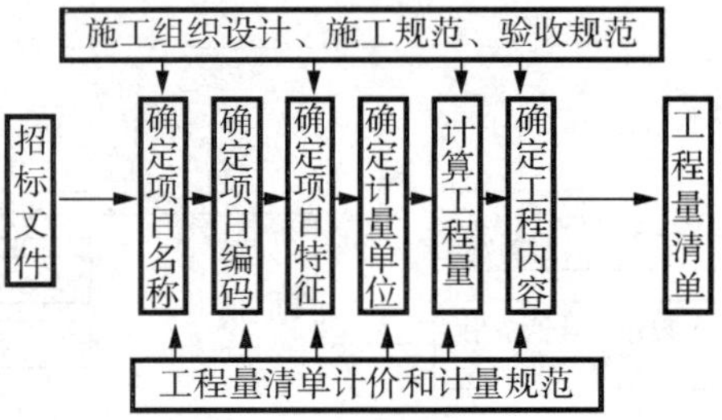

图 1.2.2　工程量清单编制程序

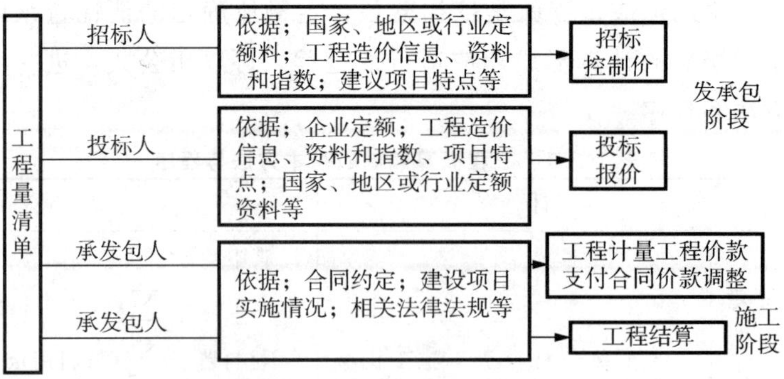

图 1.2.3　工程量清单应用程序

表 1.2.2 工程量清单计价基本方法

项目名称	计算公式	注 释
分部分项工程费	$\sum$ 分部分项工程量×相应分部分项工程综合单价	综合单价由人工费、材料费、工程设备费、施工机具使用费、企业管理费、利润等组成，并考虑风险费用
措施项目费	$\sum$ 各措施项目费	
其他项目费	暂列金额＋暂估价＋计日工＋总承包服务费	暂列金额：用于施工合同签订时尚未确定或者不可预见的所需材料、设备、服务的采购，施工中可能发生的工程变更、合同约定调整因素出现的工程价款调整以及发生的索赔、现场签证确认等的费用 暂估价：指招标人在工程量清单中提供的用于支付必然发生但暂时不能确定价格的材料（设备）的单价以及专业工程的金额
单位工程报价	分部分项工程费＋措施项目费＋其他项目费＋规费＋税金	
单项工程报价	$\sum$ 单位工程报价	
建设项目总报价	$\sum$ 单项工程报价	

（三）工程量清单计价应用范围

工程量清单计价活动涵盖施工招标、合同管理以及竣工交付全过程，主要包括编制招标工程量清单、招标控制价、投标报价，确定合同价，进行工程计量与价款支付、合同价款的调整、工程结算和工程计价纠纷处理等活动。

四、工程定额体系

（一）工程定额含义

工程定额是完成规定计量单位的合格建筑安装产品所消耗资源的数量标准。

劳动定额和机械消耗定额主要表现形式是时间定额，同时也可用产量定额表示。时间定额与产量定额之间互为倒数。

（二）工程定额的分类

1. 按定额反映的生产要素消耗内容分类

(1) 劳动消耗定额（劳动定额或人工定额）：完成单位合格产品所需消耗的劳动的

数量标准。

（2）机械消耗定额（机械台班定额）：完成一定单位合格产品所需消耗的施工机械的数量标准。

（3）材料消耗定额：完成一定单位合格产品所需消耗材料的数量标准。

2. 按定额的编制程序和用途分类

按定额的用途分类，可以把工程定额分为施工定额、预算定额、概算定额、概算指标、投资估算指标等5种（见表1.2.3）。

表1.2.3 各种定额间关系比较

	施工定额	预算定额	概算定额	概算指标	投资估算指标
对象	施工过程或工序	分项工程和结构构件	扩大的分项工程或扩大的结构构件	单位工程	建设项目、单项工程、单位工程
用途	编制施工预算	编制施工图预算	编制扩大初步设计概算	编制初步设计概算	编制投资估算
项目划分	最细	细	较粗	粗	很粗
定额水平	平均先进	平均	平均	平均	平均
定额性质	生产性定额	计价性定额			

3. 按专业性质划分

（1）建筑工程定额按专业对象分为建筑及装饰工程定额、房屋修缮工程定额、市政工程定额、铁路工程定额、公路工程定额、矿山井巷工程定额等。

（2）安装工程定额按专业对象分为电气设备安装工程定额、机械设备安装工程定额、热力设备安装工程定额、通信设备安装工程定额、化学工业设备安装工程定额、工业管道安装工程定额、工艺金属结构安装工程定额等。

4. 按主编单位和管理权限分类

（1）全国统一定额。

（2）行业统一定额。一般是只在本行业和相同专业性质的范围内使用。

（3）地区统一定额包括省、自治区、直辖市定额。地区统一定额主要是考虑地区性特点和全国统一定额水平作适当调整和补充编制的。

（3）企业定额

企业定额是施工单位根据本企业的施工技术、机械装备和管理水平编制的人工、施工机械台班和材料等的消耗标准。企业定额在企业内部使用，是企业综合素质的一个标志。企业定额水平一般应高于国家现行定额，才能满足生产技术发展、企业管理和市场竞争的需要。在工程量清单计价方法下，企业定额作为施工企业进行建设工程投标报价的计价依据，正发挥着越来越大的作用。

（4）补充定额

上述各种定额虽然适用于不同的情况和用途，但是他们是一个互相联系的有机的整体在实际工作中配合使用。

（三）工程定额的制定与修订

工程定额的制定与修订，包括制定、全面修订、局部修订、补充等工作应遵循以下原则：

1. 对新型工程以及建筑产业现代化、绿色建筑、建筑节能等工程建设新要，应及时制定新定额。

2. 对相关技术规程和技术规范已全面更新却不能满足工程计价需要的定额，发布实施五年的定额。应全面修订。

3. 对相关技术规程和技术规范发生局部调整且不能满足工程计价需要的定额，部分子目已不适应工程计价需要的定额，应及时局部修订。

对定额发布后工程建设中出现的新技术，新工艺，新材料，新设备等情况，应根据工程建设需求及时编制补充定额。

课题2　工程量清单计价与计量规范

一、工程量清单计价与计量规范概述

（一）工程量清单的适用范围

使用国有资金投资的建设工程施工发承包，必须采用工程量清单计价。非国有资金投资的建设工程，宜采用工程量清单计价。招标工程量清单必须作为招标文件的组成部分，其准确性和完整性应由招标人负责。工程量清单应采用综合单价计价。建设工程发承包，必须在招标文件、合同中明确计价中的风险内容及其范围，不得采用无限风险、所有风险或类似语句规定计价中的风险内容及范围。

（二）工程量清单计价的作用

1. 提供一个平等的竞争条件：相同的工程量。

2. 满足市场经济条件下竞争的需要。

3. 有利于提高工程计价效率，能真正实现快速报价，避免了工程量计算上的重复工作。

4. 有利于工程款的拨付和工程造价的最终结算：中标价就是确定合同价的基础，

投标清单上的单价就成了拨付工程款的依据。

5. 有利于业主对投资的控制。

二、分部分项工程量清单

“分部工程”是单位工程的组成部分，系按结构部位、路段长度及施工特点或施工任务将单位工程划分为若干分部的工程。例如，房屋建筑与装饰工程分为土石方工程、桩基工程、砌筑工程、混凝土及钢筋混凝土工程、楼地面装饰工程、天棚工程等分部工程。

“分项工程”是分部工程的组成部分，系按不同施工方法、材料、工序及路段长度等分部工程划分为若干个分项或项目的工程。例如现浇混凝土基础分为带形基础、独立基础、满堂基础、桩承台基础、设备基础等分项工程。

分部分项工程量清单必须载明项目编码、项目名称、项目特征、计量单位和工程量（见表 1.2.4）。

表 1.2.4　分部分项工程量清单与计价表

工程名称：　标段：　　　　　　　　　　　　　第　页、共　页

序号	项目编码	项目名称	项目特征描述	计量单位	工程量	金额		
						综合单价	合价	其中：暂估价

（一）项目编码

分部分项工程量清单项目编码以 5 级编码设置，用 12 位阿拉伯数字表示（见图 1.2.4）。1～4 级编码为全国统一编码；第 5 级编码由工程量清单编制人区分工程的清单项目特征而分别编制。各级编码代表的含义如下：

1. 第 1 级表示工程分类顺序码（占 2 位）。
2. 第 2 级表示专业工程顺序码（占 2 位）。
3. 第 3 级表示分部工程顺序码（占 2 位）。
4. 第 4 级表示分项工程项目顺序码（占 3 位）。
5. 第 5 级表示工程量清单项目顺序码（占 3 位）。

当同一标段（或合同段）的一份工程量清单中含有多个单位工程且工程量清单是以单位工程为编制对象时，在编制工程量清单时应特别注意对项目编码 10～12 位的设置不得有重码的规定。

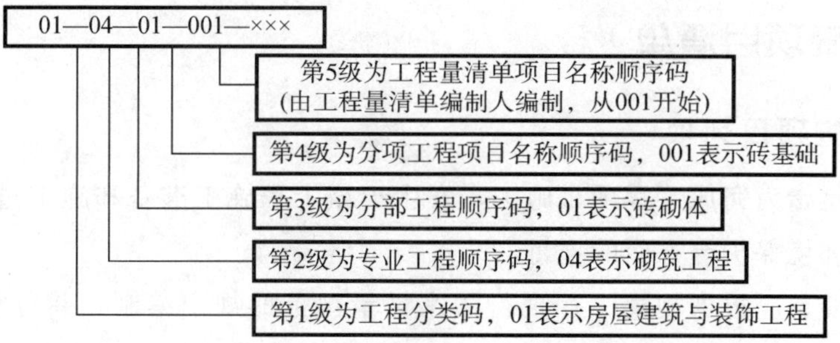

图 1.2.4

（二）项目名称

分部分项工程量清单的项目名称应按专业工程计价规范附录的项目名称结合拟建工程的实际确定。

（三）项目特征

项目特征是对项目的准确描述，是确定一个清单项目综合单价不可缺少的重要依据，是区分清单项目的依据，是履行合同义务的基础。分部分项工程量清单的项目特征应按各专业工程计量规范附录中规定的项目特征，结合技术规范、标准图集、施工图纸、按照工程结构、使用材质及规格或安装位置等，予以详细而准确的表述和说明。

（四）计量单位

计量单位应采用基本单位，除各专业另有特殊规定外均按以下单位计量：

1. 以质量计算的项目——吨或千克（t 或 kg）。
2. 以体积计算的项目——立方米（m^3）。
3. 以面积计算的项目——平方米（m^2）。
4. 以长度计算的项目——米（m）。
5. 以自然计量单位计算的项目——个、套、块、樘、组、台……
6. 没有具体数量的项目——宗、项……

各专业有特殊计量单位的，再另外加以说明。

（五）工程数量的计算

工程数量主要通过工程量计算规则计算得到。

1. 清单项目的工程量一般应以实体工程量为准，并以完成后的净值计算；投标人报价时，应在单价中考虑施工中的各种损耗和需要增加的工程量。

2. 工程量的计算规则按专业可划分为房屋建筑与装饰工程、仿古建筑工程、通用安装工程、市政工程、园林绿化工程、构筑物工程、矿山工程、城市轨道交通工程、爆破工程等 9 大类。

三、措施项目清单

（一）措施项目列项

措施项目是指为完成工程项目施工，发生于该工程施工准备和施工过程中的技术、生活、安全、环境保护等方面的项目。

措施项目清单应根据相关工程现行国家计量规范的规定编制，并应根据拟建工程的实际情况列项。

（二）措施项目的标准格式

措施项目与实际完成的实体工程量的大小关系不大，如安全文明施工费，夜间施工，非夜间施工照明，二次搬运，冬雨季施工，地上地下设施、建筑物的临时保护设施，已完工程及设备保护等，不能计算工程量的项目清单，以“项”为计量单位进行编制（见表 1.2.5）。

表 1.2.5　措施项目清单与计价表（一）

工程名称：　　标段：　第　页、共　页

序号	项目编码	项目名称	计算基础	费率/（%）	金额/元
		安全文明施工费			
		夜间施工费			
		二次搬运费			
		冬雨季施工			
		大型机械设备进出场及安拆费			
		施工排水			
		施工降水			
		地上、地下设施，建筑物的临时保护设施			
		已完工程及设备保护			
		各专业工程的措施项目			
		……			
合计					

有些非实体项目则是可以计算工程量的项目，如脚手架工程、混凝土模板及支架（撑）、垂直运输、超高施工增加、大型机械设备进/出场及安拆、施工排水、降水等，采用综合单价形式计价（见表 1.2.6）。

表 1.2.6　措施项目清单与计价表（二）

工程名称：　　　　　标段：　　　　　第　页、共　页

序号	项目编码	项目名称	项目特征描述	计量单位	工程量	金额	
						综合单价	合价

（三）措施项目清单的编制依据

1. 施工现场情况、地勘水文资料、工程特点。
2. 常规施工方案。
3. 与建设工程有关的标准、规范、技术资料。
4. 拟定的招标文件。
5. 建设工程设计文件及相关资料。

四、其他项目清单

其他项目清单是指分部分项工程量清单、措施项目清单所包含的内容以外，因招标人的特殊要求而发生的与拟建工程有关的其他费用项目和相应数量的清单（见表 1.2.7）。

工程建设标准的高低、工程的复杂程度、工程的工期长短、工程的组成内容、发包人对工程管理要求等都直接影响其他项目清单的具体内容。

表 1.2.7　其他项目清单与计价汇总表

序号	项目名称	计量单位	金额/元	备注
1	暂列金额			
2	暂估价			
2.1	材料（工程设备）暂估价			
2.2	专业工程暂估价			
3	计日工			
4	总承包服务费			
合计				

注：材料暂估价进入清单项目综合单价，此处不汇总。

（一）暂列金额

暂列金额是招标人在工程量清单中暂定并包括在合同价款中的一笔款项（见表 1.2.8）。它包括用于工程合同签订时尚未确定或者不可预见的所需材料、工程设备、服务的采购，施工中可能发生的工程变更、合同约定调整因素出现时的合同价款调整以及发生的索赔、现场签证确认等的费用。

表 1.2.8 暂列金额明细表

工程名称： 标段： 第 页 共 页

序号	项目名称	计量单位	暂定金额/元	备注
1				
2				
合计				

注：此表由招标人填写，如不能详列，也可只列暂定金额总额，投标人应将上述暂列金额计入投标总价中。

（二）暂估价

暂估价是指招标人在工程量清单中提供的用于支付必然要发生但暂时不能确定价格的材料、工程设备以及专业工程的金额，包括材料暂估单价、工程设备暂估单价、专业工程暂估价；暂估价类似于 FIDIC 合同条款中的 Prime Cost Items，在招标阶段预见肯定要发生，只是因为标准不明确或者需要由专业承包人完成，暂时无法确定价格。

注 为方便合同管理，需要纳入分部分项工程量清单项目综合单价中的暂估价应只是材料、工程设备暂估单价，以方便投标人组价。

1. 专业工程的暂估价一般应是综合暂估价，应当包括除规费和税金以外的管理费、利润等取费。

暂估价中的材料、工程设备暂估单价应根据工程造价信息或参照市场价格估算；专业工程暂估价应分不同专业，按有关计价规定估算，都需列出明细表（见表 1.2.9）。

表 1.2.9 材料暂估价表

工程名称： 标段： 第 页 共 页

序号	材料（工程设备）名称、规格、型号	计量单位	单价/元	备注
1				
2				
3				

注：此表由招标人填写，并在备注栏说明暂估价的材料、工程设备拟用在哪些清单项目上，投标人应将上述材料、工程设备暂估单价计入工程量清单综合单价报价中。

2. 材料、工程设备单价包括《建筑安装工程费用项目组成》（建标 206 号）中规定的材料、工程设备内容（见表 1.2.10）。

表 1.2.10　专业工程暂估价

工程名称：　标段：　第　页　共　页

序号	工程名称	工程内容	金额/元	备注
1				
2				
3				
合计				

注：此表由招标人填写，投标人应将上述专业工程暂估价计入投标总价中。

（三）计日工

在施工过程中，承包人完成发包人提出的工程合同范围以外的零星项目或工作，按合同中约定的单价计价的一种方式。计日工是为了解决现场发生的零星工作的计价而设立的。计日工适用的所谓零星工作一般是指合同约定之外的或者因变更而产生的、工程量清单中没有相应项目的额外工作，尤其是那些时间不允许事先商定价格的额外工作（见表 1.2.11）。

表 1.2.11　计日工表

工程名称：　标段：　第　页　共　页

序号	项目名称	单位	暂定数量	综合单价	合价
一	人工				
1					
2					
…					
人工小计					
二	材料				
1					
2					
…					
材料小计					
三	施工机械				
1					
2					
…					
施工机械小计					
总计					

注：此表项目名称、数量由招标人填写，编制招标控制价时，单价由招标人按有关规定确定；投标时，单价由投标人自主报价，计入投标总价中。

（四）总包服务费

总承包服务费是指总承包人为配合协调发包人进行的专业工程发包，对发包人自行采购的材料、工程设备等进行保管以及施工现场管理、竣工资料汇总整理等服务所需的费用。招标人应预计该项费用并按投标人的投标报价向投标人支付该项费用（见表 1.2.12）。

表 1.2.12 总承包服务费计价表

工程名称： 标段： 第 页 共 页

序号	项目名称	项目价值/元	服务内容	费率/%	金额/元
1	发包人发包专业工程				
2	发包人提供材料				
合计					

注：此表项目名称、服务内容由招标人填写，编制招标控制价时，费率及金额由招标人按有关计价规定确定；投标时，费率及金额由投标人自主报价，计入投标总价中。

五、规费、税金项目清单

1. 规费项目清单应按照下列内容列项：社会保险费，包括养老保险费、失业保险费、医疗保险费、工伤保险费、生育保险费；住房公积金；工程排污费；出现计价规范中未列的项目，应根据省级政府或省级有关权力部门的规定列项。

2. 税金项目清单应包括营业税，城市建设维护税，教育费附加、地方教育费附加（见表 1.2.13）。

表 1.2.13 规费、税金项目计价表

工程名称： 标段： 第 页 共 页

序号	项目名称	计算基础	计算基数	费率/（%）	金额/元
1	规费	定额人工费			
1.1	社会保障费	定额人工费			
(1)	养老保险费	定额人工费			
(2)	失业保险费	定额人工费			
(3)	医疗保险费	定额人工费			
(4)	工伤保险费	定额人工费			
(5)	生育保险费	定额人工费			
1.2	住房公积金	定额人工费			
1.3	工程排污费	按工程所在地环境保护部门收取标准，按实计入			

续表

序号	项目名称	计算基础	计算基数	费率/（%）	金额/元
2	税金 增值税	人工费＋材料费＋施工机具使用费＋企业管理费＋利润＋规费			
合计					

编制人（造价人员）：　　　　　　　　　　　　　　复核人（造价工程师）：

课题3　建筑安装工程人工、材料及机械台班定额消耗量

一、施工过程及分类

施工过程就是在建设工地范围内所进行的生产过程。其最终目的是要建造、恢复、改建、移动或拆除工业、民用建筑物和构筑物的全部或一部分。

每个施工过程的结束，获得了一定的产品，这种产品或者是改变了劳动对象的外表形态、内部结构或性质（由于制作和加工的结果），或者是改变了劳动对象在空间的位置（由于运输和安装的结果）。

根据施工过程组织上的复杂程度，可以分解为工序、工作过程和综合工作过程。

（1）工序是在组织上不可分割的，在操作过程中技术上属于同类的施工过程。工序的特征是：工作者不变，劳动对象、劳动工具和工作地点也不变。

工序可以由一个人完成，也可以由小组或施工队内的几名工人协同完成。

（2）工作过程是由同一工人或同一小组所完成的在技术操作上相互有机联系的工序的总合体。其特点是人员编制不变，工作地点不变，而材料和工具则可以变换，如砌砖和勾缝、抹灰和粉刷。

（3）综合工作过程是同时进行的，在组织上有机地联系在一起的，并且最终能获得一种产品的施工过程的总和。

按照工艺特点，施工过程可以分为循环施工过程和非循环施工过程两类。凡各个组成部分按一定顺序一次循环进行，并且每经一次重复都可以生产出同一种产品的施工过程，称为循环施工过程。

二、施工过程的影响因素

（一）技术因素

技术因素包括产品的种类和质量要求，所用材料、半成品、构配件的类别、规格

和性能，所用工具和机械设备的类别、型号、性能及完好情况等。

（二）组织因素

组织因素包括施工组织与施工方法、劳动组织、工人技术水平、操作方法和劳动态度、工资分配方式、劳动竞赛等。

（三）自然因素

自然因素包括酷暑、大风、雨、雪、冰冻等。

二、工作时间分类

（一）工人工作时间的分类

工人工作时间的分类如图 1.2.5 所示。

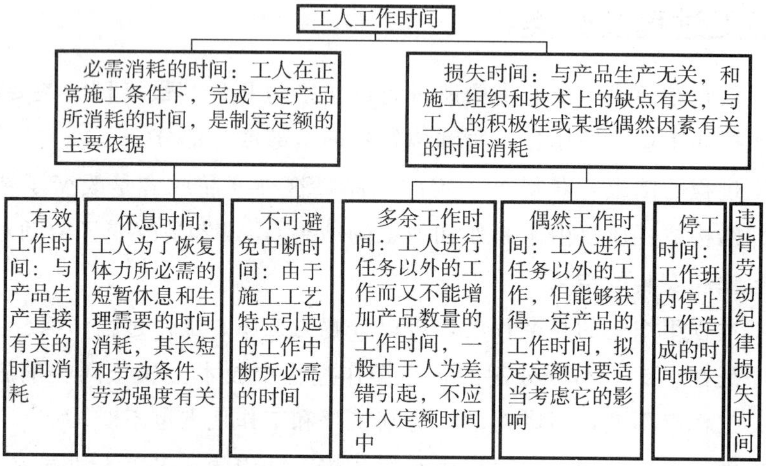

图 1.2.5 工人工作时间分类图

（二）机器工作时间分类

机器工作时间分类如图 1.2.6 所示。

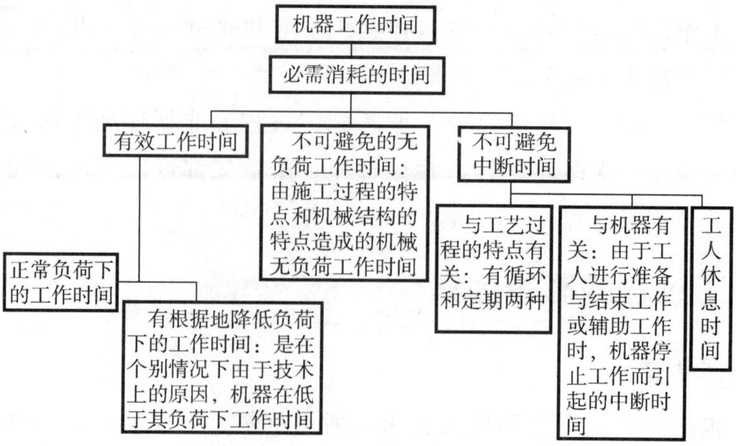

图 1.2.6 机器工作时间分类图

三、人工定额消耗量的编制

人工定额消耗时间分为工序作业时间和规范时间两大类，工序作业时间包括基本工作时间和辅助工作时间；规范时间包括准备与结束工作时间、不可避免的中断时间和休息时间。

（一）拟定工序作业时间

1. 拟定基本工作时间：通过计时观察资料确定。

（1）各组成部分与最终产品单位一致时的基本工作时间计算。此时，单位产品基本工作时间就是施工过程各个组成部分作业时间的总和，计算公式为

$$T_1 = \sum_{i=1}^{n} t_i$$

式中 T_1——单位产品基本工作时间；

t_i——各组成部分的基本工作时间；

n——各组成部分的个数。

（2）各组成部分单位与最终产品单位不一致时的基本工作时间计算。此时，各组成部分基本工作时间应分别乘以相应的换算系数。计算公式为

$$T_1 = \sum_{i=1}^{n} k_i t_i$$

式中 k_i——对应于 t_i 的换算系数。

2. 拟定辅助工作时间：通过工时规范或经验数据确定，也可通过计时观察资料确定。

（二）拟定规范工作时间

通过工时规范或经验数据确定，也可通过计时观察资料确定。

（三）拟定定额时间

$$\text{工序作业时间}=\text{基本工作时间}+\text{辅助工作时间}=\frac{\text{基本工作时间}}{1-\text{辅助时间占比（\%）}}$$

$$\text{规范时间}=\text{准备与结束工作时间}+\text{不可避免的中断时间}+\text{休息时间}$$

$$\text{定额时间}=\frac{\text{工序作业时间}}{1-\text{规范时间占比（\%）}}$$

【例 1.2.1】通过计时观察资料得知：人工挖二类土 $1m^3$ 的基本工作时间为 $6h/m^3$，辅助工作时间占工序作业时间的 2%。准备与结束工作时间、不可避免的中断时间、休息时间分别占工作日的 3%、2%、18%，则该人工挖二类土的定额时间是多少。

解 基本工作时间＝6h＝0.75（工 h 日/m^3）

工序作业时间＝0.75/（1－2%）＝0.765（h/m^3）

定额时间＝0.765/（1－3%－2%－18%）＝0.994（h/m^3）

四、材料定额消耗量的编制

（一）材料的分类

1. 根据材料消耗的性质划分

施工中材料的消耗，可分为必需的材料消耗和损失的材料两类性质。

必需消耗的材料，是指在合理用料的条件下，生产合格产品所需消耗的材料。它包括直接用于建筑和安装工程的材料、不可避免的施工废料、不可避免的材料损耗。

必需消耗的材料属于施工正常消耗，是确定材料消耗定额的基本数据。其中：直接用于建筑和安装工程的材料，编制材料净用量定额；不可避免的施工废料和材料损耗，编制材料损耗定额。

材料定额消耗量由材料净用量定额与材料损耗定额组成。

2. 根据材料消耗与工程实体的关系划分

施工中的材料可分为实体材料和非实体材料两类。

实体材料，是指直接构成工程实体的材料。工程直接性材料主要是指一次性消耗、直接用于工程上构成建筑物或结构本体的材料；辅助性材料主要是指虽也是施工过程中所必需，却并不构成建筑物或结构本体的材料。如土石方爆破工程中所需的炸药、引信、雷管等。

非实体材料，是指在施工中必须使用但又不能构成工程实体的施工措施性材料。非实体材料主要是指周转性材料，如模板、脚手架。

（二）确定材料消耗量的基本方法

1. 现场技术测定法主要用来编制材料损耗定额。

2. 实验室试验法主要用来编制材料净用量定额。

3. 现场统计法不能分清材料消耗的性质，不能直接作为编制依据。

4. 理论计算法。

（1）标准砖用量的计算。如每砖墙的用砖数和砌筑砂浆的用量可用下列理论计算公式计算各自的净用量。

砖净用量：

$$砖净用量=\frac{1}{墙厚\times(砖长+灰缝)\times(砖厚+灰缝)}\times k$$

式中，k 为墙厚的砖数×2

砂浆净用量：　　$B=1-砖数\times砖块体积$

【例 1.2.2】计算 $1m^3$ 标准砖一砖外墙砌体砖数和砂浆的净用量。

解

$$砖净用量=\frac{1}{(0.24+0.01)\times(0.053+0.01)}\times1\times2=529(块)$$

$砂浆净用量=1-529\times(0.24\times0.115\times0.053)=0.226(m^3)$

材料的损耗一般以损耗率表示。材料损耗率可以通过观察法或统计法确定。材料损耗率及材料损耗量的计算通常采用以下公式：

$$损耗率=\frac{损耗量}{净用量}\times100\%$$

总消耗量=净用量+损耗量=净用量×(1+损耗率)

(2) 块料面层的材料用量计算。每 $100m^2$ 面层块料数量、灰缝及结合层材料用量公式如下：

$$100m^2\ 块料净用量=\frac{100}{(块料长+灰缝宽)\times(块料宽+灰缝宽)}\quad(块)$$

$100m^2$ 灰缝材料净用量=[100−(块料长×块料宽×$100m^2$ 块料净用量)]×灰缝深

结合层材料用量=$100m^2$×结合层厚度

【例 1.2.3】用 1∶1 水泥砂浆贴 150mm×150mm×5mm 瓷砖墙面，结合层厚度为 10mm，试计算每 $100m^2$ 瓷砖墙面中瓷砖和砂浆的消耗量（灰缝宽为 2mm）。假设瓷砖损耗率为 1.5%，砂浆损耗率为 1%。

解　$100m^2$ 瓷砖墙面中瓷砖的净用量 $=\frac{100}{(0.15+0.002)(0.15+0.002)}=4\ 328.25$ 块

$100m^2$ 瓷砖墙面中瓷砖的总消耗量 $=4\ 328.25\times(1+1.5\%)=4\ 393.17$ 块

$100m^2$ 瓷砖墙面中结合层砂浆净用量 $=100\times0.01=1m^3$

$100m^2$ 瓷砖墙面中灰缝砂浆净用量 $=[100-(4\ 328.25\times0.15\times0.15)]\times0.005=0.013m^3$

$100m^2$ 瓷砖墙面中水泥砂浆总消耗量 $=(1+0.013)\times(1+1\%)=1.02m^3$

五、机械台班定额消耗量的编制

1. 确定机械 1h 纯工作正常生产率

机械纯工作时间，就是指机械的必需消耗时间。机械 1h 纯工作正常生产率，就是在正常施工组织条件下，具有必需的知识和技能的技术工人操纵机械 1h 的生产率。

(1) 对于循环动作机械，确定机械纯工作 1h 正常生产率的计算公式如下：

机械一次循环的正常延续时间=∑(循环各组成部分正常延续时间)−交叠时间

$$机械纯工作\ 1h\ 循环次数=\frac{60\times60(s)}{一次循环的正常延续时间}$$

$$\begin{matrix}机械纯工作\ 1h\\正常生产率\end{matrix}=\begin{matrix}机械纯工作\ 1h\\正常循环次数\end{matrix}\times\begin{matrix}一次循环生产\\的产品数量\end{matrix}$$

(2) 对于连续动作机械，确定机械纯工作 1h 正常生产率要根据机械的类型和结构特征，以及工作过程的特点来进行。计算公式如下：

$$\text{连续动作机械纯工作 1h 正常生产率}=\frac{\text{工作时间内生产的产品数量}}{\text{工作时间（h）}}$$

工作时间内的产品数量和工作时间的消耗，要通过多次现场观察和机械说明书来取得数据。

2. 确定施工机械的正常利用系数

确定施工机械的正常利用系数，是指机械在工作班内对工作时间的利用率。机械的利用系数和机械在工作班内的工作状况有着密切的关系。

$$\text{机械正常利用系数}=\frac{\text{机械在一个工作班内纯工作时间}}{\text{一个工作班延续时间（8h）}}$$

3. 计算施工机械台班定额

$$\text{施工机械台班产量定额}=\text{机械 1h 纯工作正常生产率}\times\text{工作班纯工作时间}$$

$$\text{施工机械台班产量定额}=\text{机械 1h 纯工作正常生产率}\times\text{工作班延续时间}\times\text{机械正常利用系数}$$

【例 1.2.4】某工程现场采用出料容量 500L 的混凝土搅拌机，每一次循环中，装料、搅拌、卸料、中断需要的时间分别为 1，3，1，1min，机械正常利用系数为 0.9，求该机械的台班产量定额。

解 该搅拌机一次循环的正常延续时间＝1＋3＋1＋1＝6min＝0.1h

该搅拌机纯工作 1h 循环次数＝10 次

该搅拌机纯工作 1h 正常生产率＝10×500＝5 000L＝5m^3

该搅拌机台班产量定额＝5×8×0.9＝36m^3/台班

课题 4　建筑安装工程人工、材料及机械台班单价

一、人工单价的组成与确定（见表 1.2.14）

表 1.2.14　人工单价的组成和确定方法

人工单价组成	基本工资（G_1）	岗位工资、技能工资、工龄工资
	工资性津贴（G_2）	交通补贴、流动施工津贴、房补、工资附加、地区津贴、物价补贴
	辅助工资（G_3）	非作业工日发放的工资和工资性津贴
	劳动保护费（G_5）	劳保用品、徒工服装费、防暑降温费、保健费用
	职工福利费（G_4）	书报费、洗理费、取暖费

续 表

有关说明	1 年应工作天数（年法定工作日）＝全年日历日（365 天）－法定假日 年平均每月法定工作日＝年法定工作日/12 年有效施工天数＝年应工作天数－年非作业工日 年非作业工日（无效工作日）：指职工学习、培训，调动工作、探亲、休假、因气候影响的停工工资，女工哺乳期工资、6 个月以内病假及产、婚、丧假等，在年应工作天数内而未工作天数。 基本工资（G_1）$=\dfrac{\text{生产工人平均月工资}}{\text{年平均每月法定工作日}}$ 工资性补贴(G_2)$=\dfrac{\sum\text{年发放标准}}{\text{全年日历日}-\text{法定假日}}+\dfrac{\sum\text{月发放标准}}{\text{年平均每月法定工作日}}+$每工作日发放标准 生产工人辅助工资（$G_3$）$=\dfrac{\text{全年无效工作日}\times(G_1+G_2)}{\text{全年日历日}-\text{法定假日}}$ 职工福利费（G_4）＝（$G_1+G_2+G_3$）×福利费计提比例（%） 生产工人劳动保护费（G_5）$=\dfrac{\text{生产工人年平均支出劳动保护费}}{\text{全年日历日}-\text{法定假日}}$
影响人工单价的因素	社会平均工资水平、生活消费指数、人工单价的组成内容、劳动力市场供需变化、政府推行的社会保障和福利政策

二、材料单价的组成与确定（见表 1.2.15）

表 1.2.15 材料单价的组成和确定方法

材料预算价格构成		计算及相关说明
材料基价	材料原价	材料原价是指材料的出厂价格，进口材料抵岸价或销售部门的批发牌价和市场采购价格（或信息价）。加权平均价$=\dfrac{K_1C_1+K_2C_2+\cdots+K_nC_n}{K_1+K_2+\cdots+K_n}$ （K 为采购量 C 为原价）
	材料运杂费	运杂费包括运输过程中发生的一切费用和过境过桥费用，包括调车和驳船费、装卸费、运输费及附加工作费。另外，也包括为便于材料运输和保护发生的包装费$\dfrac{K_1T_1+K_2T_2+\cdots+K_nT_n}{K_1+K_2+\cdots+K_n}$（K 为采购量 C 为原价）
	运输损耗费	运输损耗费＝(材料原价＋运杂费)×相应材料损耗率(不可避免的损耗)
	采购保管费	采购及保管费＝材料运到工地仓库价格×采购及保管费率 或采购及保管费＝(材料原价＋运杂费＋运输损耗费)×采购及保管费率 采购保管费包含采购费、仓储费、工地管理费和仓储损耗
材料单价＝(材料原价＋运杂费)×(1＋运输损耗费率)×(1＋采购及保管费率)		

续　表

材料预算价格构成	计算及相关说明
影响材料价格的因素	市场供需变化、材料生产成本的变动直接涉及材料预算价格的波动、流通环节的多少和材料供应体制、运输距离和运输方式的改变、国际市场行情的变化

【例 1.2.5】城都市 2015 年 4 月，Φ6.5 圆钢材料原价（或市场供应价）为 2708.69 元/吨，增值税率 17%，运杂费 100 元/吨，运输损耗率为 1%，采购及保管费率为 2%，计算增值税下发布的 Φ6.5 圆钢市场信息价。

解

一票制：

Φ6.5 圆钢不含税市场信息价＝［（材料原价价格＋运输费）÷（1＋税率)］×（1＋1%）×（1＋2%）

两票制：

Φ6.5 圆钢不含税市场信息价＝［2708.09÷（1＋17%）＋90.09］×（1＋1%）×（1＋2%）＝2477.84 元/吨

圆钢市场信息价计算表

材料费名称	（元/吨）	计算式
不含税供应价	2315.12	2708.69÷（1＋17%）＝2315.12
不含税运杂费	90.09	100÷（1＋11%）＝90.09
不含税运输损耗费	24.05	［2708.69÷（1＋17%）＋90.09］×1%＝24.05
采购及保管费	48.59	［2708.69÷（1＋17%）＋90.09］×（1＋1%）×2%＝48.59
市场信息价	2477.84	2315.12＋90.09＋24.05＋48.59＝2477.84

三、施工机械台班单价的组成和确定方法

根据《2001 年全国统一施工机械台班费用编制规则》的规定，施工机械台班单价由 7 项费用组成，包括折旧费、大修理费、经常修理费、安拆费及场外运费、人工费、燃料动力费、其他费用等（见表 1.2.17）。

表 1.2.17 施工机械台班单价的组成和确定方法

构成	确定方法
折旧费	台班折旧费$=\dfrac{\text{机械预算价格}\times(1-\text{残值率})\times\text{时间价值系数}}{\text{耐用总台班}}$ 时间价值系数＝1＋(折旧年限＋1)/2×年折现率(%) 耐用总台班＝折旧年限×年工作台班＝大修间隔台班×大修周期 大修周期＝寿命期大修理次数＋1
大修理费	台班大修理费$=\dfrac{\text{一次大修理费}\times\text{寿命期内大修理次数}}{\text{耐用总台班}}$
经常修理费	台班经修费$=\dfrac{\sum(\text{各大级保养一次费用}\times\text{寿命期各级保养总次数}+\text{临时故障排除费})}{\text{耐用总台班}}+$ 替换设备和工具附具台班摊销费＋例保辅料费 或台班经修费＝台班大修费×K（K 为台班大修费系数）
安拆费及场外运输费	台班安拆费及场外运费$=\dfrac{\text{一次安拆费及场外运费}\times\text{年平均安拆次数}}{\text{年工作台班}}$ 其内容： ①一次安拆费应包括施工现场机械安装和拆卸一次所需的人工费、材料费、机械费及试运转费。 ②一次场外运费应包括运输、装卸、辅助材料和架线等费用。 ③年平均安拆次数应以《全国统一施工机械保养修理技术经济定额》为基础，由各地区（部门）结合具体情况确定。 ④运输距离均应按 25km 计算
燃料动力费	台班燃料动力消耗量＝(实测数×4＋定额平均值＋调查平均值)/6 台班燃料动力费＝台班燃料动力消耗量×相应单价
人工费	台班人工费＝人工消耗量×$\left(1+\dfrac{\text{年制度工作日}-\text{年工作台班}}{\text{年工作台班}}\right)$×人工单价
其他费用	台班其他费用$=\dfrac{\text{年养路费}+\text{年车船使用税}+\text{年保险费}+\text{年检费用}}{\text{年工作台班}}$

注：安拆费及场外运费根据施工机械不同分为计入台班单价，单独计算和不计算三种类型。

（一）工地间移动较为频繁的小型机械及部分中型机械，其安拆费及场外运费计入台班单价，按如表 1.2.17 所示台班单价方法计算。

（二）移动有一定难度的特、大型（包括少数中型）机械，其安拆费及场外运费应单独计算，计入措施费项目。

（三）不需安装、拆卸其自身又能开行的机械和固定在车间不需安装、拆卸及运输的机械，其安拆费及场外运费不计算。

（四）自升式塔式起重机安装、拆卸费用的超高起点及其增加费，各地区（部门）根据具体情况确定。

【例 1.2.6】已知某挖土机挖土，一次正常循环工作时间是 40s，每次循环平均挖土量为 0.3m^3，机械正常利用系数为 0.8，机械幅度差为 25%。求该机械挖土方 1 000m^3 的预算定额机械耗用台班量。

解 机械纯工作 1h 循环次数＝3600/40＝90 次/台时

机械纯工作一小时正常生产率＝90×0.3＝27m^3/台班

施工机械台班产量定额＝27×8×0.8＝172.8m^3/台班

施工机械台班时间定额＝1/172.8＝0.005 79 台班/m^3

预算定额机械耗用台班＝0.005 79×(1＋25%)＝0.007 23 台班/m^3

挖土方 1 000m^3 的预算定额机械耗用台班量＝1 000×0.007 23＝7.23 台班

第二篇

建筑工程计量与计价实践

单元三　建筑面积基本知识

课题 1　建筑面积计算规则

一、建筑面积计算规则

根据（GB/T 50353—2014）《建筑工程建筑面积计算规范》的要求，建筑工程建筑面积的计算分为两部分，一部分为应计算建筑面积的范围，另一部分为不计算建筑面积的范围。

（一）计算建筑面积的范围

1. 建筑物的建筑面积应按自然层外墙结构外围水平面积之和计算。结构层高在 2.20m 及以上的，应计算全面积；结构层高在 2.20m 以下的，应计算 1/2 面积。如图 2.3.1 所示。

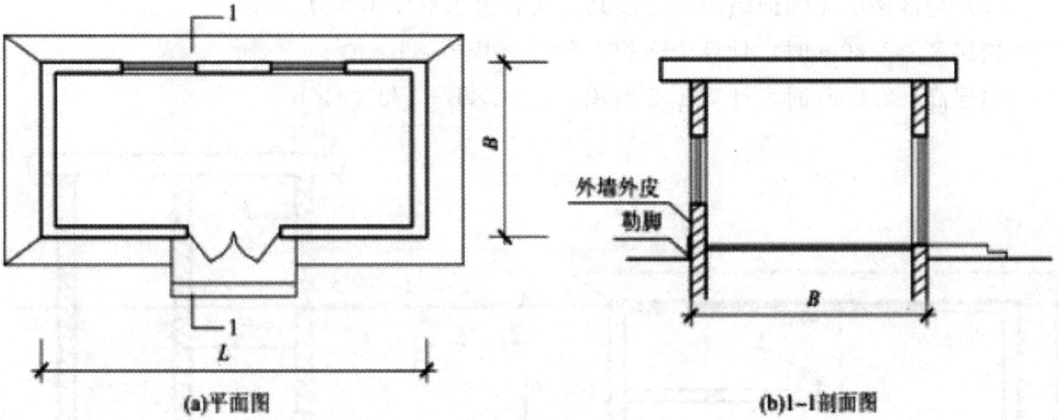

图 2.3.1　单层建筑物的建筑面积

当层高≥2.20m 时，S=L×B

当层高<2.20m 时，S=1/2（L×B）

2. 建筑物内设有局部楼层时，对于局部楼层的二层及以上楼层，有围护结构的应按其围护结构外围水平面积计算，无围护结构的应按其结构底板水平面积计算，且结构层高在 2.20m 及以上的，应计算全面积，结构层高在 2.20m 以下的，应计算 1/2 面积。如图 2.3.2 所示。

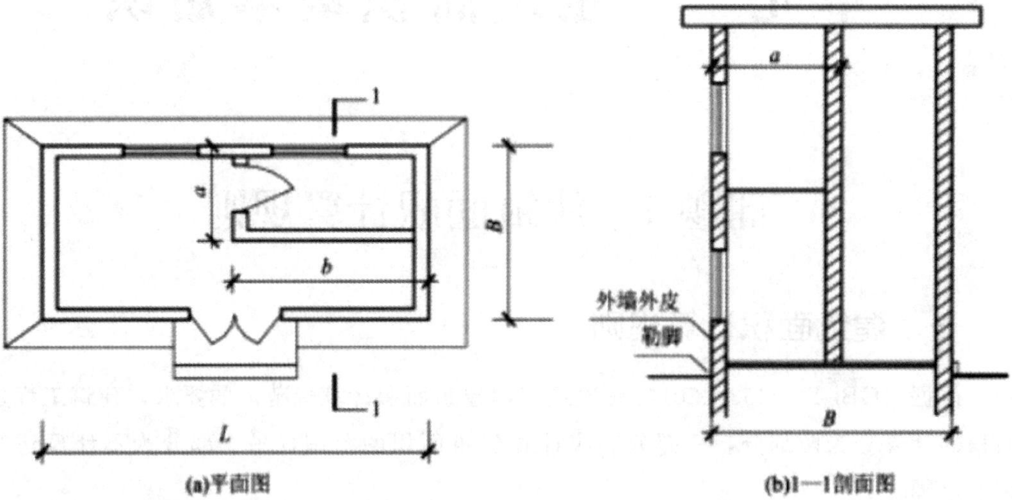

图 2.3.2　设有部分楼层的单层建筑物的建筑面积

(1) 局部楼层有围护结构的应按其围护结构外围水平面积计算；

当层高≥2.20m 时，计算全面积：S＝L×B＋a×b

当层高<2.20m 时，计算 1/2 面积：S＝L×B＋1/2×a×b

(2) 局部楼层无围护结构的应按其结构底板水平面积计算。

当层高≥2.20m 时，计算全面积：S＝L×B＋a×b

当层高<2.20m 时，计算 1/2 面积：S＝L×B＋1/2×a×b

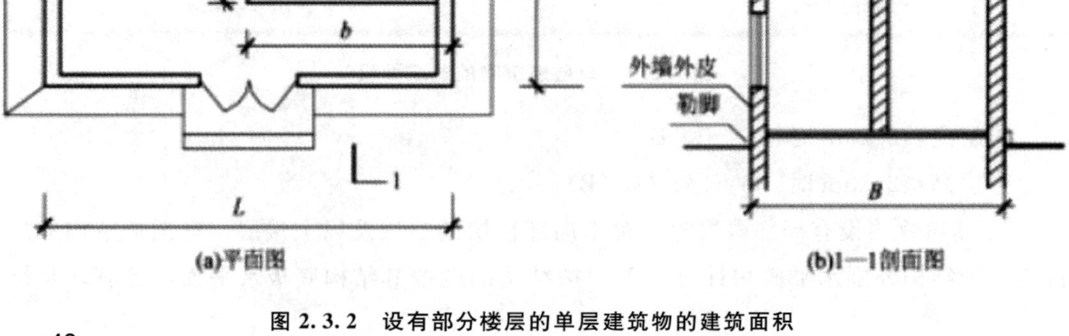

图 2.3.2　设有部分楼层的单层建筑物的建筑面积

3. 坡屋顶部分建筑面积：

当坡屋面净高>2.10m 时，计算全部建筑面积：S=AB

当 1.20m≤坡屋面净高≤2.10m 时，计算 1/2 建筑面积：S= AB2+1/2A（B1－B2）

当坡屋面净高<1.2m 时，不计算建筑面积。

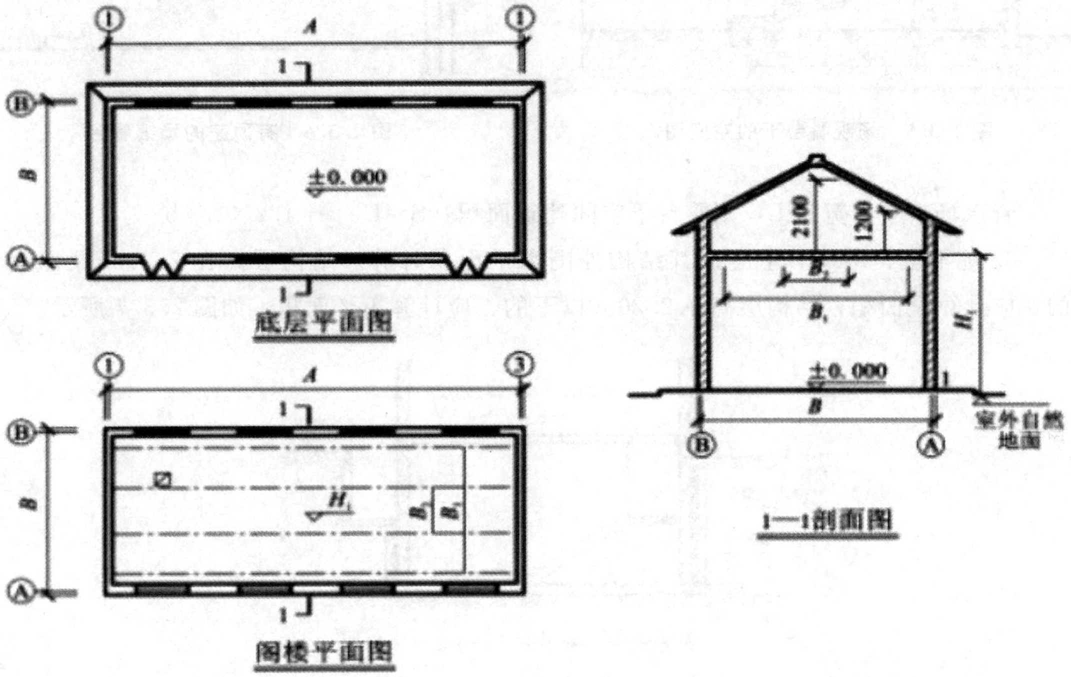

图 2.3.4　坡屋顶示意图

4. 对于场馆看台下的建筑空间，结构净高在 2.10m 及以上的部位应计算全面积；结构净高在 1.20m 及以上至 2.10m 以下的部位应计算 1/2 面积；结构净高在 1.20m 以下的部位不应计算建筑面积。

室内单独设置的有围护设施的悬挑看台，应按看台结构底板水平投影面积计算建筑面积。

有顶盖无围护结构的场馆看台应按其顶盖水平投影面积的 1/2 计算面积。如图 2.3.5，2.3.6 所示。

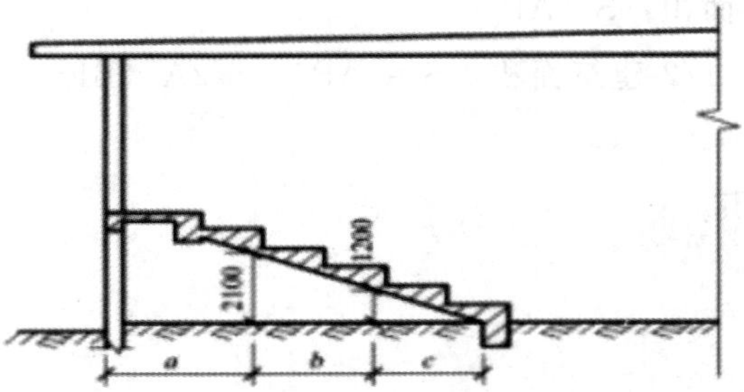

图 2.3.5 场观看台下的空间图

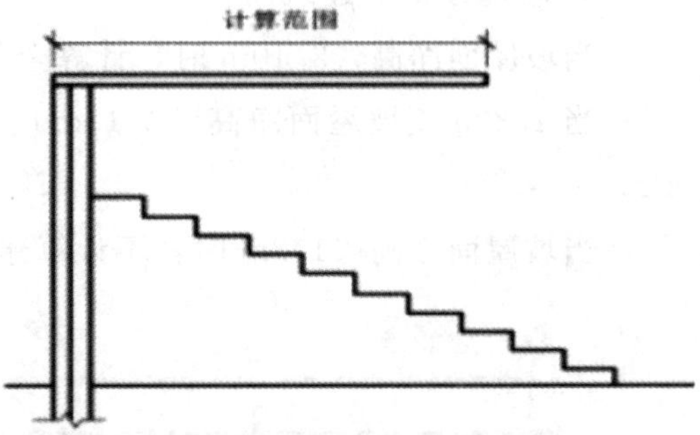

图 2.3.6 有顶盖的场馆看台

若该场馆看台宽为 L，则看台下空间建筑面积：S＝L×a＋1/2×L×b

5. 地下室、半地下室应按其结构外围水平面积计算。结构层高在 2.20m 及以上的，应计算全面积；结构层高在 2.20m 以下的，应计算 1/2 面积。如图 2.3.7 所示。

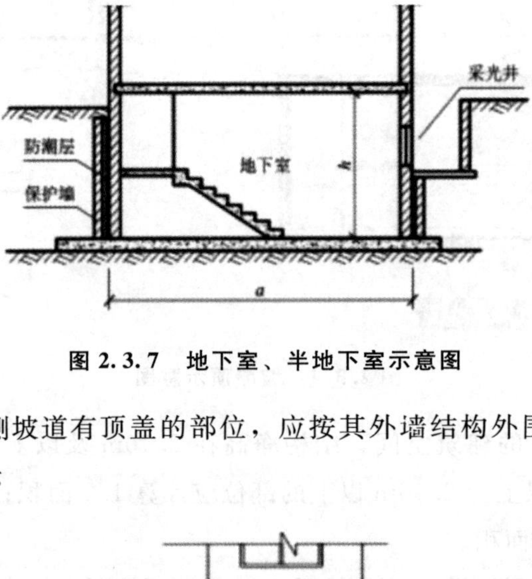

图 2.3.7 地下室、半地下室示意图

6. 出入口外墙外侧坡道有顶盖的部位，应按其外墙结构外围水平面积的 1/2 计算面积。如图 2.3.8 所示

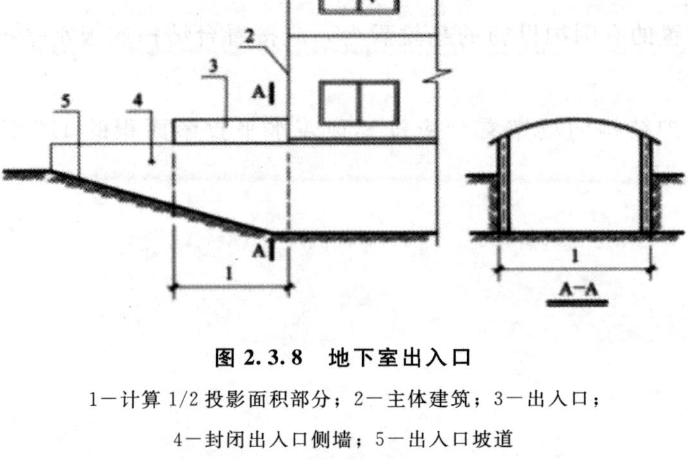

图 2.3.8 地下室出入口

1—计算 1/2 投影面积部分；2—主体建筑；3—出入口；

4—封闭出入口侧墙；5—出入口坡道

7. 建筑物架空层及坡地建筑物吊脚架空层，应按其顶板水平投影计算建筑面积。结构层高在 2.20m 及以上的，应计算全面积；结构层高在 2.20m 以下的，应计算 1/2 面积。如图 2.3.9、2.3.10 所示。

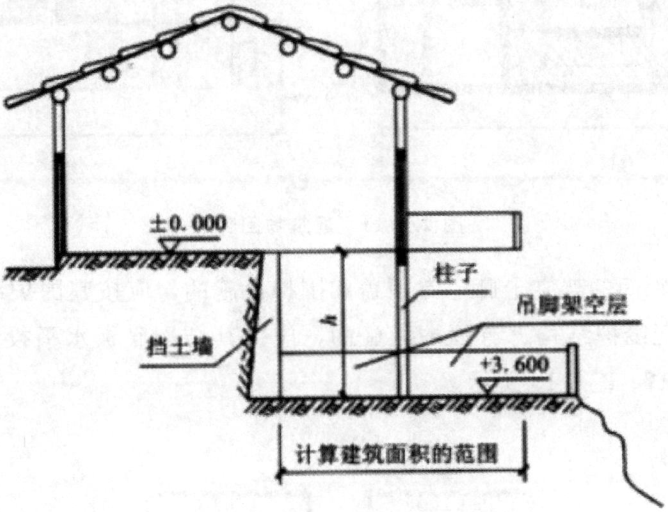

图 2.3.9　建筑物吊脚空间

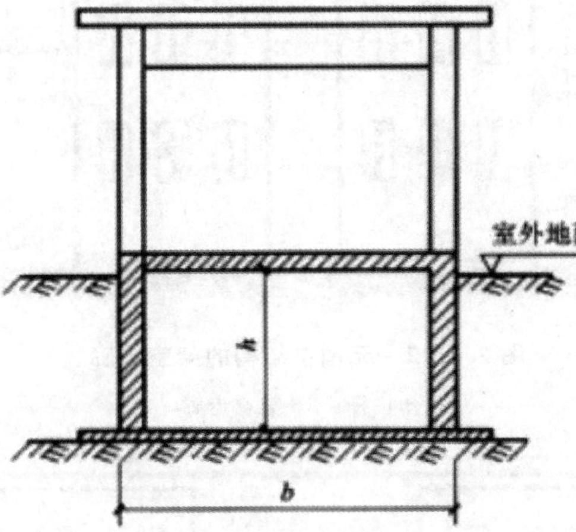

图 2.3.10　深基础架空层

8. 建筑物的门厅、大厅应按一层计算建筑面积，门厅、大厅内设置的走廊应按走廊结构底板水平投影面积计算建筑面积。结构层高在 2.20m 及以上的，应计算全面积；结构层高在 2.20m 以下的，应计算 1/2 面积。如图 2.3.11 所示。

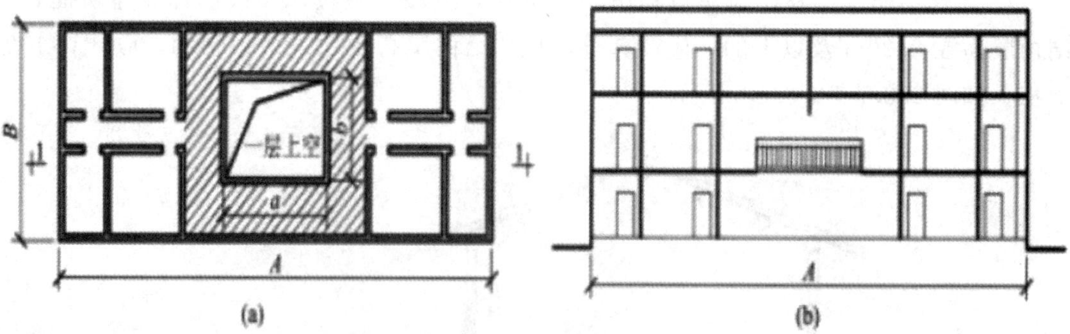

图 2.3.11　建筑物回廊

9. 对于建筑物间的架空走廊，有顶盖和围护设施的，应按其围护结构外围水平面积计算全面积；无围护结构、有围护设施的，应按其结构底板水平投影面积计算 1/2 面积。如图 2.3.12、2.3.13 所示。

10.

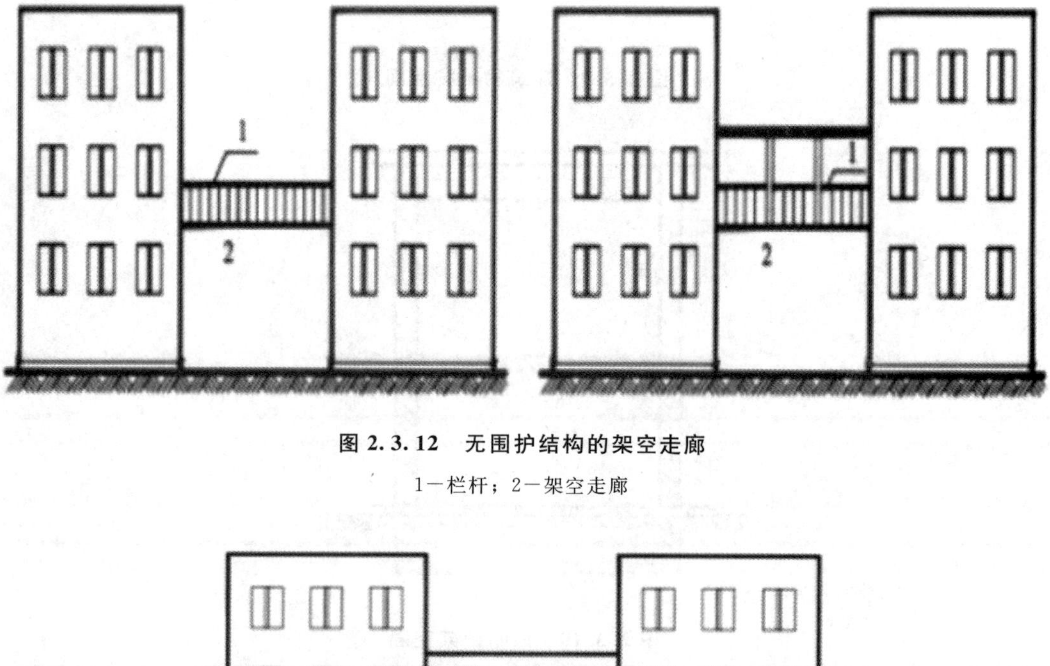

图 2.3.12　无围护结构的架空走廊

1—栏杆；2—架空走廊

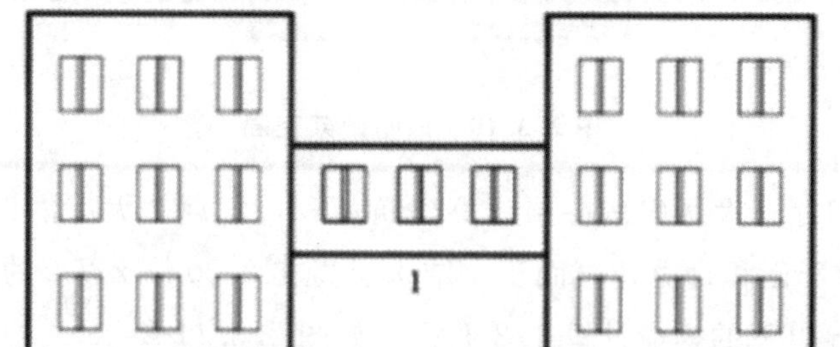

图 2.3.13　有围护结构的架空走廊

11. 对于立体书库、立体仓库、立体车库，有围护结构的，应按其围护结构外围水平面积计算建筑面积；无围护结构、有围护设施的，应按其结构底板水平投影面积计算建筑面积。无结构层的应按一层计算，有结构层的应按其结构层面积分别计算。结构层高在 2.20m 及以上的，应计算全面积；结构层高在 2.20m 以下的，应计算 1/2 面积。如图 2.3.14 所示。

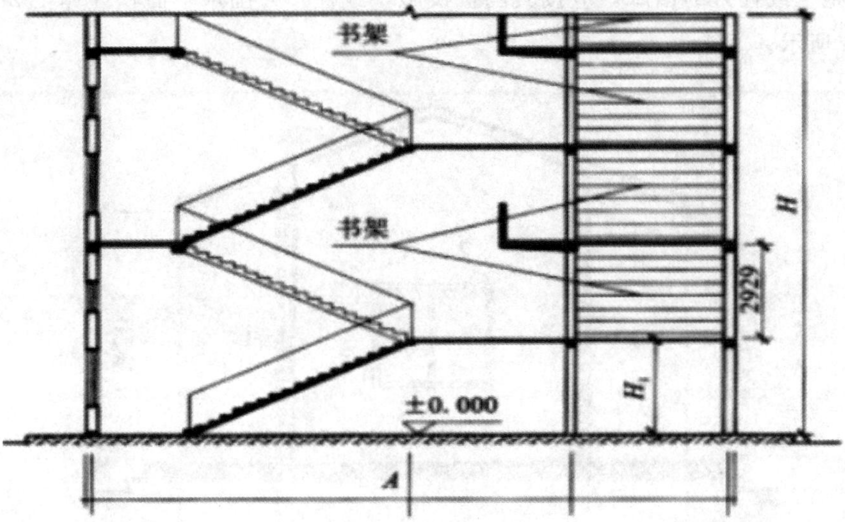

图 2.3.14　立体书库图

11. 有围护结构的舞台灯光控制室，应按其围护结构外围水平面积计算。结构层高在 2.20m 及以上的，应计算全面积；结构层高在 2.20m 以下的，应计算 1/2 面积。如图 2.3.15 所示。

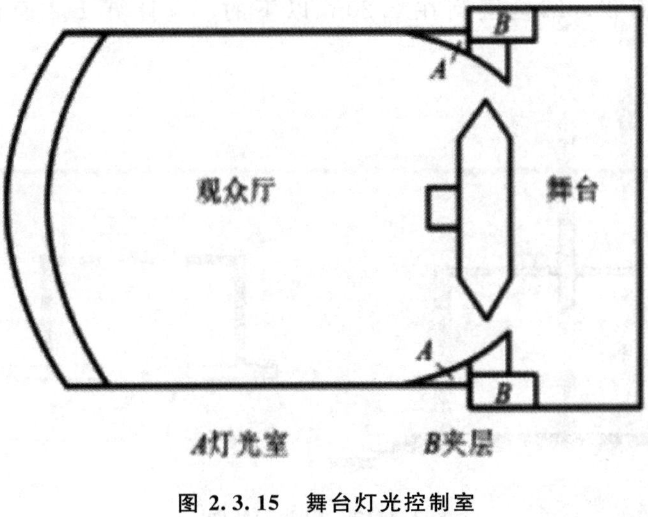

图 2.3.15　舞台灯光控制室

12. 附属在建筑物外墙的落地橱窗，应按其围护结构外围水平面积计算。结构层高在 2.20m 及以上的，应计算全面积；结构层高在 2.20m 以下的，应计算 1/2 面积。

13. 窗台与室内楼地面高差在 0.45m 以下且结构净高在 2.10m 及以上的凸（飘）窗，应按其围护结构外围水平面积计算 1/2 面积。

14. 有围护设施的室外走廊（挑廊），应按其结构底板水平投影面积计算 1/2 面积；有围护设施（或柱）的檐廊，应按其围护设施（或柱）外围水平面积计算 1/2 面积。如图 2.3.16 所示。

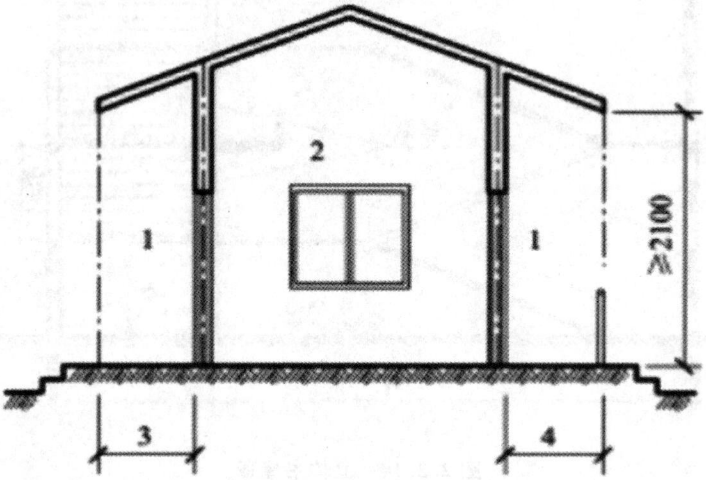

图 2.3.16　挑廊、走廊、檐廊示意图

1—檐廊；2—室内；3—不计算建筑面积部位；4—计算 1/2 建筑面积部位

15. 门斗应按其围护结构外围水平面积计算建筑面积，且结构层高在 2.20m 及以上的，应计算全面积；结构层高在 2.20m 以下的，应计算 1/2 面积。如图 2.3.17 所示。

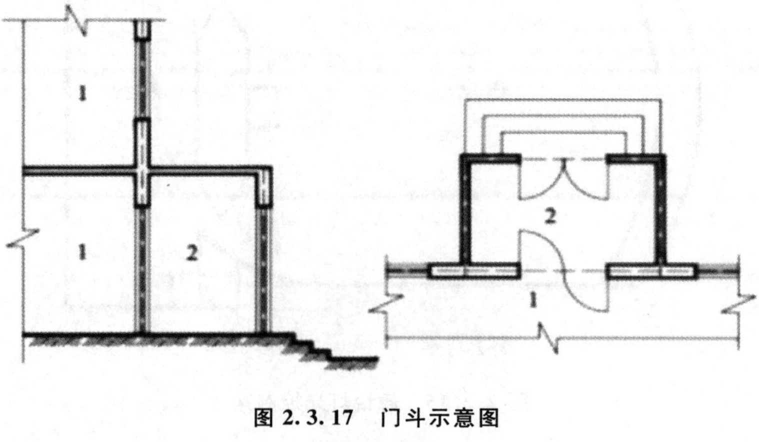

图 2.3.17　门斗示意图

1—室内；2—门斗

17. 设在建筑物顶部的、有围护结构的楼梯间、水箱间、电梯机房等，结构层高在 2.20m 及以上的应计算全面积；结构层高在 2.20m 以下的，应计算 1/2 面积。如图 2.3.18 所示。

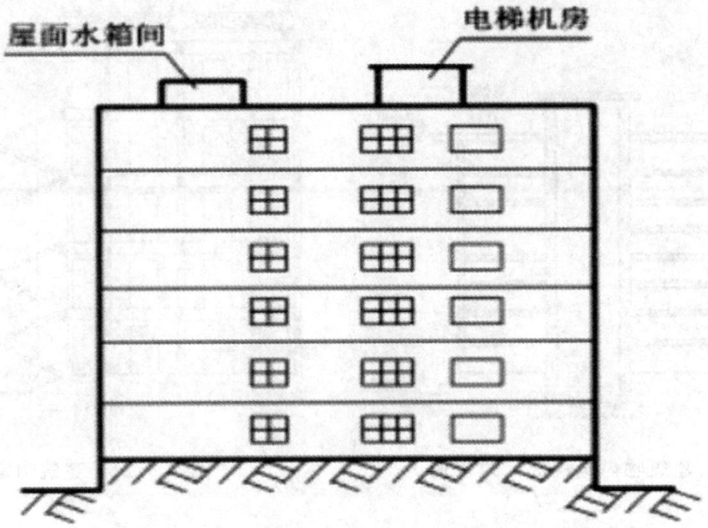

图 2.3.18　建筑物顶部的水箱间、电梯机房

18. 围护结构不垂直于水平面的楼层，应按其底板面的外墙外围水平面积计算。结构净高在 2.10m 及以上的部位，应计算全面积；结构净高在 1.20m 及以上至 2.10m 以下的部位，应计算 1/2 面积；结构净高在 1.20m 以下的部位，不应计算建筑面积。如图 2.3.19 所示。

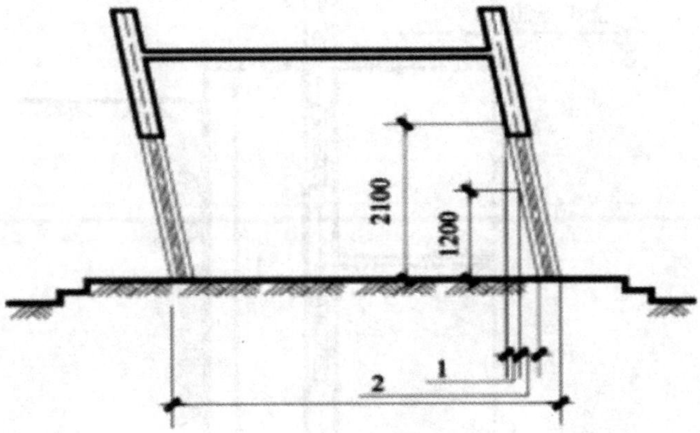

图 2.3.19　斜围护结构

1—计算 1/2 建筑面积部位；2—不计算建筑面积部位

19. 建筑物的室内楼梯、电梯井、提物井、管道井、通风排气竖井、烟道，应并入

建筑物的自然层计算建筑面积。有顶盖的采光井应按一层计算面积，且结构净高在 2.10m 及以上的，应计算全面积；结构净高在 2.10m 以下的，应计算 1/2 面积。如图 2.3.20、2.3.21、2.3.22 所示。

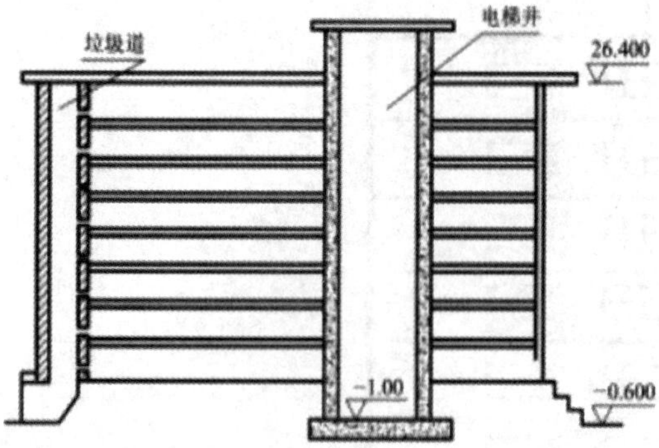

图 2.3.20　建筑物内电梯井、垃圾道

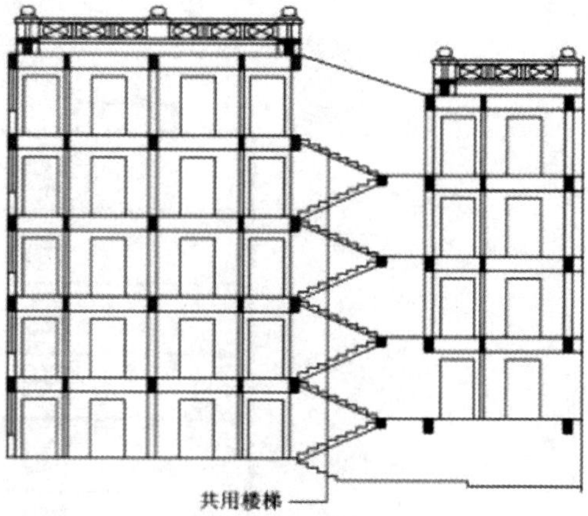

图 2.3.21　建筑物室内楼梯

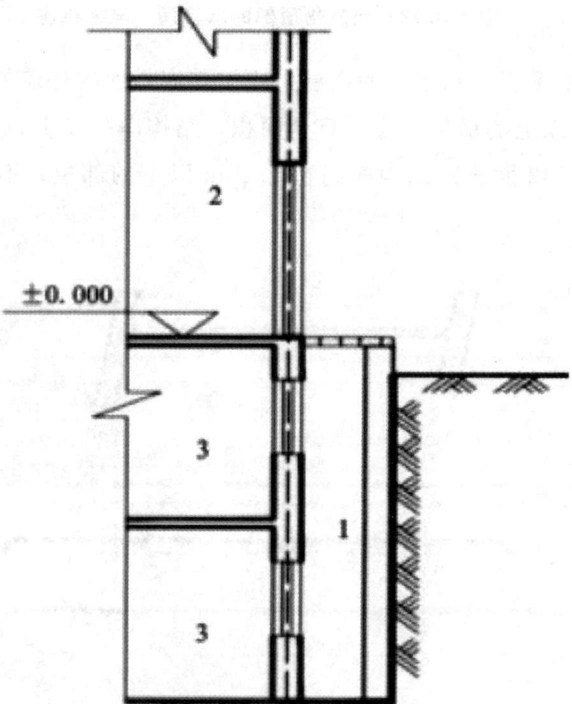

图 2.3.22　地下室采光井

1—采光井；2—室内；3—地下室

20. 室外楼梯应并入所依附建筑物自然层，并应按其水平投影面积的 1/2 计算建筑面积。如图 2.3.23 所示。

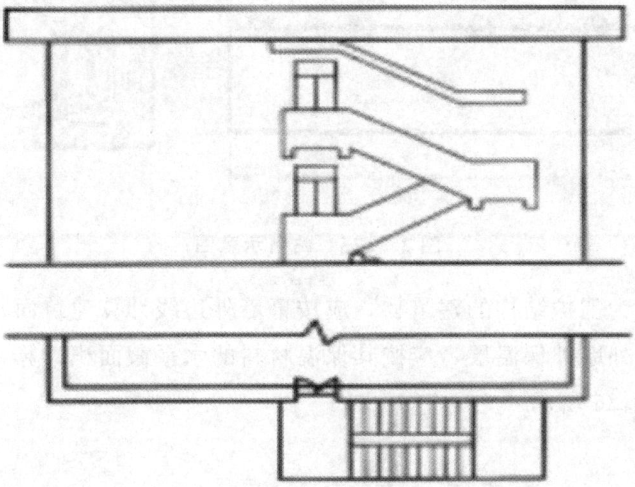

图 2.3.23　室外楼梯

21. 在主体结构内的阳台，应按其结构外围水平面积计算全面积；在主体结构外的阳台，应按其结构底板水平投影面积计算 1/2 面积。如图 2.3.24 所示。

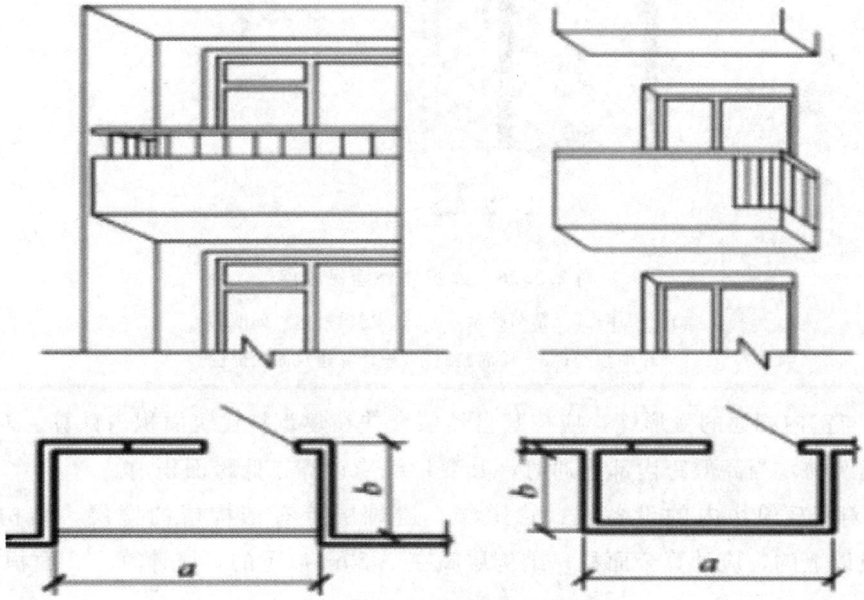

图 2.3.24　阳台示意图

22. 有顶盖无围护结构的车棚、货棚、站台、加油站、收费站等，应按其顶盖水平投影面积的 1/2 计算建筑面积。如图 2.3.25 所示。

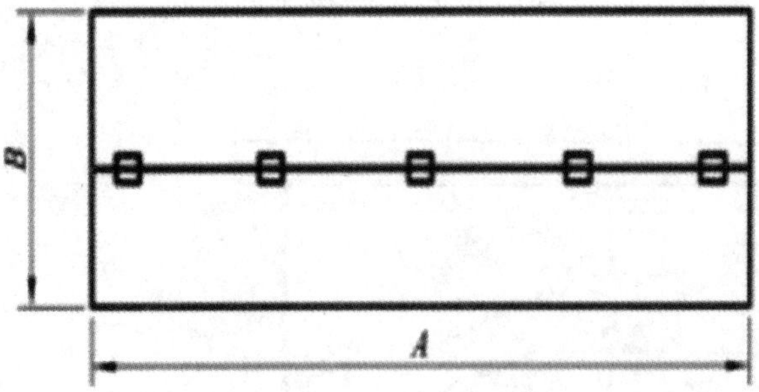

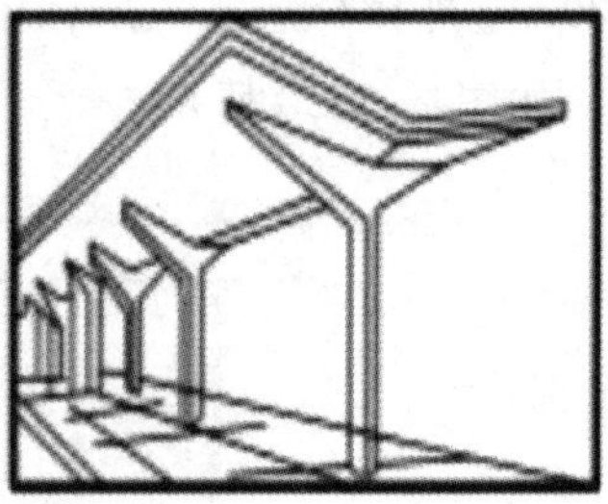

图 2.3.25 站台示意图

23. 以幕墙作为围护结构的建筑物，应按幕墙外边线计算建筑面积。

24. 建筑物的外墙外保温层，应按其保温材料的水平截面积计算，并计入自然层建筑面积。如图 2.3.26 所示

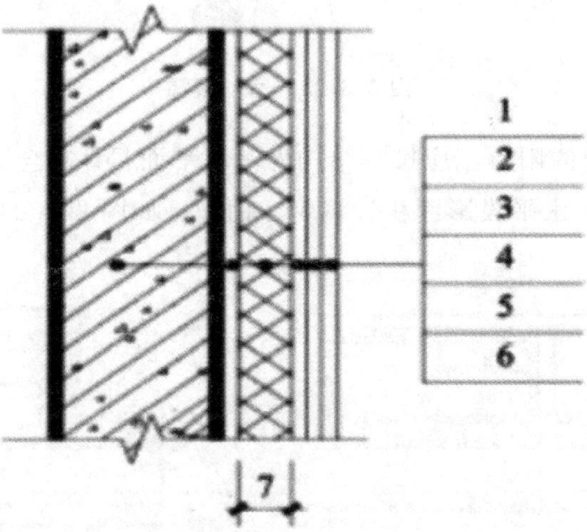

图 2.3.26 建筑物外墙保温层

1—墙体；2—粘结胶紫；3—保温材料；4—标准网；

5—加强网；6—抹面胶此；7—计算建筑面积部位

25. 与室内相通的变形缝，应按其自然层合并在建筑物建筑面积内计算。对于高低联跨的建筑物，当高低跨内部连通时，其变形缝应计算在低跨面积内。

26. 对于建筑物内的设备层、管道层、避难层等有结构层的楼层，结构层高在 2.20m 及以上的，应计算全面积；结构层高在 2.20m 以下的，应计算 1/2 面积。

（二）不计算建筑面积的规定

1. 与建筑物内不相连通的建筑部件；

2. 骑楼、过街楼底层的开放公共空间和建筑物通道；

3. 舞台及后台悬挂幕布和布景的天桥、挑台等；

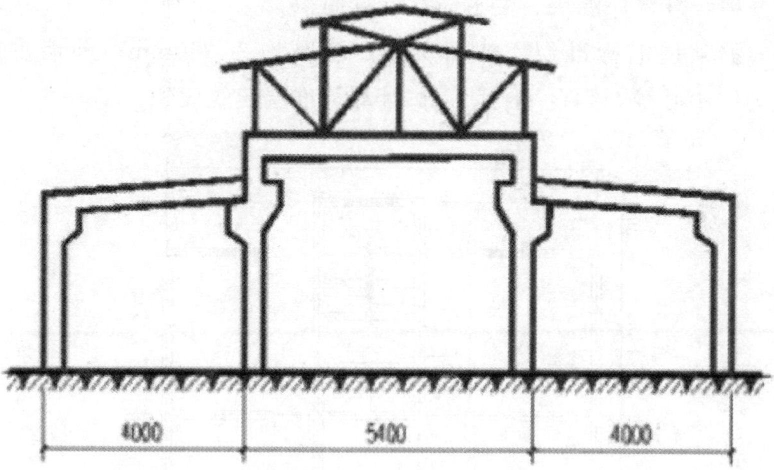

图 2.3.27　高低跨示意图

4. 露台、露天游泳池、花架、屋顶的水箱及装饰性结构构件；

5. 建筑物内的操作平台、上料平台、安装箱和罐体的平台；

6. 勒脚、附墙柱、垛、台阶、墙面抹灰、装饰面、镶贴块料面层、装饰性幕墙，主体结构外的空调室外机搁板（箱）、构件、配件，挑出宽度在 2.10m 以下的无柱雨篷和顶盖高度达到或超过两个楼层的无柱雨篷；

7. 窗台与室内地面高差在 0.45m 以下且结构净高在 2.10m 以下的凸（飘）窗，窗台与室内地面高差在 0.45m 及以上的凸（飘）窗；

8. 室外爬梯、室外专用消防钢楼梯；

9. 无围护结构的观光电梯；

10. 建筑物以外的地下人防通道，独立的烟囱、烟道、地沟、油（水）罐、气柜、水塔、贮油（水）池、贮仓、栈桥等构筑物。

（三）其他说明

1. 飘窗：窗台与室内楼地面高差在 0.45m 以内且结构净高在 2.1m 及以上的，按围护结构外围面积计算 1/2，否则不算

2. 无柱雨篷：结构外边线至外墙外结构外边线的宽度在 2.1m 及以上的，按雨篷结构板的水平投影面积计算 1/2，否则不算

3. 围护结构不垂直于水平面的，按底板面的外墙外围水平面积，净高 2.1m 及其以上全部计算，净高 1.2－2.1m 计算 1/2；净高 1.2m 以下不计算

4. 室内楼梯、各种井，按自然层计算

5. 阳台：主体结构内，按主体结构外围水平面积计算全面积；主体结构外，按其结构底板水平面积计算 1/2

6. 围护幕墙、外墙保温层、变形缝，计算面积

【例 2.3.1】某住宅标准层，如图所示，墙厚均为 240mm，外墙皮至阳台外皮 1.5m，轴线为墙中心线，阳台不封闭，试计算标准层建筑面积。

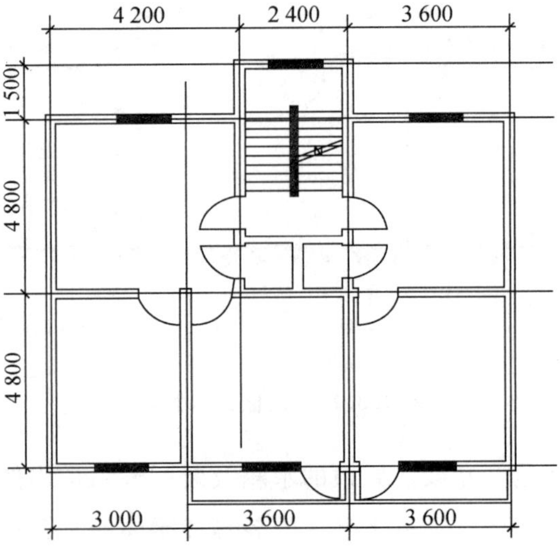

图 2.3.23　住宅标准层

解　(1) 外墙围护结构外围部分面积

$S1=(3.0+3.6+3.6+0.12\times2)\times(4.8+4.8+0.12\times2)+(2.4+0.12\times2)\times1.5=106.69m^2$

(2)未封闭阳台面积 $S2=(3.6+3.6)\times1.5\times0.5=5.40m^2$

(3)标准层建筑面积 $S=S1+S2=106.69+5.40=112.09m^2$

【例 2.3.2】某五层建筑物的各层建筑面积一样，底层外墙尺寸如图所示，墙厚均为 240，试计算建筑面积。(轴线坐中)

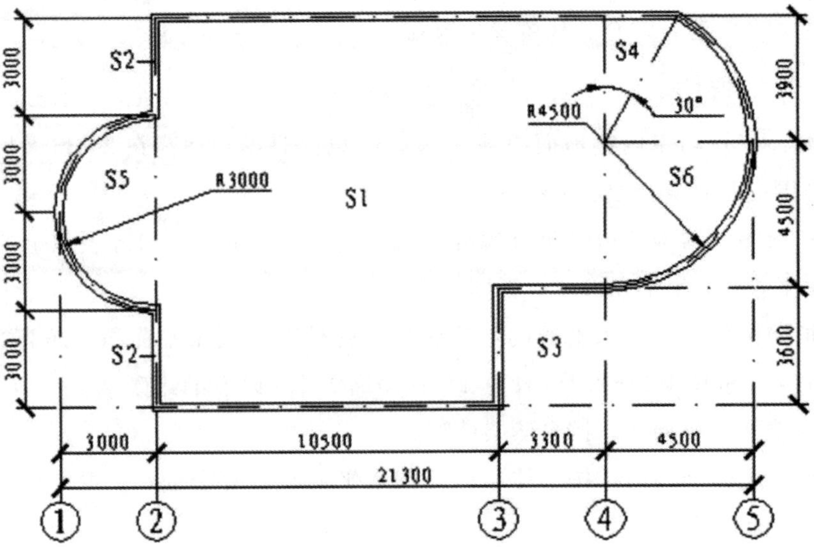

解：

1、②、④轴线间矩形面积

S1 ＝ 13.8×12.24 ＝ 168.912（m^2）

2、S2 ＝ 3×0.12×2 ＝ 0.72（m^2）

3、扣除 S3 ＝ 3.6×3.18 ＝ 11.448（m^2）

4、三角形 S4 ＝ 0.5×4.02×2. 31＝ 4.643（m^2）

5、半圆 S5 ＝ 3.14×3.122×0.5＝ 15.283（m^2）

6、扇形 S6 ＝ 3.14×4.622×150○/360○ ＝ 27.926（m^2）

总建筑面积：

S ＝（S1＋S2－S3 ＋ S4 ＋ S5 ＋ S6）×5

＝（168.912＋0.72－11.448＋4.643＋15.283＋27.926）

＝ 1030.18（m^2）

单元四　土石方工程

课题 1　土石方工程清单工程量

根据《房屋建筑与装饰工程工程量计算规范》(GB 50854－2013）规定，土石方工程包括土方工程、石方工程及回填 3 部分共 13 个清单项目。

一、土方工程清单项目设置

（一）土方工程其工程量清单项目设置、项目特征描述的内容、计量单位及工程量计算规则，应按表 2.4.1 的规定执行

表 2.4.1　土方工程（编号：010101）

项目编码	项目名称	项目特征	计量单位	工程量计算规则	工作内容
010101001	平整场地	1. 土壤类别 2. 弃土运距 3. 取土运距	m^2	按设计图示尺寸以建筑物首层建筑面积计算	1. 土方挖填 2. 场地找平 3. 运输
010101002	挖一般土方	1. 土壤类别 2. 挖土深度 3. 弃土运距	m^3	按设计图示尺寸以体积计算	1. 排地表水 2. 土方开挖 3. 围护(挡土板)、支撑 4. 基底钎探 5. 运输
010101003	挖沟槽土方			按设计图示尺寸以基础垫层底面积乘以挖土深度计算	
010101004	挖基坑土方				
010101005	冻土开挖	1. 冻土厚度 2. 弃土运距		按设计图示尺寸开挖面积乘厚度以体积计算	1. 爆破 2. 开挖 3. 清理 4. 运输
010101006	挖淤泥、流砂	1. 挖掘深度 2. 弃淤泥、流砂距离		按设计图示位置、界限以体积计算	1. 开挖 2. 运输

续 表

项目编码	项目名称	项目特征	计量单位	工程量计算规则	工作内容
010101007	管沟土方	1. 土壤类别 2. 管外径 3. 挖沟深度 4. 回填要求	1. m 2. m^3	以 m 计量，按设计图示以管道中心线长度计算； 以 m^3 计量，按设计图示管底垫层面积乘以挖土深度计算；无管底垫层按管外径的水平投影面积乘以挖土深度计算	1. 排地表水 2. 土方开挖 3. 围护（挡土板）、支撑 4. 运输 5. 回填

（二）土方工程清单工程量计算

1. 土方工程工程量清单项目相关说明

（1）建筑物场地厚度≤±300mm 的挖、填、运、找平，应按平整场地项目编码列项。厚度>±300mm 的竖向布置挖土或山坡切土应按挖一般土方项目编码列项。

（2）沟槽、基坑、一般土方的划分：底宽≤7m 且底长>3 倍底宽为沟槽；底长≤3 倍底宽且底面积≤150m^2 为基坑；超出上述范围则为一般土方。

（3）挖土方项目包括指定范围的土方运输（是指由招标人指定的弃土地点或取土地点的运距）。若招标文件规定由投标人确定弃土地点或取土地点时，则此条件不必在工程量清单中描述。

（4）挖土方如需截桩头时，应按桩基工程相关项目编码列项。

（5）桩间挖土不扣除桩的体积，并在项目特征中加以描述。

（6）弃、取土运距可以不描述，但应注明由投标人根据施工现场实际情况自行考虑，决定报价。

（7）土壤的分类应按表 2.4.2 确定，如土壤类别不能准确划分时，招标人可注明为综合，由投标人根据地勘报告决定报价。

表 2.4.2 土壤分类表

土壤分类	土壤名称	开挖方法
一、二类土	粉土、砂土（粉砂、细砂、中砂、粗砂、砾砂）、粉质粘土、弱中盐渍土、软土（淤泥质土、泥炭、泥炭质土）、软塑红粘土、冲填土	用锹、少许用镐、条锄开挖。机械能全部直接铲挖满载者

续 表

土壤分类	土壤名称	开挖方法
三类土	黏土、碎石土（圆砾、角砾）混合土、可塑红黏土、硬塑红黏土、强盐渍土、素填土、压实填土	主要用镐、条锄、少许用锹开挖。机械需部分刨松方能铲挖满载者或可直接铲挖但不能满载者
四类土	碎石土（卵石、碎石、漂石、块石）、坚硬红黏土、超盐渍土、杂填土	全部用镐、条锄挖掘、少许用撬棍挖掘。机械须普遍刨松方能铲挖满载者
注：本表土的名称及其含义按国家标准《岩土工程勘察规范》（GB 50021－2001）（2009 年版）定义		

(8) 土方体积应按挖掘前的天然密实体积计算。非天然密实土方应按表 2.4.3 的系数折算。

表 2.4.3　土方体积折算系数表

天然密实度体积	虚方体积	夯实后体积	松填体积
0.77	1.00	0.67	0.83
1.00	1.30	0.87	1.08
1.15	1.50	1.00	1.25
0.92	1.20	0.80	1.00
注： ① 虚方指未经碾压、堆积时间≤1 年的土壤。 ② 本表按《全国统一建筑工程预算工程量计算规则》（GJDGZ－101－95）整理。 ③ 设计密实度超过规定的，填方体积按工程设计要求执行；无设计要求按各省、自治区、直辖市或行业建设行政主管部门规定的系数执行。			

(9) 挖沟槽、基坑、一般土方因工作面和放坡增加的工程量（管沟工作面增加的工程量），是否并入各土方工程量中，按各省、自治区、直辖市或行业建设主管部门的规定实施。

若不并入各土方工程量中，则增加的挖土方量，不计算在工程量清单内，而是应包括在相应土方工程项目报价中。

若并入各土方工程量中，办理工程结算时，按经发包人认可的施工组织设计规定计算，编制工程量清单时，可按表 2.4.8～表 2.4.10 规定计算。

(10) 管沟土方项目适用于管道（给排水、工业、电力、通信）、光（电）缆沟[包括人（手）孔、接口坑]及连接井（检查井）等。

2. **土方工程清单工程量计算**

（1）平整场地。平整场地是指对施工现场高低不平的部位进行的厚度在±300mm内的挖、填、运、找平等的工作，如图 2.4.1 所示。

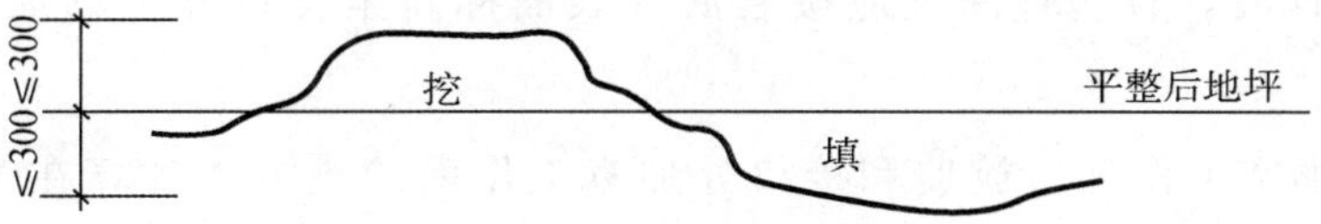

图 2.4.1　平整场地示意图

平整场地工程量＝建筑物首层建筑面积

“建筑物首层面积”应按建筑物外边线计算。

（2）挖一般土方。挖一般土方包括不属于沟槽、基坑的土方开挖，建筑场地厚度在±300mm 以外的挖土等。

挖一般土方工程量按设计图示尺寸以体积计算。土方体积应按挖掘前的天然密实体积计算，挖土方平均厚度应按自然地面测量标高至设计地坪标高间的平均厚度确定。

（3）挖沟槽土方。沟槽土方工程量 $V_{沟槽}$ 按设计图示尺寸以基础垫层底面积乘以挖土深度计算，如图 2.4.2 所示。

$V_{沟槽}$＝基础垫层底面积×挖土深度＝沟槽垫层长度×沟槽垫层宽度×挖土深度＝

沟槽垫层长度（L）×沟槽截面积（$H\times a$）

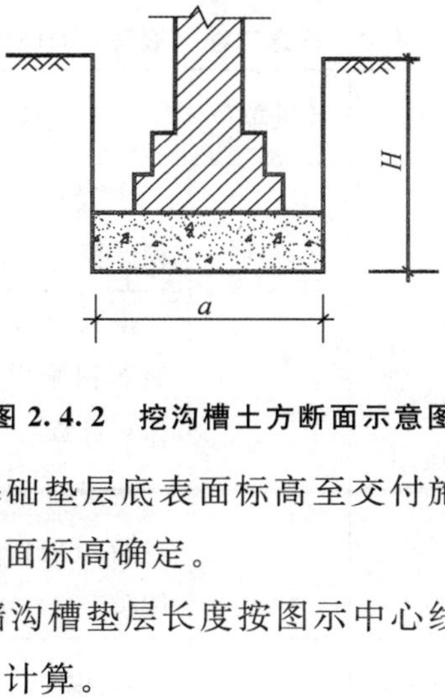

图 2.4.2　挖沟槽土方断面示意图

基础土方开挖深度应按基础垫层底表面标高至交付施工现场地标高确定，无交付施工场地标高时，应按自然地面标高确定。

沟槽垫层长度（L）：外墙沟槽垫层长度按图示中心线长度计算，内墙沟槽垫层长度按图示沟槽垫层之间净长度计算。

（4）挖基坑土方。基坑土方工程量 $V_{基坑}$ 按设计图示尺寸以基础垫层底面积乘以挖土深度计算。

$V_{基坑}$＝基础垫层底面积×挖土深度＝基坑垫层长度×基坑垫层宽度×挖土深度

（5）管沟土方。管沟土方清单工程量有两种计算方式：

1）按设计图示以管道中心线长度计算。

2）按设计图示管底垫层面积乘以挖土深度计算；无管底垫层按管外径的水平投影面积乘以挖土深度计算。

有管沟设计时，管沟土方平均深度以沟垫层底表面标高至交付施工场地标高计算；无管沟设计时，直埋管深度应按管底外表面标高至交付施工场地标高的平均高度计算。

管沟开挖加宽工作面、放坡和接口处加宽工作面的土方不计算在工程量清单内，而是包括在管沟土方报价中。

（6）冻土开挖项目是指永久性的冻土或季节性冻土的开挖。

（7）淤泥是一种稀软状，不易成形的灰黑色、有臭味含有半腐朽的植物遗体、置于水中，有动物残体渣滓浮在水面，并常有气泡由水中冒出泥土。流砂，在坑内抽水时，坑底的土会成流动状态，随地下水涌出，这种土无承载力，边挖边冒，无法挖深，强挖会掏空邻近地基。挖方出现流砂、淤泥时，可根据实际情况由发包人与承包人双方认证。

二、石方工程工程量清单项目设置

（一）石方工程工程量清单项目设置、项目特征描述的内容、计量单位及工程量计算规则（见表 2.4.4）

表 2.4.4　石方工程（编号：010102）

<table>
<tr><th>项目编码</th><th>项目名称</th><th>项目特征</th><th>计量单位</th><th>工程量计算规则</th><th>工作内容</th></tr>
<tr><td>010102001</td><td>挖一般石方</td><td rowspan="3">1. 岩石类别
2. 开凿深度
3. 弃碴运距</td><td rowspan="3">m^3</td><td>按设计图示尺寸以体积计算</td><td rowspan="3">1. 排地表水
2. 凿石
3. 运输</td></tr>
<tr><td>010102002</td><td>挖沟槽石方</td><td>按设计图示尺寸沟槽底面积乘以挖石深度以体积计算</td></tr>
<tr><td>010102003</td><td>挖基坑石方</td><td>按设计图示尺寸基坑底面积乘以挖石深度以体积计算</td></tr>
<tr><td>010102004</td><td>挖管沟石方</td><td>1. 岩石类别
2. 管外径
3. 挖沟深度</td><td>1. m
2. m^3</td><td>1. 以 m 计量，按设计图示以管道中心线长度计算。
2. 以 m^3 计量，按设计图示截面积乘以长度计算</td><td>1. 排地表水
2. 凿石
3. 回填
4. 运输</td></tr>
</table>

（二）石方工程工程量清单项目设置的有关说明

1. 挖石应按自然地面测量标高至设计地坪标高的平均厚度确定。基础石方开挖深度应按基础垫层底表面标高至交付施工现场地标高确定，无交付施工场地标高时，应按自然地面标高确定。

2. 厚度>±300mm 的竖向布置挖石或山坡凿石应按挖一般石方项目编码列项。

3. 沟槽、基坑、一般石方的划分：底宽≤7m，底长>3 倍底宽为沟槽；底长≤3 倍底宽、底面积≤150m^2 为基坑；超出上述范围则为一般石方。

4. 弃碴运距可以不描述，但应注明由投标人根据施工现场实际情况自行考虑，决定报价。

5. 岩石的分类应按表 2.4.5 确定。

表 2.4.5　岩石分类表

<table>
<tr><th colspan="2">岩石分类</th><th>代表性岩石</th><th>开挖方法</th></tr>
<tr><td colspan="2">极软岩</td><td>全风化的各种岩石；
各种半成岩</td><td>部分用手凿工具、部分用爆破法开挖</td></tr>
<tr><td rowspan="2">软质岩</td><td>软岩</td><td>强风化的坚硬岩或较硬岩；
中等风化-强风化的较软岩；
未风化-微风化的页岩、泥岩、泥质砂岩等</td><td rowspan="2">用风镐和爆破法开挖用爆破法开挖</td></tr>
<tr><td>较软岩</td><td>中等风化-强风化的坚硬岩或较硬岩；
未风化-微风化的凝灰岩、千枚岩、泥灰岩、砂质泥岩等</td></tr>
<tr><td rowspan="2">硬质岩</td><td>较硬岩</td><td>微风化的坚硬岩；
未风化-微风化的大理岩、板岩、石灰岩、白云岩、钙质砂岩等</td><td rowspan="2">用爆破法开挖</td></tr>
<tr><td>坚硬岩</td><td>未风化-微风化的花岗岩、闪长岩、辉绿岩、玄武岩、安山岩、片麻岩、石英岩、石英砂岩、硅质砾岩、硅质石灰岩等</td></tr>
<tr><td colspan="4">注：
本表依据国家标准《工程岩体分级标准》（GB 50218－94）和《岩土工程勘察规范》（GB 50021－2001）（2009 年版）整理</td></tr>
</table>

6. 石方体积应按挖掘前的天然密实体积计算。非天然密实方应按表 2.4.6 的系数进行折算。

表 2.4.6　石方体积折算系数表

石方类别	天然密实度体积	虚方体积	松填体积	码方
石方	1.0	1.54	1.31	
块石	1.0	1.75	1.43	1.67
砂夹石	1.0	1.07	0.94	
注：本表按建设部颁发《爆破工程消耗量定额》（GYD—102—2008）整理				

7. 管沟石方项目适用于管道（给排水、工业、电力、通信））、电缆沟及连接井（检查井）等。

（三）石方工程工程量清单项目设置注意事项

1. 设计规定需光面爆破的坡面、需摊座的基底，工程量清单中应描述。石方爆破的超挖量，不计算在工程量清单内，而是包括在石方报价中。

2. 管沟石方工程量不论有无管沟设计均按长度计算。管沟开挖加宽工作面、放坡和接口处加宽工作面增加的石方不计算在工程量清单内，而是包括在管沟石方报价中。

三、回填

（一）回填工程量清单项目设置、项目特征描述的内容、计量单位及工程量计算（见表 2.4.7）

表 2.4.7　回填（编号：010103）

项目编码	项目名称	项目特征	计量单位	工程量计算规则	工作内容
010103001	回填方	1. 密实度要求 2. 填方材料品种 3. 填方粒径要求 4. 填方来源、运距	m^3	按设计图示尺寸以体积计算。 场地回填：回填面积乘平均回填厚度； 室内回填：主墙间面积乘回填厚度，不扣除间隔墙； 基础回填：挖方体积减去自然地坪以下埋设的基础体积（包括基础垫层及其他构筑物）	1. 运输 2. 回填 3. 压实
010103002	余方弃置	1. 废弃料品种 2. 运距	m^3	按挖方清单项目工程量减利用回填方体积（正数）计算	余方点装料运输至弃置点

（二）回填工程量清单设置有关说明

1. 填方密实度要求，在无特殊要求情况下，项目特征可描述为满足设计和规范的要求。

2. 填方材料品种可以不描述，但应注明由投标人根据设计要求验方后方可填入，并符合相关工程的质量规范要求。

3. 填方粒径要求，在无特殊要求情况下，项目特征可以不描述。

4. 如需买土回填应在项目特征填方来源中描述，并注明买土方数量。

（三）回填工程量清单注意事项

土（石）方回填包括指定范围内的运输以及借土回填的土方开挖。基础土方放坡等的施工增加量，应包括在报价内。

课题2　土石方工程项目计价

土石方工程项目清单计价应按工程量清单中描述的项目特征、工作内容，结合设计图纸、工程现场情况，依据当地建设行政主管部门颁发的计价定额及相关计价资料来计算确定。

一、计价工程量相关规定

（一）根据2014年颁发实施的《湖南省建筑工程消耗量标准》，土石方工程一章中包括人工土方、人工石方、机械土方、机械石方及其他五节，共有64个定额子目。套用定额时，土石方工程应考虑放坡、施工所需工作面而增加的土石方工程量，因而计价工程量与清单所列工程量会有所不同。

（二）在进行土石方工程量计算前，应明确以下资料：

1. 土壤及岩石的类别详见《土壤分类表》及《岩石分类表》。

2. 地下水位标高及降（排水）方法。

3. 土方、沟槽、基坑挖（填）起始标高、施工方法及运距。

4. 岩石开凿、爆破方法、石渣清运方法及运距。

（三）虚土、天然密实土、夯实土、松填土。

1. 虚土是指未经碾压自然形成的土。

2. 天然密实土是指未经松动的自然土（天然土）。

3. 实土是指按规范要求经过分层、碾压、夯实的土。

4. 松填土是指挖出的自然土，自然堆放未经夯实填在槽、坑的土。

5. 土方体积均以挖掘前的天然密实体积计算（另有注明者除外）。

6. 沟槽、基坑、一般土方施工时，为确保安全、防止侧壁土方塌方，放坡的起点高度和坡度系数应根据施工组织设计的规定计算，若无规定时，按表2.4.8～表2.4.10的规定计算。

表 2.4.8　放坡系数表

土类别	放坡起点/m	人工挖土	机械挖土		
			在坑内作业	在坑上作业	顺沟槽在坑上作业
一、二类土	1.20	1∶0.5	1∶0.33	1∶0.75	1∶0.5
三类土	1.50	1∶0.33	1∶0.25	1∶0.67	1∶0.33
四类土	2.00	1∶0.25	1∶0.10	1∶0.33	1∶0.25

注：① 沟槽、基坑中土类别不同时，分别按其放坡起点、放坡系数、根据不同土类别厚度加权平均计算。

② 计算放坡时，在交接处的重复工程量不予扣除，原槽、坑作基础垫层时，放坡自垫层上表面开始计算。

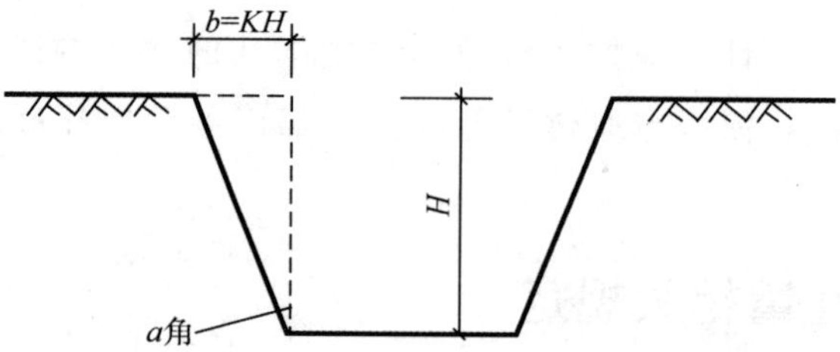

图 2.4.3　放坡示意图

表 2.4.9　基础施工所需工作面宽度计算表

基础材料	每边各增加工作面宽度/mm
砖基础	200
浆砌毛石、条石基础	150
混凝土基础垫层支模板	300
混凝土基础支模板	300
基础垂直面做防水层	1 000（防水层面）

注：本表按《全国统一建筑工程预算工程量计算规则》（GJDGZ—101—95）整理

表 2.4.10　管沟施工每侧所需工作面宽度计算表

管沟材料 ＼ 管道结构宽/mm	≤500	≤1 000	≤2 500	>2 500
混凝土及钢筋混凝土管道/mm	400	500	600	700
其他材质管道/mm	300	400	500	600

注：① 本表按《全国统一建筑工程预算工程量计算规则》（GJDGZ—101—95）整理。

② 管道结构宽：有管座的按基础外缘，无管座的按管道外径。

7. 平整场地中的弃（取）土运输应包括在报价内。如施工组织设计规定超面积平整场地时，超出部分应包括在报价内。

8. 基础周围的放坡、工作面挖土，以及机械进出的坡道挖土等增加的挖土方量，不计算在工程量清单内，而是应包括在“挖基础土方”报价中。

9. 挖土方项目包括指定范围的土方运输。

二、土石方工程计价工程量的计算

（一）平整场地

人工平整场地是指建筑物场地挖、填土方厚度在±30cm 以内及找平。厚度超过±30cm时，其全部土方工程量按挖土方相应定额计算，如图 2.4.4 所示。

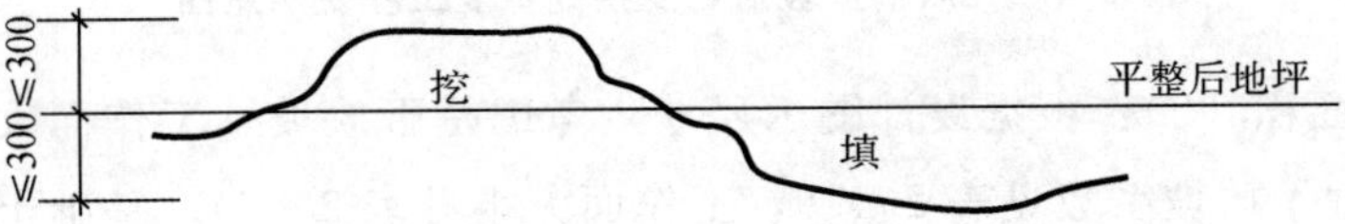

图 2.4.4　平整场地示意图

按计价定额的规定，人工平整场地工程量按建筑物外墙外边线每边各加 2m，以 m^2 计算。

计算公式为

$$S=(a+4)\times(b+4)=S_{底}+2L_{外}+16$$

式中　a——建筑物外墙外边线长度；

b——建筑物外墙外边线宽度；

$S_{底}$——建筑物底层建筑面积；

$L_{外}$——建筑物外墙外边线总长度。

（二）挖一般土方

挖一般土方包括不属于沟槽、基坑的土方开挖，建筑场地厚度在±300mm 以外的挖土等。

挖一般土方工程量按设计图示尺寸以体积计算，包括放坡和工作面增加的土方体积。单位工程的挖方或填方工程在 2 000m^3 以上及无砌筑管道沟的挖土方时，常用的方法有横截面计算法和方格网计算法等。

（三）挖沟槽土方

凡图示沟槽底宽≤7m 且底长＞3 倍底宽为沟槽。

沟槽土方工程量 $V_{沟槽}$＝挖沟槽长度(L)×沟槽截面积（S）

其中：

1. 挖沟槽长度（L）：外墙沟槽长度按图示中心线长度（$L_{中}$）计算，内墙沟槽长度按图示沟槽底面之间净长度（$L_{内槽}$）计算，$L=L_{中}+L_{内槽}$。

内外突出部分（垛、附墙烟囱等）体积并入沟槽土方工程量内计算。计算放坡时，在交接处的重复工程量不予扣除，如图 2.4.5 所示。

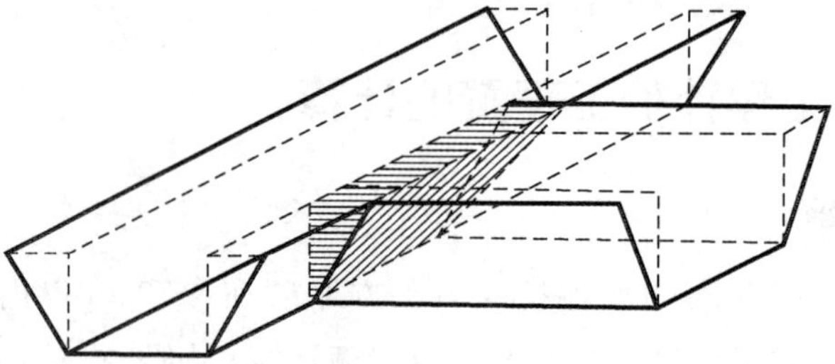

图 2.4.5　沟槽放坡时，交接处重复工程量示意图

2. 沟槽截面积（S）：根据设计图示尺寸，考虑是否放坡、工作面大小来确定基坑开挖的截面尺寸。放坡系数见表 2.4.8，工作面大小见表 2.4.9。基础土方开挖深度应按基础垫层底表面标高至交付施工现场地标高确定，无交付施工场地标高时，应按自然地面标高确定。

下面结合不同基坑开挖截面形状来介绍沟槽土方开挖工程量的计算。

（1）自垫层下表面放坡沟槽（见图 2.4.6）

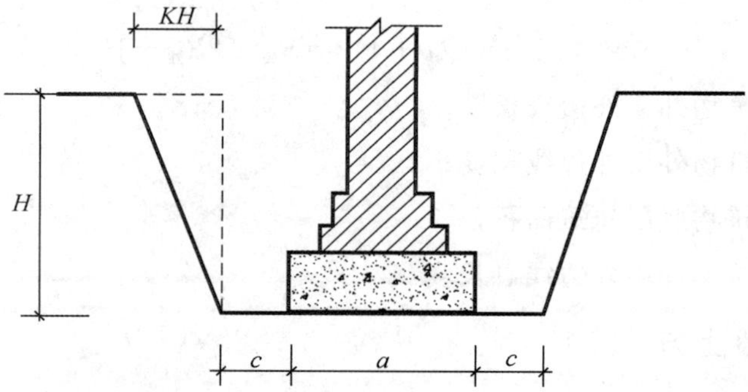

图 2.4.6　垫层下表面放坡沟槽示意图

沟槽土方工程量

$$V_{沟槽}=(a+2c+KH)HL$$

式中　a——基础垫层宽度；

c——工作面宽度；

H——沟槽深度；

K——放坡系数；

L——地槽长度；

(2) 自垫层上表面放坡沟槽（见图 2.4.7）

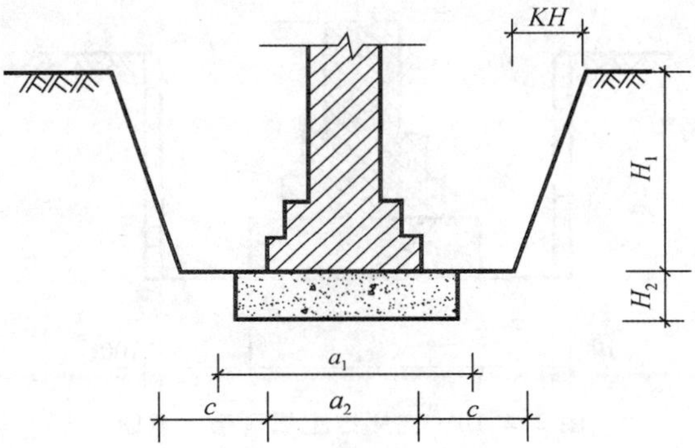

图 2.4.7　垫层上表面放坡沟槽示意图

沟槽土方工程量

$$V=[a_1H2+(a_2+2c+KH_1)H_1]L$$

式中　a_1——基础垫层宽度；

a_2——基础宽度；

c——工作面宽度；

H_1——自然地面至基础底面高度；

H_2——垫层厚度；

K——放坡系数；

L——沟槽长度。

(3) 有工作面不放坡沟槽（见图 2.4.8）

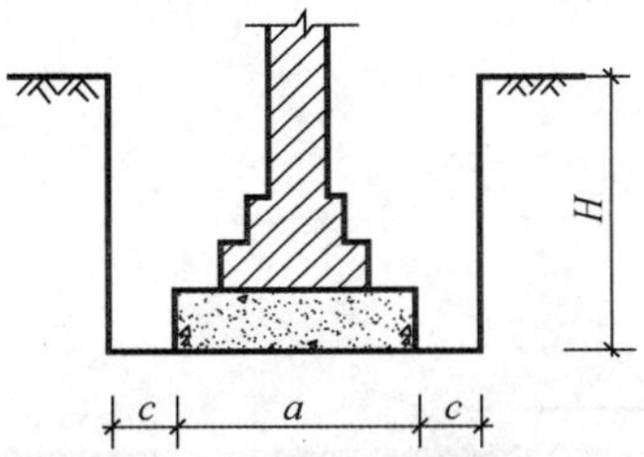

图 2.4.8　有工作面不放坡示意图

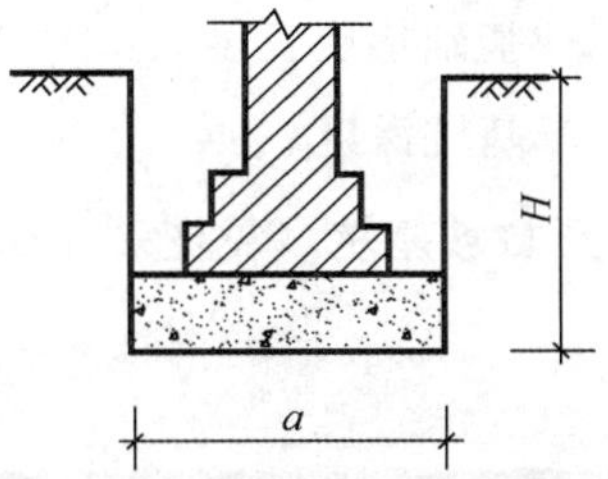

图 2.4.9　无工作面不放坡示意图

沟槽土方工程量为

$$V=(a+2c)HL$$

(4) 无工作面不放坡沟槽（见图 2.4.9）

沟槽土方工程量为

$$V=aHL$$

(5) 支撑挡土板沟槽（见图 2.4.10）

挖沟槽、基坑需支挡土板时，其宽度按图示沟槽、基坑底宽单面加 10cm、双面加

20cm 计算；挡土板面积按槽、坑垂直支撑面积计算。支挡土板后，不得再计算放坡。

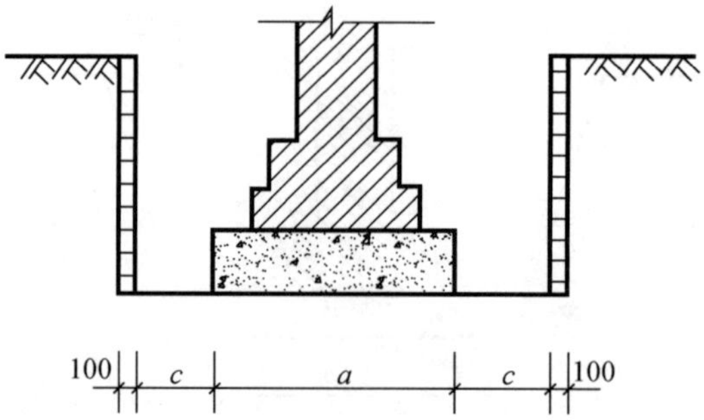

图 2.4.10 支撑挡土板沟槽示意图

沟槽土方工程量为

$$V=(a+2c+2\times 0.1)HL$$

（四）挖基坑土方

凡图示基坑底长≤3 倍底宽、底面积≤150m² 为基坑，超出上述范围则为一般土方。基坑土方工程量需要放坡、工作面时，如施工组织设计有规定者，应按施工组织设计计算；施工组织设计无规定者，则按表 2.4.8 和表 2.4.9 规定计算（办理工程结算时，如有甲、乙双方签订的隐蔽工程记录，按签证记录表计算）。

1. 矩形不放坡基坑

基坑土方工程量为

$$V=abH$$

式中 a——基础垫层宽度；

b——基础垫层长度；

H——基坑深度。

2. 矩形放坡基坑（见图 2.4.11）

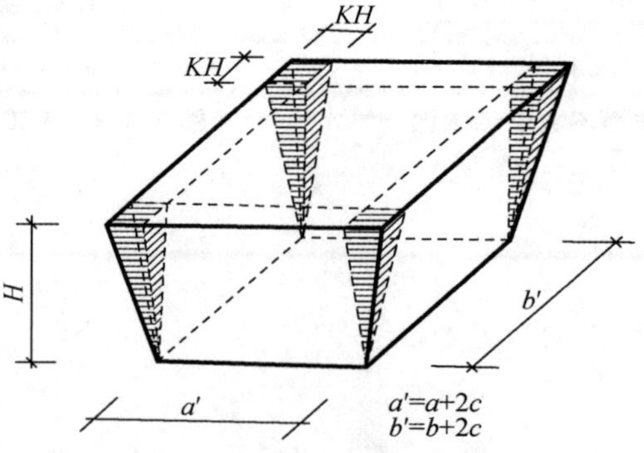

图 2.4.11 放坡基坑示意图

基坑土方工程量为

$$V=(a+2c+KH)(b+2c+KH)H+\frac{1}{3}K^2H^3$$

式中　a——基础垫层宽度；

b——基础垫层长度；

c——工作面宽度；

H——基坑深度；

K——放坡系数。

3. **圆形不放坡地坑**

基坑土方工程量为

$$V=\pi r^2H$$

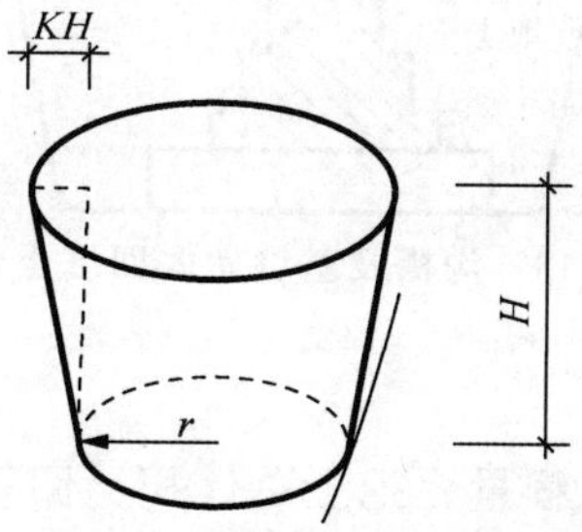

图 2.4.12　圆形放坡地坑示意图

4. **圆形放坡地坑**（**见图** 2.4.12）

基坑土方工程量为

$$V=\frac{1}{3}\pi H[r^2+(r+KH)^2+r(r+KH)]$$

式中　r——基坑底半径（含工作面）；

H——基坑深度；

K——放坡系数。

（五）石方工程

岩石开凿及爆破工程量，区别石质按下列规定计算：

1. 人工凿岩石，按图示尺寸以 m^3 计算。

2. 爆破岩石按图示尺寸以 m^3 计算，其沟槽、基坑宽允许超挖量：次坚石：200mm；普坚石、特坚石：150mm。超挖部分岩石并入岩石挖方量之内计算。

（六）回填土

回填土区分夯填、松填，按设计图示尺寸以体积 V（m^3）计算：

1. 场地回填：$V_{场填}$＝回填面积×平均回填厚度

2. 室内回填：$V_{室内填}$＝室内主墙间面积×回填土厚度

其中：

回填土厚度＝设计室内、外标高差－室内地面垫层和面层厚度

室内主墙间面积＝底层建筑面积－墙长度×墙厚度

计算时不扣除间隔墙面积。

3. 基础回填：$V_{基础填}$＝基础挖方体积－设计室外地坪以下埋没构件（包括基础垫层、基础及其他构筑物）体积。

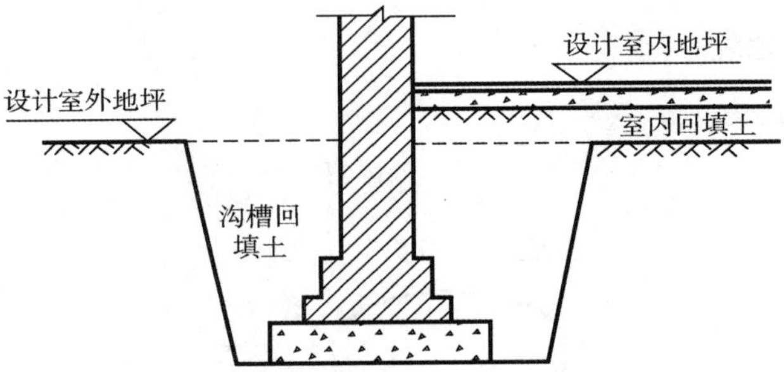

图 2.4.13 沟槽及基坑室内回填土示意图

（七）余方弃置

余方弃置工程量＝挖土总体积－回填土总体积

上式中，计算结果当正值时为余土外运体积，负值时为须取土体积。

（八）土方运输

土方运距，按下列规定计算：

1. 推土机推土运距：按挖方区重心至回填区重心之间的最短距离计算。

2. 铲运机运土运距：按挖方区重心至卸土区重心加转向距离 45m 计算。

3. 自卸汽车运土运距：按挖方区重心至填土区（或堆放地点）重心的最短距离计算。

三、清单计价实例

【例 2.4.1】某宿舍楼基础平面图及剖面图如图 2.4.14 所示，管理费按人工费的 15％计取，利润按人工费和机械费之和的 30％计取。计算平整场地、挖基础土方、回填土方、余土外运的工程量，并进行工程量清单计价。

解 1. 清单工程量

（1）平整场地工程量＝(4.0＋3.0×3＋0.365)×(9＋0.365)＝125.16m^2

（2）外墙基槽中心线长度＝{[(4.0＋3.0×3)]＋(3.0×3)}×2＝44m

（3）内墙基槽长度＝(4.0－1.3)×2＋(3.0×3－1.3)＋(3.0×3－1.3)＋(3.0－1.3)＋(2.0＋1.5－1.3)×2＝26.9m

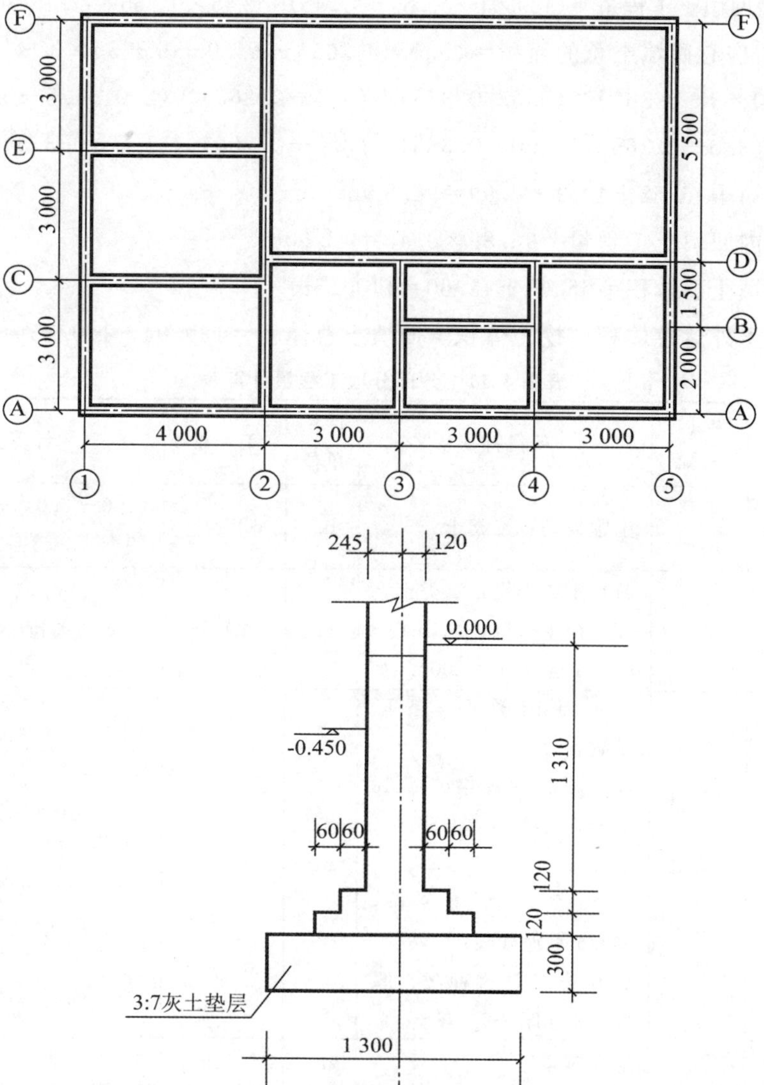

图 2.4.14　基础平面图及剖面图

(4) 基槽总长度＝44＋26.9＝70.9m

(5) 300厚3：7灰土垫层体积＝1.3×70.9×0.3＝27.65m^3

外墙中心线长度＝{[(4.0＋3.0×3)]＋ (3.0×3)}×2＝44m

内墙净长线＝(4.0－0.365)×2＋(3.0×3－0.365)＋(3.0×3－0.365)＋(3.0－0.365)＋(2.0＋1.5－0.365)×2＝33.45m

外墙中心线长度＋内墙净长线＝44＋33.45＝77.45m

(6) 砖基础工程量＝(1.85－0.30＋0.129)×0.365×(33.45＋44)

＝47.46m^3

(7) 挖基槽土方工程量＝(1.85－0.45)×70.9×1.3＝129.04m^3

(8) 基槽回填土工程量＝(129.04－27.65－47.46)＋0.45×0.365×77.45＝66.65m^3

(9) 室内房心回填土总的面积＝(3.0－0.365)×(4.0－0.365)×3＋(3.0×3－0.365)×(5.5－0.365)＋(3.0－0.365)×(2.0＋1.5－0.365)×2＋(3.0－0.365)×(2.0－0.365)＋(3.0－0.365)×(1.5－0.365)＝28.73＋44.34＋16.52＋4.31＋2.99＝96.89m^2

(10) 室内回填土工程量＝96.89×0.45＝43.60m^3

(11) 回填土总体积＝66.65＋43.60＝110.25m^3

(12) 余土外运总体积＝挖土体积－回填土总体积＝129.04－110.25＝18.79m^3

表 2.4.11 分部分项工程量计算表

项目编码	项目名称	项目特征	计量单位	工程量	计算过程
010101001001	平整场地	土壤类别：二类土	m^2	125.16	(4.0＋3.0×3＋0.365)×(9＋0.365)＝125.16
010101003001	挖基础土方	(1) 土壤类别：二类土； (2) 挖土深度：1.4m； (3) 弃土运距：200m	m^3	129.04	(1.85－0.45)×70.9×1.3
010401001001	砖基础	(1) 基础类型：条形基础； (2) 砖品种规格：MU10 页岩砖 240mm×115mm×53mm； (3) 砂浆强度等级：M7.5 水泥砂浆； (4) 垫层材料种类、厚度：300 厚 3：7 灰土	m^3	47.46	(1.85－0.30＋0.129)×0.365×(33.45＋44)
010103001001	回填土	原土夯填	m^3	110.25m^3	66.65＋43.60

2. **定额（计价）工程量**

(1) 平整场地工程量＝$S_底$＋$2L_外$＋16＝125.16＋2×45.46＋16＝232.08m^2

设留工作面 150mm，放坡系数为 0.25，则

$L_外$＝[(3.0×3＋4＋0.365)＋(9＋0.365)]×2＝45.46m

(2) 基槽总长度＝44＋26.9＝70.9m

(3) 挖土方体积＝(1.3＋2×0.15＋0.25×1.4)×(1.85－0.45)×70.9＝193.56m^3

(4) 砖基础体积＝(1.85－0.30－0.45＋0.129)×0.365×77.45＝34.74m^3

(5) 基槽回填土工程量＝(193.56－27.65－34.74)＝131.17m^3

室内回填土工程量＝96.89×0.45＝43.60m^3

回填土工程量＝131.17＋43.60＝174.77m^3

(6) 余土外运总体积＝193.56－174.77＝18.79m³

3. 清单项目费用计算表（一般计税法）

(1) 人工挖基础土方

每 1m³ 人工挖基础土方清单工程量所含施工量

人工挖基础土方：193.56/129.04＝1.5

人工装土、机械运土：18.79/129.04＝0.15

根据《湖南省建筑工程消耗量标准》查阅相关数据，编制人工挖基础土方综合单价表如表 2.2.12 所示。

(2) 清单项目人材机用量与单机表如表 2.2.13 所示。

表 2.2.12　清单项目费用计算表（综合单价表）（投标报价）

（一般计税法）

工程名称：　　　　　　　　　　标段：

清单编号：　　　　　　　　　　单位：m^2

清单名称：人工挖基础土方　　数量：129.04　　综合单价：102.49　　第　页共　页

序号	工程内容	计费基础说明	费率（%）	金额（元）	备注
1	直接费用	1.1＋1.2＋1.3		64.69	
1.1	人工费	0.3924×82×1.5＋0.1563×82×0.15＝50.19		50.19	
1.1.1	其中：取费人工费	1.5×0.3924×60＋0.15×0.1563×60＝36.72		36.72	
1.2	材料费	0		0	
1.3	机械费	(0.01675×575.59×1.5＋0.0006×474.14×0.15)＝14.50		14.50	
1.3.1	其中：取费机械费	(0.01675×494.58＋0.0006×634.94)×0.95＝8.23		8.23	
2	费用和利润	2.1＋2.2＋2.3		27.31	
2.1	管理费	1.1.1 或 1.1.1＋1.3.1	23.33	(36.72＋8.23)×23.33%＝44.95 ×23.33%＝10.49	
2.2	利润	1.1.1 或 1.1.1＋1.3.1	25.42	44.95×25.42%＝11.43	

续 表

序号	工程内容	计费基础说明	费率（%）	金额（元）	备注
2.3	规费	2.3.1+2.3.2+2.3.3+2.3.4+2.3.5		8.04	
2.3.1	工程排污费	1+2.1+2.2	0.4	（64.69+10.49+11.43）×0.4%=86.61×0.4%=0.35	
2.3.2	职工教育和工会经费	1.1	3.5	50.19×3.5%=1.76	
2.3.3	住房公积金	1.1	6	50.19×6%=3.01	
2.3.4	安全生产责任险	1+2.1+2.2	0.2	86.61×0.2%=0.17	
2.3.5	社会保险费	1+2.1+2.2	3.18	86.61×3.18%=2.75	
3	建安费用	1+2		92	
4	销项税额	3×税率	11	10.12	
5	附加税费	（3+4）×费率	0.36	0.37	
合计		3+4+5		102.49	

表 2.2.13　清单项目人材机用量与单价表（□招标控制价□√投标报价□竣工结算）

工程名称：　　　　　　　　　　　　　标段：

清单编号：010101003001　　　　　　　单位：，m^2

清单名称：人工挖基础土方　　　　　　数量：129.04　　　　　　第　页共　页

序号	编码	名称（材料、机械规格型号）	单位	数量	基期价（元）	市场价（元）		合价（元）	备注
						含税	除税		
1	00001	综合人工（建筑）	工日	70.80	70	82	82	5805.95	
172	J4—34	洒水车 4000L	台班	0.08	494.58	474.14	474.14	37.93	
168	J4—15	自卸汽车 8t	台班	2.16	634.94	575.59	575.59	1243.27	
	本页合计								
	累计								

【例 2.4.2】某建筑物桩承台，尺寸如图 2.4.15 所示，设计室外地坪－0.3m，该处土壤类别为二类土，试计算人工挖基坑工程量并完成定额应用。

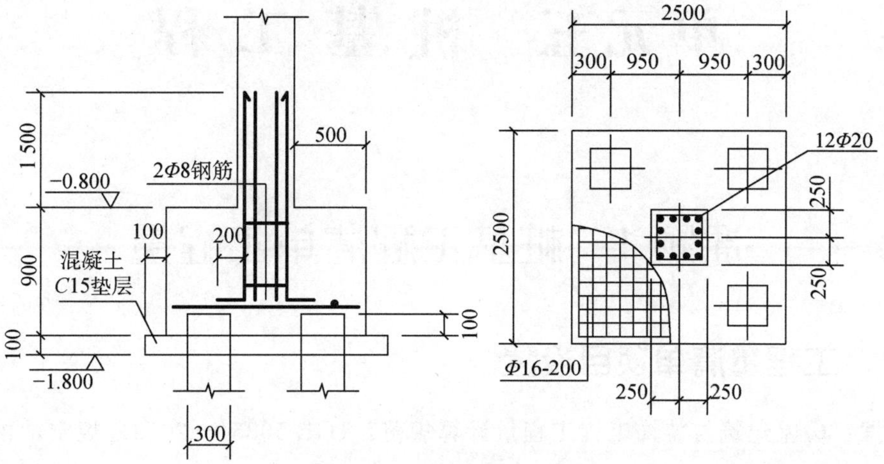

图 2.4.15　桩承台尺寸图

解　(1) 分析。

基础挖深：$H=(1.8-0.3)\text{m}=1.5\text{m}>1.2\text{m}$，二类土，需要放坡，查表 2.4.8 得放坡系数 $K=0.5$。

(2) 计算。挖基坑体积为

$$V=(a+2c+KH)(b+2c+KH)\times H+1/3K^2H^3$$

$$=(2.5+0.2+0.3\times2+0.5\times1.5)\times(2.5+0.2+0.3\times2+0.5\times1.5)\times1.5+1/3\times0.5^2\times1.5^3$$

$$=(24.60+0.25)=24.88\text{m}^3$$

预制桩桩径小于 600mm，所占的体积不予扣除。

列表见表 2.4.14

表 2.4.14　定额应用表

定额编号	工程名称	单位	工程量
A1－13a×1.25 换	人工挖基坑深 2m 内	m^3	24.88

单元五　桩基工程

课题 1　桩基工程清单工程量

一、工程量清单项目设置

根据《房屋建筑与装饰工程工程量计算规范》（GB 50854－2013）规定，桩基工程清单项目有打桩、灌注桩两部分内容，共 11 个清单项目。

（一）打桩工程量清单项目设置、项目特征描述的内容、计量单位及工程量计算规则（见表 2.5.1）

表 2.5.1　打桩（编号：010301）

项目编码	项目名称	项目特征	计量单位	工程量计算规则	工作内容
010301001	预制钢筋混凝土方桩	1. 地层情况 2. 送桩深度、桩长 3. 桩截面 4. 桩倾斜度 5. 沉桩方式 6. 接桩方式 7. 混凝土强度等级	1. m 2. m^3 3. 根	以 m 计量，按设计图示尺寸以桩长（包括桩尖）计算； 以 m^3 计量，按设计图示截面积乘以桩长（包括桩尖）以实体积计算； 以根计量，按设计图示数量计算	1. 工作平台搭拆 2. 桩机竖拆、移位 3. 沉桩 4. 接桩 5. 送桩
010301002	预制钢筋混凝土管桩	1. 地层情况 2. 送桩深度、桩长 3. 桩外径、壁厚 4. 桩倾斜度 5. 沉桩方法 6. 桩尖类型 7. 混凝土强度等级 8. 填充材料种类 9. 防护材料种类			1. 工作平台搭拆 2. 桩机竖拆、移位 3. 沉桩 4. 接桩 5. 送桩 6. 桩尖制作安装 7. 填充材料、刷防护材料

续 表

项目编码	项目名称	项目特征	计量单位	工程量计算规则	工作内容
010301003	钢管桩	1. 地层情况 2. 送桩深度、桩长 3. 材质 4. 管径、壁厚 5. 桩倾斜度 6. 沉桩方法 7. 填充材料种类 8. 防护材料种类	1. t 2. 根	以 t 计量，按设计图示尺寸以质量计算； 以根计量，按设计图示数量计算	1. 工作平台搭拆 2. 桩机竖拆、移位 3. 沉桩 4. 接桩 5. 送桩 6. 切割钢管、精割盖帽 7. 管内取土 8. 填充材料、刷防护材料
010301004	截（凿）桩头	1. 桩类型 2. 桩头截面、高度 3. 混凝土强度等级 4. 有无钢筋	1. m^3 2. 根	以 m^3 计量，按设计桩截面乘以桩头长度以体积计算； 以根计量，按设计图示数量计算	1. 截桩头 2. 凿平 3. 废料外运

（二）打桩工程量清单项目设置有关说明

1. 地层情况按表 2.4.2 和表 2.4.5 的规定，并根据岩土工程勘察报告按单位工程各地层所占比例（包括范围值）进行描述。对无法准确描述的地层情况，可注明由投标人根据岩土工程勘察报告自行决定报价。

2. 项目特征中的桩截面、混凝土强度等级、桩类型等可直接用标准图代号或设计桩型进行描述。

3. 打桩项目包括成品桩购置费，如果用现场预制桩，应包括现场预制的所有费用。

4. 打试验桩和打斜桩应按相应项目编码单独列项，并应在项目特征中注明试验桩或斜桩（斜率）。

5. 桩基础的承载力检测、桩身完整性检测等费用按国家相关取费标准单独计算，不在本清单项目中。

（三）打桩工程量清单项目注意事项

1. 预制钢筋混凝土桩项目适用于预制混凝土方桩、管桩和板桩等项目。

2. 试桩应按“预制钢筋混凝土桩”项目编码单独列项。

3. 打预制钢筋混凝土板桩是指滞留原位（即不拔出）的板桩，板桩应在工程量清单中描述其单桩垂直投影面积。

4. 接桩适用于预制混凝土方桩、管桩和板桩的接桩。接桩应在工程量清单中描述接头材料。

（四）灌注桩工程量清单项目设置、项目特征描述的内容、计量单位及工程量计算规则（见表 2.5.2）

表 2.5.2　灌注桩（编号：010302）

<table>
<tr><th>项目编码</th><th>项目名称</th><th>项目特征</th><th>计量单位</th><th>工程量计算规则</th><th>工作内容</th></tr>
<tr><td>010302001</td><td>泥浆护壁成孔灌注桩</td><td>1. 地层情况
2. 空桩长度、桩长
3. 桩径
4. 成孔方法
5. 护筒类型、长度
6. 混凝土类别、强度等级</td><td rowspan="3">1. m
2. m^3
3. 根</td><td rowspan="3">以 m 计量，按设计图示尺寸以桩长（包括桩尖）计算；
以 m^3 计量，按不同截面在桩上范围内以体积计算；
以根计量，按设计图示数量计算</td><td>1. 护筒埋设
2. 成孔、固壁
3. 混凝土制作、运输、灌注、养护
4. 土方、废泥浆外运
5. 打桩场地硬化及泥浆池、泥浆沟</td></tr>
<tr><td>010302002</td><td>沉管灌注桩</td><td>1. 地层情况
2. 空桩长度、桩长
3. 复打长度
4. 桩径
5. 沉管方法
6. 桩尖类型
7. 混凝土类别、强度等级</td><td>1. 打（沉）拔钢管
2. 桩尖制作、安装
3. 混凝土制作、运输、灌注、养护</td></tr>
<tr><td>010302003</td><td>干作业成孔灌注桩</td><td>1. 地层情况
2. 空桩长度、桩长
3. 桩径
4. 扩孔直径、高度
5. 成孔方法
6. 混凝土类别、强度等级</td><td>1. 成孔、扩孔
2. 混凝土制作、运输、灌注、振捣、养护</td></tr>
<tr><td>010302004</td><td>挖孔桩土（石）方</td><td>1. 地层情况
2. 挖孔深度
3. 弃土（石）运距</td><td>m^3</td><td>按设计图示尺寸（含护壁）截面积乘以挖孔深度以立方米计算</td><td>1. 排地表水
2. 挖土、凿石
3. 基底钎探
4. 运输</td></tr>
<tr><td>010302005</td><td>人工挖孔灌注桩</td><td>1. 桩芯长度
2. 桩芯直径、扩底直径、扩底高度
3. 护壁厚度、高度
4. 护壁混凝土种类、强度等级
5. 桩芯混凝土种类、强度等级</td><td>1. m^3
2. 根</td><td>以 m^3 米计量，按桩芯混凝土体积计算
以根计量，按设计图示数量计算</td><td>1. 护壁制作
2. 混凝土制作、运输、灌注、振捣、养护</td></tr>
</table>

续 表

项目编码	项目名称	项目特征	计量单位	工程量计算规则	工作内容
010302006	钻孔压浆桩	1. 地层情况 2. 空钻长度、桩长 3. 钻孔直径 4. 水泥强度等级	1. m 2. 根	以m计量，按设计图示尺寸以桩长计算； 以根计量，按设计图示数量计算	钻孔、下注浆管、投放骨料、浆液制作、运输、压浆
010302007	灌注桩后压浆	1. 注浆导管材料、规格 2. 注浆导管长度 3. 单孔注浆量 4. 水泥强度等级	孔	按设计图示以注浆孔数计算	注浆导管制作、安装；浆液制作、运输、压浆

（五）灌注桩工程量清单设置有关说明

1. 项目特征中桩长应包括桩尖，空桩长度=孔深-桩长，孔深为自然地面至设计桩底的深度。

2. 项目特征中的桩截面（桩径）、混凝土强度等级、桩类型等可直接用标准图代号或设计桩型进行描述。

3. 泥浆护壁成孔灌注桩是指在泥浆护壁条件下成孔，采用水下灌注混凝土的桩。其成孔方法包括冲击钻成孔、冲抓锥成孔、回旋钻成孔、潜水钻成孔、泥浆护壁的旋挖成孔等。

4. 沉管灌注桩的沉管方法包括捶击沉管法、振动沉管法、振动冲击沉管法、内夯沉管法等。

5. 干作业成孔灌注桩是指不用泥浆护壁和套管护壁的情况下，用钻机成孔后，下钢筋笼，灌注混凝土的桩，适用于地下水位以上的土层使用。其成孔方法包括螺旋钻成孔、螺旋钻成孔扩底、干作业的旋挖成孔等。

6. 桩基础的承载力检测、桩身完整性检测等费用按国家相关取费标准单独计算，不在本清单项目中。

7. 混凝土灌注桩的钢筋笼制作、安装，按钢筋工程中相关项目编码列项。

（六）灌注桩工程量清单设置注意事项

1. 混凝土灌注桩项目适用于人工挖孔灌注桩、钻孔灌注桩、爆扩灌注桩、打管灌注桩、振动管灌注桩等。

2. 人工成孔时采用的护壁，应包括在报价内。钻孔固壁泥浆的搅拌运输，泥浆池、泥浆沟槽的砌筑、拆除应包括在报价内。

课题2　桩基工程项目计价

一、计价工程量相关规定

（一）确定施工方案等具体内容

1. 在计算桩基础工程量之前，应依据工程地质勘察报告资料确定土壤级别，依据施工组织设计明确施工方法、工艺流程、采用机型以及泥浆运距等情况。

2. 桩基础消耗量标准中机械成孔的预制桩、灌注桩的土壤级别的划分应根据工程地质资料中的土层构造和土壤物理、力学性能有关指标，参考纯沉桩时间确定。凡遇有夹砂层者，应首先按砂层情况确定土级。无砂层者，按土壤物理力学性能指标并参考每米平均沉桩时间确定。用土壤力学性能指标鉴定土壤级别的，桩长在12m以内，相当于桩长的1/3的土层厚度应达到所规定的指标。12m以外，按5cm厚度确定。土质鉴别见表2.5.3。

表2.5.3　土质鉴别表

内容		土壤级别	
		一级土	二级土
夹砂层	砂层连续厚度	＜1m	＞1m
	砂层中卵石含量		＜15%
物理性能	压缩系数	＞0.02	＜0.02
	孔隙比	＞0.7	＜0.7
力学性能	静力触探系数	＜50	＞50
	动力触探系数	＜12	＞12
每米纯沉桩时间平均值		＜2min	＞2min
说明		桩经外力作用较易沉入的土，土壤中夹有较薄的砂层	桩经外力作用较难沉入的土，土壤中夹有不超过3m的连续厚度的砂层

3. 人工挖孔桩的土壤分类按照表2.4.2规定执行。

4. 预制桩沉桩，未包括接桩。如需接桩，除按相应打桩项目计算外，按设计要求另计算接桩项目。

5. 打试验桩按相应项目的人工、机械乘以系数2.0计算。试验费用另行计算。

6. 消耗量标准中以打直桩为准，如打斜桩斜度在1∶6以内者，按相应项目乘以系数1.25；如斜度大于1∶6者，按相应项目人工、机械乘以系数1.43。

7. 消耗量标准中以平地（坡度小于15°）打桩为准，如在堤坡上（坡度大于15°）打桩时，按相应项目人工、机械乘以系数1.15。如在基坑内（基坑深度大于1.5m）打桩或在地坪上打坑槽内（坑槽深度大于1m）桩时，按相应定额项目人工、机械乘以系数1.11。

8. 在桩间补桩或强夯后的地基打桩时，按相应项目人工、机械乘以系数1.15。

9. 打送桩时，可按相应打桩项目综合工日及机械台班乘以表2.5.4规定系数计算。

表 2.5.4

送桩深度	系　数
2m以内	1.25
4m以内	1.43
4m以外	1.67

10. 夯扩桩按相应打孔灌注砼桩项目执行，其中人工、机械乘以系数1.15。

11. 金属周转材料中包括桩帽、送桩器、桩帽盖、活瓣桩尖、钢管、料斗等属于周转性使用材料。

12. 表2.5.5各种灌注的材料用量中，均已包括充盈系数和材料损耗。

表 2.5.5

项目名称	充盈系数	损耗率/（%）
打孔灌注砼桩	1.25	1.5
钻孔灌注砼桩	1.3	1.5
打孔灌注砂石桩	1.3	3

其中灌注砂石桩还包括级配密实系数。

13. 桩少于表2.5.6工程量时，其人工、机械乘以系数1.25。其中桩工程量是桩与承台交界面到桩端承重部分的砼量（不包括护壁）。

表 2.5.6

项目	单位工程的工程量
钢筋砼方桩	150m^3
打孔灌注砼桩	60m^3
打孔灌注砂、石桩	60m^3
钻孔灌注砼桩	100m^3
潜水钻孔灌注砼桩	100m^3
人工挖孔桩	100m^3

二、桩基础工程量计算规则

（一）打预制钢筋砼桩

打预制钢筋砼桩的体积，按设计桩长（包括桩尖，不扣除桩尖虚体积）乘以桩截面面积计算（见图 2.5.1）。

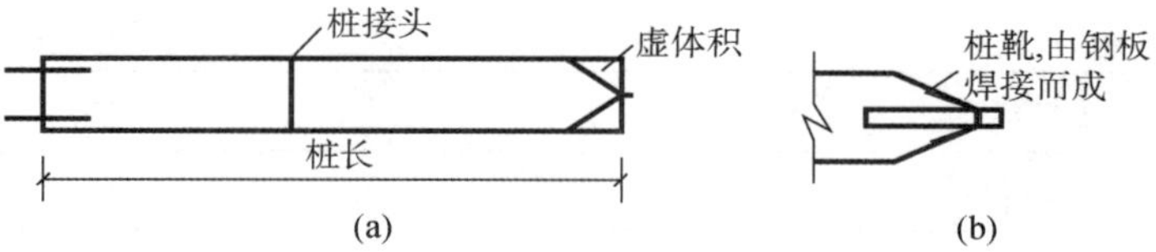

图 2.5.1　预制桩、桩靴示意图

（二）接桩

电焊接桩按设计接头，以个计算；硫磺胶泥接桩，按桩断面以 m^2 计算。桩的接头形式如图 2.5.2 所示。

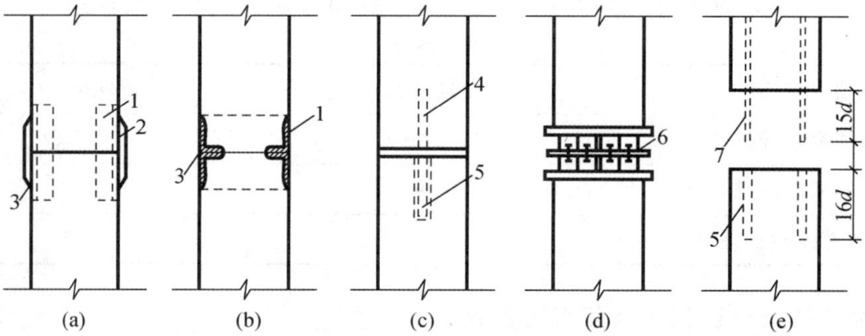

图 2.5.2　桩的接头形式

（a）、（b）焊头接头；（c）管式接头；（d）管桩螺栓接头；（e）硫磺胶泥锚筋接头

（三）送桩

送桩按桩截面面积乘以送桩长度（即打桩架底至桩顶面高度或自桩顶面至自然地坪面另加 0.5m）计算。按预制桩的设计长度套用相应项目和规定的系数。送桩示意图如图 2.5.3 所示。

（四）打孔灌注桩（含洛阳铲）

1. 混凝土桩、砂桩、碎石桩的体积，按设计规定的桩长（包括桩尖，不扣除桩尖虚体积）乘以设计截面面积计算。

2. 复打桩，每复打一次按上述方法计算的单桩体积乘以 1.70 进行计算，复打工程量，按实际复打深度部分计量。

3. 打孔时先埋入预制砼桩尖，再灌注砼者，桩尖按钢筋砼章节规定计算体积，灌注桩按设计桩长（自桩尖顶面至桩顶高度）乘以设计截面面积计算。

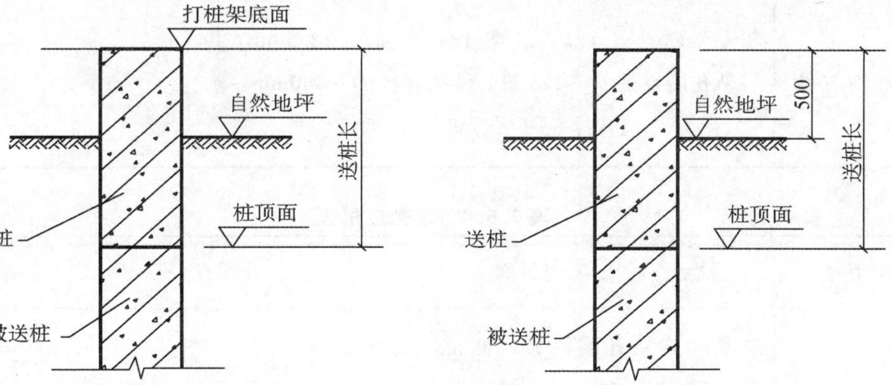

图 2.5.3　送桩示意图

4. 钻孔灌注桩，按设计图纸计算体积另加 0.25 乘以设计断面面积，以 m^3 计算。泥浆运输按钻孔体积以 m^3 计算。

5. 人工挖孔桩：土方按实际开挖的自然方以 m^3 计算。砖护壁、砼护壁工程均按设计图纸规定的尺寸计算，桩芯砼按设计图桩长另加 0.20m 乘以设计断面面积以 m^3 计算。扩底部分并入桩芯体积内计算。

6. 强夯地基按设计规定的有效处理面积计算，或按强夯区域最外边夯点中心线外移 1m 确定的面积计算。

7. 钢筋笼，按设计图示尺寸确定的质量以 t 计算。

8. 桩架 90°调面只适用轨道式、走管式、导杆、筒式柴油打桩机，以次计算。

【例 2.5.1】某工程采用履带式钻孔机打螺旋钻孔，现场灌注混凝土桩 125 根，设计桩长为 12.5m（含桩尖），钢管外径 500mm，请计算工程量并套定额。

解　(1) 清单工程量。

设计桩长＝12.50m

工程量＝12.5×125＝1 562.5m

(2) 定额工程量。根据湖南省定额，成孔工程量为

V＝(设计桩长＋0.5) ×钢管外径截面面积＝

$$\left[(13+0.25)\times 3.1416\times\left(\frac{0.5}{2}\right)^2\right]\times 125=$$

$325.20m^3$

(3) 列表，见表 2.5.7 和表 2.5.8。

表 2.5.7　清单工程量计算表

项目编码	项目名称	项目特征描述	计量单位	工程量
0103021003006	钻孔压浆桩	二类土，单桩长 12.50m，共 125 根，钻孔直径 D=500mm，水泥强度等级为 42.5 级	m	1 562.5

表 2.5.8　定额应用表

定额编号	工程名称	单位	工程量
A2—35	长螺旋钻孔灌注桩，桩长，二级土，12m 以外	$10m^3$	325.20

【例 2.5.2】某工程设计要求打预制钢筋混凝土方桩 187 根，方桩截面为 450mm×450mm，规定每桩分为 3 节制作，每节长度分别为 7.8m，7.0m，6.0m，桩尖为 0.6m，采用电焊接头，钢筋 132kg。已知桩顶标高为－2.3m，自然地面标高为－0.70m。

（1）请计算该工程制作、运输、打桩、接桩、送桩的工程量。

（2）编制预制钢筋混凝土方桩的定额运用表。

解　（1）清单工程量:单根长度 7.8＋7.0＋6.0＋0.6＝26.8m,总长度:26.8×187＝5 011.6m

（2）定额（计价）工程量。

制作工程量：0.45×0.45×26.8×187＝1 014.85m^3

1 014.85×1.001＝1 015.86m^3

运输工程量：1 015.86×1.004m^3＝1 019.93m^3

安装工程量：1 019.93×1.015＝1 035.23m^3

接桩工程量：(3－1)×2×187＝748 个

送桩工程量：(2.3－0.7＋0.5)×0.45×0.45×187＝79.52m^3

（3）列表，见表 2.5.9 和表 2.5.10。

表 2.5.9　清单工程量计算表

项目编码	项目名称	项目特征描述	计量单位	工程量
0103021001001	预制钢筋混凝土方桩	二类土，单桩长 21.40m，共 187 根，桩截面 450mm×450mm	m	5 011.6

表 2.5.10　定额应用表

定额编号	工程名称	单位	工程量
A4－114	预制混凝土方桩	$10m^3$	1 015.86
A6－11	运输 5km 以内	$10m^3$	1 019.93
A2－4	轨道式柴油打桩机打桩，二级土，桩长 30m 以内	$10m^3$	1 035.23
A2－6	送桩	$10m^3$	79.52
A2－9	接桩	10 个	748

【例题 2.5.3】某工程打孔灌注混凝土桩，设计桩长 12.50m（含桩尖），桩径 400mm，共计 120 根，全部复打一次。施工采用走管式柴油打桩机，桩管内径 350mm，已知定额混凝土含量 $10.15m^3/10m^3$。根据湖南定额，计算该工程复打灌注桩工程量以及该工程量的混凝土用量。

解（1）复打灌注桩工程量为

$$V=\frac{1}{4}\times 3.1416\times 0.4^2\times 12.5\times 120\times 1.7=320.44m^3$$

（2）混凝土用量为

$$\frac{320.44}{1.7}\times 10.15/10=191.32m^3$$

【例 2.5.4】某工程桩基采用长螺旋钻孔灌注混凝土桩，如图 2.5.4 所示，桩径为 300mm，承台采用三角形承台，承台厚度 700mm，上部结构荷载作用于承台的中心位置，共有承台 24 座，求其工程量。

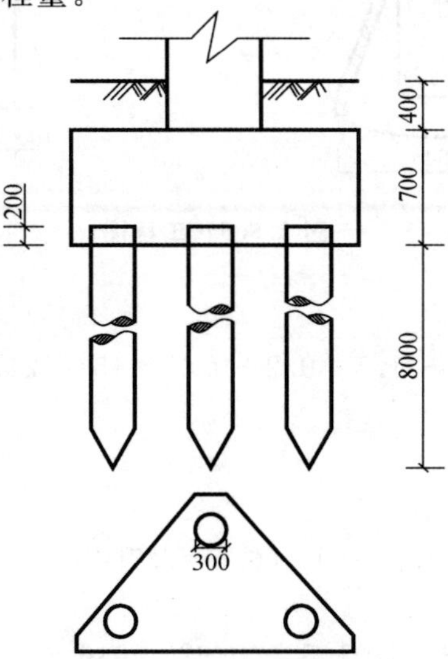

图 2.5.4　工程桩基图

解 清单量=(8+0.2)×3×24=590.40m

定额量$=\pi\times\frac{1}{4}\times0.3^2\times(8.0+0.2+0.25)\times3\times24$

$=43.01m^3$

套用定额 A2—29

表 2.5.12 清单工程量计算表

项目编码	项目名称	项目特征描述	计量单位	工程量
010302006001	钻孔压浆桩	单桩长 8m，共 72 根，桩截面直径 D=300mm，采用长螺旋钻孔灌注混凝土桩	m	590.40

表 2.5.13 定额应用表

定额编号	工程名称	单位	工程量
A2—29a，c×1.25	长螺旋钻孔灌注桩，桩长，二级土，12m 以内	$10m^3$	43.01

根据湖南定额，钻孔灌注混凝土桩工程量小于 $100m^3$ 时，人工及机械乘以系数 1.25。

【例 2.5.5】如图 2.5.5 所示，某工程现场人工挖孔扩底桩 15 根计算其工程量。

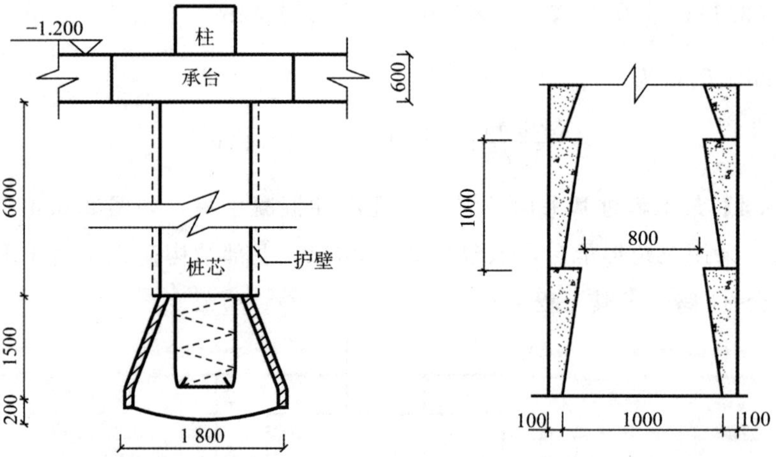

图 2.5.5 工程图

解 (1) 清单工程量。

清单工程量=(1.0×6.0+1.5+0.2+0.6)×15=124.5m

(2) 定额量。

1) 成孔工程量。

标准段工程量$=3.1416\times\left(\frac{1.2}{2}\right)^2\times6.0=6.786m^3$

扩大圆台工程量$=\frac{1}{3}\times3.14\times1.5\times(0.92^2+0.6^2+0.9\times0.6)=2.685m^3$

底端工程量$=3.1416\times0.9^2\times0.2=0.509m^3$

球缺工程量$=\frac{3.1416}{6}\times0.6\times\left(\frac{3}{4}\times1.8^2+0.6^2\right)=0.877m^3$

成孔工程量$=(6.786+2.685+0.509+0.877)\times15=162.855m^3$

2）桩芯工程量。

标准段桩芯工程量$=\frac{1}{3}\times3.1416\times6\times(0.4^2+0.5^2+0.4\times0.5)=3.833m^3$

底部桩芯工程量$=\frac{1}{3}\times3.1416\times1.5\times(0.4^2+0.8^2+0.4\times0.8)=1.303m^3$

扩大段桩芯工程量$=\frac{3.14}{4}\times0.2\times1.6^2=0.4m^3$

底端桩芯工程量$=\frac{3.14}{6}\times0.6\times\left(\frac{3}{4}\times1.6^2+0.6^2\right)=0.72m^3$

桩芯工程量$=(3.833+1.303+0.4+0.72)\times15=6.256\times15=93.84m^3$

3）护壁工程量$=162.855-93.84=69.015m^3$

4）列表，见表2.5.14和表2.5.15。

解　（1）清单工程量

$=(1.0\times6.0+1.5+0.2+0.6)\times15=124.5m$

注释：式中“0.6”表示入岩0.6m。

（2）定额工程量

定额中综合了砼扩壁和桩位垫层。

圆台：$V_1=\frac{1}{3}\times3.1416\times1.0\times(0.4^2+0.5^2+0.4\times0.5)\times6=3.833$

扩大圆台：$V_2=\frac{1}{3}\times3.1416\times1.5\times(0.5^2+0.9^2+0.5\times0.9)\ m^3=2.372$

球缺：$V_3=\frac{1}{6}\times3.1416\times0.5\times(3\times0.9^2+0.5^2)=0.702$

故得工程量$=V_1+V_2+V_3=3.833+2.372+0.072=6.907m^3$

$6.907\times15=103.605m^3$

表2.5.14　分部分项工程量计算表

项目编码	项目名称	项目特征	计量单位	工程量
010201003001	砼灌注桩	土壤类别：三类土 挖孔深度：124.5m	m	124.5

表2.5.15　定额应用表

定额编号	工程名称	单位	工程量
A2－119	人工挖孔桩，深度20m以内	$10m^3$	103.605

单元六　砌 筑 工 程

课题1　砌筑工程清单工程量

一、工程量清单项目设置

砌筑工程共分为砖砌体、砌块砌体、石砌体、垫层4部分共27个清单项目。

（一）砖砌体工程量清单项目设置、项目特征描述的内容、计量单位及工程量计算规则（见表2.6.1）

表2.6.1　砖砌体（编号：010401）

项目编码	项目名称	项目特征	计量单位	工程量计算规则	工作内容
010401001	砖基础	1. 砖品种、规格、强度等级 2. 基础类型 3 砂浆强度等级 4. 防潮层材料种类	m^3	按设计图示尺寸以体积计算； 包括附墙垛基础宽出部分体积，扣除地梁（圈梁）、构造柱所占体积，不扣除基础大放脚T形接头处的重叠部分及嵌入基础内的钢筋、铁件、管道、基础砂浆防潮层和单个面积≤0.3m^2的孔洞所占体积，靠墙暖气沟的挑檐不增加； 基础长度：外墙按外墙中心线，内墙按内墙净长线计算	1. 砂浆制作、运输 2. 砌砖 3. 防潮层铺设 4. 材料运输
010401002	砖砌挖孔桩护壁	1. 砖品种、规格、强度等级 2. 砂浆强度等级		按设计图示尺寸以m^3计算	1. 砂浆制作、运输 2. 砌砖 3. 材料运输

续 表

<table>
<tr><th>项目编码</th><th>项目名称</th><th>项目特征</th><th>计量单位</th><th>工程量计算规则</th><th>工作内容</th></tr>
<tr><td>010401003</td><td>实心砖墙</td><td rowspan="3">1. 砖品种、规格、强度等级
2. 墙体类型
3. 砂浆强度等级、配合比</td><td rowspan="3">m^3</td><td rowspan="3">按设计图示尺寸以体积计算；
扣除门窗、洞口、嵌入墙内的钢筋混凝土柱、梁、圈梁、挑梁、过梁及凹进墙内的壁龛、管槽、暖气槽、消火栓箱所占体积，不扣除梁头、板头、檩头、垫木、木楞头、沿缘木、木砖、门窗走头、砖墙内加固钢筋、木筋、铁件、钢管及单个面积≤$0.3m^2$的孔洞所占的体积。凸出墙面的腰线、挑檐、压顶、窗台线、虎头砖、门窗套的体积亦不增加。凸出墙面的砖垛并入墙体体积内计算。
墙长度：外墙按中心线、内墙按净长计算。
墙高度：
(1) 外墙：斜（坡）屋面无檐口天棚者算至屋面板底；有屋架且室内、外均有天棚者算至屋架下弦底另加200mm；无天棚者算至屋架下弦底另加300mm，出檐宽度超过600mm时按实砌高度计算；与钢筋混凝土楼板隔层者算至板顶。平屋顶算至钢筋混凝土板底。
(2) 内墙：位于屋架下弦者，算至屋架下弦底；无屋架者算至天棚底另加100mm；有钢筋混凝土楼板隔层者算至楼板顶；有框架梁时算至梁底。
(3) 女儿墙：从屋面板上表面算至女儿墙顶面（如有混凝土压顶时算至压顶下表面）。
(4) 内、外山墙：按其平均高度计算。
框架间墙：不分内外墙按墙体净尺寸以体积计算。
围墙：高度算至压顶上表面（如有混凝土压顶时算至压顶下表面），围墙柱并入围墙体积内</td><td rowspan="3">1. 砂浆制作、运输
2. 砌砖
3. 刮缝
4. 砖压顶砌筑
5. 材料运输</td></tr>
<tr><td>010401004</td><td>多孔砖墙</td></tr>
<tr><td>010401005</td><td>空心砖墙</td></tr>
</table>

续　表

项目编码	项目名称	项目特征	计量单位	工程量计算规则	工作内容
010401006	空斗墙	1. 砖品种、规格、强度等级 2. 墙体类型 3. 砂浆强度等级、配合比	m^3	按设计图示尺寸以空斗墙外形体积计算。墙角、内外墙交接处、门窗洞口立边、窗台砖、屋檐处的实砌部分体积并入空斗墙体积内	1. 砂浆制作、运输 2. 砌砖 3. 装填充料 4. 刮缝 5. 材料运输
010401007	空花墙			按设计图示尺寸以空花部分外形体积计算，不扣除空洞部分体积	
010404008	填充墙	1. 砖品种、规格、强度等级 2. 墙体类型 3. 填充材料种类及厚度 4. 砂浆强度等级、配合比	m^3	按设计图示尺寸以填充墙外形体积计算	1. 砂浆制作、运输 2. 砌砖 3. 装填充料 4. 刮缝 5. 材料运输
010401009	实心砖柱	1. 砖品种、规格、强度等级 2. 柱类型 3. 砂浆强度等级、配合比		按设计图示尺寸以体积计算。扣除混凝土及钢筋混凝土梁垫、梁头所占体积	1. 砂浆制作、运输 2. 砌砖 3. 刮缝 4. 材料运输
010404010	多孔砖柱				
010404011	砖检查井	1. 井截面、深度 2. 砖品种、规格、强度等级 3. 垫层材料种类、厚度 4. 底板厚度 5. 井盖安装 6. 混凝土强度等级 7. 砂浆强度等级 8. 防潮层材料种类	座	按设计图示数量计算	1. 砂浆制作、运输 2. 铺设垫层 3. 底板混凝土制作、运输、浇筑、振捣、养护 4. 砌砖 5. 刮缝 6. 井池底、壁抹灰 7. 抹防潮层 8. 材料运输
010404012	零星砌砖	1. 零星砌砖名称、部位 2. 砖品种、规格、强度等级 3. 砂浆强度等级、配合比	1. m^3 2. m^2 3. m 4. 个	以 m^3 计量，按设计图示尺寸截面积乘以长度计算； 以 m^2 计量，按设计图示尺寸水平投影面积计算； 以 m 计量，按设计图示尺寸长度计算； 以个计量，按设计图示数量计算	1. 砂浆制作、运输 2. 砌砖 3. 刮缝 4. 材料运输

续　表

项目编码	项目名称	项目特征	计量单位	工程量计算规则	工作内容
010404013	砖散水、地坪	1. 砖品种、规格、强度等级 2. 垫层材料种类、厚度 3. 散水、地坪厚度 4. 面层种类、厚度 5. 砂浆强度等级	m^2	按设计图示尺寸以面积计算	1. 土方挖、运、填 2. 地基找平、夯实 3. 铺设垫层 4. 砌砖散水、地坪 5. 抹砂浆面层
010404015	砖地沟、明沟	1. 砖品种、规格、强度等级 2. 沟截面尺寸 3. 垫层材料种类、厚度 4. 混凝土强度等级 5. 砂浆强度等级	m	以 m 计量，按设计图示以中心线长度计算	1. 土方挖、运、填 2. 铺设垫层 3. 底板混凝土制作、运输、浇筑、振捣、养护 4. 砌砖 5. 刮缝、抹灰 6. 材料运输

（二）砖砌体工程量清单项目设置有关说明

1. “砖基础”项目适用于各种类型砖基础：柱基础、墙基础、管道基础等。

2. 基础与墙（柱）身使用同一种材料时，以设计室内地面为界（有地下室者，以地下室室内设计地面为界），以下为基础，以上为墙（柱）身。

基础与墙身使用不同材料时，位于设计室内地面高度≤±300mm 时，以不同材料为分界线；高度>±300mm 时，以设计室内地面为分界线。

3. 砖围墙以设计室外地坪为界，以下为基础，以上为墙身。

4. 框架外表面的镶贴砖部分，按零星项目编码列项。

5. 附墙烟囱、通风道、垃圾道、应按设计图示尺寸以体积（扣除孔洞所占体积）计算并入所依附的墙体体积内。当设计规定孔洞内需抹灰时，应按《房屋建筑与装饰工程工程量计算规范》附录 M 中零星抹灰项目编码列项。

6. 空斗墙的窗间墙、窗台下、楼板下、梁头下等的实砌部分，按零星砌砖项目编码列项。

7."空花墙"项目适用于各种类型的空花墙,使用混凝土花格砌筑的空花墙,实砌墙体与混凝土花格应分别计算,混凝土花格按混凝土及钢筋混凝土工程中预制构件相关项目编码列项。

8. 台阶、台阶挡墙、梯带、锅台、炉灶、蹲台、池槽、池槽腿、砖胎模、花台、花池、楼梯栏板、阳台栏板、地垄墙、≤0.3m^2 的孔洞填塞等,应按零星砌砖项目编码列项。砖砌锅台与炉灶可按外形尺寸以个计算,砖砌台阶可按水平投影面积以 m^2 计算,小便槽、地垄墙可按长度计算、其他工程按 m^3 计算。

9. 砖砌体内钢筋加固,应按混凝土及钢筋混凝土工程中相关项目编码列项。

10. 砖砌体勾缝按墙、柱面装饰工程中相关项目编码列项。

11. 检查井内的爬梯按混凝土及钢筋混凝土工程中相关项目编码列项;井内的混凝土构件按附录 E 中混凝土及钢筋混凝土预制构件编码列项。

12. 如施工图设计标注做法见标准图集时,应在项目特征描述中注明标注图集的编码、页号及节点大样。

(三)砖砌体工程量清单项目设置注意事项

1. 砖基础和垫层项目应分别编码列项。

2. 实心砖墙不论三皮砖以下或以上的腰线,挑檐突出墙面部分均不计算体积。

3. 计算空花部分的外形体积应包括空花的外框。使用混凝土花格砌筑的空花墙,分石砌墙体与混凝土花格分别计算工程量,混凝土花格按混凝土及钢筋混凝土预制零星构件项目编码。

4. 烟囱内衬以及隔热填充材料可与烟囱外壁分别编码列项。

5. 烟囱、水塔爬梯按钢构件部分相关项目编码列项。

6. 砖水箱内、外壁可按砖砌体部分相关项目编码列项。

7. 砖烟囱应按设计室外地坪为界,以下为基础,以上为筒身。

8. 水塔基础与塔身划分应以砖砌体扩大部分顶面为界,以上为塔身,以下为基础。

9. 砖烟道内衬以及隔热填充材料可与烟道分别编码列项,砖烟道与炉体划分应按第一道闸门为界。

10. 砖检查井项目适用于各类砖窨井、检查井。

11. 砖检查井工程量按"座"计算,包括挖土、运输、回填、井底板、井壁、井盖板。井内爬梯按钢构件部分相关项目编码列项,构件内的钢筋按混凝土及钢筋混凝土编码列项。

(四)砌块砌体工程量清单项目设置、项目特征描述的内容、计量单位及工程量计算规则(见表2.6.2)

表2.6.2 砌块砌体(编号:010402)

项目编码	项目名称	项目特征	计量单位	工程量计算规则	工作内容
010402001	砌块墙	1. 砌块品种、规格、强度等级 2. 墙体类型 3. 砂浆强度等级	m^3	按设计图示尺寸以体积计算。 扣除门窗、洞口、嵌入墙内的钢筋混凝土柱、梁、圈梁、挑梁、过梁及凹进墙内的壁龛、管槽、暖气槽、消火栓箱所占体积,不扣除梁头、板头、檩头、垫木、木楞头、沿缘木、木砖、门窗走头、砌块墙内加固钢筋、木筋、铁件、钢管及单个面积≤$0.3m^2$的孔洞所占的体积。凸出墙面的腰线、挑檐、压顶、窗台线、虎头砖、门窗套的体积亦不增加。凸出墙面的砖垛并入墙体体积内计算。 外墙按中心线、内墙按净长计算。 墙高度: (1)外墙:斜(坡)屋面无檐口天棚者算至屋面板底;有屋架且室内、外均有天棚者算至屋架下弦底另加200mm;无天棚者算至屋架下弦底另加300mm;出檐宽度超过600mm时按实砌高度计算;与钢筋混凝土楼板隔层者算至板顶;平屋面算至钢筋混凝土板底。 (2)内墙:位于屋架下弦者,算至屋架下弦底;无屋架者算至天棚底另加100mm;有钢筋混凝土楼板隔层者算至楼板顶;有框架梁时算至梁底。 (3)女儿墙:从屋面板上表面算至女儿墙顶面(如有混凝土压顶时算至压顶下表面)。 (4)内、外山墙:按其平均高度计算。 框架间墙:不分内、外墙按墙体净尺寸以体积计算。 围墙:高度算至压顶上表面(如有混凝土压顶时算至压顶下表面),围墙柱并入围墙体积内	1. 砂浆制作、运输 2. 砌砖、砌块 3. 勾缝 4. 材料运输
010402002	砌块柱	1. 砖品种、规格、强度等级 2. 墙体类型 3. 砂浆强度等级		按设计图示尺寸以体积计算; 扣除混凝土及钢筋混凝土梁垫、梁头、板头所占体积	

（五）砌块砌体工程量清单项目设置说明

1. 砌体内加筋、墙体拉结的制作、安装，应按混凝土及钢筋混凝土工程中相关项目编码列项。

2. 砌块排列应上、下错缝搭砌，如果搭错缝长度满足不了规定的压搭要求，应采取压砌钢筋网片的措施，具体构造要求按设计规定。若设计无规定时，应注明由投标人根据工程实际情况自行考虑；钢筋网片应按混凝土及钢筋混凝土工程中相关项目编码列项。

3. 砌体垂直灰缝宽>30mm 时，采用 C20 细石混凝土灌实。灌注的混凝土应按混凝土及钢筋混凝土工程中相关项目编码列项。

（六）砌块砌体工程量清单项目设置注意事项

1. 嵌入空心砖墙、砌块墙的实心砖不扣除。

2. 梁透、板头下镶嵌的实心砖柱体积不扣除。

（七）石砌体工程量清单项目设置、项目特征描述的内容、计量单位及工程量计算规则（见表 2.6.3）

表 2.6.3　石砌体（编号：010403）

项目编码	项目名称	项目特征	计量单位	工程量计算规则	工作内容
010403001	石基础	1. 石料种类、规格 2. 基础类型 3. 砂浆强度等级	m^3	按设计图示尺寸以体积计算。 其包括附墙垛基础宽出部分体积，不扣除基础砂浆防潮层及单个面积≤0.3m^2 的孔洞所占体积，靠墙暖气沟的挑檐不增加体积； 基础长度：外墙按中心线，内墙按净长计算	1. 砂浆制作、运输 2. 吊装 3. 砌石 4. 防潮层铺设 5. 材料运输
010403002	石勒脚	1. 石料种类、规格 2. 石表面加工要求 3. 勾缝要求 4. 砂浆强度等级、配合比		按设计图示尺寸以体积计算，扣除单个面积>0.3m^2 的孔洞所占的体积	

续 表

项目编码	项目名称	项目特征	计量单位	工程量计算规则	工作内容
010403003	石墙	1. 石料种类、规格 2. 石表面加工要求 3. 勾缝要求 4. 砂浆强度等级、配合比	m^3	按设计图示尺寸以体积计算。 扣除门窗、洞口、嵌入墙内的钢筋混凝土柱、梁、圈梁、挑梁、过梁及凹进墙内的壁龛、管槽、暖气槽、消火栓箱所占体积，不扣除梁头、板头、檩头、垫木、木楞头、沿缘木、木砖、门窗走头、石墙内加固钢筋、木筋、铁件、钢管及单个面积≤0.3m^2的孔洞所占的体积。凸出墙面的腰线、挑檐、压顶、窗台线、虎头砖、门窗套的体积亦不增加。凸出墙面的砖垛并入墙体体积内计算。 墙长度：外墙按中心线、内墙按净长计算。 墙高度： (1)外墙：斜(坡)屋面无檐口天棚者算至屋面板底；有屋架且室内、外均有天棚者算至屋架下弦底另加200mm；无天棚者算至屋架下弦底另加300mm，出檐宽度超过600mm时按实砌高度计算；平屋顶算至钢筋砼板底。 (2)内墙：位于屋架下弦者，算至屋架下弦底；无屋架者算至天棚底另加100mm；有钢筋砼楼板隔层者算至楼板顶；有框架梁时算至梁底。 (3)女儿墙：从屋面板上表面算至女儿墙顶面(如有砼压顶时算至压顶下表面)。 (4)内、外山墙：按其平均高度计算。 3. 围墙：高度算至压顶上表面(如有混凝土压顶时算至压顶下表面)，围墙柱并入围墙体积内	1. 砂浆制作、运输 2. 吊装 3. 砌石 4. 石表面加工 5. 勾缝 6. 材料运输

续　表

项目编码	项目名称	项目特征	计量单位	工程量计算规则	工作内容
010403004	石挡土墙	1. 石料种类、规格 2. 石表面加工要求 3. 勾缝要求 4. 砂浆强度等级、配合比	m^3	按设计图示尺寸以体积计算	1. 砂浆制作、运输 2. 吊装 3. 砌石 4. 变形缝、泄水孔、压顶抹灰 5. 滤水层 6. 勾缝 7. 材料运输
010403005	石柱				
010403006	石栏杆		m	按设计图示以长度计算	
010403007	石护坡	1. 垫层材料种类、厚度 2. 石料种类、规格 3. 护坡厚度、高度 4. 石表面加工要求 5. 勾缝要求 6. 砂浆强度等级、配合比	m^3	按设计图示尺寸以体积计算	1. 砂浆制作、运输 2. 吊装 3. 砌石 4. 石表面加工 5. 勾缝 6. 材料运输
010403008	石台阶				1. 铺设垫层 2. 石料加工 3. 砂浆制作、运输 4. 砌石 5. 石表面加工 6. 勾缝 7. 材料运输
010403009	石坡道		m^2	按设计图示以水平投影面积计算	
010403010	石地沟、明沟	1. 沟截面尺寸 2. 土壤类别、运距 3. 垫层材料种类、厚度 4. 石料种类、规格 5. 石表面加工要求 6. 勾缝要求 7. 砂浆强度等级、配合比	m	按设计图示以中心线长度计算	1. 土方挖、运 2. 砂浆制作、运输 3. 铺设垫层 4. 砌石 5. 石表面加工 6. 勾缝 7. 回填 8. 材料运输

（八）石砌体工程量清单项目设置有关说明

1. 石基础、石勒脚、石墙的划分：基础与勒脚应以设计室外地坪为界。勒脚与墙身应以设计室内地面为界。石围墙内、外地坪标高不同时，应以较低地坪标高为界，以下为基础；内、外标高之差为挡土墙时，挡土墙以上为墙身。

2.“石基础”项目适用于各种规格（粗料石、细料石等）、各种材质（砂石、青石等）和各种类型（柱基、墙基、直形、弧形等）基础。

3.“石勒脚”“石墙”项目适用于各种规格（粗料石、细料石等）、各种材质（砂石、青石、大理石、花岗石等）和各种类型（直形、弧形等）勒脚和墙体。

4.“石挡土墙”项目适用于各种规格（粗料石、细料石、块石、毛石、卵石等）、各种材质（砂石、青石、石灰石等）和各种类型（直形、弧形、台阶形等）挡土墙。

5.“石柱”项目适用于各种规格、各种石质、各种类型的石柱。

6.“石栏杆”项目适用于无雕饰的一般石栏杆。

7.“石护坡”项目适用于各种石质和各种石料（粗料石、细料石、片石、块石、毛石、卵石等）。

8.“石台阶”项目包括石梯带（垂带）、不包括石梯膀，石梯膀应按附录 C 石挡土墙项目编码列项。

9 如施工图设计标注做法见标准图集时，应注明标注图集的编码、页号及节点大样。

（九）石砌体工程量清单项目设置注意事项

1. 石砌体项目中包括剔打石料天、地座荒包等全部工序。

2. 石砌体项目中包括搭拆简易起重架。

（十）工程量清单项目设置、项目特征描述的内容、计量单位及工程量计算规则（见表 2.6.4）

表 2.6.4 垫层（编号：010404）

项目编码	项目名称	项目特征	计量单位	工程量计算规则	工作内容
010404001	垫层	垫层材料种类、配合比、厚度	m^3	按设计图示尺寸以 m^3 计算	1. 垫层材料的拌制 2. 垫层铺设 3. 材料运输

（十一）垫层工程量清单项目设置有关说明

除混凝土垫层应按混凝土及钢筋混凝土工程中相关项目编码列项外，没有包括垫层要求的清单项目应按本表垫层项目编码列项。

课题 2　砌筑工程项目计价

一、计价工程量相关规定

（一）砌砖、砌块

1. 砖墙、柱的砌体分别按清水和混水列项，清水砖墙、柱包括原浆勾缝用工。

2. 填充墙以填炉渣、棉毡为准，如实际使用材料不同时，填充材料允许换算，其他不变。

3. 墙体必须放置拉接钢筋、铁件、金属构件时，应按有关章节规定另行计算。

4. 砖砌挡土墙 2 砌以上执行砖基础项目。高度超过 3.6m 者，人工乘以系数 1.15。2 砖以内执行砖墙定额。

5. 框架结构间、预制柱间砌砖墙、砼小型空心砌块墙，按相应项目人工乘以系数 1.10。

（二）砌石

1. 毛石护坡挡土墙高度超过 4m 时，项目人工乘以系数 1.15。

2. 砌筑圆弧形石砌体基础、墙，按相应项目人工乘以系数 1.10。

二、砖石工程量计算规则

（一）砌筑工程量一般规则

1. 计算墙体时，应扣除门窗洞口、过人洞、空圈、嵌入墙身的钢筋混凝土柱、梁（包括过梁、圈梁、挑梁）、砖平碹、圆弧形碹、钢筋砖过梁和暖气包壁龛的体积，不扣除梁头、内外墙板头、檩头、木楞头、游沿木、木砖、门窗走头、砖墙内的加固钢筋，木筋、铁件等及每个面积在 0.3m^2 以下的空洞所占的体积，突出墙面的窗台虎头砖、压顶线、山墙泛水、烟囱根、门窗及三皮砖以内的腰线和挑檐等体积亦不增加（见图 2.6.1～图 2.6.14）。

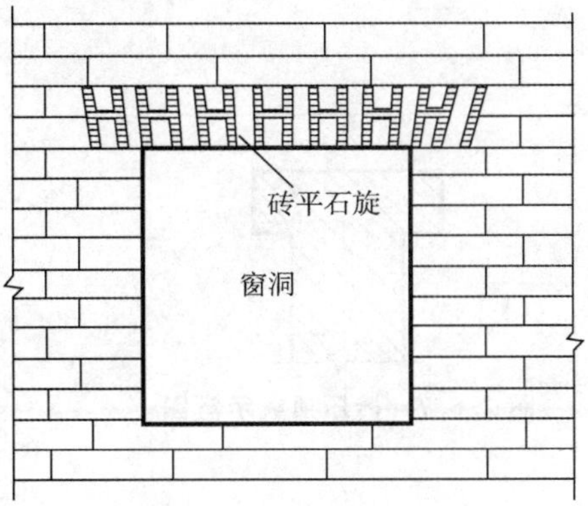

图 2.6.1 砖平碹示意图

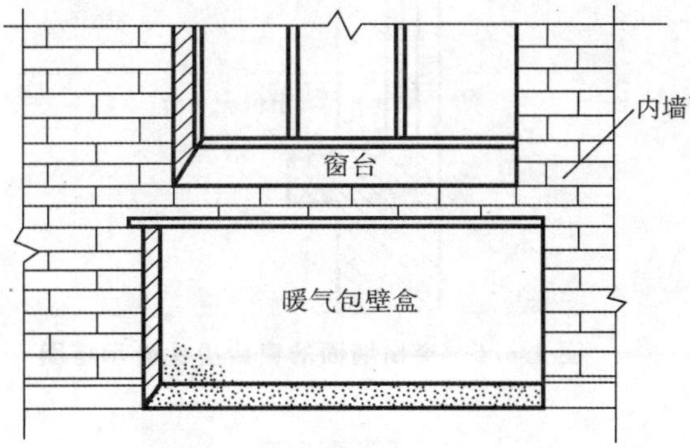

图 2.6.2 暖气包壁龛示意图

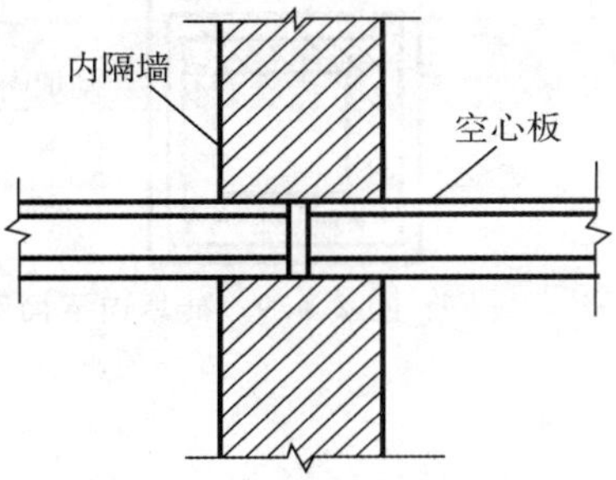

图 2.6.3 内墙板头示意图

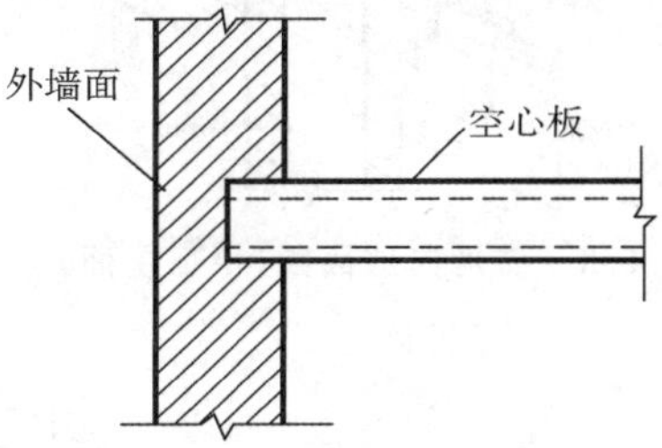

图 2.6.4 外墙板头示意图

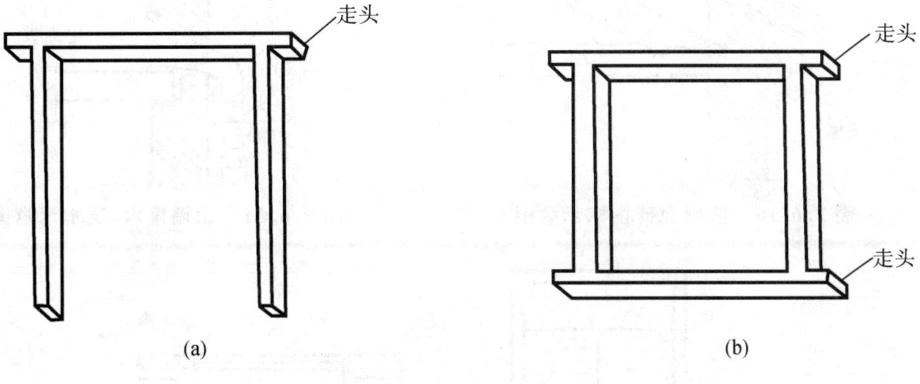

图 2.6.5 木门窗走头示意

(a)木门框走头示意图;(b)木窗框走头示意图

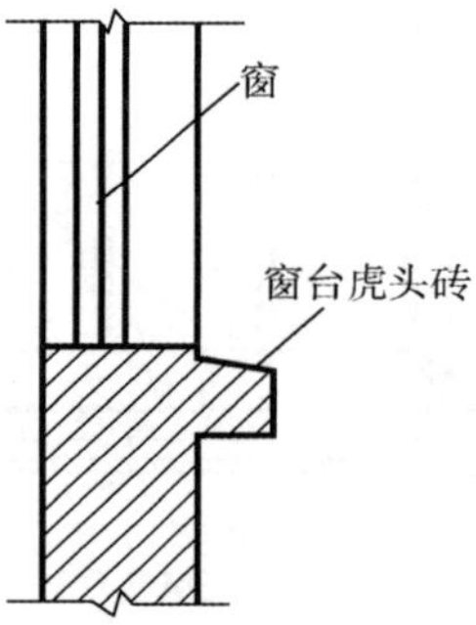

图 2.6.6　突出墙面的窗台虎头砖示意图

图 2.6.7　砖压顶线示意图

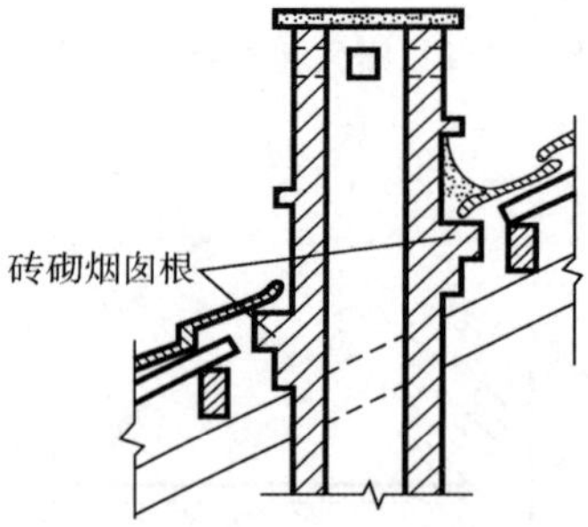

图 2.6.8　砖烟囱剖面图(平瓦屋面)

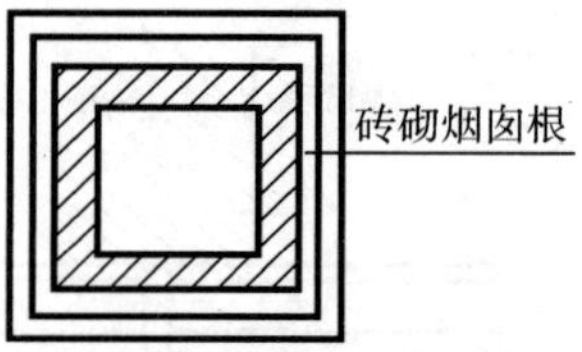

图 2.6.9　砖烟囱平面图

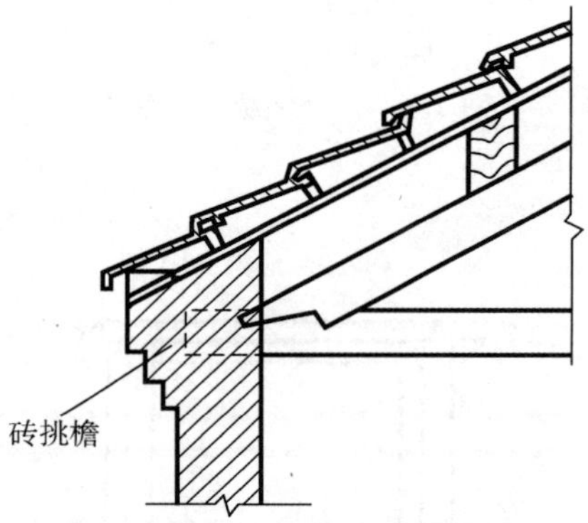

图 2.6.10　坡屋面砖挑檐示意图

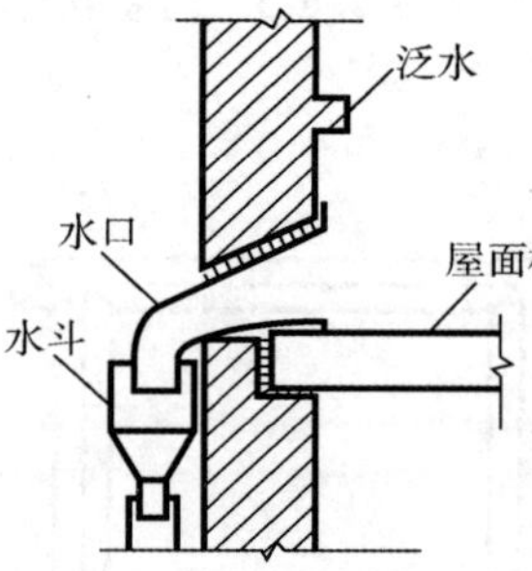

图 2.6.11　山墙排水、泛水示意图

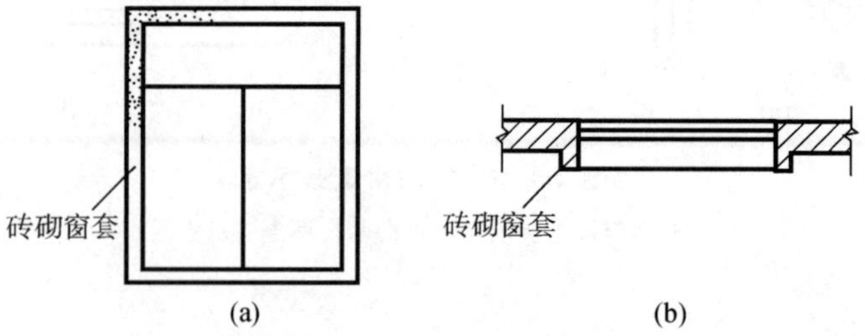

图 2.6.12　窗套示意图

(a)窗套立面;(b)窗套剖面

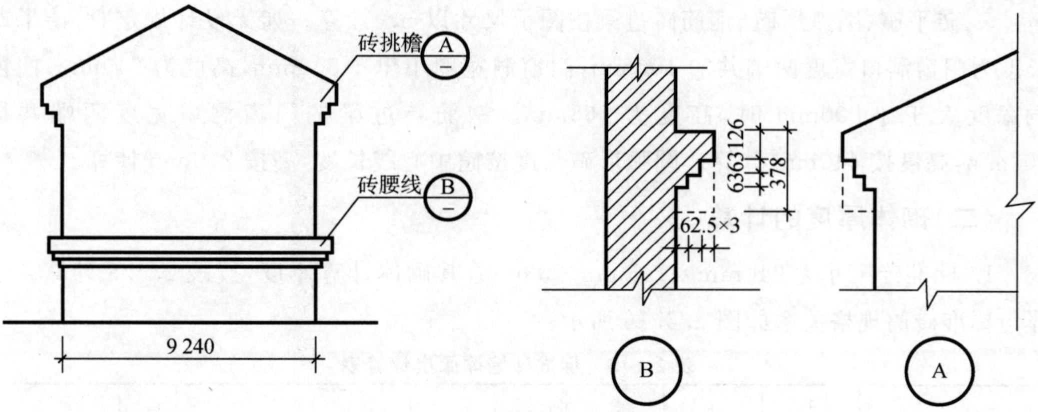

图 2.6.13　砖挑檐、腰线示意图

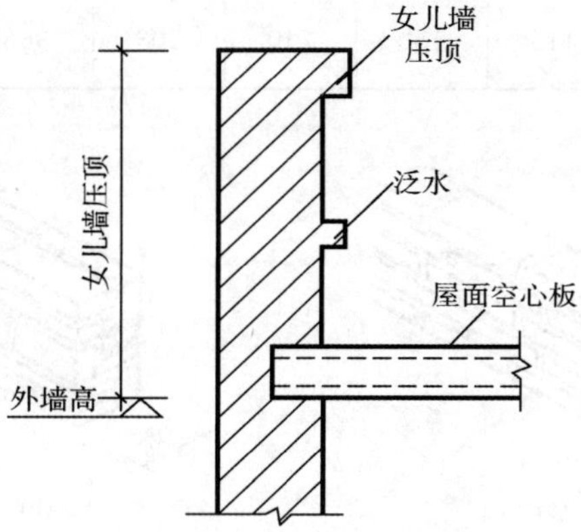

图 2.6.14　女儿墙示意图

计算砖基础工程量时，不扣除基础大放脚 T 形接头处的重叠部分，如图 2.6.15 所示。

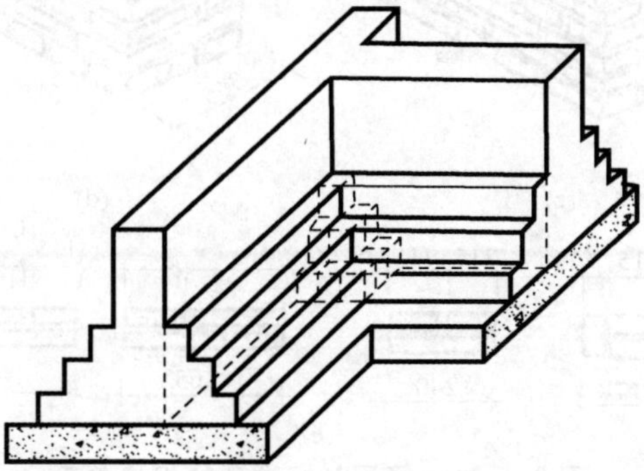

图 2.6.15　T 形接头重叠部分示意图

2. 附墙柱、三皮转以上的腰线和挑檐等体积，并入墙身体积内计算。

3. 附墙烟囱(包括附墙通风道、垃圾道)按其外形体积计算，并入所依附的墙体积内，不扣除每一孔洞横截面在 0.1m² 以下的体积，但孔洞内的抹灰工程量亦不增加。

4. 女儿墙高度，自外墙顶至图示女儿墙顶面高度，不同墙厚分别并入外墙计算。

5. 砖平碹、圆弧形碹、钢筋砖过梁按图示尺寸以 m^3 计算。如无设计规定时，砖平碹长度为门窗洞口宽度两端共加 100mm，门窗洞宽度小于 1 500mm，高度为 240mm；门窗洞宽度大于 1 500mm 时，高度为 365mm。钢筋转过梁按门窗洞口宽度两端共加 500mm，高度按 440mm 计算。圆弧形碹长度按碹中心线长度，高按 240mm 计算。

（二）砌体厚度的计算

1. 标准砖尺寸为 240mm×115mm×53mm，其砌体计算厚度，按表 2.6.5 计算。墙厚与标准砖的规格关系如图 2.6.16 所示。

表 2.6.5　标准砖墙体厚度计算表

砖数(厚度)	$\frac{1}{4}$	$\frac{1}{2}$	$\frac{3}{4}$	1	$1\frac{1}{4}$	$1\frac{1}{2}$	2	$2\frac{1}{2}$	3
计算厚度/mm	53	115	180	240	303	365	490	615	740

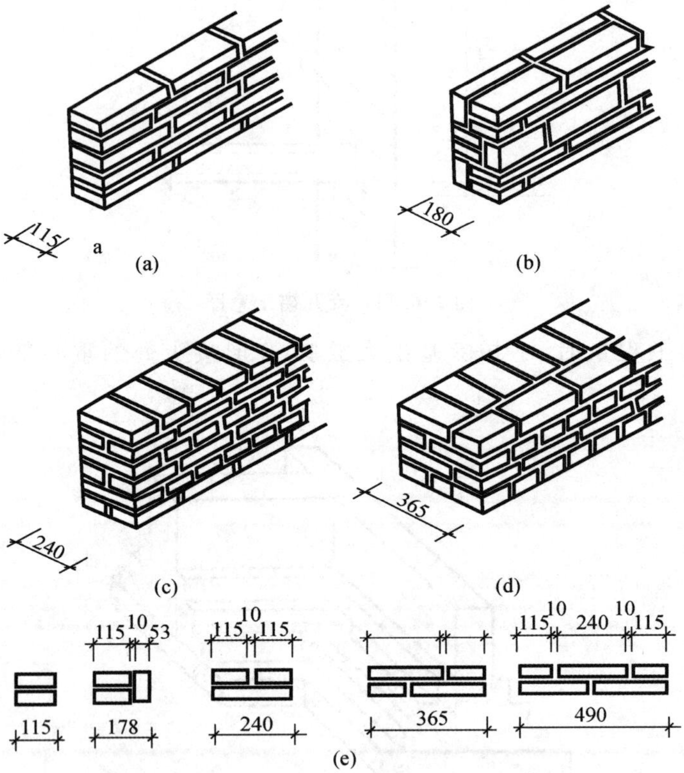

图 2.6.16　墙厚与标准砖的规格关系

(a)1/2 砖砖墙示意图；(b)3/4 砖砖墙示意图；(c)1 砖砖墙示意图；

(d)$1\frac{1}{2}$砖砖墙示意图；(e)墙厚示意图

2. 砖基大放脚折加高度和大放脚增加断面积如表 2.6.6 所示。

表 2.6.6 砖基大放脚折加高度和大放脚增加断面积表

放脚层高	折加高度/m												增加断面/m²	
	$\frac{1}{2}$砖(0.115)		1砖(0.24)		$1\frac{1}{2}$砖(0.365)		2砖(0.49)		$2\frac{1}{2}$砖(0.615)		3砖(0.74)			
	等高	间隔式	等高	间隔式	等高	间隔式	等高	间隔式	等高	间隔式	等高	间隔式	等高	间隔式
一	0.137	0.137	0.066	0.066	0.043	0.043	0.032	0.032	0.026	0.026	0.021	0.021	0.015 75	0.015 75
二	0.411	0.342	0.197	0.164	0.129	0.108	0.096	0.080	0.077	0.064	0.064	0.053	0.047 25	0.039 38
三	—	—	0.394	0.328	0.259	0.216	0.193	0.161	0.154	0.128	0.128	0.106	0.094 5	0.078 7
四	—	—	0.656	0.525	0.432	0.345	0.321	0.253	0.256	0.205	0.213	0.170	0.157 5	0.126
五	—	—	0.984	0.788	0.647	0.518	0.482	0.380	0.384	0.307	0.319	0.255	0.236 3	0.189
六	—	—	1.378	1.083	0.906	0.712	0.672	0.530	0.538	0.419	0.447	0.351	0.330 8	0.259 9
七	—	—	1.838	1.444	1.208	0.949	0.900	0.707	0.717	0.563	0.596	0.468	0.441	0.346 5
八	—	—	2.363	1.838	1.553	1.208	1.157	0.900	0.922	0.717	0.766	0.596	0.567	0.441 1
九	—	—	2.953	2.297	1.942	1.510	1.447	1.125	1.153	0.896	0.958	0.745	0.708 8	0.551 3
十	—	—	3.610	2.789	2.372	1.834	1.768	1.366	1.409	1.088	1.171	0.905	0.866 3	0.669 4

（三）基础与墙（柱）的划分

1. 基础与墙（柱）身使用同一种材料时，以设计室内地面为界（有地下室者，以地下室室内设计地面为界），以下为基础，以上为墙（柱）身，如图 2.6.17、图 2.6.18 所示。

2. 基础与墙身使用不同材料时，位于设计室内地面高度≤±300mm 时，以不同材料为分界线；高度＞±300mm 时，以设计室内地面为分界线。

3. 砖围墙以设计室外地坪为界，以下为基础，以上为墙身。

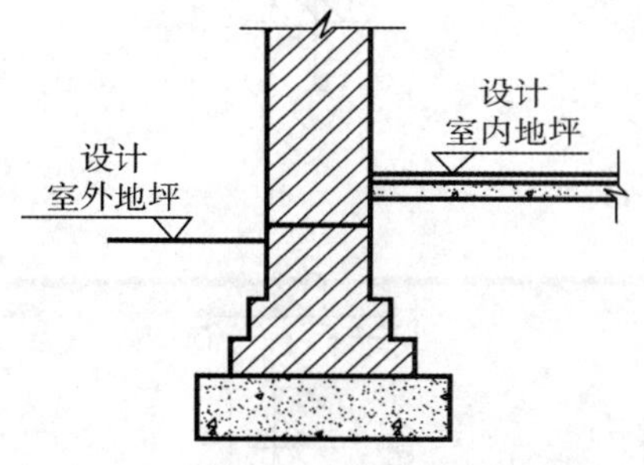

图 2.6.17 基础与墙身划分示意图

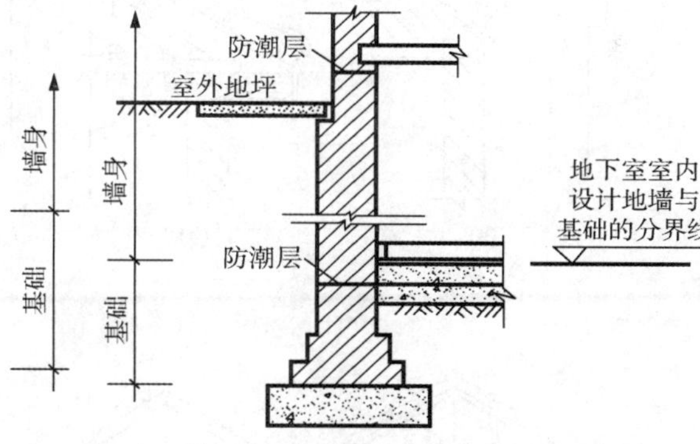

图 2.6.18 地下室的基础与墙身划分示意图

4. 砖石、小型混凝土空心砌块墙基础按图示尺寸以 m^3 计算，砖墙、小型空心砌块墙基础长度，外墙墙基按外墙中心线长度，内墙墙基按内墙净长计算。砖、小型空心砌块墙基础大放脚 T 形接头号处重叠部分，计算时不扣除。附墙柱基大放脚宽出部分体积并入基础工程量内。毛石墙基的长度，外墙按中心线长度、内墙按毛石基础各级净长计算。

5. 墙身的长度：外墙长度按外墙中心线长度计算，内墙按内墙净长线计算。

6. 墙身高度示意图如图 2.6.19 所示，按表 2.6.7 规定计算，具体如图 2.6.20～图 2.6.28 所示。

表 2.6.7　墙体高度计算规定

墙体名称		屋面类型	墙体高度计算方法	图例
外墙	坡屋面	无檐口天棚	算至屋面板底	图 2.6.19（a）
		有屋架室内外均有天棚	算至屋架下弦另加 200mm	图 2.6.19（b）
		有屋架无天棚	算至屋架下弦另加 300mm	图 2.6.20
		出檐宽度≥600mm	按实砌高度计算	图 2.6.19（c）
	平屋面		算至钢筋混凝土板底	图 2.6.19（d）
内墙	位于屋架下弦		算至屋架底	图 2.6.19（e）
	无屋架		算至天棚底另加 100mm	图 2.6.19（f）
	有楼隔层		算至板底	图 2.6.19（g）
	有框架梁		算至梁底面	图 2.6.19（h）
山墙			按平均高度计算	
女儿墙	砖压顶		外墙顶算至压顶上表面	
	钢筋混凝土压顶		外墙顶算至压顶底	图 2.6.19（d）

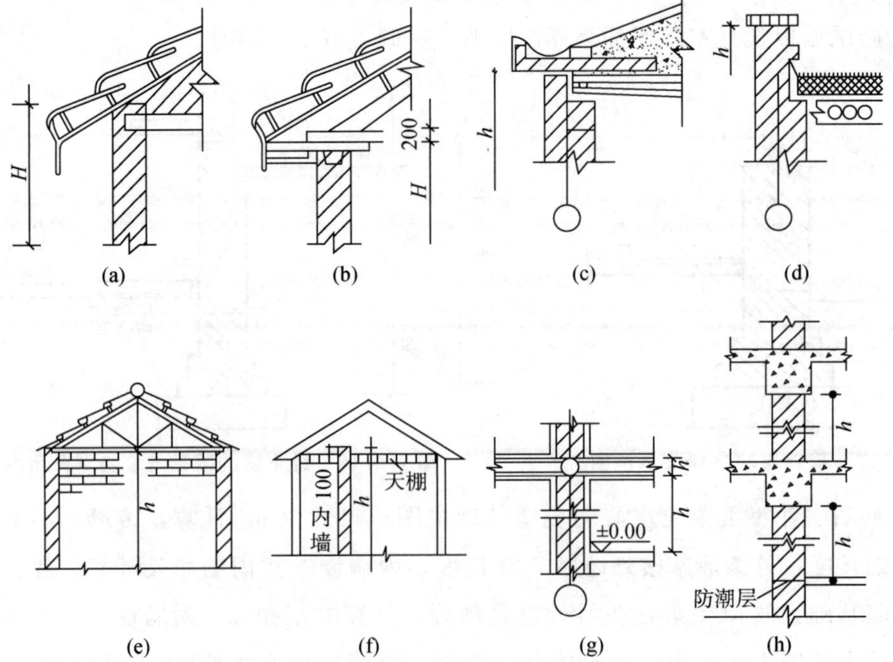

图 2.6.19　墙身高度示意图

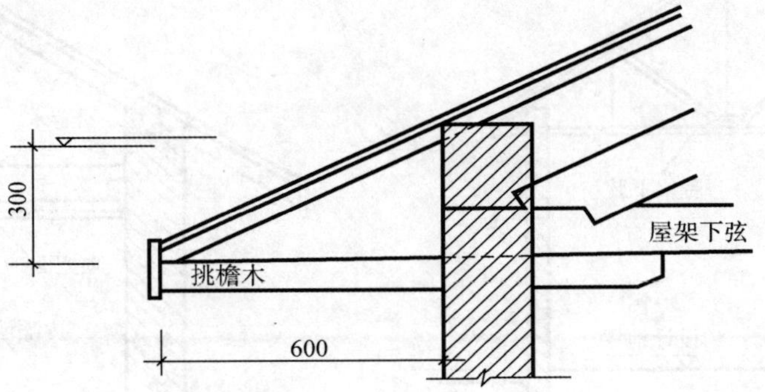

图 2.6.20 有屋架、无顶棚时，外墙高度示意图

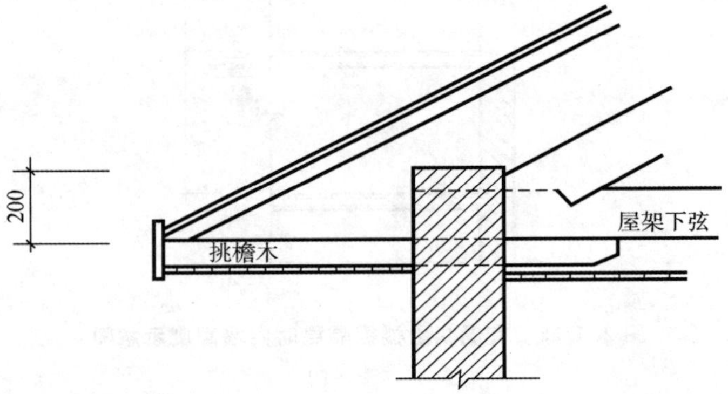

图 2.6.21 室内、外均有顶棚时，外墙高度示意图

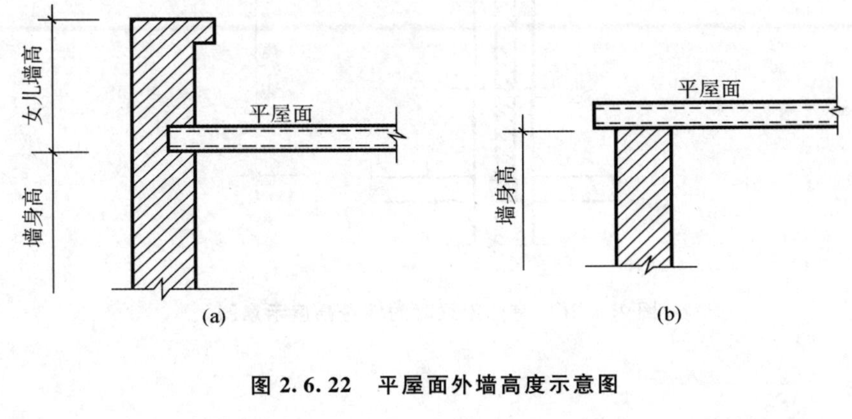

图 2.6.22 平屋面外墙高度示意图

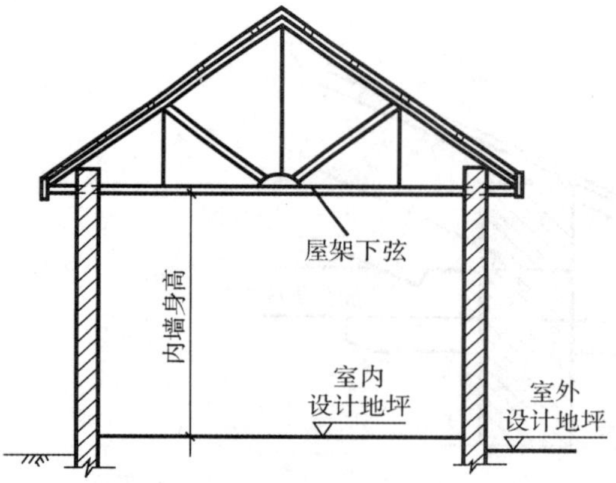

图 2.6.23　屋架下弦的内墙高度示意图

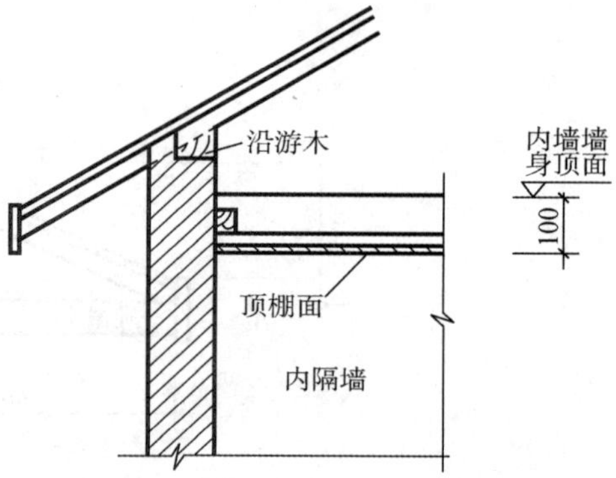

图 2.6.24　无屋架时内墙高度示意图

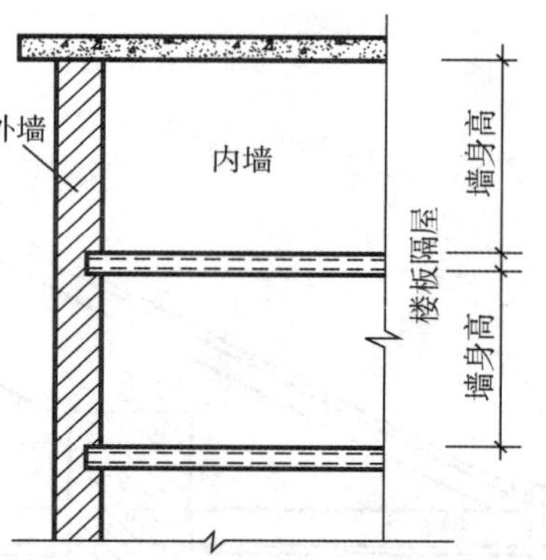

图 2.6.25　有混凝土楼板隔层时内墙高度示意图

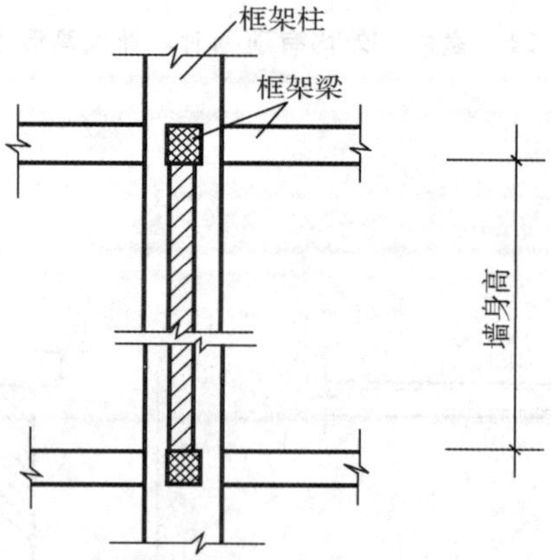

图 2.6.26　有框架梁时的墙身高度示意图

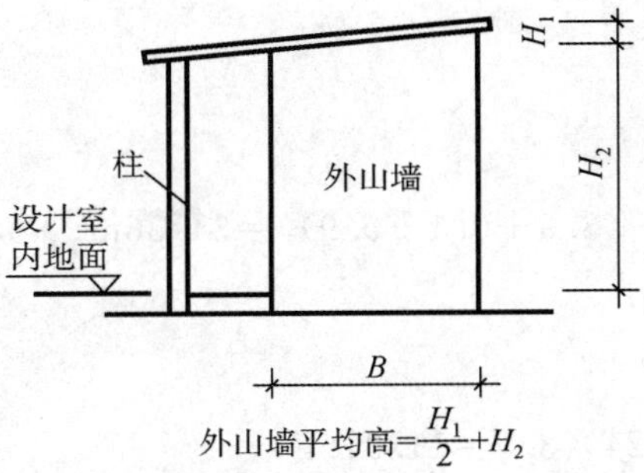

图 2.6.27 一坡水屋面外山墙高度示意图

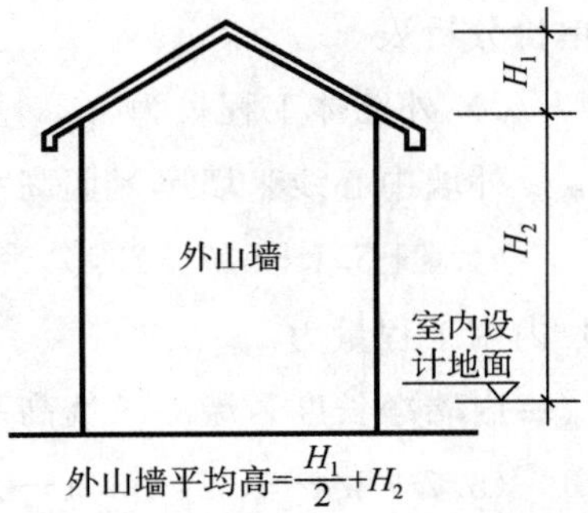

图 2.6.28 两坡水屋面外山墙高度示意图

7. 框架间砌体，按框架间的净空面积乘以墙厚计算，框架柱外表镶贴砖部分并入框架间砌体工程量内计算。

8. 空花墙按空花部分外形体积以 m^3 计算，空洞部分不予扣除，其中与空花墙连接的附墙柱、实砌眠墙以 m^3 计算，分别套用砖柱、砖墙项目。

9. 空斗墙按外形体积以 m^3 计算。窗台线、腰线、转角、内外墙交接处、门窗洞口立边、楼板下屋檐处和附墙柱两侧砌砖已包括在项目内，不另计算（不包括设计要求的斗墙实砌部分及附墙柱），突出墙面三皮砖以上的挑檐、附墙柱（不论突出多少）均以实砌体积计算，按一砖墙的项目执行。

10. 填充墙按外形尺寸以 m^3 计算，其实砌部分已包括在项目内，不另计算。

11. 空心砌块砌体按图示尺寸以 m^3 计算（砼空心砌块墙、炉渣砼空心砌块墙、陶料砼空心砌砖块墙），按设计规定需要镶嵌砖砌体部分已包括在项目内，不另计算。

12. 其他砖砌体：

（1）砖砌锅台、炉灶，不分大小，均按图示外形尺寸以 m^3 计算，不扣除各种空洞的体积。

（2）砖砌台阶（不包括梯带）按水平投影面积以 m^3 计算。

（3）厕所蹲台、小便池池槽、水槽腿、煤箱、垃圾箱、花台、花池台阶挡墙或梯带、地垄墙及支撑地楞的砖墩、房上烟囱等实砌体积，以 m^3 计算，套用零星砌体项目。

（4）砖地沟（暖气沟、电缆沟等），不分墙基、墙身，合并以 m^3 计算。

13. 轻质墙板按结构间净空面积以 m^3 计算（扣除 0.3m^3 以上的洞口面积）。

14. 砌块孔内砼灌实，按灌实部分砌体的外形尺寸的 50%（砌块空心率的近似值）以 m^3 来计算。

15. 垫层：地面垫层按地面面积乘以厚度计算，基础垫层按实铺体积计算。垫层中均包括原土夯实。

【例 2.6.1】某砌体工程如图 2.6.29 所示，计算实心砖墙体工程量并完成工程量清单综合单价分析表。

解 （1）外墙体工程量为

$V_{外墙}$＝外墙中心线×墙厚×墙高＝

$(4.8+5.1+5.7+2.4)\times 2\times 0.24\times(3.9+0.1+0.9)=34.56\text{m}^3$

（2）内墙工程量为

$V_{内墙}$＝内墙净长度×墙厚×墙高＝

$(5.7+2.4-0.24+5.1-0.24)\times 0.24\times 3.9=11.91\text{m}^3$

门窗洞口所占体积为

$V_{洞口}=(1.8\times 2.4\times 0.24\times 3+2.1\times 2.4\times 0.24+0.9\times 1.8\times 0.24\times 2)=$

$(3.11+1.21+0.78)=5.10\text{m}^3$

（3）砖墙体工程量为

$V=(V_{外墙}+V_{内墙}-V_{洞口})-V_{圈梁}=$

$(32.49+11.91-5.10)-36\times 0.24\times 0.24=37.266\text{m}^3$

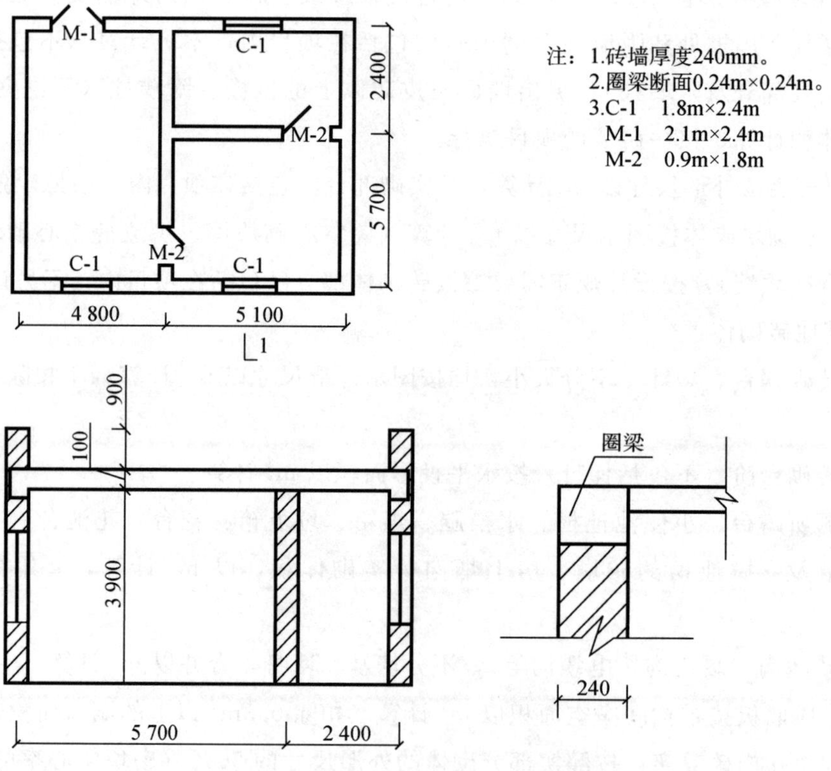

图 2.4.29 平面图及剖面图

（4）列表，见表 2.6.8～表 2.6.10。

表 2.6.8　清单工程量计算表

项目编码	项目名称	项目特征描述	计量单位	工程量
010401003001	实心砖墙	（1）砖品种、规格、强度等级：240mm 厚 MU10 空心砖； （2）墙体类型：外墙； （3）砂浆强度等级、配合比：M7.5 混合砂浆砌筑	m^3	37.266

表 2.6.9　定额应用表

定额编号	工程名称	单位	工程量
A3－10	混水砖墙	$10m^3$	39.30

表 2.6.10　实心砖墙工程量清单综合单价分析表

工程名称：　标段：　第　页　共　页

项目编码		010401003001	项目名称		实心砖墙				计量单位		m^3
清单综合单价组成明细											
定额编号	定额名称	定额单位	数量	单价/元				合价/元			
				人工费	材料费	机械费	管理费和利润	人工费	材料费	机械费	管理费和利润
A3－10	混水砖墙	$10m^3$	0.1	1 125.6	2 163.87	14.65	253.84	112.56	243.24	1.465	253.84
人工单价			小　计					112.56	243.24	1.47	25.38
70 元/工日			未计价材料费								
清单项目综合单价								382.65			
材料费	主要材料名称、规格、型号					单位	数量	单价/元	合价/元	暂估单价/元	暂估合价/元
	MU10 灰砂砖 240mm×115mm×53mm					千元	0.535	400	214	400	214
	M5 水泥混合砂浆					m^3	0.24	120	28.8	120	28.8
	其他材料费								0.424		
	材料费小计								243.24		

单元七　混凝土及钢筋混凝土工程

课题1　现浇混凝土工程

一、现浇混凝土工程清单工程量

（一）现浇混凝土工程量清单项目设置

根据《房屋建筑与装饰工程工程量计算规范》（GB 50854—2013）规定，现浇混凝土工程包括现浇混凝土基础、现浇混凝土柱、现浇混凝土梁、现浇混凝土墙、现浇混凝土板、现浇混凝土楼梯、现浇混凝土其他构件、后浇带等8部分，共39个清单项目。

1. 现浇混凝土基础

（1）现浇混凝土基础工程量清单项目设置、项目特征描述的内容、计量单位、工程量计算规则应按表2.7.1的规定执行

表2.7.1　现浇混凝土基础（编号：010501）

项目编码	项目名称	项目特征	计量单位	工程量计算规则	工作内容
010501001	垫层	1. 混凝土类别 2. 混凝土强度等级	m^3	按设计图示尺寸以体积计算。不扣除伸入承台基础的桩头所占体积	模板及支撑制作、安装、拆除、堆放、运输及清理模内杂物、刷隔离剂等 混凝土制作、运输、浇筑、振捣、养护
010501002	带形基础				
010501003	独立基础				
010501004	满堂基础				
010501005	桩承台基础				
010501006	设备基础	1. 混凝土类别 2. 混凝土强度等级 3. 灌浆材料、灌浆材料强度等级			

（2）现浇混凝土基础工程量清单设置有关说明。

1）有肋带形基础、无肋带形基础应按表2.7.1中相关项目列项，并注明肋高。

2）满堂基础项目适应于地下室的箱式、筏式基础等。箱式满堂基础中柱、梁、墙、板按表2.7.2～表2.7.5相关项目分别编码列项；箱式满堂基础底板按表2.7.1的

满堂基础项目列项。

3）设备基础项目适用于设备的块体基础、框架基础等。框架式设备基础中柱、梁、墙、板分别按《房屋建筑与装饰工程工程量计算规范》附录E相关项目编码列项；基础部分按表2.7.1相关项目编码列项。

4）对于毛石混凝土基础，项目特征应描述毛石所占比例。

5）桩承台基础项目适用于浇筑在组桩上的承台。

2. 现浇混凝土柱

（1）现浇混凝土柱工程量清单项目设置、项目特征描述的内容、计量单位、工程量计算规则应按表2.7.2的规定执行。

（2）现浇混凝土柱工程量清单设置有关说明。

1）混凝土种类指清水混凝土、彩色混凝土等，如在同一地区既使用预拌（商品）混凝土，又允许现场搅拌混凝土时，也应注明。

2）无梁板下的柱帽工程量计算在无梁板体积内。

3）混凝土柱上的钢牛腿按零星钢构件编码列项。

4）单独的薄壁柱根据其截面形状，确定以异形柱或矩形柱编码列项。

表2.7.2　现浇混凝土柱（编号：010502）

项目编码	项目名称	项目特征	计量单位	工程量计算规则	工作内容
010502001	矩形柱	1. 混凝土类别 2. 混凝土强度等级	m^3	按设计图示尺寸以体积计算。不扣除构件内钢筋，预埋铁件所占体积。型钢混凝土柱扣除构件内型钢所占体积。 柱高： （1）有梁板的柱高，应自柱基上表面（或楼板上表面）至上一层楼板上表面之间的高度计算； （2）无梁板的柱高，应自柱基上表面（或楼板上表面）至柱帽下表面之间的高度计算； （3）框架柱的柱高：应自柱基上表面至柱顶高度计算； （4）构造柱按全高计算，嵌接墙体部分（马牙槎）并入柱身体积； （5）依附柱上的牛腿和升板的柱帽，并入柱身体积计算	模板及支架（撑）制作、安装、拆除、堆放、运输及清理模内杂物、刷隔离剂等； 混凝土制作、运输、浇筑、振捣、养护
010502002	构造柱				
010502003	异形柱	1. 柱形状 2. 混凝土类别 3. 混凝土强度等级			

3. **现浇混凝土梁**

现浇混凝土梁工程量清单项目设置、项目特征描述的内容、计量单位、工程量计算规则应按表 2.7.3 的规定执行。

4. **现浇混凝土墙**

（1）现浇混凝土墙工程量清单项目设置、项目特征描述的内容、计量单位、工程量计算规则应按表 2.7.4 的规定执行。

（2）现浇混凝土墙工程量清单项目设置有关说明。

1）短肢剪力墙项目：短肢剪力墙是指截面厚度不大于 300mm、各肢截面高度与厚度之比的最大值大于 4 但不大于 8 的剪力墙。

2）各肢截面高度与厚度之比的最大值不大于 4 的剪力墙按柱项目编码列项。

5. **现浇混凝土板**

（1）现浇混凝土板工程量清单项目设置、项目特征描述的内容、计量单位、工程量计算规则应按表 2.7.5 的规定执行。

表 2.7.3 现浇混凝土梁（编号：010503）

项目编码	项目名称	项目特征	计量单位	工程量计算规则	工作内容
010503001	基础梁	1. 混凝土类别 2. 混凝土强度等级	m^3	按设计图示尺寸以体积计算。伸入墙内的梁头、梁垫并入梁体积内。 梁长：梁与柱连接时，梁长算至柱侧面；主梁与次梁连接时，次梁长算至主梁侧面	模板及支架（撑）制作、安装、拆除、堆放、运输及清理模内杂物、刷隔离剂等； 混凝土制作、运输、浇筑、振捣、养护
010503002	矩形梁				
010503003	异形梁				
010503004	圈梁				
010503005	过梁				
010503006	弧形、拱形梁	1. 混凝土类别 2. 混凝土强度等级	m^3	按设计图示尺寸以体积计算。伸入墙内的梁头、梁垫并入梁体积内。 梁长：梁与柱连接时，梁长算至柱侧面；主梁与次梁连接时，次梁长算至主梁侧面	模板及支架（撑）制作、安装、拆除、堆放、运输及清理模内杂物、刷隔离剂等； 混凝土制作、运输、浇筑、振捣、养护

表 2.7.4　现浇混凝土墙（编号：010504）

项目编码	项目名称	项目特征	计量单位	工程量计算规则	工作内容
010504001	直形墙	1. 混凝土类别 2. 混凝土强度等级	m^3	按设计图示尺寸以体积计算。 扣除门窗洞口及单个面积＞$0.3m^2$的孔洞所占体积，墙垛及突出墙面部分并入墙体体积计算内	模板及支架（撑）制作、安装、拆除、堆放、运输及清理模内杂物、刷隔离剂等； 混凝土制作、运输、浇筑、振捣、养护
010504002	弧形墙				
010504003	短肢剪力墙				
010504004	挡土墙				

表 2.7.5　现浇混凝土板（编号：010505）

项目编码	项目名称	项目特征	计量单位	工程量计算规则	工作内容
010505001	有梁板	1. 混凝土种类 2. 混凝土强度等级	m^3	按设计图示尺寸以体积计算，不扣除单个面积≤$0.3m^2$的柱、垛以及孔洞所占体积。 压形钢板混凝土楼板扣除构件内压形钢板所占体积。 有梁板（包括主、次梁与板）按梁、板体积之和计算，无梁板按板和柱帽体积之和计算，各类板伸入墙内的板头并入板体积内，薄壳板的肋、基梁并入薄壳体积内计算	模板及支架（撑）制作、安装、拆除、堆放、运输及清理模内杂物、刷隔离剂等； 混凝土制作、运输、浇筑、振捣、养护
010505002	无梁板				
010505003	平板				
010505004	拱板				
010505005	薄壳板				
010505006	栏板				
010505007	天沟（檐沟）、挑檐板	1. 混凝土类别 2. 混凝土强度等级		按设计图示尺寸以体积计算	
010505008	雨篷、悬挑板、阳台板			按设计图示尺寸以墙外部分体积计算，包括伸出墙外的牛腿和雨蓬反挑檐的体积	
010505009	空心板			按设计图示尺寸以体积计算。空心板（GBF 高强薄壁蜂巢芯板等）应扣除空心部分体积	
010505010	其他板			按设计图示尺寸以体积计算	

（2）现浇混凝土板工程量清单项目设置有关说明。

1）现浇挑檐、天沟板、雨篷、阳台与板（包括屋面板、楼板）连接时，以外墙外边线为分界线；与圈梁（包括其他梁）连接时，以梁外边线为分界线。外边线以外为挑檐、天沟、雨篷或阳台。

2）现浇有梁板是指现浇密肋板、井字梁板。

3）无梁板是指不带梁而直接用柱帽支撑的板。

4）平板是指无梁、无柱而直接由墙支撑的板。

6. 现浇混凝土楼梯

（1）现浇混凝土楼梯工程量清单项目设置、项目特征描述的内容、计量单位、工程量计算规则应按表 2.7.6 的规定执行。

表 2.7.6 现浇混凝土楼梯（编号：010506）

项目编码	项目名称	项目特征	计量单位	工程量计算规则	工作内容
010506001	直形楼梯	1. 混凝土种类 2. 混凝土强度等级	1. m^2 2. m^3	以 m^2 计量，按设计图示尺寸以水平投影面积计算。不扣除宽度≤500mm 的楼梯井，伸入墙内部分不另计算。 以 m^3 计量，按设计图示尺寸以体积计算	模板及支架（撑）制作、安装、拆除、堆放、运输及清理模内杂物、刷隔离剂等； 混凝土制作、运输、浇筑、振捣、养护
010506002	弧形楼梯				

（2）现浇混凝土楼梯工程量清单项目设置有关说明。

整体楼梯（包括直形楼梯、弧形楼梯）水平投影面积包括休息平台、平台梁、斜梁和楼梯的连接梁。当整体楼梯与现浇楼板无梯梁连接时，以楼梯的最后一个踏步边缘加 300mm 为界。

7. 现浇混凝土其他构件

（1）现浇混凝土其他构件工程量清单项目设置、项目特征描述的内容、计量单位、工程量计算规则应按表 2.7.7 的规定执行。

（2）现浇混凝土其他构件工程量清单项目设置注意事项。

1）现浇混凝土小型池槽、垫块、门框等，应按表 2.7.7 中其他构件项目编码列项。

2）架空式混凝土台阶，按现浇楼梯计算。

表 2.7.7 现浇混凝土其他构件（编号：010507）

项目编码	项目名称	项目特征	计量单位	工程量计算规则	工作内容
010507001	散水、坡道	1. 垫层材料种类、厚度 2. 面层厚度 3. 混凝土种类 4. 混凝土强度等级 5. 变形缝填塞材料种类	m^2	按设计图示尺寸以水平投影面积计算不扣除单个≤$0.3m^2$的孔洞所占面积	地基夯实； 铺设垫层； 模板及支撑制作、安装、拆除、堆放、运输及清理模内杂物、刷隔离剂等； 混凝土制作、运输、浇筑、振捣、养护 变形缝填塞
010507002	室外地坪	1. 地坪厚度 2. 混凝土强度等级			
010507003	电缆沟、地沟	1. 土壤类别 2. 沟截面净空尺寸 3. 垫层材料种类、厚度 4. 混凝土种类 5. 混凝土强度等级 6. 防护材料种类	m	m 计量，按设计图示以中心线长计算	挖填、运土石方； 铺设垫层； 模板及支撑制作、安装、拆除、堆放、运输及清理模内杂物、刷隔离剂等； 混凝土制作、运输、浇筑、振捣、养护； 刷防护材料
010507004	台阶	1. 踏步高、宽 2. 混凝土种类 3. 混凝土强度等级	1. m^2 2. m^3	以 m^2 计量，按设计图示尺寸水平投影面积计算。 以 m^3 计量，按设计图示尺寸以体积计算	模板及支撑制作、安装、拆除、堆放、运输及清理模内杂物、刷隔离剂等； 混凝土制作、运输、浇筑、振捣、养护
010507005	扶手、压顶	1. 断面尺寸 2. 混凝土种类 3. 混凝土强度等级	1. m^2 2. m^3	以 m 计量，按设计图示的中心线延长米计算。 以 m^3 计量，按设计图示尺寸以体积计算	模板及支架（撑）制作、安装、拆除、堆放、运输及清理模内杂物、刷隔离剂等； 混凝土制作、运输、浇筑、振捣、养护

续 表

项目编码	项目名称	项目特征	计量单位	工程量计算规则	工作内容
010507006	化粪池、检查井	1. 部位 2. 混凝土强度等级 3. 防水、抗渗要求	1. m^3 2. 座	按设计图示尺寸以体积计算； 以座计量，按设计图示数量计算	模板及支架（撑）制作、安装、拆除、堆放、运输及清理模内杂物、刷隔离剂等； 混凝土制作、运输、浇筑、振捣、养护
010507007	其他构件	1. 构件的类型 2. 构件规格 3. 部位 4. 混凝土种类 5. 混凝土强度等级	m^3		

8. **后浇带**

(1) 后浇带工程量清单项目设置、项目特征描述的内容、计量单位、工程量计算规则应按表 2.7.8 的规定执行。

表 2.7.8 后浇带（编号：010508）

项目编码	项目名称	项目特征	计量单位	工程量计算规则	工作内容
010508001	后浇带	1. 混凝土类别 2. 混凝土强度等级	m^3	按设计图示尺寸以体积计算	模板及支架（撑）制作、安装、拆除、堆放、运输及清理模内杂物、刷隔离剂等； 混凝土制作、运输、浇筑、振捣、养护及混凝土交接面、钢筋等的清理

(2) 后浇带工程量清单项目设置注意事项：后浇带项目适用于梁、板、墙的后浇带。

（二）现浇混凝土工程清单工程量计算

现浇混凝土工程清单工程量计算时，根据设计图纸尺寸，依据《房屋建筑与装饰工程工程量计算规范》的工程量计算规则（前述所列的表格）进行计算列项。不扣除构件内钢筋、螺栓、预埋铁件、张拉孔道所占体积，但要扣除劲性钢筋骨架的型钢所占体积。

1. **现浇混凝土基础**

(1) 带形基础。当建筑物上部结构采用墙体承重时，基础常采用连续的带形基础。有肋带形基础，如图 2.7.1 所示，其肋高与肋宽之比在 4∶1 以内的，按有肋带形基础计算；超过 4∶1 时，其基础底板按板式基础计算，以上部分按墙计算。

带形基础工程量为

$$\text{体积}\ V=SL$$

式中 S——带形基础的断面面积，断面面积根据图示尺寸的实际面积计算，基础高度应算至基础的扩大顶面；

L——带形基础的长度，外墙基础长度按外墙中心线长度（$L_{中}$）计算，内墙基础长度按内墙基础之间净长线长度（$L_{内基}$）计算。

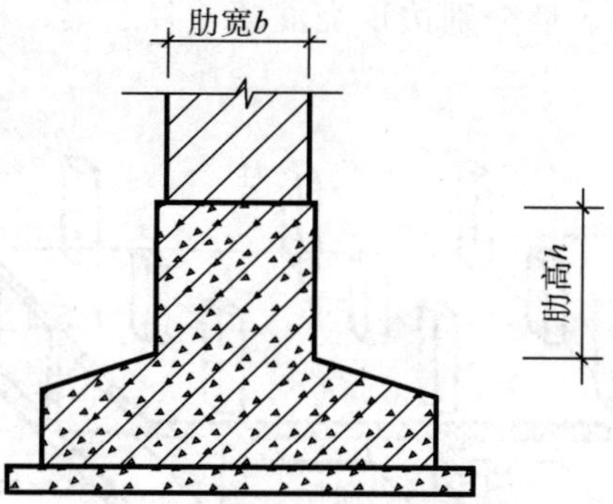

图 2.7.1 有肋带形基础示意图

(2) 独立基础。独立基础一般用于柱子下面，每一根柱子一个基础。常用的形式有台阶式独立基础、锥形独立基础、杯形基础等，如图 2.7.2 所示。

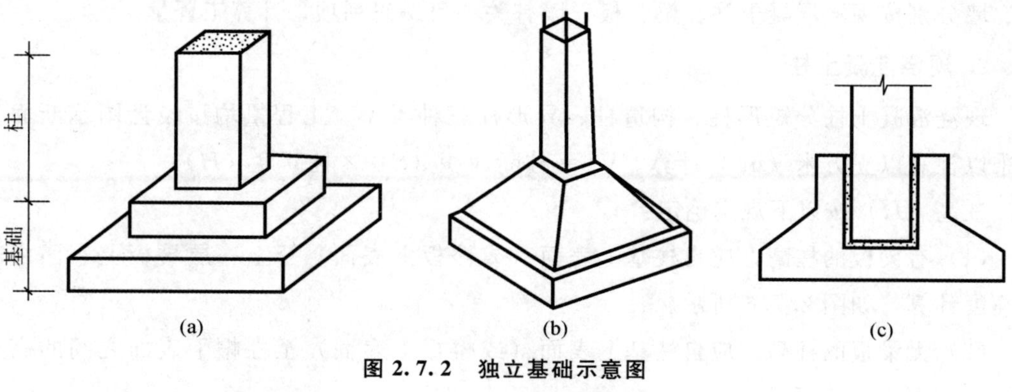

图 2.7.2 独立基础示意图

(a) 台阶式独立基础；(b) 锥形独立基础；(c) 杯形基础

(3) 满堂基础。

1) 板式筏型满堂基础，如图 2.7.3 所示。板式筏型满堂基础的工程量为基础底板体积。

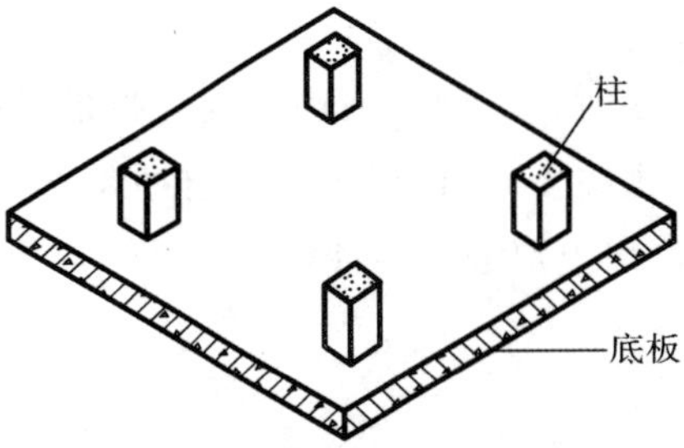

图 2.7.3 板式筏型满堂基础示意图

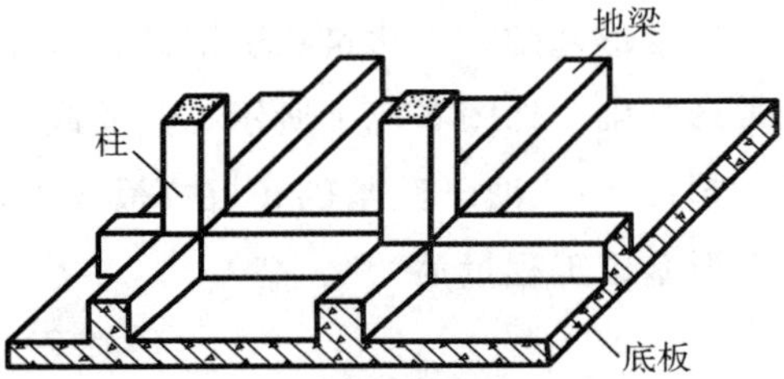

图 2.7.4 梁式满堂基础示意图

2）梁式满堂基础，如图 2.7.4 所示。梁式满堂基础的工程量为基础底板体积与梁体积之和。

3）箱式满堂基础，如图 2.7.5 所示。箱式满堂基础的工程量为基础底板体积。箱式满堂基础中的柱、梁、板、墙分别按现浇混凝土柱、梁、板、墙有关项目编码列项，计算工程量。

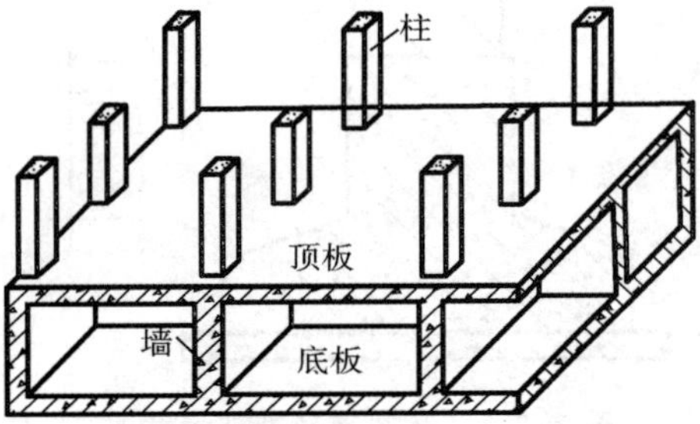

图 2.7.5 箱式满堂基础示意图

（4）设备基础。设备基础按设计图示尺寸以体积计算。框架式设备基础中柱、梁、板、墙分别按现浇混凝土柱、梁、板、墙有关项目编码列项，计算工程量。

2. 现浇混凝土柱

现浇混凝土柱分矩形柱、构造柱、异形柱三种类型。工程量均按设计图示断面尺寸乘以柱高以立方米（m^3）计算。$V_{柱}$＝柱断面积（S）×柱高度（H）。

柱高（H）按以下规定确定：

（1）有梁板的柱高，应自柱基上表面（或楼板上表面）至上一层楼板上表面之间的高度计算，如图 2.7.6 所示。

（2）无梁板的柱高，应自柱基上表面（或楼板上表面）至柱帽下表面之间的高度计算，如图 2.7.7 所示。

（3）框架柱的柱高应自柱基上表面至柱顶高计算，如图 2.7.8 所示。

钢筋混凝土独立基础顶面与柱子分界示意图如图 2.7.9 所示。

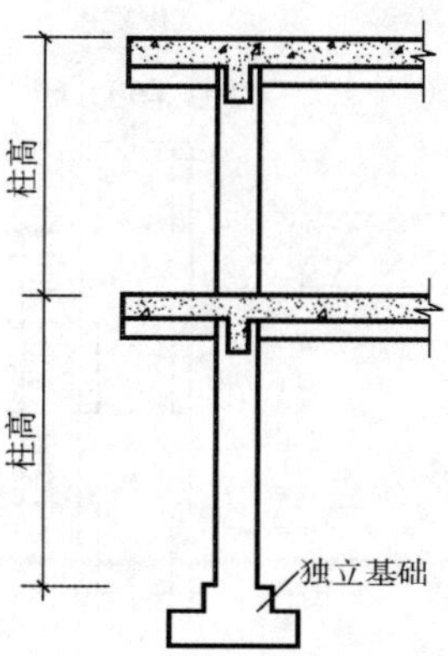

图 2.7.6　有梁板柱高示意图

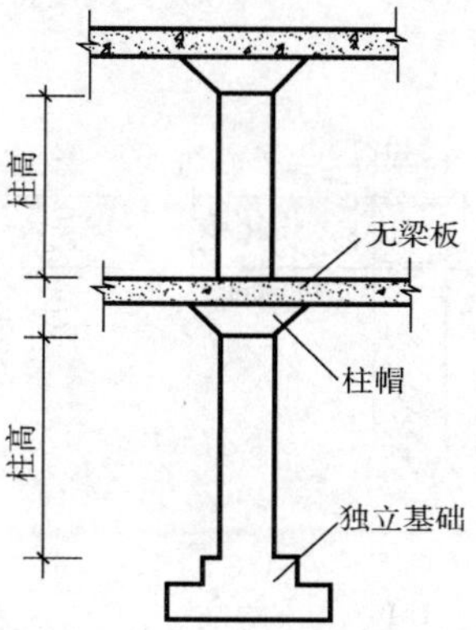

图 2.7.7　无梁板柱高示意图

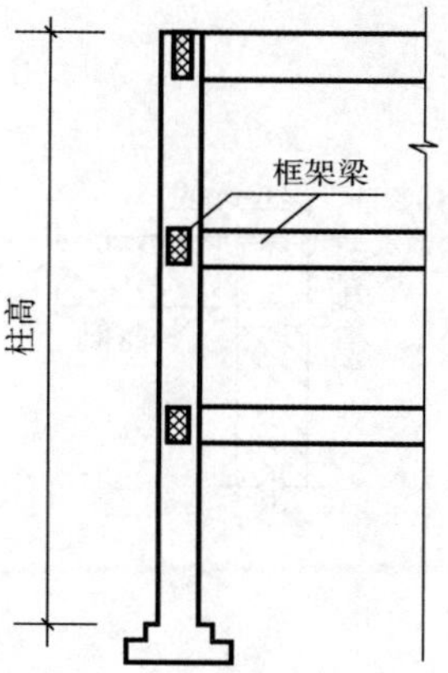

图 2.7.8　框架柱柱高示意图

（4）构造柱按全高计算，与砖墙嵌接部分（马牙槎）体积并入柱身体积内计算。构造柱与砖墙嵌接部分如图 2.7.10 所示。

构造柱体积 V＝构造柱截面积×构造柱高度

构造柱截面积形状如图 2.5.11 所示。

当砖墙厚度为 240mm 时，构造柱体积计算公式为

$$V_{构造柱}=[0.24\times(0.24+0.03\times n)]H$$

式中　n——马牙槎边数，L 形接头处：$n=2$；T 形接头处：$n=3$；十字形接头处：$n=4$；

H——构造柱高度。

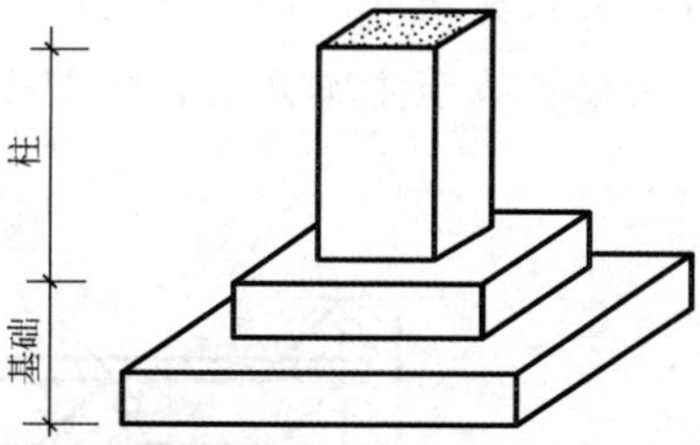

图 2.7.9　独立基础与柱在基础上表面分界示意图

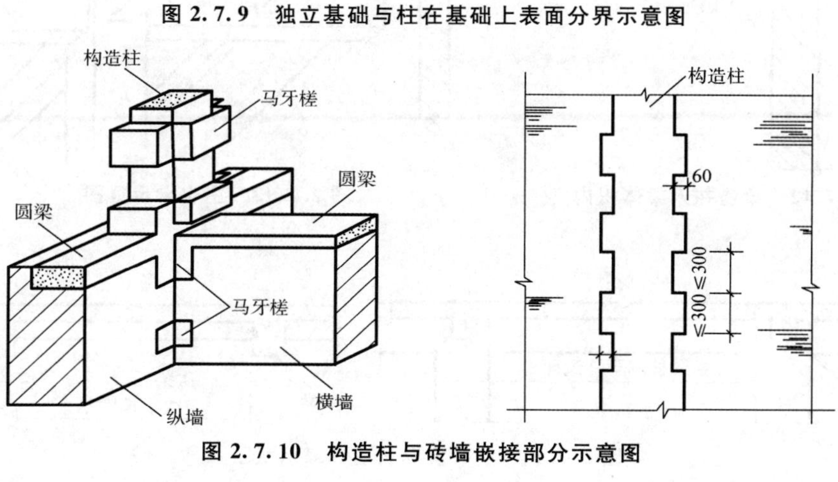

图 2.7.10　构造柱与砖墙嵌接部分示意图

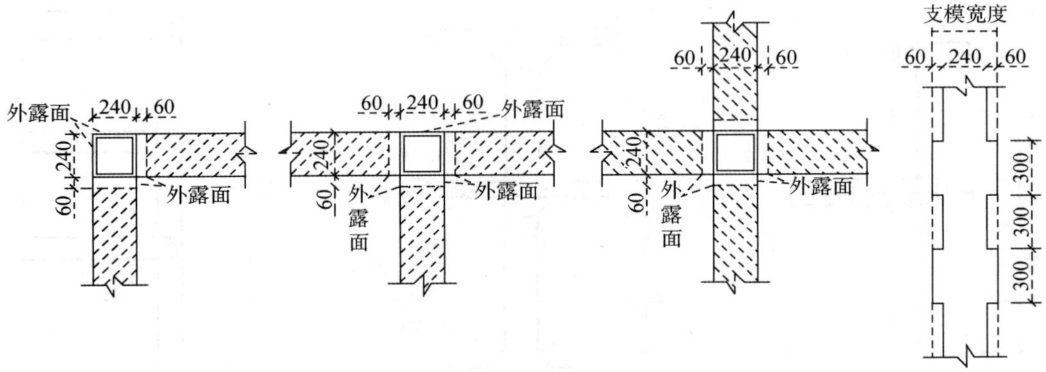

(a) (b) (c) (d)

图 2.7.11 构造柱截面示意图

(a) L 形接头处；(b) T 形接头处；(c) 十字形接头处；(d) 马牙槎构造要求

(5) 依附柱上的牛腿和升板的柱帽，并入柱身体积内计算。

3. **现浇混凝土梁**

现浇混凝土梁工程量按设计图示尺寸断面积乘以梁长以立方米（m^3）计算。伸入墙内的梁头、梁垫并入梁体积内，如图 2.7.12 所示。

$$梁体积\ V_{梁}=梁的断面面积(S)\times 梁长度(L)$$

梁长度（L）按以下规定确定：

(1) 梁与混凝土柱连接时，梁长算至柱侧面；梁与砼墙连接时，梁长算至墙侧面。

(2) 主梁与次梁连接时，次梁长算至主梁侧面，如图 2.7.13、图 2.7.14 所示。

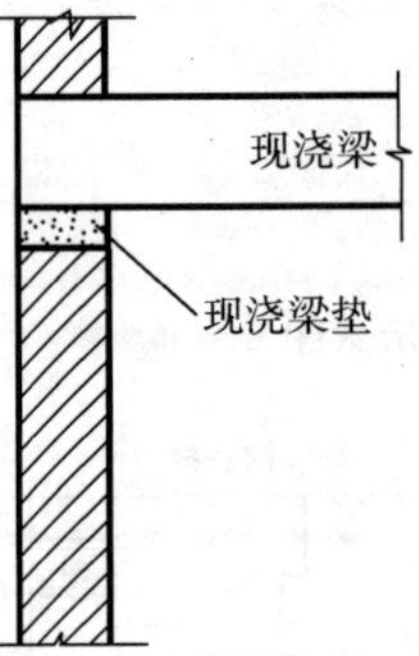

图 2.7.12 梁垫并入梁体积内

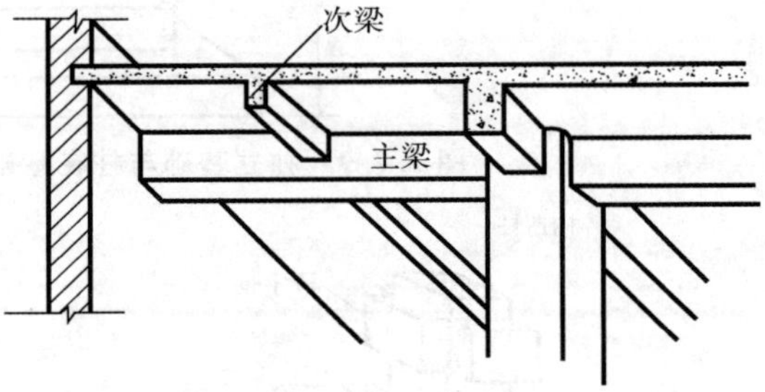

图 2.7.13 主次梁示意图

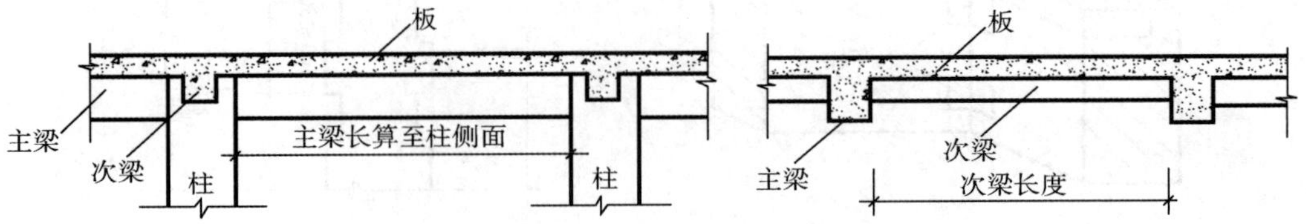

图 2.7.14 主、次梁长度计算示意图

4. **现浇混凝土墙**

现浇混凝土墙工程量按设计图示中心线长度乘以墙高及厚度以 m^3 计算，应扣除门窗洞口及 $0.3m^2$ 以外孔洞的体积，墙垛及突出墙面部分（包括边框梁、柱）并入墙体积计算内。

$$现浇混凝土墙体积\ V_{墙}=LHD+V_{墙垛及突出部分}$$

式中 L——现浇混凝土墙的长度，一般按墙中心线长度计算；

H——墙的高度；

D——墙的厚度。

5. **现浇混凝土板**

按图示面积乘以板厚以 m^3 计算，其中：

(1) 有梁板包括主、次梁与板，按梁、板体积之和计算，如图 2.7.15 (a) 所示。

(2) 无梁板按板（包括其边梁）和柱帽体积之和计算，如图 2.7.15 (b) 所示。

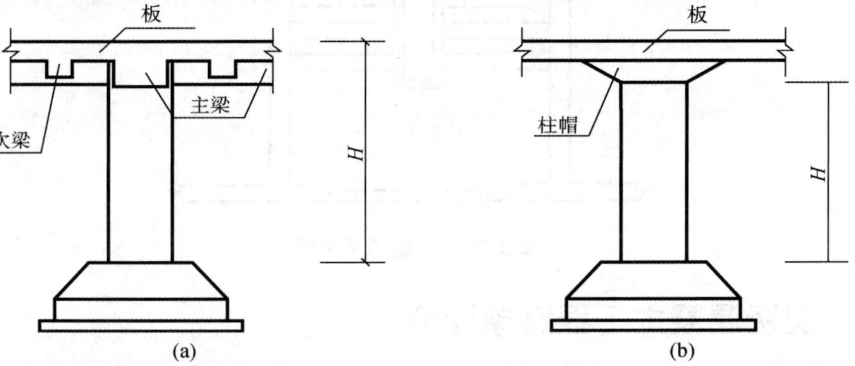

图 2.7.15 有梁板、无梁板示意图

(a) 有梁板；(b) 无梁板

(3) 平板按板实体体积计算。

(4) 薄壳板的肋、基梁并入薄壳体积内计算。

(5) 现浇挑檐、天沟与板（包括屋面板、楼板）连接时，以外墙为分界线，与圈梁（包括其他梁）连接时，以梁外边线为分界线。外墙线以外或梁外边线以外的为挑檐、天沟，如图 2.7.16 所示。

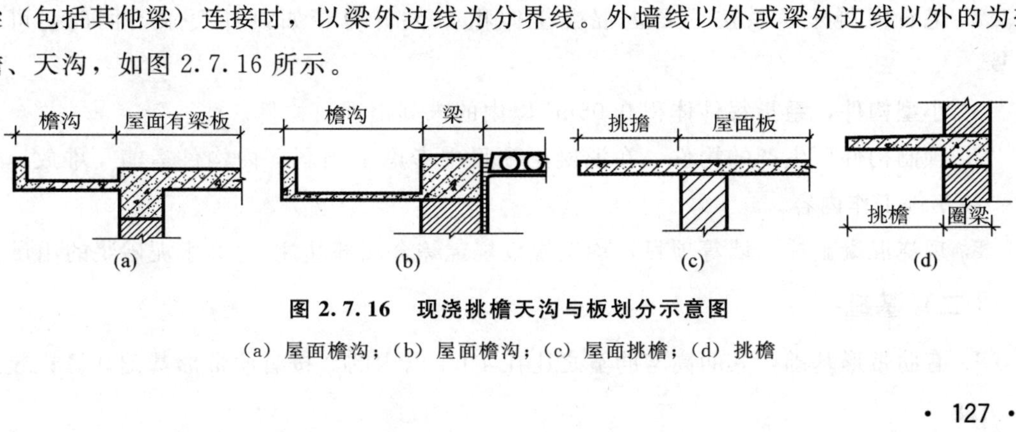

图 2.7.16 现浇挑檐天沟与板划分示意图

(a) 屋面檐沟；(b) 屋面檐沟；(c) 屋面挑檐；(d) 挑檐

(6) 雨篷、悬挑板、阳台板：按设计图示尺寸以墙外部分体积计算，包括伸出墙外的牛腿和雨蓬反挑檐的体积。

(7) 各类板深入砌体墙内的板头并入板体积内计算。

6. **现浇混凝土楼梯**

现浇混凝土楼梯包括休息平台、平台梁、斜梁及楼梯的连接梁，按水平投影面积计算，不扣除宽度小于500mm的楼梯井，伸入墙内部分不另计算，如图2.7.17所示。

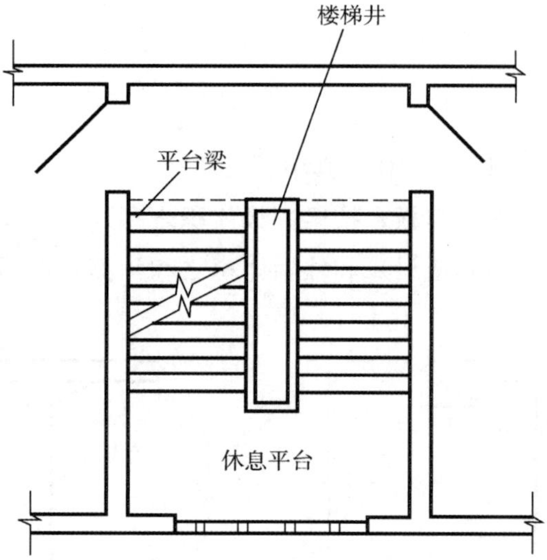

图2.7.17 楼梯平面图

二、现浇混凝土工程清单计价

根据2014年《湖南省建筑工程消耗量标准》，对现浇混凝土工程计价时的工程量计算规则有规定。

（一）概述

1. 混凝土的工作内容包括后台运输、搅拌、前台运输、清理、润湿模板、浇灌、捣固、养护。

2. 毛石混凝土，系按毛石占混凝土体积20%计算，如设计要求不同时，可以换算。

3. 小型构件，系指每件体积0.05m^3以内的未列出项目构件。

4. 预制构件厂生产的构件，在混凝土项目中考虑了预制厂内构件运输、堆放、码垛、装车等工作内容。

5. 现浇混凝土柱、墙等项目，均按规范规定综合底部灌注1∶2水泥砂浆的用量。

（二）基础

1. 有肋带形基础，其肋高与肋宽之比在4∶1以内的，按有肋带形基础计算；超过

4∶1时，其基础底板按板式基础计算，以上部分按墙计算。

2. 箱式满堂基础应分别按无梁式满堂基础、柱、梁、墙、板有关规定计算，套用定额项目。

3. 设备基础除块体外，其他类型设备基础分别按基础、梁、柱、板、墙等有关规定计算套相应的项目计算。

（三）柱

按图示断面尺寸乘以柱高以 m^3 计算。柱高按以下规定确定：

1. 有梁板的柱高，应自柱基上表面（或楼板上表面）至上一层楼板上表面之间的高度计算。

2. 无梁板的柱高，应自柱基上表面（或楼板上表面）至柱帽下表面之间的高度计算。

3. 框架柱的柱高应自柱基上表面至柱顶高计算。

4. 构造柱按全高计算，与砖墙嵌接部分（马牙槎）体积并入柱身体积内计算。

5. 依附柱上的牛腿，并入柱身体积内计算。

（四）梁

按图示断面尺寸乘以梁长以 m^3 计算。梁长按下列规定确定：

1. 梁与混凝土柱连接时，梁长算至柱侧面；梁与混凝土墙连接时，梁长算至墙侧面。

2. 主梁与次梁连接时，次梁长算至主梁侧面。伸入砌体墙、柱内的梁头，梁垫体积并入梁体积内计算。

（五）板

按图示断面尺寸乘以板厚以 m^3 计算，其中：

1. 有梁板包括主、次梁与板，按梁、板体积之和计算。

2. 无梁板按板（包括其边梁）和柱帽体积之和计算。

3. 平板按板实体体积计算。

4. 现浇挑檐、天沟与板（包括屋面板、楼板）连接时，以外墙为分界线，与圈梁（包括其他梁）连接时，以梁外边线为分界线。外墙边线以外或梁外边线以外的为挑檐、天沟。

5. 各类板伸入砌体墙内的板头并入板体积内计算。

（六）墙

按图示中心线长度乘以墙高及厚度以 m^3 计算，应扣除门窗洞口及 $0.3m^2$ 以外孔洞的体积，墙垛及突出墙面部分（包括边框梁、柱）并入墙体积计算内。

（七）整体楼梯

整体楼梯包括休息平台、平台梁、斜梁及楼梯的连接梁，按水平投影面积计算，不扣除宽度小于 500mm 的楼梯井，伸入墙内部分不另计算。

（八）悬挑板

悬挑板（包括阳台、雨篷等），按伸出外墙的水平投影面积计算，伸出外墙的牛腿不另计算。带反挑檐的雨篷按展开面积并入雨篷内计算。

（九）栏板

栏板以立方米计算，伸入墙内的栏板，合并计算。

（十）预制钢筋混凝土框架柱现浇接头

预制钢筋混凝土框架柱现浇接头（包括梁接头）按设计规定断面和长度以立方米计算。

三、清单工程量及计价实例

【例 2.7.1】计算如图 2.7.18 所示的现浇钢筋混凝土杯形基础工程量。

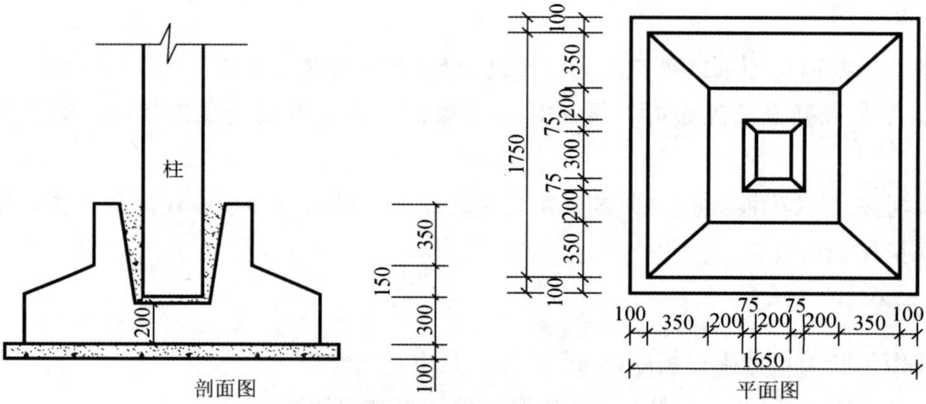

图 2.7.18　杯形基础平面图和剖面图

解　杯形基础体积为

V＝下部立方体＋中部棱台体＋上部立方体－杯口空心棱台体＝

$$1.65\times1.75\times0.3+\frac{1}{3}\times0.15\times1.65\times1.75+0.95\times1.05+$$

$$\sqrt{(1.65\times1.75)\times(0.95\times1.05)}+0.95\times1.05\times0.35-\frac{1}{3}\times(0.8-0.2)\times$$

$$0.4\times0.5+0.55\times0.65+\sqrt{(0.4\times0.5)\times(0.55\times0.65)}=$$

$$0.866+0.279+0.349-0.165=1.33\text{m}^3$$

【例 2.7.2】某有梁式带型基础平面图及剖面图如图 2.7.19 所示，计算该基础混凝土工程量。

解 1. **清单工程量**（**见表** 2.7.9）

(1) 外墙基础工程量为

$L_{中}=(3.0\times3+5.0)\times2=28\text{m}$

$V_{外墙基础}=S_{基础断面}L_{中}=$

$(0.36\times0.12+0.2\times1.2+(0.6+1.2)\times0.15/2)\times28=$

$0.418\times28=$

11.780m^3

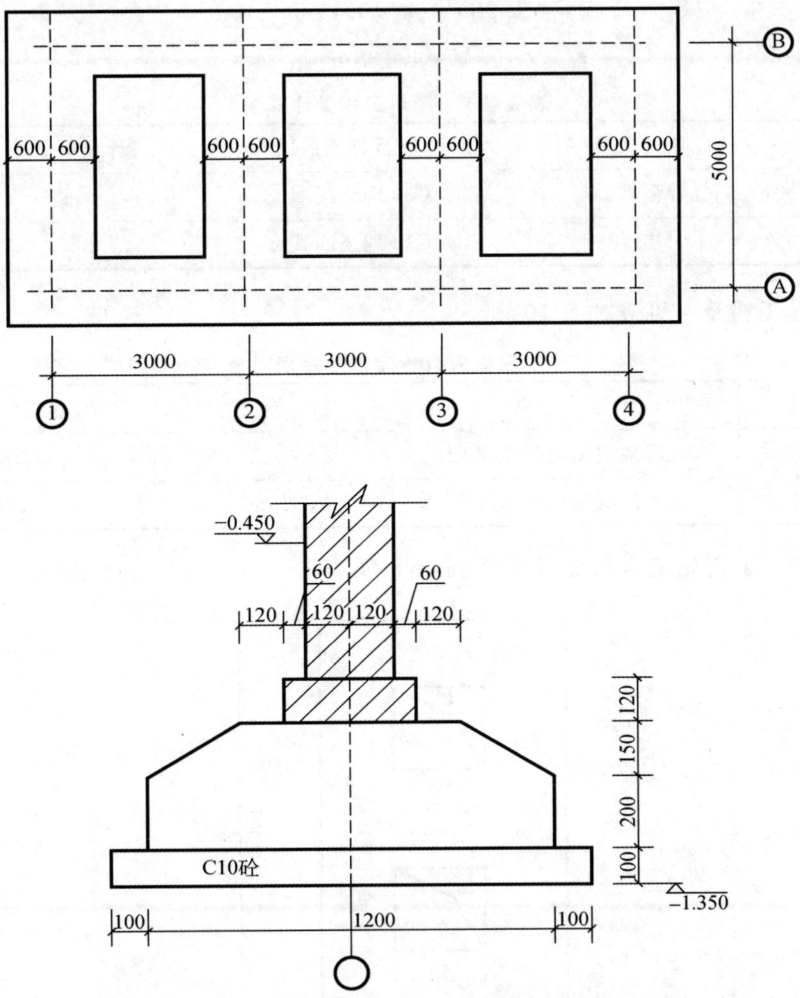

图 2.7.19　带型基础平面图及剖面图

(2) 内墙基础工程量为

$L_{梁间净长}=(5.0-0.36\times2)=4.28\text{m}$

$L_{斜坡中心长}=\left[5.0-(0.18+\frac{0.45}{2})\times2\right]=4.19\text{m}$

$(L)_{基底净长}=(5.0-0.6\times2)=3.8\text{m}$

$V_{内墙基础}=\sum$ 内墙基础各部分断面积×相应计算长度＝

$0.36\times0.12\times4.28+(0.36+1.2)/2\times0.15\times4.19+1.2\times0.2\times3.8=1.587m^3$

(3) 带型基础工程量为

$$V=V_{外墙基础}+V_{内墙基础}=11.780+1.587=13.367m^3$$

(4) 混凝土垫层工程量为

$$V_{外}=28\times1.4\times0.1=3.92m^3$$

$$V_{内}=1.28\times1.4\times0.1=0.218m^3$$

$$V=4.138m^3$$

表 2.7.9 清单工程量计算表

项目编码	项目名称	项目特征描述	计量单位	工程量
010501002001	带型基础	C30 现浇混凝土	m^3	13.367
010501001001	垫层	C10 现浇混凝土	m^3	4.138

2. **定额工程量**(见表 2.7.10)

表 2.7.10 定额应用表

定额编号	工程名称	单位	工程量
A4—77	现浇混凝土带型基础	$10m^3$	13.367
A3—101	混凝土垫层	$10m^3$	4.138

【例 2.7.3】已知某直行墙厚度 200mm,如图 2.7.20 所示,试计算其工程量。

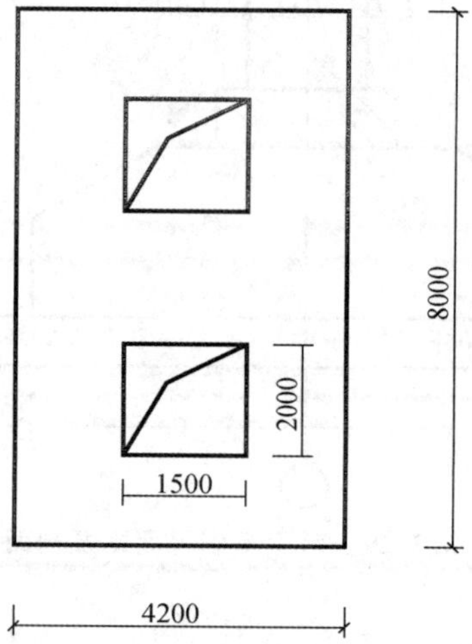

图 2.7.20

解 1. **清单工程量**(见表 2.7.11)

$V=0.2\times4.2\times8.0-1.5\times2.0\times2\times0.2=6.72-1.2=5.52m^3$

表 2.7.11　清单工程量计算表

项目编码	项目名称	项目特征描述	计量单位	工程量
010504001001	直行墙	C30 现浇混凝土	m^3	5.52

2. **定额工程量量**（见表 2.7.12）

$$V=5.52m^3$$

表 2.7.12　定额应用表

定额编号	工程名称	单位	工程量
A4－94	现浇混凝土直行墙	$10m^3$	5.52

【例 2.7.4】有梁式带形基础平面图及剖面图如图 2.7.21 所示，计算基础混凝土工程量及垫层工程量。

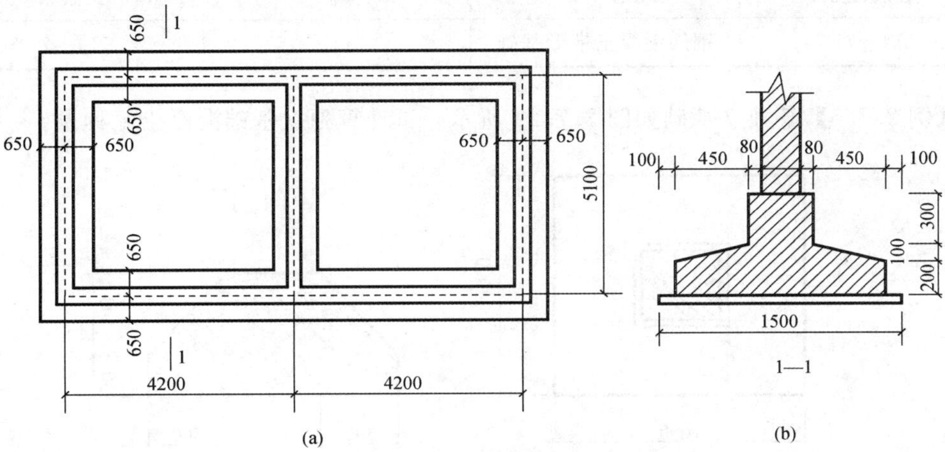

图 2.7.21　带形基础示意图

(a) 平面图；(b) 剖面图

解　(1) 外墙基础工程量为

$$L_{中}=(4.2\times2+5.1)\times2=27m$$

$$V_{外墙基础}=S_{基础断面}\times L_{中}=[0.4\times0.3+(0.4+1.3)/2\times0.10+1.3\times0.2]\times27=12.56m^3$$

(2) 内墙基础工程量，由图可知，内墙基础分 3 部分，即梁部分、梯形部分及底板部分，它们与外墙基础的相应位置衔接，所以这 3 部分的计算长度各不相同，应按图示长度分别取值，即梁部分取梁间净长度，梯形部分取斜坡中心线长度，底板部分取基底净长度。

$$L_{梁间净长}=5.1-0.2\times2=4.7m$$

$$L_{斜坡中心长}=5.1-(0.2+0.45/2)\times2=4.21m$$

$$L_{基底净长}=5.1-0.65\times2=3.8m$$

$V_{内墙基础}=\sum$内墙基础各部分断面积×相应计算长度＝

$[0.4\times0.3\times4.7+(0.4+1.3)/2\times0.10\times4.21+1.3\times0.2\times3.8=1.91\text{m}^3$

（3）带形基础工程量为

$$V=V_{外墙基础}+V_{内墙基础}=12.56+1.91=14.47\text{m}^3$$

（4）垫层工程量为

$$V=[27+(5.1-0.65\times2)]\times1.5\times0.1=4.62\text{m}^3$$

（5）列项，如表 2.7.13 和表 2.7.14 所示。

表 2.7.13　清单工程量计算表

项目编码	项目名称	项目特征描述	计量单位	工程量
010501002001	带型基础	C30 现浇混凝土	m^3	14.47
010501001001	垫层	C10 现浇混凝土	m^3	4.62

表 2.7.14　定额应用表

定额编号	工程名称	单位	工程量
A4－77	钢筋混凝土带形基础	m^3	14.47

【例 2.7.5】某独立基础如图 2.7.22 所示，试计算独立基础混凝土工程量。

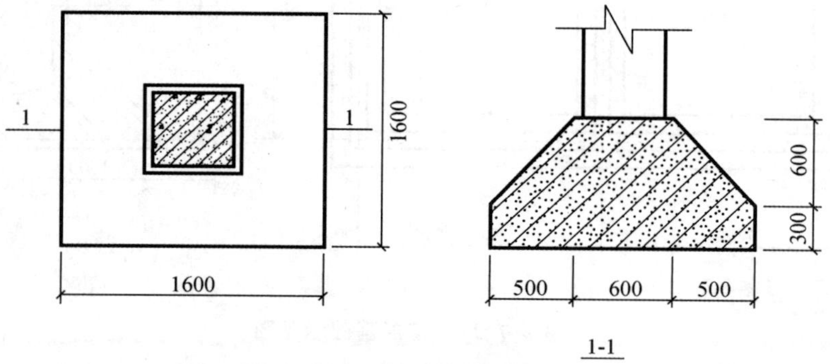

图 2.7.22　独立基础示意图

解　（1）工程量计算：

$$V=ABh_2+\frac{1}{6}h_1[AB+ab+(A+a)(B+b)]=$$

$1.6\times1.6\times0.3+(1.6\times1.6+0.6\times0.6+2.2\times2.2)\times0.6/6=$

1.54m^3

（2）列项，如表 2.7.15 所示。

表 2.7.15　清单工程量计算表

定额编号	工程名称	单位	工程量
A4－79	钢筋混凝土独立基础	m^3	1.54

【例 2.7.6】试计算反檐雨篷的混凝土工程量，如图 2.7.23 所示。

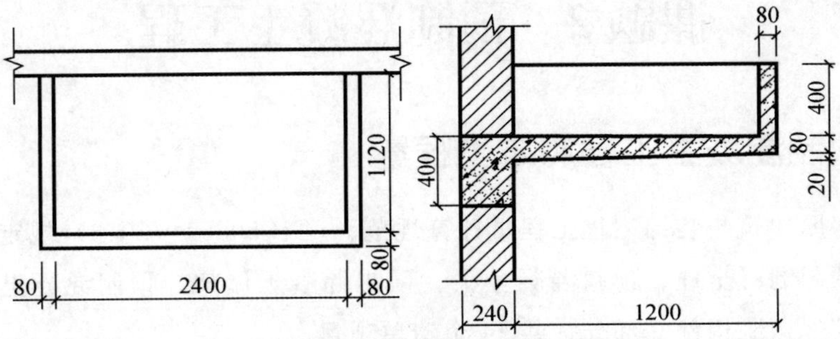

图 2.7.23 带反挑檐的雨棚示意图

解 (1) 反檐工程量＝[(2.4＋0.08×2)×(1.12＋0.08)－(2.4×1.12)]×0.48＝0.184m³

(2) 底部工程量＝1.12×2.4×$\frac{(0.08+0.10)}{2}$＝0.242m³

(3) 雨篷工程量＝0.184＋0.242＝0.426m³

(4) 列表，见表 2.7.16。

表 2.7.16 定额应用表

定额编号	工程名称	单位	工程量
A4－104	雨篷	m³	0.426

【例 2.7.7】某现浇钢筋混凝土有梁板，如图 2.7.24 所示，混凝土强度等级为 C25，计算有梁板的工程量，确定定额项目。

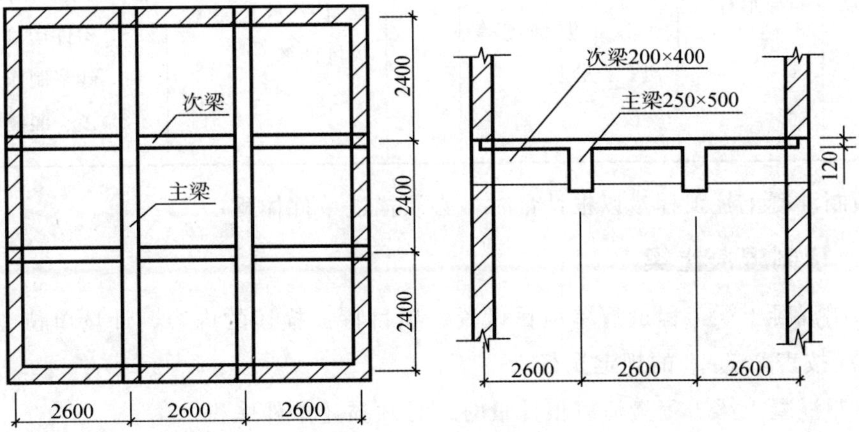

图 2.7.24 有梁板示意图

解 (1) 现浇板工程量＝2.6×3×2.4×3×0.12＝4.49m³

(2) 板下梁工程量＝0.25×(0.5－0.12)×2.4×3×2＋0.25×0.50×0.12×4(主梁)＋0.2×(0.4－0.12)×(2.6×3－0.5)×2＋0.20×0.40×0.12×4(次梁)＝2.28m³

有梁板工程量＝4.49＋2.28＝6.77m³

课题2 预制混凝土工程

一、预制混凝土工程清单工程量

根据《房屋建筑与装饰工程工程量计算规范》(GB 50854—2013) 规定，预制混凝土工程包括预制混凝土柱、预制混凝土梁、预制混凝土屋架、预制混凝土板、预制混凝土楼梯、其他预制构件6部分，共24个清单项目。

(一) 预制混凝土柱

1. 预制混凝土柱工程量清单项目设置、项目特征描述的内容、计量单位、工程量计算规则应按表2.7.17的规定执行。

表2.7.17 预制混凝土柱（编号：010509）

项目编码	项目名称	项目特征	计量单位	工程量计算规则	工作内容
010509001	矩形柱	1. 图代号 2. 单件体积 3. 安装高度 4. 混凝土强度等级 5. 砂浆强度等级、配合比	1. m^3 2. 根	以 m^3 计量，按设计图示尺寸以体积计算； 以根计量，按设计图示尺寸以数量计算	1. 模板制作、安装、拆除、堆放、运输及清理模内杂物、刷隔离剂等 2. 混凝土制作、运输、浇筑、振捣、养护 3. 构件运输、安装 4. 砂浆制作、运输 5. 接头灌缝、养护
010509002	异形柱				

2. 预制混凝土柱工程量以根计量时，必须描述单件体积。

(二) 预制混凝土梁

1. 预制混凝土梁工程量清单项目设置、项目特征描述的内容、计量单位、工程量计算规则应按表2.7.18的规定执行。

2. 预制混凝土梁工程量清以根计量时，必须描述单件体积。

(三) 预制混凝土屋架

1. 预制混凝土屋架工程量清单项目设置、项目特征描述的内容、计量单位、工程量计算规则应按表2.7.19的规定执行。

表 2.7.18　预制混凝土梁（编号：010510）

项目编码	项目名称	项目特征	计量单位	工程量计算规则	工作内容
010510001	矩形梁	1. 图代号 2. 单件体积 3. 安装高度 4. 混凝土强度等级 5. 砂浆（细石混凝土）强度等级、配合比	1. m^3 2. 根	以 m^3 计量，按设计图示尺寸以体积计算； 以根计量，按设计图示尺寸以数量计算	1. 模板制作、安装、拆除、堆放、运输及清理模内杂物、刷隔离剂等 2. 混凝土制作、运输、浇筑、振捣、养护 3. 构件运输、安装 4. 砂浆制作、运输 5. 接头灌缝、养护
010510002	异形梁				
010510003	过梁				
010510004	拱形梁				
010510005	鱼腹式吊车梁				
010510006	风道梁				

表 2.7.19　预制混凝土屋架（编号：010511）

项目编码	项目名称	项目特征	计量单位	工程量计算规则	工作内容
010511001	折线型	1. 图代号 2. 单件体积 3. 安装高度 4. 混凝土强度等级 5. 砂浆（细石混凝土）强度等级、配合比	1. m^3 2. 榀	以 m^3 计量，按设计图示尺寸以体积计算； 以榀计量，按设计图示尺寸以数量计算	1. 模板制作、安装、拆除、堆放、运输及清理模内杂物、刷隔离剂等 2. 混凝土制作、运输、浇筑、振捣、养护 3. 构件运输、安装 4. 砂浆制作、运输 5. 接头灌缝、养护
010511002	组合				
010511003	薄腹				
010511004	门式刚架				
010511005	天窗架				

2. 预制混凝土屋架工程量清单项目设置有关说明：

(1) 以榀计量时，必须描述单件体积。

(2) 三角形屋架应按上表中折线型屋架项目编码列项。

（四）预制混凝土板

1. 预制混凝土板工程量清单项目设置、项目特征描述的内容、计量单位、工程量计算规则应按表 2.7.20 的规定执行。

2. 预制混凝土板工程量清单项目设置有关说明：

(1) 以块、套计量，必须描述单件体积。

(2) 不带肋的预制遮阳板、雨篷板、挑檐板、拦板等，应按《房屋建筑与装饰工程工程量计算规范》附录 E 中平板项目编码列项。

表 2.7.20　预制混凝土板（编号：010512）

项目编码	项目名称	项目特征	计量单位	工程量计算规则	工作内容
010512001	平板	1. 图代号 2. 单件体积 3. 安装高度 4. 混凝土强度等级 5. 砂浆强度等级、配合比	1. m^3 2. 块	以 m^3 计量，按设计图示尺寸以体积计算。不扣除构件内钢筋、预埋铁件及单个尺寸≤300mm×300mm 的孔洞所占体积，扣除空心板空洞体积。 以块计量，按设计图示尺寸以“数量”计算	1. 构件安装 2. 砂浆制作、运输 3. 接头灌缝、养护
010512002	空心板				
010512003	槽形板				
010512004	网架板				
010512005	折线板				
010512006	带肋板				
010512007	大型板				
010512008	沟盖板、井盖板、井圈	1. 单件体积 2. 安装高度 3. 混凝土强度等级 4. 砂浆强度等级、配合比	1. m^3 2. 块（套）	以 m^3 计量，按设计图示尺寸以体积计算。不扣除构件内钢筋、预埋铁件所占体积。 以块计量，按设计图示尺寸以“数量”计算	1. 构件安装 2. 砂浆制作、运输 3. 接头灌缝、养护

（3）预制 F 形板、双 T 形板、单肋板和带反挑檐的雨篷板、挑檐板、遮阳板等，应按《房屋建筑与装饰工程工程量计算规范》附录 E 中带肋板项目编码列项。

（4）预制大型墙板、大型楼板、大型屋面板等，应按《房屋建筑与装饰工程工程量计算规范》附录 B 中大型板项目编码列项。

3. 预制混凝土板工程量清单项目设置注意事项：

（1）同类型相同构件尺寸的预制混凝土沟盖板的工程量可按块数计算。

（2）混凝土井圈、井盖板工程量可按套数计算。

（五）预制混凝土楼梯

1. 预制混凝土楼梯工程量清单项目设置、项目特征描述的内容、计量单位、工程量计算规则应按表 2.7.21 的规定执行。

2. 预制混凝土楼梯工程量清单项目设置有关说明：以块计量，必须描述单件体积。

表 2.7.21　预制混凝土楼梯（编号：010513）

项目编码	项目名称	项目特征	计量单位	工程量计算规则	工作内容
010513001	楼梯	1. 楼梯类型 2. 单件体积 3. 混凝土强度等级 4. 砂浆强度等级	1. m^3 2. 块	以 m^3 计量，按设计图示尺寸以体积计算。不扣除构件内钢筋、预埋铁件所占体积，扣除空心踏步板空洞体积。 以块计量，按设计图示数量计算	1. 构件安装 2. 砂浆制作、运输 3. 接头灌缝、养护

（六）其他预制构件

1. 其他预制构件工程量清单项目设置、项目特征描述的内容、计量单位、工程量计算规则应按表 2.7.22 的规定执行。

表 2.7.22　其他预制构件（编号：010514）

项目编码	项目名称	项目特征	计量单位	工程量计算规则	工作内容
010514001	垃圾道、通风道、烟道	1. 单件体积 2. 混凝土强度等级 3. 砂浆强度等级	1. m^3 2. m^2 3. 根（块）	以 m^3 计量，按设计图示尺寸以体积计算。不扣除构件内钢筋、预埋铁件及单个面积≤300mm × 300mm 的孔洞所占体积，扣除烟道、垃圾道、通风道的孔洞所占体积。 以 m^2 计量，按设计图示尺寸以面积计算。不扣除构件内钢筋、预埋铁件及单个面积≤300mm × 300mm 的孔洞所占面积。 以根计量，按设计图示尺寸以数量计算	1. 构件安装 2. 砂浆制作、运输 3. 接头灌缝、养护 4. 酸洗、打蜡
010514002	其他构件	1. 单件体积 2. 构件的类型 3. 混凝土强度等级 4. 砂浆强度等级			
010514003	水磨石构件	1. 构件的类型 2. 单件体积 3. 水磨石面层厚度 4. 混凝土强度等级 5. 水泥石子浆配合比 6. 石子品种、规格、颜色 7. 酸洗、打腊要求			

2. 其他预制构件工程量清单项目设置有关说明：

（1）以块、根计量，必须描述单件体积。

（2）预制钢筋混凝土小型池槽、压顶、扶手、垫块、隔热板、花格等，按本表中其他构件项目编码列项。

二、预制混凝土工程清单计价

（一）预制混凝土工程量的计算

1. 工程量均按图示尺寸实体体积以 m^3 计算，不扣除构件内钢筋、铁件及小于300mm×300mm 以内的空洞面积。

2. 预制桩按桩全长（包括桩尖）乘以桩断面（空心桩应扣除孔洞体积）以 m^3 计算。

3. 砼与钢杆件组合的构件，砼部分按构件实体积以 m^3 计算，钢构件部分按 t 计算，分别套相应的项目。

三、钢筋混凝土构件运输、安装工程说明

（一）构件运输

1. 适用于混凝土构件运输和金属构件运输。

2. 适用于构件堆放地或构件加工场至施工现场的运输。

3. 按构件的类型和外形尺寸划分如下：

（1）钢筋混凝土构件分类见表 2.7.23。

（2）金属构件分类见表 2.7.24。

表 2.7.23　钢筋混凝土构件分类表

类别	项目
1	4m 以内空心板、实心板
2	6m 以内的桩、屋面板、楼板、梁、楼梯段
3	6m 以上至 14m 梁、板、柱、桩、各类屋架、桁架、托架（14m 以上另行处理）
4	天窗架、挡风架、侧板、端壁板、天窗上下档及单件体积在 $0.1m^3$ 以内小构件

表 2.5.24　金属构件分类表

类别	项目
1	钢柱、屋架、托梁架、防风桁架
2	吊车梁、制动梁、型钢檩条、上下档、钢拉杆、网架、栏杆、盖板、垃圾出灰门、倒灰门、箅子、爬梯、零星构件、平台、操作台、走道休息台、扶梯、烟囱紧固箍、菜板构件
3	墙架、挡风架、天窗架、组合檩条、轻型屋架

(3) 构件运输综合考虑了城镇、现场运输道路等各种因素，不得因道路条件不同而调整消耗量。

（二）构件安装

1. 构件安装是按单机作业编制的，如采用双机台吊安装构件，人工、机械乘以系数1.2。

2. 构件安装按机械回转半径15m以内距离计算的，如因施工现场狭小，当构件无法运进吊装机械回转半径范围内而造成构件二次搬运时，所发生的费用按以下规定计算；包工包料工程，应另按构件1km运输项目执行；包工不包料的工程，按交通运输部门的规定执行。

3. 构件的安装是按汽车式起重机编制的。

4. 构件安装的标准中均不包括为安装工程所需搭设的临时性脚手架，若发生时应另行计算。

5. 安装砼异形柱（如：十，T，Γ形）及一边伸出0.7m以上的牛腿柱时，按砼柱安装相应项目乘以系数1.20。单根砼柱子长度大于杯口深度（找平后实际杯口深度）20倍以上时，按相应项目乘以系数1.30。

6. 钢筋砼楼梯段安装以整块为准，如拼装楼梯段者，按楼梯段安装项目乘以系数1.25。

7. 砼小型构件安装系指单件体积小于0.1m^3的构件安装。

8. 钢屋架单榀质量在1t以下者，按轻型屋架相应项目计算。

9. 构件吊装高度是按吊装室外地面至檐口高度20m以内考虑，若构件吊装其檐口高度超过20m以上者，按其相应项目的人工和机械台班分别乘以系数1.10。

四、钢筋混凝土构件运输，安装工程量计算规则

（一）预制混凝土构件运输及安装均按构件图示尺寸，以实体体积加规定的损耗计算。

（二）预制混凝土构件运输及安装损耗率，按总说明有关规定计算，并入构件工程呈内。其中预制混凝土屋架、桁架、托架及长度在9m以上的梁、板、柱不计算损耗率。

（三）水泥蛭石块、泡沫砼、块硅酸盐块运输每立方米折合钢筋混凝土构件体积0.4m^3，按一类构件运输计算。漏空花格运输安装按设计外形面积乘以厚度6cm以m^3计算，不扣漏空体积。预制碗柜安装按钢筋砼小型构件标准执行。

（四）预制混凝土构件安装：

1. 预制钢筋混凝土工字型、矩形柱、空腹柱、双肢柱、空心柱、管道支架灯安装，均按柱安装计算。

2. 钢筋砼折线形屋架、三角形组合屋架安装，以砼实体积计算，三角形组合屋的钢杆件部分不另计算。

（五）钢筋混凝土构件接头灌缝

1. 钢筋混凝土构件接头灌缝：包括构件座浆、灌缝、堵板孔、塞板梁缝等，均按预制钢筋混凝土构件实体积以立方米计算。

2. 钢筋砼梁、吊车梁、托架梁、过梁、组合屋架、天窗架、大型屋面板、平板、空心板、槽型板、挑檐板、楼梯段等，均按砼实体体积计算，按相应项目计算灌浆。

课题3　钢筋工程

一、钢筋工程清单工程量

（一）钢筋工程清单项目设置

根据《房屋建筑与装饰工程工程量计算规范》（GB 50854－2013）规定，钢筋工程分为现浇构件钢筋、预制构件钢筋、钢筋网片、钢筋笼、先张法预应力钢筋、后张法预应力钢筋、预应力钢丝等10个清单项目。其清单项目设置、项目特征描述的内容、计量单位、工程量计算规则应按表2.7.25的规定执行。

表2.7.25　钢筋工程（编号：010515）

项目编码	项目名称	项目特征	计量单位	工程量计算规则	工作内容
010515001	现浇构件钢筋	钢筋种类、规格	t	按设计图示钢筋（网）长度（面积）乘单位理论质量计算	1. 钢筋制作、运输 2. 钢筋安装 3. 焊接（绑扎）
010515002	预制构件钢筋				
010515003	钢筋网片				1. 钢筋网制作、运输 2. 钢筋网安装 3. 焊接（绑扎）
010515004	钢筋笼				1. 钢筋笼制作、运输 2. 钢筋笼安装 3. 焊接（绑扎）
010515005	先张法预应力钢筋	1. 钢筋种类、规格 2. 锚具种类		按设计图示钢筋长度乘单位理论质量计算	1. 钢筋制作、运输 2. 钢筋张拉

续 表

<table>
<tr><th>项目编码</th><th>项目名称</th><th>项目特征</th><th>计量单位</th><th>工程量计算规则</th><th>工作内容</th></tr>
<tr><td>010515006</td><td>后张法预应力钢筋</td><td rowspan="3">1. 钢筋种类、规格
2. 钢丝种类、规格
3. 钢铰线种类、规格
4. 锚具种类
5. 砂浆强度等级</td><td rowspan="5">t</td><td rowspan="3">按设计图示钢筋（丝束、绞线）长度乘单位理论质量计算。
低合金钢筋两端均采用螺杆锚具时，钢筋长度按孔道长度减 0.35m 计算，螺杆另行计算；
低合金钢筋一端采用镦头插片、另一端采用螺杆锚具时，钢筋长度按孔道长度计算，螺杆另行计算；
低合金钢筋一端采用镦头插片、另一端采用帮条锚具时，钢筋增加 0.15m 计算；两端均采用帮条锚具时，钢筋长度按孔道长度增加 0.3m 计算；
低合金钢筋采用后张砼自锚时，钢筋长度按孔道长度增加 0.35m 计算；
低合金钢筋（钢铰线）采用 JM、XM、QM 型锚具，孔道长度≤20m 时，钢筋长度增加 1m 计算，孔道长度>20m 时，钢筋长度增加 1.8m 计算；
碳素钢丝采用锥形锚具，孔道长度≤20m 时，钢丝束长度按孔道长度增加 1m 计算，孔道长度>20m 时，钢丝束长度按孔道长度增加 1.8m 计算；
碳素钢丝采用镦头锚具时，钢丝束长度按孔道长度增加 0.35m 计算</td><td rowspan="3">1. 钢筋、钢丝、钢绞线制作、运输
2. 钢筋、钢丝、钢绞线安装
3. 预埋管孔道铺设
4. 锚具安装
5. 砂浆制作、运输
6. 孔道压浆、养护</td></tr>
<tr><td>010515007</td><td>预应力钢丝</td></tr>
<tr><td>010515008</td><td>预应力钢绞线</td></tr>
<tr><td>010515009</td><td>支撑钢筋（铁马）</td><td>1. 钢筋种类
2. 规格</td><td>按钢筋长度乘单位理论质量计算</td><td>钢筋制作、焊接、安装</td></tr>
<tr><td>010515010</td><td>声测管</td><td>1. 材质
2. 规格型号</td><td>按设计图示尺寸质量计算</td><td>1. 检测管截断、封头
2. 套管制作、焊接
3. 定位、固定</td></tr>
<tr><td colspan="6">注：
① 现浇构件中伸出构件的锚固钢筋应并入钢筋工程量内。除设计（包括规范规定）标明的搭接外，其他施工搭接不计算工程量，在综合单价中综合考虑。
② 现浇构件中固定位置的支撑钢筋、双层钢筋用的“铁马”在编制工程量清单时，其工程数量可为暂估量，结算时按现场签证数量计算。</td></tr>
</table>

（二）钢筋工程清单工程量计算

1. 钢筋计算方法

钢筋工程量＝设计图示钢筋长度×钢筋单位理论质量

计算钢筋工程量时，现浇构件中伸出构件的锚固钢筋应并入钢筋工程量内。除设计（包括规范规定）标明的搭接外，其他施工搭接不计算工程量，在综合单价中综合考虑。

（1）钢筋长度的计算。钢筋混凝土构件的种类较多，其所配置的钢筋均有所不同。

1）纵向钢筋。纵向钢筋是指沿构件长度（或高度）方向设置的钢筋。

钢筋长度＝构件支座间净长度＋节点锚固长度＋末端弯钩增加长度＋弯起增加长度＋钢筋搭接长度

2）箍筋。箍筋是在钢筋混凝土构件中承受一部分斜拉应力（剪应力），并固定受力钢筋、架立筋位置，形成骨架的钢筋。

箍筋长度＝单根箍筋长度×箍筋个数

单根箍筋长度与箍筋的形式有关，箍筋常见的设置形式有双肢箍、四肢箍及螺旋箍，如图 2.7.25 所示。

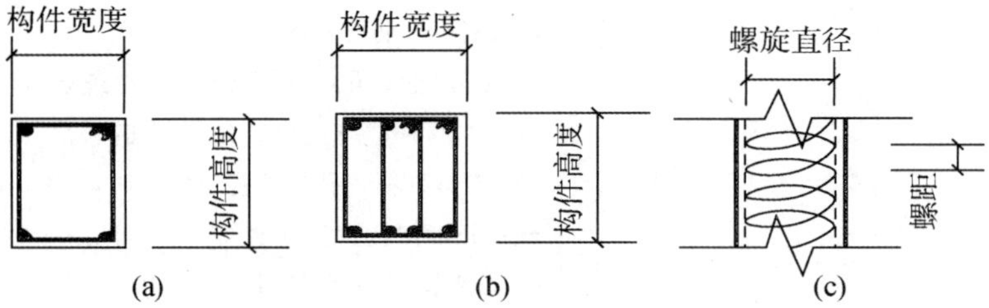

图 2.7.25　箍筋形式示意图

（a）双肢箍；（b）四肢箍；（c）螺旋箍

① 单根双肢箍筋长度计算。抗震要求时箍筋弯钩构造如图 2.7.26 所示。

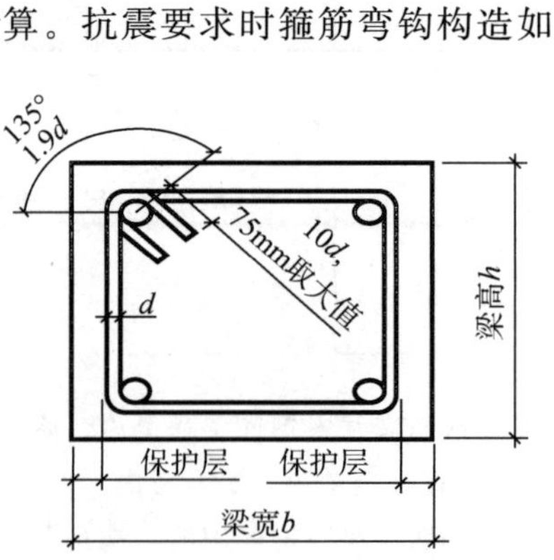

图 2.7.26　箍筋弯钩构造图

按箍筋中心线长度计算时：

箍筋长度＝(梁宽 b－保护层厚度×2－0.5d×2)×2＋(梁高 h－保护层厚度×2－0.5d×2)×2＋箍筋两个弯钩增加长度＝(梁宽 b＋梁高 h－保护层厚度×4)×2－4d＋箍筋两个弯钩增加长度

式中，d 为箍筋直径。

$$每个箍筋弯钩增加长度=1.9d+\max(10d,75\text{mm})$$

按箍筋外边线长度计算时：

箍筋长度＝(梁宽 b－保护层厚度×2＋梁高 h－保护层厚度×2)×2＋箍筋两个弯钩增加长度＝梁断面周长－保护层厚度×8＋[1.9d＋max(10d,75mm)]×2

② 单根四肢箍筋长度计算。四肢箍筋长度与构件纵向钢筋根数及其排列有关，如当纵向钢筋每侧为四根时，可按下式计算：

$$四肢箍长度=一个双肢箍长度\times 2=\{[(构件宽度-保护层厚度\times 2)\times \frac{2}{3}+构件高度-保护层厚度\times 2]\times 2+箍筋两个弯钩增加长度\}\times 2$$

③ 螺旋箍筋长度计算。

$$螺旋箍筋长度=\sqrt{螺距^2+(3.14\times 螺旋直径)^2}\times 螺旋圈数$$

$$箍筋根数=\frac{箍筋设置区域的长度}{箍筋设置间距}+1$$

④ 箍筋根数的计算。

(2) 钢筋单位理论质量。钢筋单位理论质量可按表 2.7.26 查出，也可按下式计算：

$$钢筋单位理论质量\ (\text{kg/m})=0.006\,165d^2$$

式中，d 为以 mm 为单位的钢筋直径。

表 2.7.26　钢筋单位理论质量表

直径/mm	φ6.5	φ8	φ10	φ12	φ14	φ16	φ18	φ20	φ22	φ25	φ28	φ30	φ32
每米质量/kg	0.260	0.395	0.617	0.888	1.21	1.58	2.00	2.47	2.98	3.85	4.83	5.55	6.31

2. **混凝土保护层厚度**

在钢筋混凝土结构中，为了保护钢筋、防止锈蚀，加强钢筋与混凝土的黏结力，在各种构件的钢筋外面，要包裹一定厚度的混凝土，这层混凝土就被称为保护层。保护层的厚度因混凝土构件种类和所处环境类别不同而取不同数值。混凝土结构的环境类别如表 2.7.27 所示，混凝土保护层的最小厚度如表 2.7.28 所示。

表 2.7.27　混凝土结构的环境类别

环境类别	条件
一	室内干燥环境； 无侵蚀性静水环境
二 a	室内潮湿环境； 非严寒和非寒冷地区的露天环境； 非严寒和非寒冷地区与无侵蚀性的水或土壤直接接触的环境； 严寒和寒冷地区的冰冻线以上与无侵蚀性的水或土壤直接接触的环境
二 b	干湿交替环境； 水位频繁变动环境； 严寒和寒冷地区的露天环境； 严寒和寒冷地区的冰冻线以上与无侵蚀性的水或土壤直接接触的环境
三 a	严寒和寒冷地区冬季水位变动区环境； 受除冰盐影响的环境； 海风环境
三 b	盐渍土环境； 受除冰盐作用的环境； 海岸环境
四	海水环境
五	受除认为或自然的侵蚀性物质影响的环境

注：

（1）室内潮湿环境是指构件表面经常处于结露或潮湿状态的环境。

（2）严寒和寒冷地区的划分符合现行国家标准《民用建筑热工设计规范》（GB 50176—1993）的有关规定。

（3）海岸环境和海风环境宜根据当地情况，考虑主导风向及结构所处迎风、背风部位等因素的影响，由工程经验和调查研究确定。

（4）受除冰盐影响的环境是指受到除冰盐盐雾影响的环境；受除冰盐作用的环境是指被除冰盐溶液溅射的环境以及使用除冰盐地区的洗车房、停车楼等建筑。

（5）暴露的环境是指混凝土结构表面所处的环境。

表 2.7.28　混凝土保护层的最小厚度　（单位：mm）

环境类别	板、墙	梁、注
一	15	20
二 a	20	25
二 b	25	35
三 a	30	40
三 b	40	50

注：(1) 表中混凝土保护层厚度指最外层钢筋外边缘至混凝土表面的距离，适用于设计年限为50年的混凝土结构。

(2) 构件中受力钢筋的保护层厚度不应小于钢筋的公径直径。

(3) 设计使用年限为100年的混凝土结构，在一类环境中，最外层钢筋的保护层厚度不应小于表中数值的1.4倍；在二、三类环境中，应采取专门的有效措施。

(4) 混凝土强度等级不大于C25时，表面保护层厚度数值应增加5mm。

(5) 基础底面钢筋的保护层厚度，有混凝土垫层时应从垫层顶面算起，且不应小于40mm。

3. 钢筋的锚固长度

根据国家建筑标准设计图集（16G 101—1）《混凝土结构施工图平面整体表示方法制图规则和构造详图》，受拉钢筋的锚固长度如表2.7.29～表2.7.31所示。

表2.7.29　受拉钢筋基本锚固长度 l_{ab}、l_{abE}

钢筋种类	抗震等级	混凝土强度等级								
		C20	C25	C30	C35	C40	C45	C50	C55	≥C60
HPB300	一、二级（l_{abE}）	45d	39d	35d	32d	29d	28d	26d	25d	24d
	三级（l_{abE}）	41d	36d	32d	29d	26d	25d	24d	23d	22d
	四级（l_{abE}） 非抗震（l_{ab}）	39d	34d	30d	28d	25d	24d	23d	22d	21d
HRB335 HRBF335	一、二级（l_{abE}）	44d	38d	33d	31d	29d	26d	25d	24d	24d
	三级（l_{abE}）	40d	35d	31d	28d	26d	24d	23d	22d	22d
	四级（l_{abE}） 非抗震（l_{ab}）	38d	33d	29d	27d	25d	23d	22d	21d	21d
HRB400 HRBF400 RRB400	一、二级（l_{abE}）		46d	40d	37d	33d	32d	31d	30d	29d
	三级（l_{abE}）		42d	37d	34d	30d	29d	28d	27d	26d
	四级（l_{abE}） 非抗震（l_{ab}）		40d	35d	32d	29d	28d	27d	26d	25d
HRB500 HRBF500	一、二级（l_{abE}）		55d	49d	45d	41d	39d	37d	36d	35d
	三级（l_{abE}）		50d	45d	41d	38d	36d	34d	33d	32d
	四级（l_{abE}） 非抗震（l_{ab}）		48d	43d	39d	36d	34d	32d	31d	30d

表2.7.30　受拉钢筋锚固长度 l_a、抗震锚固长度 l_{aE}

非抗震	抗震	
$l_a=\zeta_a l_{ab}$	$l_{aE}=\zeta_{aE} l_{ab}$	注：(1) l_a 不应小于200mm。 (2) 锚固长度修正系数 ζ_a 按表8.5取用，当多于一项时，可按连乘计算，但不应小于0.6。 (3) ζ_{aE} 为抗震锚固长度修正系数，对一、二级抗震等级取1.5，对三级抗震等级取1.05，对四级抗震等级取1.00

表 2.7.31　受拉钢筋锚固长度修正系数 ζ_a

锚固条件		ζ_a	
带肋钢筋的公称直径大于 25mm		1.10	
环氧树脂涂层带肋钢筋		1.25	
施工过程中易受扰动的钢筋		1.10	
锚固区保护层厚	$3d$	0.8	注：中间时按内插值，d 为锚固钢筋直径
	$5d$	0.7	

注：(1) HPB300 级钢筋末端应做 180°弯钩，弯后平直段长度不应小于 $3d$，但作受压钢筋时可不做弯钩。

(2) 当锚固钢筋的保护层厚度不大于 $5d$ 时，锚固钢筋长度范围内应设置横向构造钢筋，其直径不应小于 $d/4$（d 为锚固钢筋的最大直径）；对梁、柱等构件间距不应大于 $5d$，对板、墙等构件间距不应大于 $10d$，且均不应大于 100mm（d 为锚固钢筋的最小直径）。

4. **钢筋的弯钩增加长度**

一般的螺纹钢筋、焊接网片及焊接骨架可不必弯钩，对于光圆钢筋，为了提高钢筋与混凝土的黏结力，两端要弯钩。弯钩形式有 90°，135°，180°三种，当弯钩内弧直径为 $2.5d$、平直段长度为 $3d$ 时，其末端弯钩增加长度如图 2.7.27 所示。

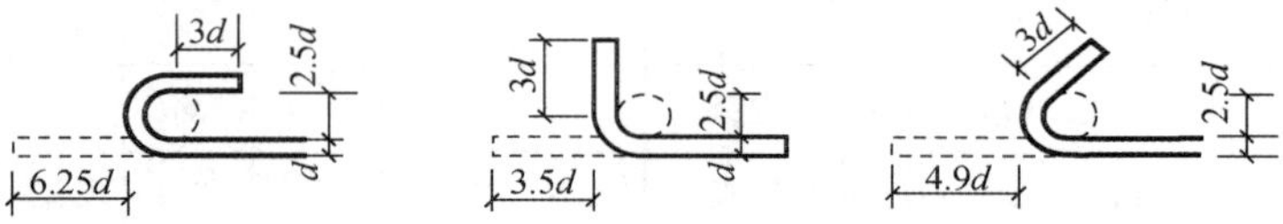

(a)　(b)　(c)

图 2.7.27　钢筋弯钩示意图

(a) 180°半圆弯钩；(b) 90°直弯钩；(c) 135°斜弯钩

5. **弯起钢筋增加长度**

弯起钢筋的弯起角度一般有 30°，45°，60°三种，弯起钢筋示意图如图 2.7.28 所示。弯起钢筋斜长及增加的长度如表 2.7.32 所示。

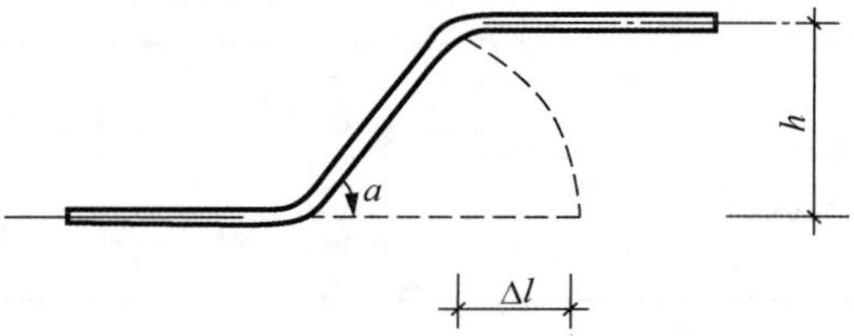

图 2.7.28　弯起钢筋增加长度示意图

表 2.7.32　弯起钢筋斜长及增加长度计算表

形状	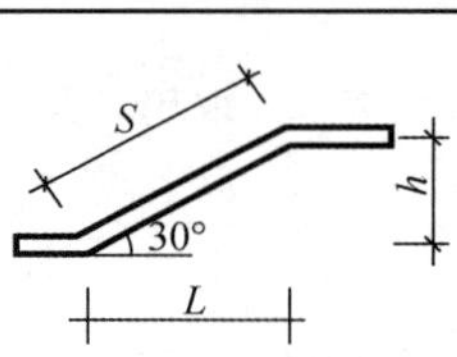	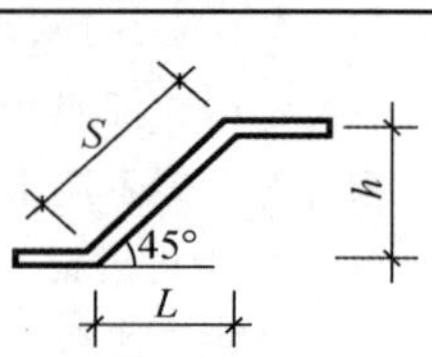	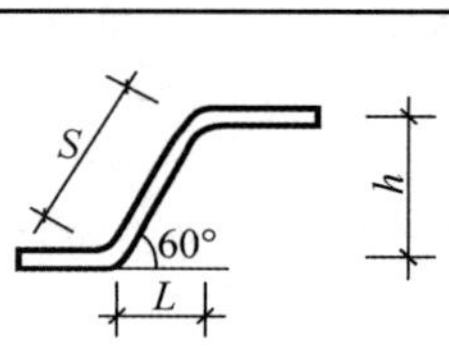

续　表

计算方法	斜边长 S	$2h$	$1.414h$	$1.155h$
	增加长度 $S-L=\Delta l$	$0.268h$	$0.414h$	$0.577h$

（三）柱钢筋计算

根据国家建筑标准设计图集（16G 101—1）《混凝土结构施工图平面整体表示方法制图规则和构造详图》，现浇混凝土框架柱钢筋构造要求如图 2.7.29～图 2.7.32 所示。

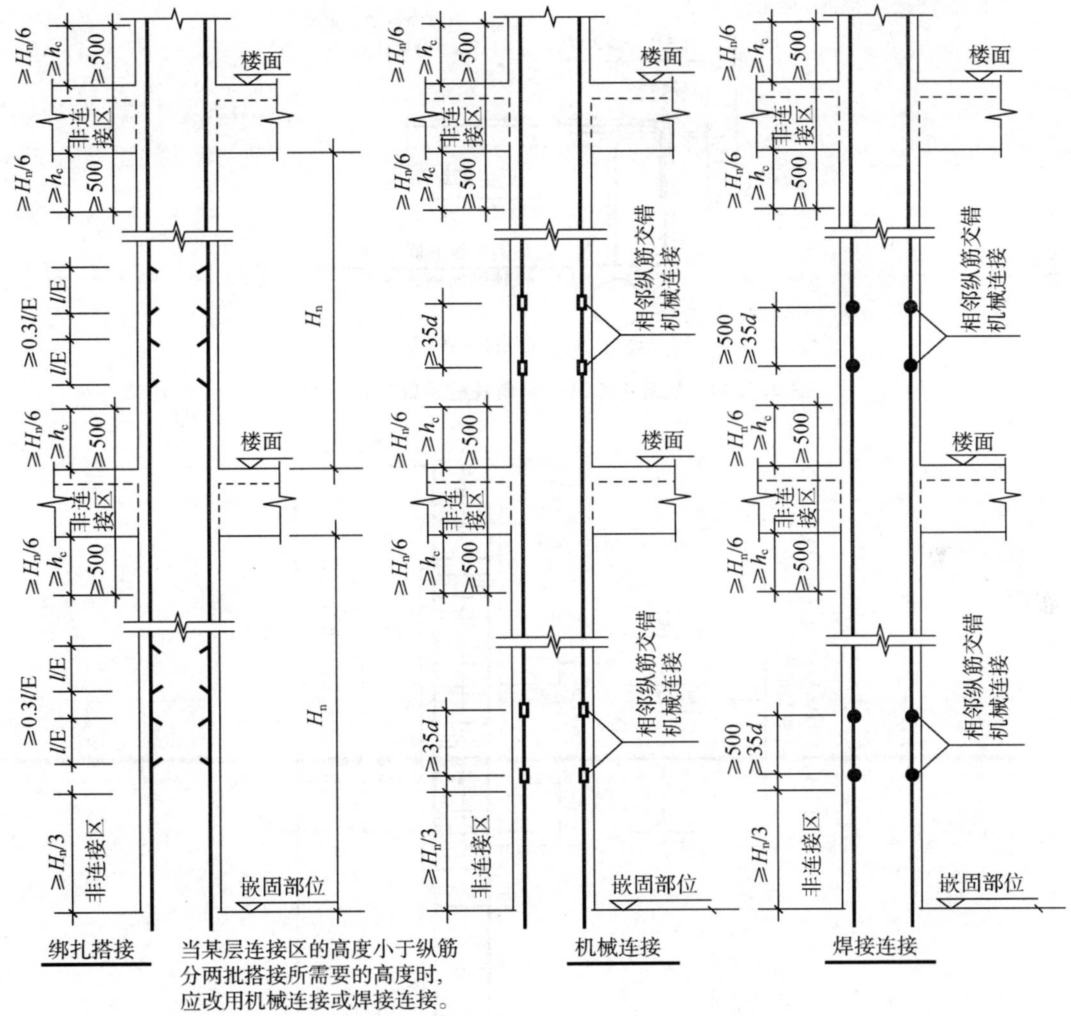

图 2.7.29　抗震 KZ 纵向钢筋连接构造

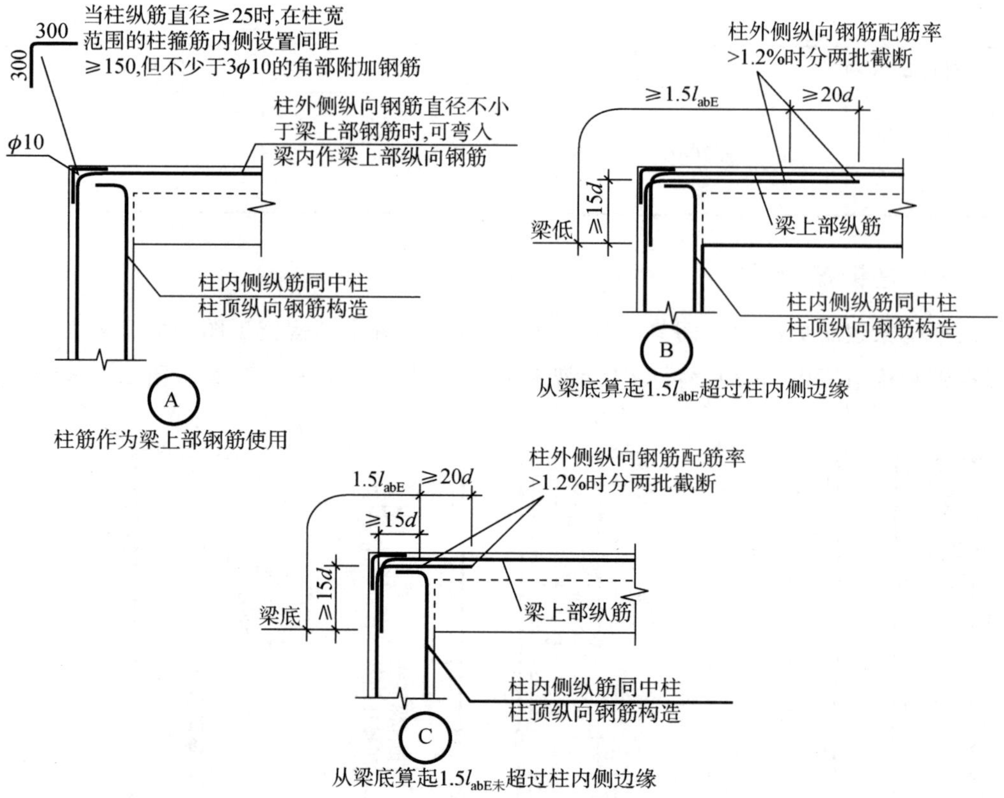

图 2.7.30　抗震 KZ 边柱和角柱柱顶纵向钢筋构造

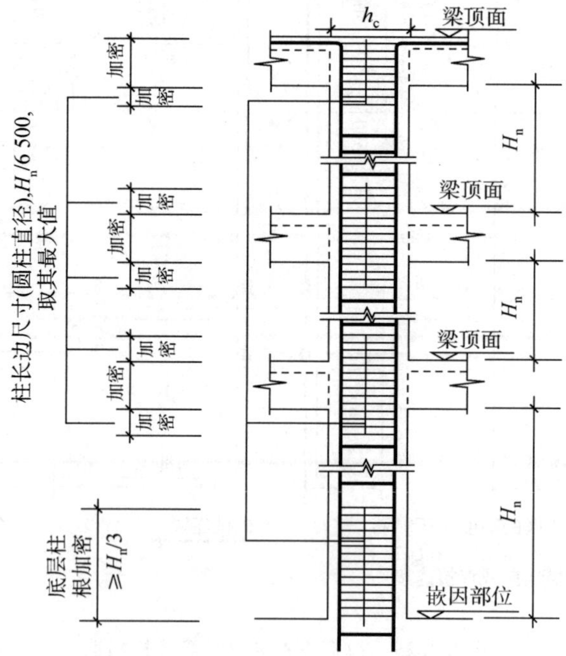

图 2.7.31　抗震 KZ，QZ，LZ 箍筋加密区范围

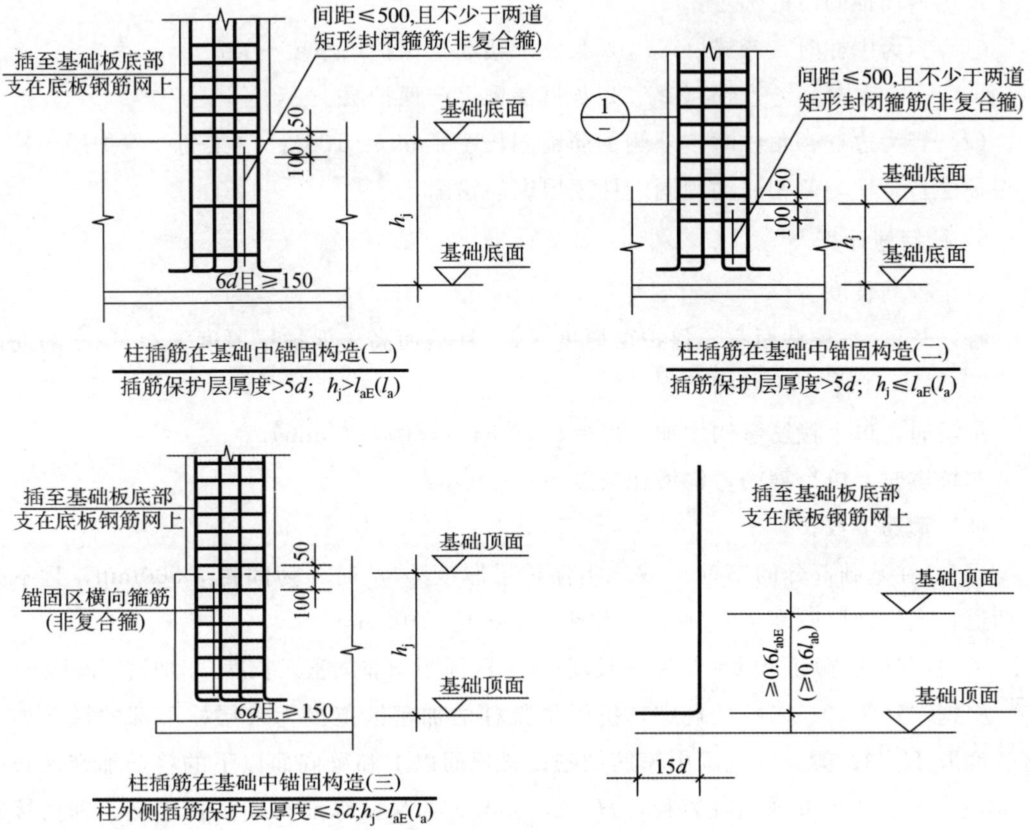

图 2.7.32　柱插筋在基础中的锚固

下面以柱纵向钢筋采用焊接为例说明钢筋长度计算。

1. 基础插筋计算

基础插筋长度＝末端弯折长度＋基础高度－保护层厚度＋非连接区高度

末端弯折长度，当基础高＞l_{aE}（l_a），为 6d 且≥150mm；当基础高≤l_{aE}（l_a），为 15d。

非连接区高度≥$H_n/3$，其中 H_n 表示所在楼层的柱净高。

2. 首层柱纵筋长度计算

首层柱纵筋长度＝首层层高－首层非连接区高度＋伸出上层楼面的高度

式中，首层非连接区高度≥$H_n/3$；伸出上层楼面的高度为 max($H_n/6$,h_c,500).

3. 中间层柱纵筋长度计算

中间层柱纵筋长度＝本层层高－下层柱筋伸出当前楼面高度＋伸出上层楼面的高度

式中，下层柱筋伸出当前楼面高度为 max($H_n/6$,h_c,500)；伸出上层楼面的高度为 max($H_n/6$,h_c,500)

4. 顶层柱纵筋长度计算

顶层柱纵筋长度＝H_n－下层柱筋伸出当前楼面高度＋顶层钢筋锚固值

顶层钢筋锚固值的确定：

（1）当为中柱时，弯锚（$\leqslant l_{aE}$）长度＝梁高－保护层厚度＋12d

直锚（$\geqslant l_{aE}$）长度＝梁高－保护层

（2）当为边柱、角柱时，外侧钢筋锚固长度＝max［1.5l_{aE}，（梁高－保护层＋柱宽－保护层)］，柱内侧钢筋锚固同中柱顶层纵筋锚固。

5. **柱箍筋计算**

（1）箍筋长度。

箍筋长度＝(柱截面宽－保护层厚度×2＋柱截面高－保护层厚度×2)×2＋箍筋两个弯钩增加长度

抗震时，单个箍筋弯钩增加长度＝1.9d＋max(10d,75mm)

非抗震时，单个箍筋弯钩增加长度＝1.9d＋5d

（2）箍筋个数。

1）柱在基础部分的箍筋个数。当保护层厚度＞5d 时，为间距≤500mm，且不少于两道；当保护层厚度≤5d 时，为间距≤10d 且≤100mm。

2）柱各层的箍筋个数＝加密区长度/加密区间距＋非加密区长度/非加密区间距－1

根据（16G 101－1）的规定，抗震框架柱的加密区范围为首层柱下部的箍筋加密区长度取 $H_n/3$；梁高度范围内箍筋加密；梁顶面以上和梁底面以下的箍筋加密区长度取 Max（柱长边尺寸或圆柱直径，$H_n/6$，500）；如果柱纵筋采用搭接连接，则搭接范围内同时需要加密。

【例 2.7.8】试计算如图 2.7.33 所示的一根 KZ1（边柱）的钢筋工程量。该工程环境类别为一类，C25 混凝土，三级抗震，工程有四层，每层高均为 3.6m，基础顶标高－1.5m，每层梁高 500mm，柱子纵向钢筋采用焊接连接，柱下独立基础高度为 1 000mm，基础插筋在基础内水平弯折长度为 200mm，基础插筋距基底 100mm，基础箍筋 2 根。

解　查表得知，柱梁保护层厚度为 25mm，则主筋的保护层厚度为 33mm，锚固长度为 35d。

按规范，柱纵向钢筋接头应该错开，在计算钢筋工程量时未考虑接头错开，因为钢筋的总量还是相等。

（1）基础插筋 8ϕ25。

基础插筋长度＝末端弯折长度＋基础高度－保护层厚度＋非连接区高度＝

$$0.2+(1-0.1)+\frac{5.1-0.5}{3}=2.63\text{m}$$

基础插筋总长度＝2.63×8＝21.04m

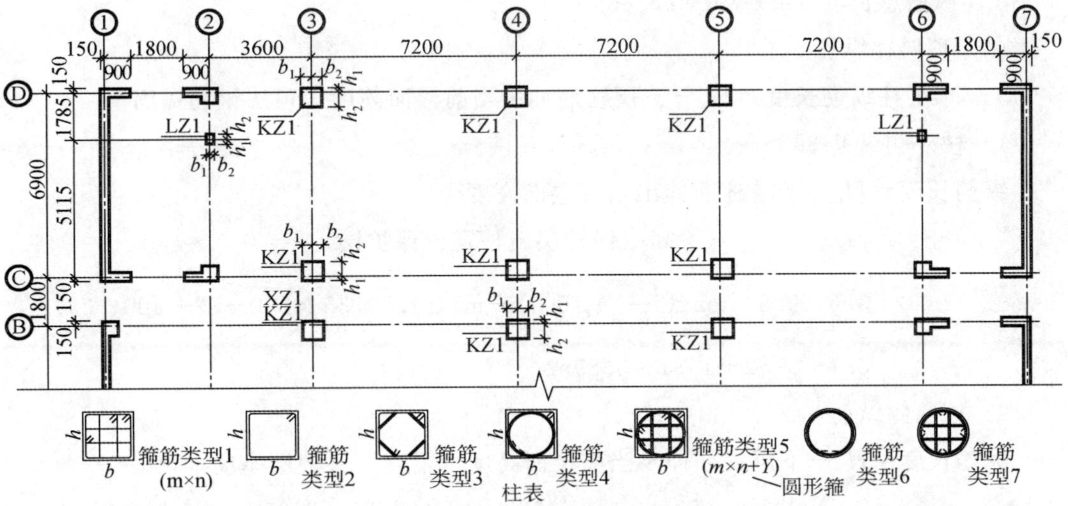

标号	标高	b×h	b_1	b_2	h_1	h_2	全部纵筋	角筋	b 边一侧中部筋	b 边一侧中部筋	箍筋类型号	箍筋
KZ_1	－1.47～14.37	400×400	200	200	150	250	8Φ25				2	φ8@100/200

图 2.7.33　－1.470～14.370 柱平法施工图（局部）

（2）1 层柱纵筋 8ϕ25。

1 层柱纵筋长度＝1 层层高－1 层非连接区高度＋伸出上层楼面的高度＝

$$5.1-\frac{H_n}{3}+\max\left(\frac{H_n}{6},\ h_c,\ 500\right)=$$

$$5.1-\frac{5.1-0.5}{3}+\max\left(\frac{3.6-0.5}{6},\ 0.4,\ 0.5\right)=$$

$$5.1-1.53+0.52=4.09\text{m}$$

1 层纵筋总长度＝4.09×8＝32.72m

（3）2 层柱纵筋。

2 层柱纵筋长度＝2 层层高－下层柱筋伸出当前楼面高度＋伸出上层楼面的高度＝

$$3.6-\max\left(\frac{H_n}{6},\ h_c,\ 500\right)+\max\left(\frac{H_n}{6},\ h_c,\ 500\right)=$$

$$3.6-0.52+0.52=3.6\text{m}$$

2 层纵筋总长度＝3.6×8＝28.8m

（4）3 层柱纵筋。

3 层柱纵筋长度＝3 层层高－下层柱筋伸出当前楼面高度＋伸出上层楼面的高度＝

$$3.6-\max\left(\frac{H_n}{6},\ h_c,\ 500\right)+\max\left(\frac{H_n}{6},\ h_c,\ 500\right)=$$

$$3.6-0.52+0.52=3.6\text{m}$$

3 层纵筋总长度＝3.6×8＝28.8m

（5）顶层柱纵筋。

顶层柱纵筋长度＝H_n－下层柱筋伸出当前楼面高度＋顶层钢筋锚固值

1）柱外侧纵筋 3ϕ25。

纵筋长度＝H_n－下层柱筋伸出当前楼面高度＋

max[1.5l_{aE},(梁高－保护层＋柱宽－保护层)]＝

$3.6-0.5-\max(\frac{H_n}{6},h_c,500)+\max(1.5\times35d,500-33+400-33)=$

3.1－0.52＋1.31＝3.89m

2）柱内侧纵筋 5ϕ25。

纵筋长度＝H_n－下层柱筋伸出当前楼面高度＋梁高－保护层厚度＋12d＝

3.6－0.5－0.52＋0.5－0.033＋12×0.025＝3.35m

顶层纵筋总长度＝3.89×3＋3.35×5＝28.42m

（6）箍筋。

1）单根箍筋长度＝(柱截面宽－保护层厚度×2＋柱截面高－保护层厚度×2)×2＋

箍筋两个弯钩增加长度＝

(400－2×25)×4＋[1.9d＋max(10d,75mm)]×2＝1 400＋

11.9×8×2＝1 590(mm)＝1.59m

2）箍筋根数。

①层：加密区长度＝$\frac{H_n}{3}$＋梁高＋max(柱长边尺寸,H_n/6,500)＝

$\frac{5.1-0.5}{3}+0.5+0.77=2.80$m

非加密区长度＝5.1－2.8＝2.3m

箍筋个数＝$\frac{2.8}{0.1}+\frac{2.3}{0.2}+1=41$ 个

②层：加密区长度＝2×max(柱长边尺寸,H_n/6,500)＋梁高＝

$2\times\max(\frac{3.6-0.5}{6},0.4,0.5)+0.5=1.53$m

非加密区长度＝3.6－1.53＝2.07m

箍筋个数＝$\frac{1.53}{0.1}+\frac{2.07}{0.2}+1=27$

3、4 层箍筋个数同 2 层。

箍筋总长度＝（2＋41＋27×3）×1.59＝197.16m

（7）钢筋质量。

ϕ25：(21.04＋32.72＋28.8＋28.8＋28.42)×3.85＝538.15kg

ϕ8：197.16×0.395＝77.88kg

（四）梁钢筋计算

根据国家建筑标准设计图集《混凝土结构施工图平面整体表示方法制图规则和构造详图》（16G 101－1），现浇混凝土框架梁钢筋构造要求如图 2.7.34～2.7.41 所示。

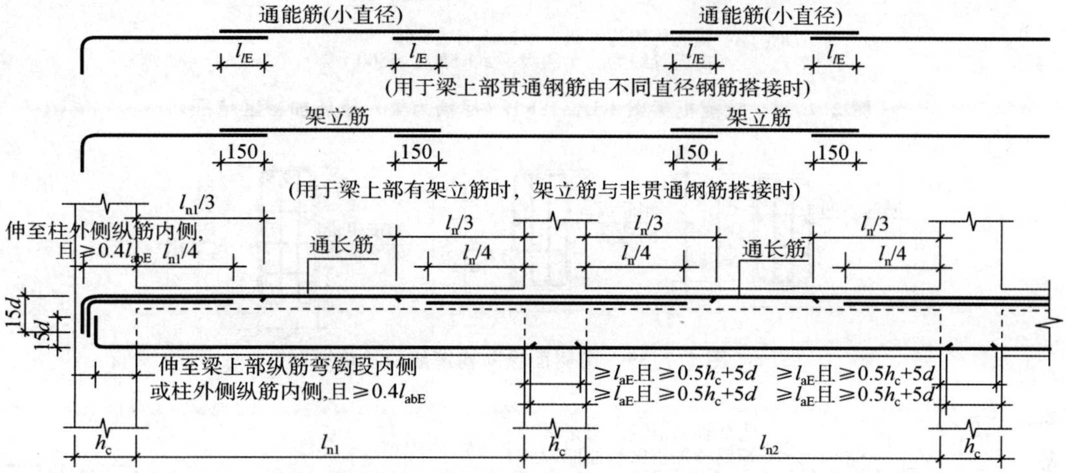

图 2.7.34　抗震楼层框架梁 KL 纵向钢筋构造

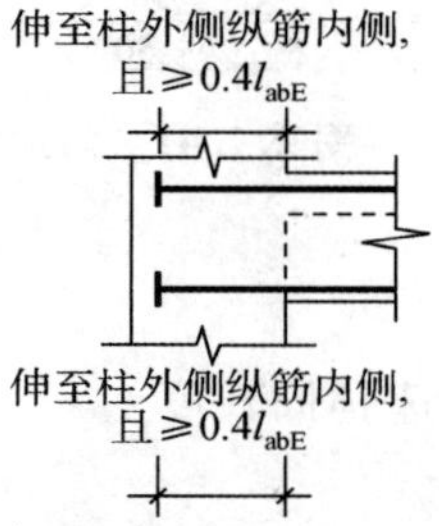

图 2.7.35　端支座加锚头（锚板）锚固

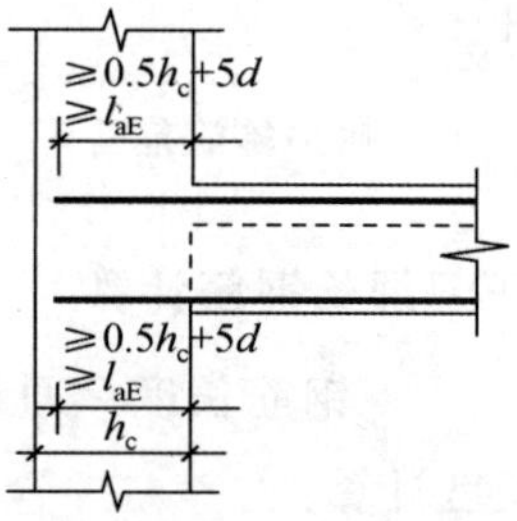

图 2.7.36　端支座直锚

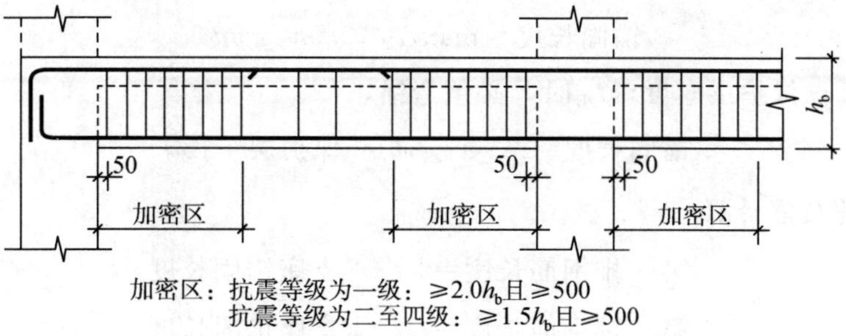

图 2.7.37　抗震框架梁 KL、WKL 箍筋加密区范围

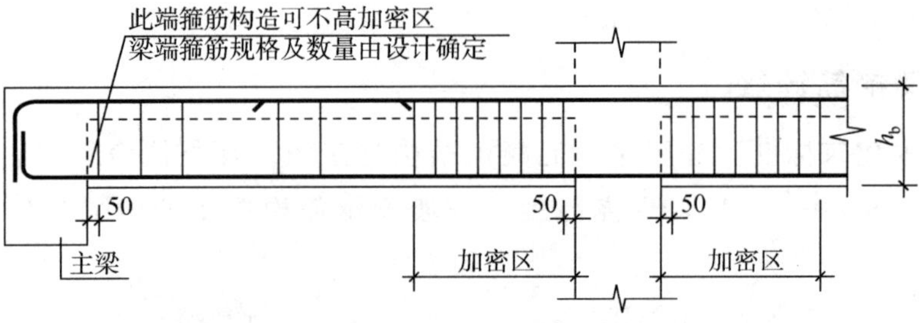

加密区：抗震等级为一级：≥2.0h_b且≥500
抗震等级为二至四级：≥1.5h_b且≥500

图 2.7.38　抗震框架梁 KL、WKL（尽端为梁）箍筋加密区范围

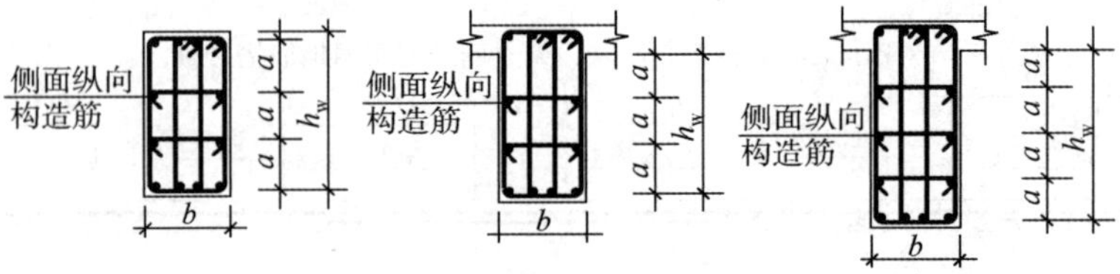

图 2.7.39　梁侧面纵向构造筋和拉筋

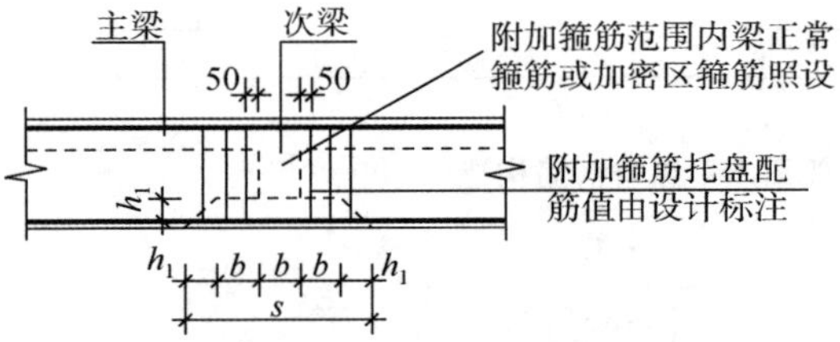

图 2.7.40　附加箍筋范围

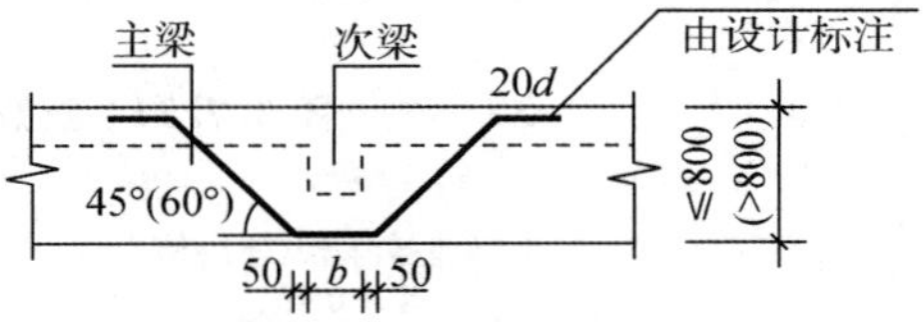

图 2.7.41　附加吊筋构造

1．**上部和下部通长钢筋计算**

钢筋长度＝通跨净跨长＋左右支座锚固长度

支座锚固长度计算：

（1）当 h_c－保护层厚度＞l_{aE}时，直锚，

锚固长度＝max(l_{aE}，0.5h_c＋5d)

（2）当 h_c－保护层厚度≤l_{aE}时，必须弯锚，

锚固长度＝max(l_{aE}，h_c－保护层＋15d)

2．**端支座负筋计算**

第一排钢筋长度＝l_n/3＋支座锚固长度

第二排钢筋长度＝l_n/4＋支座锚固长度

式中，l_n 为净跨长，支座锚固长度计算与上部通长筋相同。

3．**中间支座负筋计算**

第一排钢筋长度＝l_n/3×2＋中间支座长度

第二排钢筋长度$=l_n/4\times2+$中间支座长度

中间支座的 l_n 则取左跨和右跨净跨长之较大值。

4. 下部非通长钢筋计算

（1）钢筋伸入支座。

长度=净跨长+左右支座锚固长度

钢筋的中间支座锚固值=max（l_{aE}，$0.5h_c+5d$），端支座锚固长度计算同上部通长筋。

（2）钢筋不伸入支座。

长度=净跨长$-2\times0.1l_n$

5. 梁侧面纵向构造钢筋计算

构造钢筋长度=净跨长$+2\times15d$

6. 受扭纵向钢筋计算

受扭纵向钢筋长度=净跨长+左、右支座锚固长度

支座锚固长度与方式同框架梁下部纵向钢筋。

7. 拉筋计算

拉筋长度=(梁宽$-2\times$保护层)$+2\times$弯钩长度

抗震弯钩增加长度$=2\times1.9d+2\times\max$（$10d$，75）

拉筋根数=(构造钢筋长度/拉筋间距+1)×沿梁高每侧设置的构造钢筋根数

8. 箍筋计算

长度=(梁宽－2×保护层＋梁高－2×保护层)×2＋2×1.9d＋2×Max(10d,75)(抗震弯钩值)

箍筋根数=[(加密区长度－0.05)/加密区间距＋1)]×2＋(非加密区长度/非加密区间距－1)

9. 吊筋计算

吊筋长度=次梁宽度$+2\times50+2\times20d+2\times$斜段长度

梁高度>800mm，夹角=60°；梁高度≤800mm，夹角=45°。

【例 2.7.9】某框架梁 KL1 如图 2.7.42 所示，已知柱截面 600mm×600mm，环境类别一类，二级抗震，混凝土强度等级为 C30。试计算框架梁 KL1 的钢筋工程量。

解 查表 2.7.28 可知，混凝土保护层厚度为 20mm，则主筋保护层厚度为 30mm。查表 2.7.29 可知，基本锚固长度为 $33d$。

（1）上部贯通筋 2ϕ25。

每根上部贯通钢筋长度=通跨净跨长+左、右支座锚固长度

是否直锚判断：当直锚长度≥锚固长度，且$\geq0.5h_c+5d$，可以进行直锚，不需弯锚。

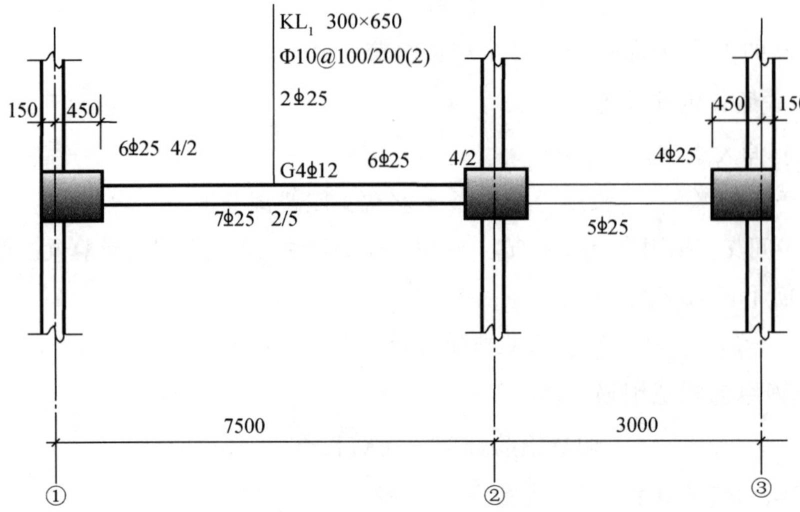

图 2.7.42 框架梁 KL1 配筋示意图

KL1 的锚固判断：锚固长度 $33d=33\times25=825$mm>600−30=570mm，必须弯锚。

左、右支座锚固长度＝max(33d，h_c－保护层厚度＋15d)＝max(825mm，945mm)＝945mm

每根上部贯通钢筋长度＝10.5－0.45×2＋0.945×2＝11.49m

上部贯通筋总长度＝11.49×2＝22.98m

(2) 下部贯通筋：第二排 5ϕ25。单根下部贯通筋长度计算同上部贯通筋。

下部贯通筋总长度＝11.49×5＝57.45m

(3) ①～② 轴跨的下部贯通筋：第一排 2ϕ25。

每根下部贯通筋的长度＝净跨长＋两端支座锚固长度

在② 轴支座处的锚固长度＝max[l_{aE}，(0.5h_c＋5d)]

$l_{aE}=33d=825$mm

$0.5h_c+5d=0.5\times600+5\times25=425$mm

② 轴支座处锚固长度应取 825mm。

每根下部贯通筋的长度＝(7.5－0.45－0.3)＋0.825＋0.945＝8.52m

总长度＝8.52×2＝17.04m

(4) ① 轴支座处负弯矩筋。

第一排：2ϕ25

每根长度＝l_n/3＋支座锚固长度＝(7.5－0.75)÷3＋0.945＝3.195m

总长度＝3.195×2＝6.39m

第二排：2ϕ25

每根长度＝l_n/4＋支座锚固长度＝(7.5－0.75)÷4＋0.945＝2.6325 m

总长度＝2.632 5×2＝5.27m

(5) ② 轴支座处负弯矩筋。

第一排：2ϕ25

每根长度＝2×max(第一跨净跨长,第二跨净跨长)/3＋支座宽度＝

2×(7.5－0.75)÷3＋0.6＝5.1m

总长度＝5.1×2＝10.2m

第二排：2ϕ25

每根长度＝2×(7.5－0.75)÷4＋0.6＝3.975m

总长度＝3.975×2＝7.95m

(6) ③ 轴支座处负弯矩筋 2ϕ25。

② 轴支座处负弯矩筋伸入② ～③ 轴跨长度：5.1m÷2＝2.55m，而② ～③ 轴跨长 3m，故② 轴支座处第一排负弯矩筋直接伸入③ 轴支座处。

每根长度＝(3－2.55－0.45)＋0.945＝0.945m

总长度＝0.945×2＝1.89m

(7) 梁侧面纵向构造钢筋和拉筋。

每根构造钢筋长度＝净跨长＋2×15d＝(10.5－0.9)＋2×15×0.012＝9.96m

构造钢筋总长度＝9.96×4＝39.84m

按规定，当梁宽≤350mm 时，拉筋直径为 6mm，间距为非加密区箍筋间距的两倍，即间距为 400mm。

单根拉筋长度＝(梁宽－2×保护层厚度)＋2×弯钩长度＝

(0.3－2×0.02)＋2×1.9×0.065＋2×max(10×0.065,0.75)＝

2.01m

拉筋根数＝(构造钢筋长度/拉筋间距＋1)×沿梁高每侧设置的构造钢筋根数＝

[(7.5－0.45×2)÷0.4＋1]×2＋[(3.0－0.45×2)÷0.4＋1]×2＝

36＋12＝48 根

拉筋总长度＝2.01×48＝96.48m

(8) 箍筋 ϕ10。

每根箍筋长度＝梁周长－8×保护层厚度＋2×1.9d＋2×max(10d,75)＝

(0.3＋0.65)×2－8×0.02＋2×11.9×0.01＝1.978m

箍筋加密区长度应≥1.5h_b＝1.5×0.65＝0.975 (m)，且≥500 (mm)

因此，加密区长度＝0.975m

① ～② 轴跨箍筋个数＝加密区个数＋非加密区个数＝

$$\left(\frac{0.975-0.05}{0.1}+1\right)\times 2+\frac{7.5-0.45-0.3-0.975\times 2}{0.2}-$$

1＝44 个

② ～③ 轴跨箍筋个数$=\left(\frac{0.975-0.05}{0.1}+1\right)\times 2+\frac{3-0.45-0.3-0.975\times 2}{0.2}-1=21$ 个

梁内箍筋总长度＝1.978×(44＋21)＝128.57m

(9) 计算钢筋质量。

ϕ25 钢筋质量＝(22.98＋57.45＋17.04＋6.39＋5.27＋10.2＋7.95＋1.89)×3.85
＝497.3kg

ϕ12 钢筋质量＝39.84×0.888＝35.38kg

ϕ6.5 钢筋质量＝96.48×0.26＝25.08kg

ϕ10 钢筋质量＝128.57×0.617＝79.33kg

(五) 板钢筋计算

根据国家建筑标准设计图集《混凝土结构施工图平面整体表示方法制图规则和构造详图》(16G 101－1)，有梁楼楼盖板钢筋构造要求如图 2.7.43～图 2.7.45 所示。

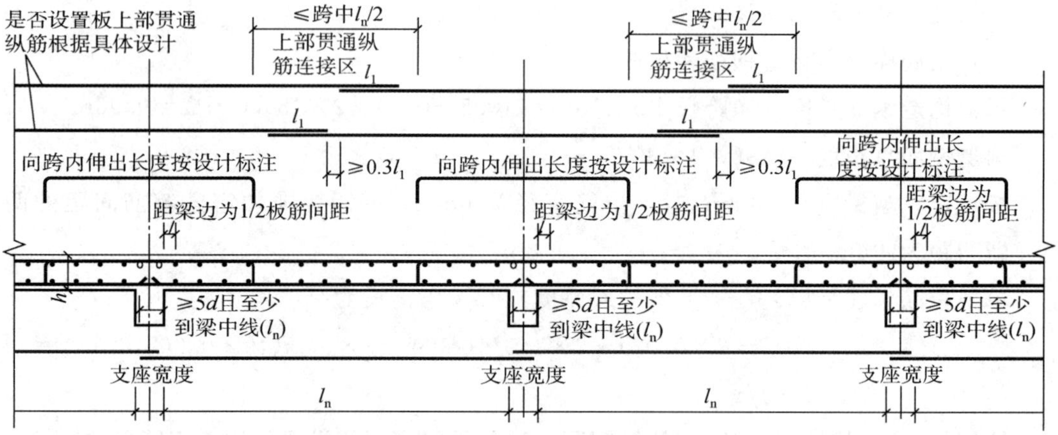

图 2.7.43 有梁楼盖楼面板和屋面板钢筋构造

1. 板底钢筋计算

底筋长度＝净跨长＋伸入左、右支座长度＋末端弯钩增加长度

伸入梁支座长度≥5d 且至少到梁中线 (或≥l_a)

伸入砌体墙支座长度≥120mm 且≥h (板厚) 且≥墙厚/2

伸入剪力墙支座长度≥5d 且至少到墙中线 (或≥l_a)

布筋时，第一根钢筋距支座边为 1/2 板筋间距

钢筋根数＝布筋范围÷板筋间距＋1＝(净跨长－板筋间距)÷板筋间距＋1

2. 板面钢筋

长度＝伸入左支座长度＋通跨净长＋伸入右支座长度＋搭接长度×搭接个数＋末端弯钩增长值

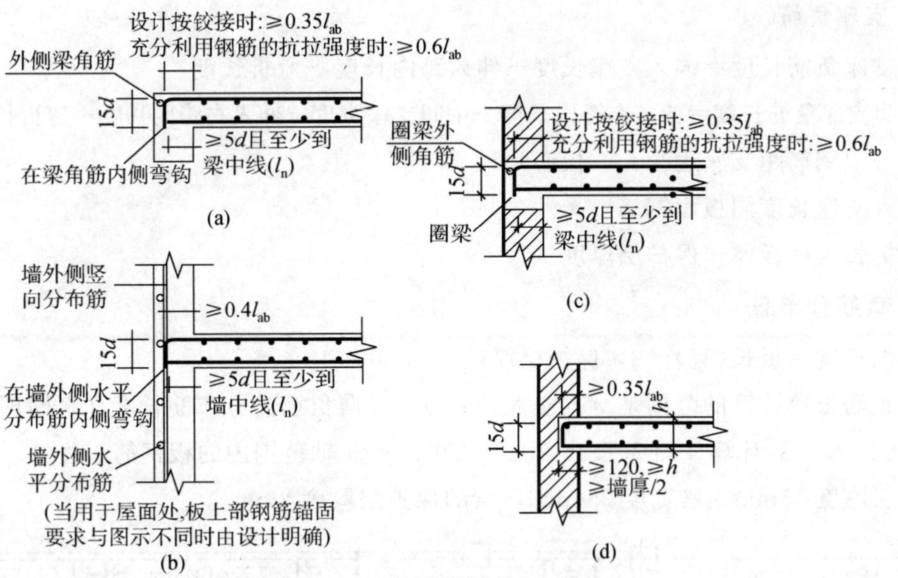

图 2.7.44　板在端部支座的锚固构造

(a) 端部支座为梁；(b) 端部支座为剪力墙；(c) 端部支座为砌体墙的圈梁；(d) 端部支座为砌体墙

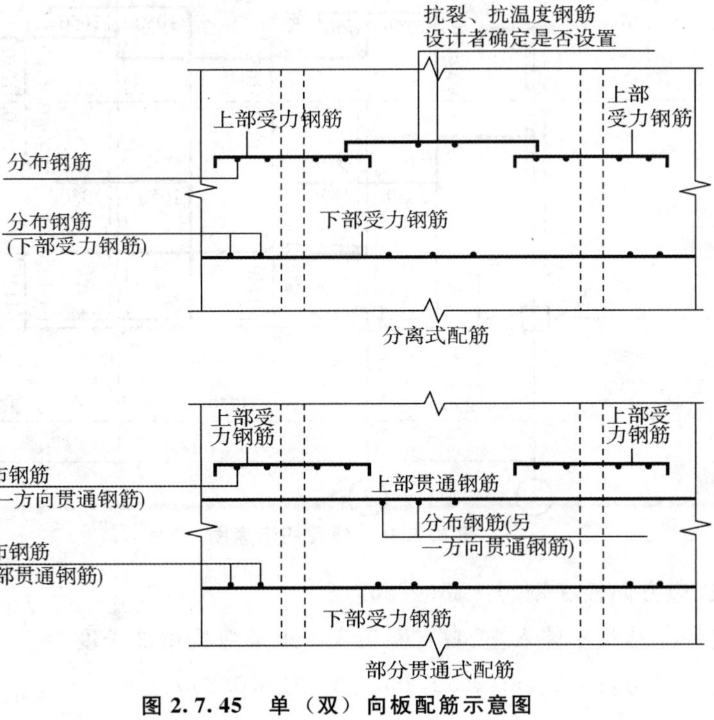

图 2.7.45　单（双）向板配筋示意图

第一根钢筋距支座边为 1/2 板筋间距

伸入梁支座长度＝支座宽－保护层＋15d

伸入砌体墙支座长度＝0.35l_{ab}＋15d

伸入剪力墙支座长度＝0.4l_{ab}＋15d

3. **支座负筋**

端支座负筋长度＝伸入支座长度＋伸入跨内长度＋弯折长度

中间支座负筋长度＝伸入左跨内长度＋中间支座宽度＋伸入右跨内长度＋弯折长度×2

第一根钢筋距支座边为 1/2 板筋间距

伸入支座长度同板面钢筋

弯折长度＝板厚－保护层厚度×2

4. **负筋分布筋**

单根长度＝板长(宽)－2×保护层厚度

分布筋根数计算的范围是 x 向负筋的长度；y 向负筋的分布筋长度计算同理。

【例 2.7.10】计算如图 2.7.46 所示板的① ～② 轴范围内的板钢筋工程量。已知板的保护层厚度 15mm，梁宽度 250mm，梁的保护层厚度 25mm。

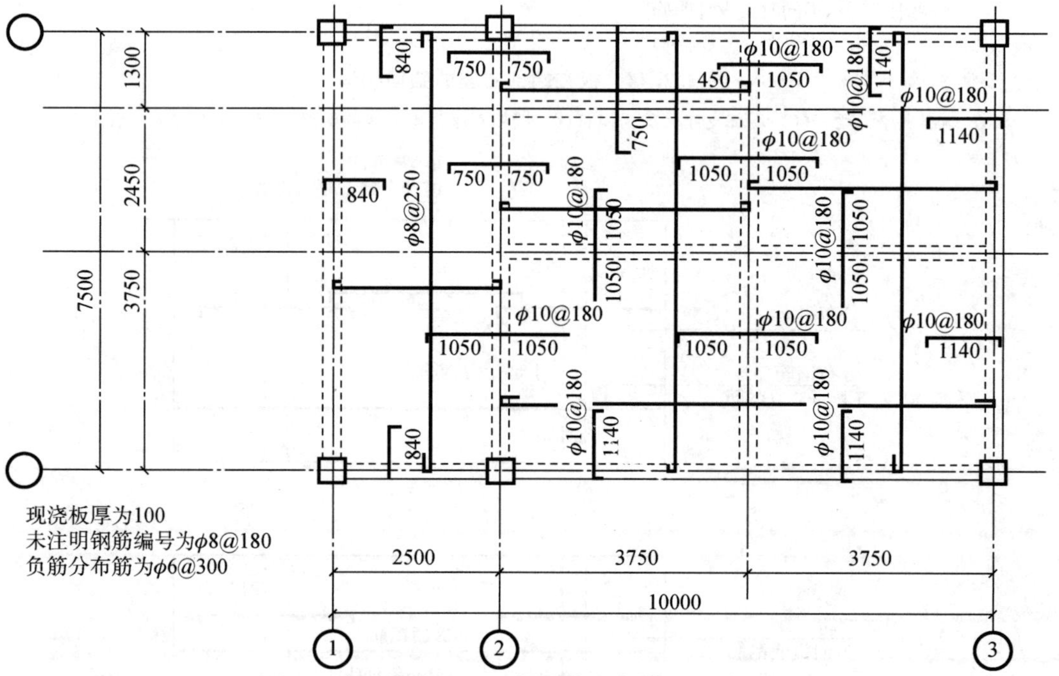

图 2.7.46　板配筋示意图

解 (1) 长边方向板底钢筋：$\phi8@250$。

底筋长度＝净跨长＋伸入左、右支座长度＋末端弯钩增加长度＝

$$净跨长+2\times\max(5d,250\div2)+2\times6.25d$$

每根长度＝7.5－0.25＋0.25＋2×6.25×0.008＝7.6m

根数：$n=\dfrac{2\ 500-250-250}{250}+1=9$ 根

(2) 短边方向板底钢筋：$\phi8@180$。

每根长度＝2.5－0.25＋0.25＋2×6.25×0.008＝2.6m

根数：$n=\frac{7500-250-180}{180}+1=41$ 根

(3) ① 轴负筋：$\phi8@180$。

单根长度＝伸入支座长度＋伸入跨内长度＋弯折长度＝

$$(0.125-0.025+15\times0.008)+0.84+(0.1-0.015\times2)=1.13\text{m}$$

负筋根数：$n=\frac{7\,500-250-180}{180}+1=41$ 根

(4) ① 轴负筋分布筋：$\phi6.5@300$。

单根长度＝板长（宽）－2×保护层厚度＝

$$7.5+0.25-2\times0.015=7.72\text{m}$$

根数＝840÷300＋1＝4 根

(5) 钢筋质量

$\phi8$ 钢筋：$(7.6\times9+2.6\times41+1.13\times4)\times0.395=70.91\text{kg}$

$\phi6.5$ 钢筋：$(7.72\times4)\times0.26=8.03\text{kg}$

（六）剪力墙钢筋计算

根据国家建筑标准设计图集《混凝土结构施工图平面整体表示方法制图规则和构造详图》(16G 101－1)，剪力墙钢筋构造要求如图 2.7.47～图 2.7.49 所示。

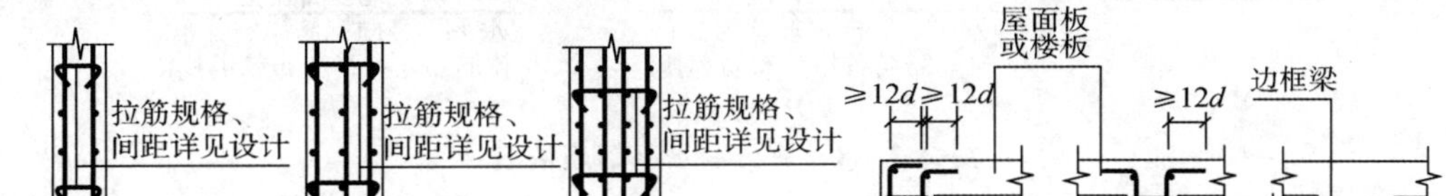

图 2.7.47　剪力墙竖向分布钢筋连接构造

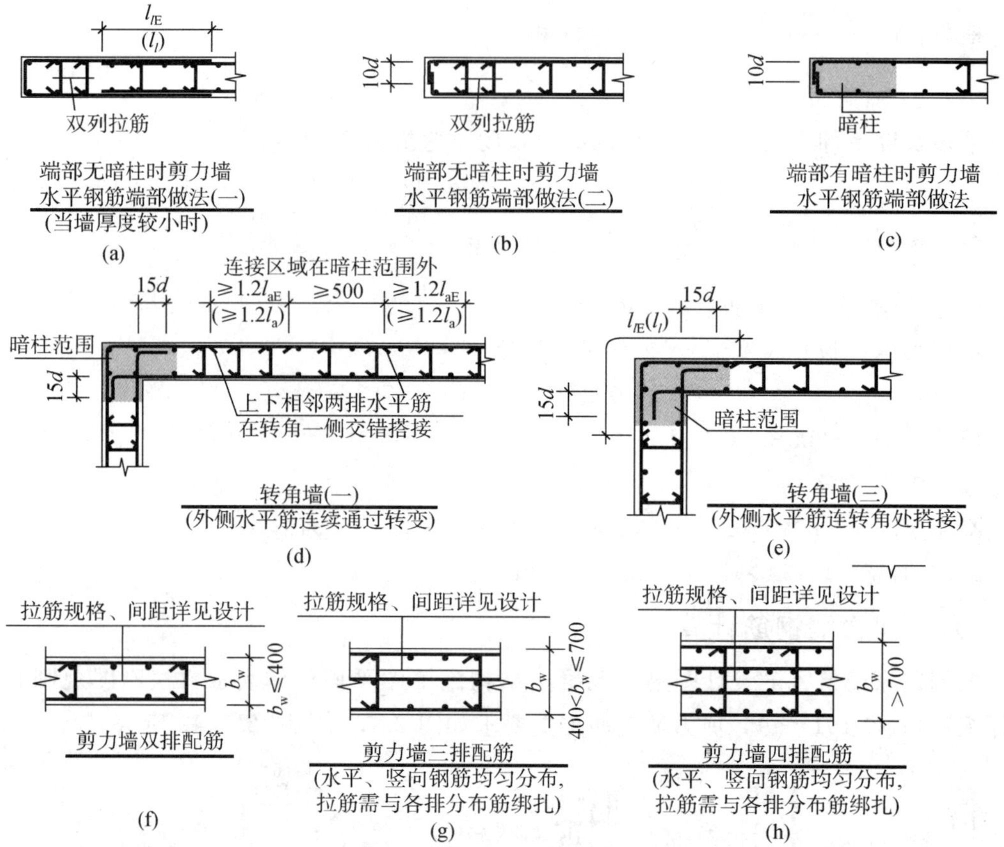

图 2.7.48　剪力墙水平钢筋构造

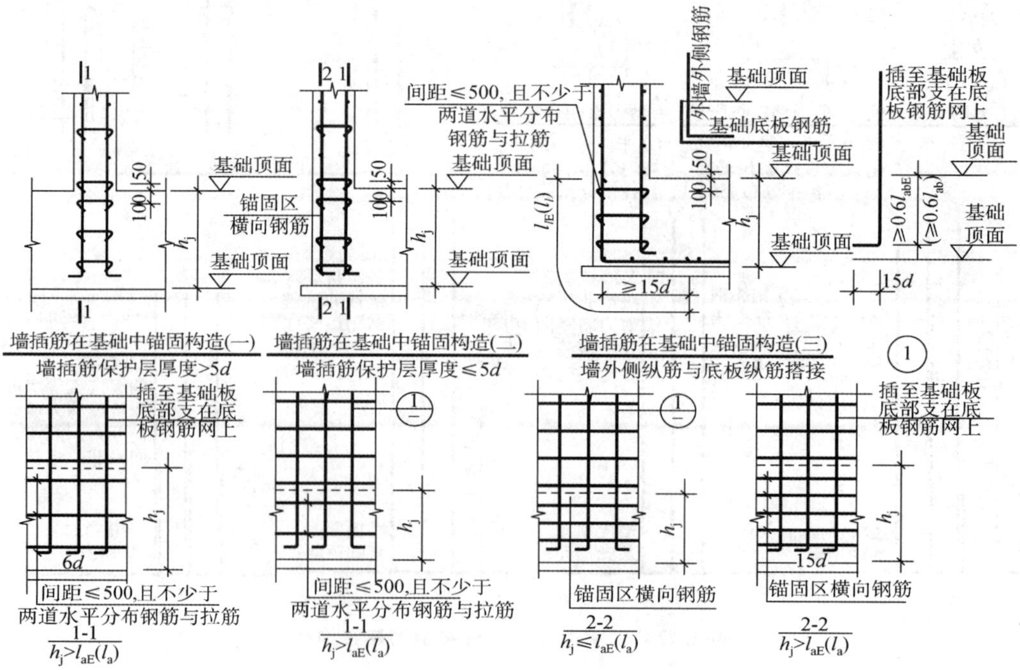

图 2.7.49　墙插筋在基础中的锚固

1. **基础插筋计算**

基础插筋长度＝末端弯折长度＋基础中锚固垂直段长度＋伸入上层的钢筋长度

式中　　　　　　　基础中锚固垂直段长度＝基础高度－保护层厚度

伸入上层的钢筋长度为500mm或500mm＋35d。

末端弯折长度，当基础高＞顶层钢筋锚固值，为6d；当基础高≤顶层钢筋锚固值，为15d。

2. **墙在基础部分的水平分布钢筋与拉筋**

当墙插筋保护层厚度＞5d时，为间距≤500mm且不少于两道；当墙插筋保护层厚度≤5d，为间距≤10d且≤100mm。

3. **墙身竖向钢筋计算**

（1）顶层竖向钢筋长度＝H_n—下层钢筋伸出本层楼面的高度＋顶层钢筋锚固长度

（2）其他层竖向钢筋长度＝层高—下层钢筋伸出本层楼面的高度＋伸出上一层楼面的高度

（3）竖向钢筋根数＝[(墙净长—2×50)/间距＋1)]×排数

其中，伸入上层的钢筋长度为500mm或500mm＋35d；顶层钢筋锚固长度＝板厚—保护层厚度＋12d。

4. **墙身水平钢筋计算**

墙身水平钢筋长度计算与墙的末端形状和钢筋在墙内侧还是外侧有关，详见国家建筑标准设计图集《混凝土结构施工图平面整体表示方法制图规则和构造详图》(16G 101－1)。

墙身水平钢筋根数＝（层高－2×50）/间距＋1

5. **拉筋计算**

拉筋长度＝墙厚－2×保护层厚度＋2×[(1.9d＋max(10d,75)]

基础拉筋根数＝[(墙净长－2×50)/拉筋间距＋1)]×基础水平筋排数

楼层拉筋根数＝墙净面积/拉筋的布置面积

墙净面积是指要扣除暗（端）柱、暗（连）梁；拉筋的布置面积是指其水平方向间距×竖向间距。

（七）其他构件钢筋计算

【例2.7.11】某工程项目基础有30根现浇钢筋混凝土桩，配筋如图2.7.50所示，计算桩基础的钢筋工程量。

解

① 号钢筋$=\{30\times[1.5\pi(D-2c-d)+\sqrt{[n\pi(D-2c-d)]^2+(H-2c-3d)^2}+1.5\pi(D-2c-d)]\times0.395\}=30\times[1.5\times3.14\times(1.0-2\times0.04-0.08)+$

$\sqrt{\left[\frac{30\,000}{200}\times 3.14\times(1.0-2\times 0.04-0.08)\right]^2+(30\,000-2\times 0.04-3\times 0.08)^2}$

$+1.5\times 3.14\times(1.0-2\times 0.04-0.08)]\times 0.395=$

514.56kg

② 号钢筋＝(10×2.984×30×30)＝26.856kg

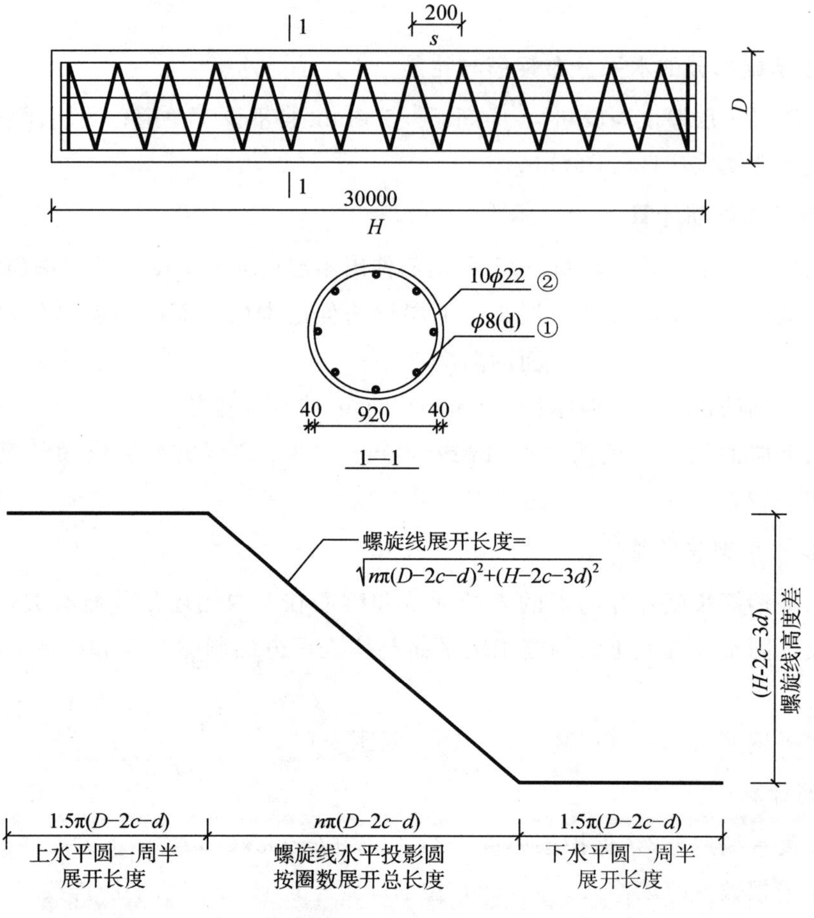

图 2.7.50 桩配筋示意图

二、钢筋工程清单计价

(一) 钢筋工程计价说明

1. 钢筋工程内容包括制作、绑扎、安装以及浇灌砼时维护钢筋用工。

2. 钢筋工程按钢筋的不同品种、不同规格，按普通钢筋（包括现浇构件、预制构件钢筋）、预应力钢筋分别列项。HPB300 级（符号 Φ）执行圆钢筋相应项目，HRB335 级、HRB400、冷扎带肋钢筋执行螺纹钢筋相应项目。

3. 设计图纸未注明的钢筋接头和接头焊接用的电焊条已综合在定额内，成型钢筋的搭接长度应计入钢筋净用量内，其搭接个数和搭接长度，设计有规定者，按设计规定，设计无规定者按每 9m 计算一个接头，其接头长度根据不同的接头方式按规范规定长度计算。

4. 预应力构件中的非预应力钢筋按普通钢筋相应项目计算。

5. 非预应力钢筋不包括冷加工，如设计要求冷加工时，另行计算。

6. 预应力钢筋如设计要求人工时效处理时，应另行处理。

7. 如表 2.7.33 所列的构件，其钢筋可按表中所列系数调整人工、机械费用。

表 2.7.33　构件钢筋的人工、机械调整系数

项　目	建　筑　物				构　筑　物	
系数范围	拱梯形屋架	托架梁	小型构件	小型池槽	贮仓	
					矩形	圆形
人工、机械调整系数	1.16	1.05	2	2	1.25	1.50

（二）钢筋工程清单计价

某现浇钢筋混凝土结构中，使用螺纹钢 HRB335、直径 25mm 的钢筋 5. 8t，依据湖南省的《建筑装饰装修工程消耗量标准》编制其清单项目费用计算表如表 2.5.33 所示。

表 2.5.33　清单项目费用计算表（综合单价表）（□招标控制价□投标报价□竣工结算）

（一般计税法）

工程名称：　　　　　　　　　　　　标段：

清单编号：010515001008　　　　　单位：t

清单名称：现浇构件钢筋　　　　　数量：5.8　　　　综合单价：5268.62　　　第　页共　页

序号	工程内容	计费基础说明	费率（%）	金额（元）	备注
1	直接费用	1.1+1.2+1.3		4234.92	
1.1	人工费	7.11×82=583.02		538.02	
1.1.1	其中：取费人工费	7.11×60=426.6		426.6	
1.2	材料费	1.020×3430+0.012×5190=3560.88		3560.88	
1.3	机械费	(0.09×45.91+0.18×25.55+0.46×251.05+0.06×196.74) =136.02		136.02	

续　表

序号	工程内容	计费基础说明	费率（%）	金额（元）	备注
1.3.1	其中：取费机械费	（0.09×49.51+0.18×26.98+0.46×261.81+0.06×179.55）×0.95=133.49		133.49	
2	费用和利润	2.1+2.2+2.3		494.56	
2.1	管理费	1.1.1或1.1.1+1.3.1	23.33	（426.6+133.49）×23.33%=560.09×23.33%=130.67	
2.2	利润	1.1.1或1.1.1+1.3.1	25.42	142.38	
2.3	规费	2.3.1+2.3.2+2.3.3+2.3.4+2.3.5		221.51	
2.3.1	工程排污费	1+2.1+2.2	0.4	（4234.92+130.67+142.38）×0.4%=4507.97×0.4%=18.03	
2.3.2	职工教育和工会经费	1.1	3.5	18.83	
2.3.3	住房公积金	1.1	6	32.28	
2.3.4	安全生产责任险	1+2.1+2.2	0.2	9.02	
2.3.5	社会保险费	1+2.1+2.2	3.18	143.35	
3	建安费用	1+2		4729.48	
4	销项税额	3×税率	11	520.24	
5	附加税费	（3+4）×费率	0.36	18.90	
合计		3+4+5		5268.62	

表2.5.34　清单项目人材机用量与单价表（□招标控制价□投标报价□竣工结算）

工程名称：　　　　　　　　　　　　标段：

清单编号：　　　　　　　　　　　　单位：

清单名称：　　　　　　　　　　　　数量：　　　　　　　　　　　　第　页共　页

序号	编码	名称（材料、机械规格型号）	单位	数量	基期价（元）	市场价（元）		合价（元）	备注
						含税	除税		
36	011432@2	HRB400直径25mm	kg	5916	4.5	4.01	3.43	23723.16	

续　表

序号	编码	名称（材料、机械规格型号）	单位	数量	基期价（元）	市场价（元）		合价（元）	备注
						含税	除税		
20	011322	电焊条	kg	69.6	7	5.5	5.19	382.8	
193	J7—2	钢筋切断机 φ40mm	台班	0.522	49.51	45.91	45.91	23.97	
194	J7—3	钢筋弯曲机 φ40mm	台班	1.044	26.98	25.55	25.55	26.67	
202	J9—12	对焊机 容量 75kV·A	台班	2.668	216.81	215.05	215.05	573.75	
203	J9—2	交流电弧焊机 32kV·A	台班	0.348	179.55	196.74	196.74	68.47	
	本页合计								
	累计								

单元八　金属结构工程

课题1　金属结构工程清单工程量

一、工程量清单项目设置

金属结构工程包括钢网架，钢屋架、钢托架、钢桁架、钢架桥，钢柱，钢梁，钢板楼板、墙板，钢构件，金属制品 7 部分共 31 个项目。

（一）钢网架工程量清单项目设置、项目特征描述、计量单位及工程量计算规则（见表 2.8.1）

表 2.8.1　钢网架（编码：010601）

项目编码	项目名称	项目特征	计量单位	工程量计算规则	工作内容
010601001	钢网架	1. 钢材品种、规格 2. 网架节点形式、连接方式 3. 网架跨度、安装高度 4. 探伤要求 5. 防火要求	t	按设计图示尺寸以质量计算。不扣除孔眼的质量，焊条、铆钉、螺栓等不另增加质量	1. 拼装 2. 安装 3. 探伤 4. 补刷油漆

（二）钢屋架、钢托架、钢桁架、钢架桥工程量清单项目设置、项目特征描述、计量单位及工程量计算规则（见表 2.8.2）

表 2.8.2　钢屋架、钢托架、钢桁架、钢桥架（编码：010602）

项目编码	项目名称	项目特征	计量单位	工程量计算规则	工作内容
010602001	钢屋架	1. 钢材品种、规格 2. 单榀质量 3. 屋架跨度、安装高度 4. 控伤要求 5. 防火要求	1. 榀 2. t	以榀计量，按设计图示数量计算 以 t 计量，按设计图示尺寸以质量计算。不扣除孔眼的质量，焊条、铆钉、螺栓等不另增加质量	

续　表

项目编码	项目名称	项目特征	计量单位	工程量计算规则	工作内容
010602002	钢托架	1. 钢材品种、规格 2. 单榀质量 3. 安装高度 4. 螺栓种类 5. 探伤要求 6. 防火要求	t	按设计图示尺寸以质量计算。 不扣除孔眼的质量，焊条、铆钉、螺栓等不另增加质量	1. 拼装 2. 安装 3. 探伤 4. 补刷油漆
010602003	钢桁架				
010602004	钢架桥	1. 钢材品种、规格 2. 钢材品种、规格 3. 安装高度 4. 安装高度 5. 螺栓种类 6. 探伤要求			

（三）钢屋架、钢托架、钢桁架、钢桥架工程量清单项目设置有关说明

1. 螺栓种类指普通或高强螺栓。

2. 以榀计量，按标准图设计的应注明标准图代号，按非标准图设计的项目特征必须描述单榀屋架的质量。

（四）钢柱工程量清单项目设置、项目特征描述、计量单位及工程量计算规则（见表 2.8.3）

表 2.8.3　钢柱（编码：010603）

项目编码	项目名称	项目特征	计量单位	工程量计算规则	工作内容
010603001	实腹钢柱	1. 柱类型 2. 钢材品种、规格 3. 单根柱质量 4. 螺栓种类 5. 探伤要求 6. 防火要求	t	按设计图示尺寸以质量计算。不扣除孔眼的质量，焊条、铆钉、螺栓等不另增加质量，依附在钢柱上的牛腿及悬臂梁等并入钢柱工程量内	1. 拼装 2. 安装 3. 探伤 4. 补刷油漆
010603002	空腹钢柱				
010603003	钢管柱	1. 钢材品种、规格 2. 单根柱质量 3. 螺栓种类 4. 探伤要求 5. 防火要求		按设计图示尺寸以质量计算。不扣除孔眼的质量，焊条、铆钉、螺栓等不另增加质量，钢管柱上的节点板、加强环、内衬管、牛腿等并入钢管柱工程量内	

（五）钢柱工程量清单项目设置有关说明

1. 螺栓种类指普通或高强螺栓。

2. 实腹钢柱类型指十字、T、L、H 形等。

3. 空腹钢柱类型指箱形、格构等。

4. 型钢混凝土柱浇筑钢筋混凝土，其混凝土和钢筋应按混凝土及钢筋混凝土工程中的相关项目编码列项。

（六）钢柱工程量清单项目设置注意事项

1. 钢管混凝土柱是将普通混凝土填入薄壁圆形钢管内组成的组合结构。

2. 钢管混凝土柱的盖板、底板、穿心板、横隔板、加强环、明牛腿、暗牛腿应包括在报价内。

（七）钢梁工程量清单项目设置、项目特征描述、计量单位及工程量计算规则（见表 2.8.4）

（八）钢梁工程量清单项目设置有关说明

1. 螺栓种类指普通或高强螺栓。

2. 梁类型指 H、L、T 形、箱形、格构式等。

表 2.8.4　钢梁（编码：010604）

<table>
<tr><th>项目编码</th><th>项目名称</th><th>项目特征</th><th>计量单位</th><th>工程量计算规则</th><th>工作内容</th></tr>
<tr><td>010604001</td><td>钢梁</td><td>1. 梁类型
2. 钢材品种、规格
3. 单根质量
4. 螺栓种类
5. 安装高度
6. 探伤要求
7. 防火要求</td><td rowspan="2">t</td><td rowspan="2">按设计图示尺寸以质量计算。不扣除孔眼的质量，焊条、铆钉、螺栓等不另增加质量，制动梁、制动板、制动桁架、车挡并入钢吊车梁工程量内</td><td>1. 拼装
2. 安装
3. 探伤
4. 补刷油漆</td></tr>
<tr><td>010504002</td><td>钢吊车梁</td><td>1. 钢材品种、规格
2. 单根质量
3. 螺栓种类
4. 安装高度
5. 探伤要求
6. 防火要求</td><td>1. 拼装
2. 安装
3. 探伤
4. 补刷油漆</td></tr>
</table>

3. 型钢混凝土梁浇筑钢筋混凝土，其混凝土和钢筋应按混凝土及钢筋混凝土工程中相关项目编码列项。

（九）钢梁工程量清单项目设置注意事项

1. 钢梁项目适用于钢梁和实腹式型钢混凝土梁、空腹式型钢混凝土梁。

2. 钢吊车梁项目适用于钢吊车梁及吊车梁的制动梁、制动板、制动桁架应包括在报价内。

（十）钢板楼板、墙板工程量清单项目设置、项目特征描述、计量单位及工程量计算规则（见表 2.8.5）

表 2.8.5 钢板楼板、墙板（编码：010605）

项目编码	项目名称	项目特征	计量单位	工程量计算规则	工作内容
010605001	钢板楼板	1. 钢材品种、规格 2. 钢板厚度 3. 螺栓种类 4. 防火要求	m^2	按设计图示尺寸以铺设水平投影面积计算。不扣除单个面积≤0.3m^2柱、垛及孔洞所占面积	1. 拼装 2. 安装 3. 探伤 4. 补刷油漆
010605002	钢板墙板	1. 钢材品种、规格 2. 钢板厚度、复合板厚度 3. 螺栓种类 4. 复合板夹芯材料种类、层数、型号、规格 5. 防火要求		按设计图示尺寸以铺挂展开面积计算。不扣除单个面积≤0.3m^2的梁、孔洞所占面积，包角、包边、窗台泛水等不另加面积	

（十一）钢板楼板、墙板工程量清单项目设置有关说明

1. 螺栓种类指普通或高强。

2. 钢板楼板上浇筑钢筋混凝土，其混凝土和钢筋应按本规范附录 E 混凝土及钢筋混凝土工程中相关项目编码列项。

3. 压型钢楼板按钢楼板项目编码列项。

（十二）钢构件工程量清单项目设置、项目特征描述、计量单位及工程量计算规则（见表 2.8.6）

（十三）钢构件工程量清单项目设置有关说明

1. 螺栓种类指普通或高强螺栓。

2. 钢墙架项目包括墙架柱、墙架梁和连接杆件。

3. 钢支撑、钢拉条类型指单式、复式；钢檩条类型指型钢式、格构式；钢漏斗形式指方形、圆形；天沟形式指矩形沟或半圆形钩。

4. 加工铁件等小型构件，按表 2.8.6 中零星钢构件项目编码列项。

（十四）金属制品工程量清单项目设置、项目特征描述、计量单位及工程量计算规则（见表 2.6.7）

表 2.8.6 钢构件（编码：010606）

<table>
<tr><th>项目编码</th><th>项目名称</th><th>项目特征</th><th>计量单位</th><th>工程量计算规则</th><th>工作内容</th></tr>
<tr><td>010606001</td><td>钢支撑、钢拉条</td><td>1. 钢材品种、规格
2. 构件类型
3. 安装高度
4. 螺栓种类
5. 探伤要求
6. 防火要求</td><td rowspan="9">t</td><td rowspan="9">按设计图示尺寸以质量计算。不扣除孔眼的质量，焊条、铆钉、螺栓等不另增加质量</td><td rowspan="9">1. 拼装
2. 安装
3. 探伤
4. 补刷油漆</td></tr>
<tr><td>010606002</td><td>钢檩条</td><td>1. 钢材品种、规格
2. 构件类型
3. 单根质量
4. 安装高度
5. 螺栓种类
6. 探伤要求
7. 防火要求</td></tr>
<tr><td>010606003</td><td>钢天窗架</td><td>1. 钢材品种、规格
2. 单榀质量
3. 安装高度
4. 螺栓种类
5. 探伤要求
6. 防火要求</td></tr>
<tr><td>010606004</td><td>钢挡风架</td><td rowspan="2">1. 钢材品种、规格
2. 单榀质量
3. 螺栓种类
4. 探伤要求
5. 防火要求</td></tr>
<tr><td>010606005</td><td>钢墙架</td></tr>
<tr><td>010606006</td><td>钢平台</td><td rowspan="2">1. 钢材品种、规格
2. 螺栓种类
3. 防火要求</td></tr>
<tr><td>010606007</td><td>钢走道</td></tr>
<tr><td>010606008</td><td>钢梯</td><td>1. 钢材品种、规格
2. 钢梯形式
3. 螺栓种类
4. 防火要求</td></tr>
<tr><td>010606009</td><td>钢护栏</td><td>1. 钢材品种、规格
2. 防火要求</td></tr>
</table>

续 表

项目编码	项目名称	项目特征	计量单位	工程量计算规则	工作内容
010606010	钢漏斗	1. 钢材品种、规格 2. 漏斗、天沟形式 3. 安装高度 4. 探伤要求	t	按设计图示尺寸以质量计算，不扣除孔眼的质量，焊条、铆钉、螺栓等不另增加质量，依附漏斗或天沟的型钢并入漏斗或天沟工程量内	1. 拼装 2. 安装 3. 探伤 4. 补刷油漆
010606011	钢板天沟				
010606012	钢支架	1. 钢材品种、规格 2. 单付重量 3. 防火要求		按设计图示尺寸以质量计算，不扣除孔眼的质量，焊条、铆钉、螺栓等不另增加质量	
010606013	零星钢构件	1. 构件名称 2. 钢材品种、规格			

表 2.8.7 金属制品（编码：010607）

项目编码	项目名称	项目特征	计量单位	工程量计算规则	工作内容
010607001	成品空调金属百页护栏	1. 材料品种、规格 2. 边框材质	m^2	按设计图示尺寸以框外围展开面积计算	1. 安装 2. 校正 3. 预埋铁件及安螺栓
010607002	成品栅栏	1. 材料品种、规格 2. 边框及立柱型钢品种、规格			1. 安装 2. 校正 3. 预埋铁件 4. 安螺栓及金属立柱
010607003	成品雨蓬	1. 材料品种、规格 2. 雨蓬宽度 3. 凉衣杆品种、规格	1. m 2. m^2	以 m 计量，按设计图示接触边以 m 计算 以 m^2 计量，按设计图示尺寸以展开面积计算	1. 安装 2. 校正 3. 预埋铁件及安螺栓
010607004	金属网栏	1. 材料品种、规格 2. 边框及立柱型钢品种、规格	m^2	按设计图示尺寸以框外围展开面积计算	1. 安装 2. 校正 3. 安螺栓及金属立柱
010607005	砌块墙钢丝网加固	1. 材料品种、规格 2. 加固方式	m^2	按设计图示尺寸以面积计算	1. 铺贴 2. 铆固
010607006	后浇带金属网				

课题2 金属结构工程计价

一、钢结构工程计价说明

（一）不分现场制作或企业附属加工厂制作，均执行本标准。

（二）金属结构制作，均按焊接编制。如设计为铆接时，可参照国家有关专业定额标准计算。

（三）构件制作，包括分段制作和整体预装配的人工、材料及机械台班用量。整体预装配用的螺栓及锚固杆件用的螺栓，已包括在标准内。

（四）除注明者外，均包括现场内（工厂内）的材料运输、号料、加工、组装及成品堆放等全部工序。

（五）构件制作项目中，均已包括刷一遍防锈漆工料。

（六）钢筋砼组合屋架钢拉杆按钢支撑计算。

（七）钢构件中的型材规格及比例与设计不同时，按面积和长度计算的项目设计钢材用量不同时，可以调整。

（八）弧形构件按其相应项目人工、机械乘以 1.20 的系数。

（九）彩板墙面、楼面、屋面按面积或长度计算的项目，其金属面材厚度与标准不同时，可予以调整，其消耗量不变。

（十）钢管柱不管是无缝钢管还是焊接管均执行相应项目，但主材价格可以换算。

（十一）钢结构件加工点至安装点的运输，按相应构件运输项目执行。

（十二）钢构件运输适用于构件堆放场地或构件加工厂至施工现场的运输。

（十三）钢构件安装：

1. 钢构件安装除钢屋架、层厂单房屋盖系统、全钢板大门、围墙钢大门、厂库大门的钢骨架外，均按钢筋砼构件安装说明执行。

2. 钢屋架以安装在钢筋砼柱上为准，如安装在钢柱上者，按相应安装项目乘以系数 1.10。

3. 单层厂房屋盖系统必须在跨外安装时，按相应的构件安装项目的人工、机械台班乘以系数 1.18。

二、钢结构工程量计算规则

（一）金属结构制作按图示钢材尺寸以 t 计算，不扣除孔眼、切边的质量。焊条、铆钉、螺栓等质量，已包含在内不另计算。在计算不规则或多边形钢板质量时均以其最大外围尺寸、以矩形面积计算。

（二）制动梁的制作工程量包括制动梁、制动桁架、制动板质量；墙架的制作工程量包括墙架柱、墙架梁及连接柱质量；钢柱制作工程量包括依附于柱上的牛腿及悬臂梁质量。

（三）钢杆栏制作安装，仅适用于工业厂房、构造物中的相应钢栏杆制作安装；铁艺花饰栏杆，因铁艺花饰变化很大，当花饰外围尺寸与标准不同时，可按外围尺寸投影面积换算。其他铝合金、不锈钢等装饰栏杆按其相关项目计算。

（四）钢漏斗制作工作量，矩形按图示分片，圆形按图示展开尺寸，并依钢板宽度分段计算，每段均以其上口长度（圆形以分段展开上口长度）与钢板宽度，按矩形计算，依附漏斗的型钢并入漏斗质量内计算。

（五）天窗挡风架、柱、挡雨板、遮阳板的支架制作工程量，均按挡风架执行。

（六）遮阳板固定式骨架工程量，按遮阳长度乘以支撑外立杆高度以 m^2 计算。遮阳板活动式角钢框架工程量，按框架外围面积计算。刮泥篦子板、地沟铸铁篦子板按框外围面积计算。

（七）钢质窗帘棍制安工程量，长度设计有规定者，按图示长度计算：设计无规定时，按洞口宽度每根两端共增加 30cm 计算。

（八）垃圾斗及配件，按垃圾斗口的框外围面积计算；出灰口及配件，按出灰口的框外围面积计算。

（九）彩板墙面：以外墙面长度乘以外墙高度按面积计算，扣除门、窗洞口面积，但不扣除 $0.3m^2$ 以内的孔洞面积。

（十）彩板楼面以水平投影面积计算，但不扣附墙柱凸出部分面积和 $0.3m^2$ 以内的孔洞面积。

（十一）彩板屋面按展开长度乘以宽度以 m^2 计算，扣除其凸出屋面的楼梯间、水箱、排气间等所占面积，但不扣除 $0.3m^2$ 以内的孔洞面积。

三、钢结构运输、安装工程量计算规则

（一）钢结构构件运输及安装按构件设计图示尺寸以 t 计算，所需螺栓、电焊条等不另计算。

（二）钢构件安装：

1. 钢构件安装按图示构件钢材质量以 t 计算。

2. 依附于钢柱上的牛腿及悬臂梁等，并入柱身主材质量计算。

3. 金属结构中所用钢板质量，设计为不规则或多边形、圆形时，均以最大外围尺寸以矩形面积计算。

四、实例

【例 2.8.1】某钢梯设计图纸如图 2.8.1 所示，计算其制作工程量。

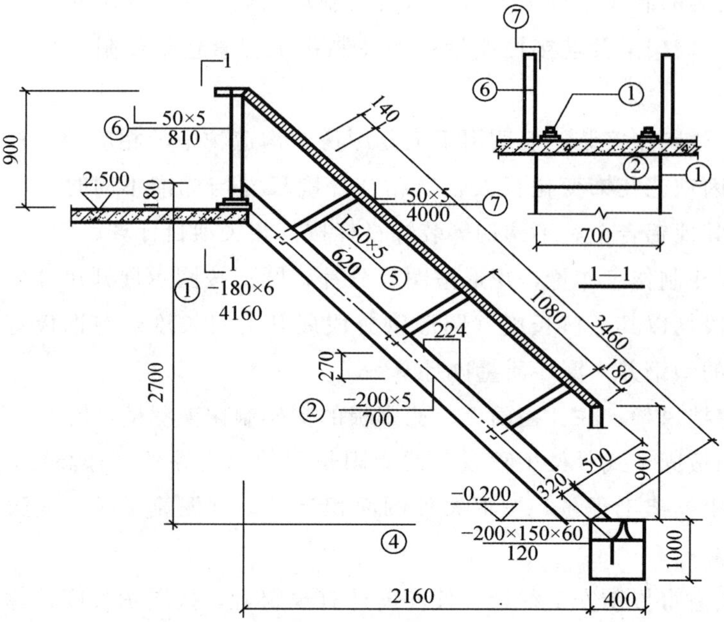

图 2.8.1　钢梯

解　① 号构件：−180×6，L=4 160

工程量：2×0.18×4.16×47.1=70.54kg

② 号构件：−200×5，L=700

工程量：9×0.7×0.2×39.25=49.46kg

③ 号构件：∟ 100×10，L=120

工程量：2×0.12×15.12=3.63kg

④ 号构件：∟ 200×150×16，L=120

工程量：4×0.12×42.34=20.32kg

⑤ 号构件：∟ 50×5，L=620

工程量：6×0.62×3.77=14.02kg

⑥ 号构件：∟ 50×5，L=810

工程量：2×0.81×3.77=6.11kg

⑦ 号构件：∟ 50×5，L=4 000

工程量：2×4×3.77=30.16kg

合计：194.24 kg。即该钢梯的工程量为 194.24kg。

单元九　木结构工程

课题1　木结构工程清单工程量

一、工程量清单项目设置

木结构工程包括木屋架、木构件、屋面木基层3部分共8个项目清单。

（一）木屋架工程量清单项目设置、项目特征描述、计量单位及工程量计算规则（见表2.9.1）

表2.9.1　木屋架（编码：010701）

项目编码	项目名称	项目特征	计量单位	工程量计算规则	工作内容
010701001	木屋架	1. 跨度 2. 材料品种、规格 3. 刨光要求 4. 拉杆及夹板种类 5. 防护材料种类	1. 榀 2. m^3	以榀计量，按设计图示数量计算 以 m^3 计量，按设计图示的规格尺寸以体积计算	1. 制作 2. 运输 3. 安装 4. 刷防护材料
010701002	钢木屋架	1. 跨度 2. 木材品种、规格 3. 刨光要求 4. 钢材品种、规格 5. 防护材料种类	榀	以榀计量，按设计图示数量计算	

（二）木屋架工程量清单项目设置有关说明

1. 屋架的跨度应以上、下弦中心线两交点之间的距离计算。

2. 带气楼的屋架和马尾、折角以及正交部分的半屋架，按相关屋架相目编码列项。

3. 以榀计量，按标准图设计，项目特征必须标注标准图代号，按非标准图设计的的项目特征必须按表2.9.1要求予以描述。

（三）木构件工程量清单项目设置、项目特征描述、计量单位及工程量计算规则（见表 2.9.2）

（四）木构件工程量清单项目设置有关说明

1. 木楼梯的栏杆（栏板）、扶手，以其他装饰工程中的相关项目编码列项。

2. 以 m 计量，项目特征必须描述构件规格尺寸。

（五）屋面木基层工程量清单项目设置、项目特征描述、计量单位及工程量计算规则（见表 2.9.3）

表 2.9.2　木构件（编码：010702）

项目编码	项目名称	项目特征	计量单位	工程量计算规则	工作内容
010702001	木柱	1. 构件规格尺寸 2. 木材种类 3. 刨光要求 4. 防护材料种类	m^3	按设计图示尺寸以体积计算	1. 制作 2. 运输 3. 安装 4. 刷防护材料
010702002	木梁		1. m^3 2. m	以 m^3 计量，按设计图示尺寸以体积计算； 以 m 计量，按设计图示尺寸以长度计算	
010702003	木檩				
010702004	木楼梯	1. 楼梯形式 2. 木材种类 3. 刨光要求 4. 防护材料种类	m^2	按设计图示尺寸以水平投影面积计算。不扣除宽度≤300mm 的楼梯井，伸入墙内部分不计算	
010702005	其他木构件	1. 构件名称 2. 构件规格尺寸 3. 木材种类 4. 刨光要求 5. 防护材料种类	1. m^3 2. m	以 m^3 计量，按设计图示尺寸以体积计算； 以 m 计量，按设计图示尺寸以长度计算	

表 2.9.3　屋面木基层（编码：010703）

项目编码	项目名称	项目特征	计量单位	工程量计算规则	工作内容
010703001	屋面木基层	1. 椽子断面尺寸及椽距 2. 望板材料种类、厚度 3. 防护材料种类	m^2	按设计图示尺寸以斜面积计算。 不扣除房上烟囱、风帽底座、风道、小气窗、斜沟等所占面积。小气窗的出檐部分不增加面积	1. 椽子制作、安装 2. 望板制作、安装 3. 顺水条和挂瓦条制作、安装 4. 刷防护材料

课题2 木结构工程工程计价

一、木构件工程定额说明

（一）工作内容。

1. 厂库存房大门、特种门包括：① 制作、安装门窗，装配玻璃及五金零件，固定铁脚，制作安装便门扇；② 铺油毡和毛毡、安密缝条；③ 制作安装门樘框架和筒子板、刷防腐油。

2. 木结构包括：① 屋架，制安、梁端刷防腐油；② 屋面木基层，制作安装檩木、檩托木（或垫木）伸入墙内部分及垫木刷防腐油；③ 屋面板制作，檩木上钉屋面板，檩木上钉椽板；④ 木楼梯，踏步、平台制安，伸入墙部分刷防腐油；⑤ 木梁、木柱，包括制作安装、伸入墙部分刷防腐油。

3. 其他木构件包括制作安装。

（二）本消耗量标准是按机制和手工操作综合编制的。不论实际采用何种操作方法，均不调整。

（三）木材木种分类：

一类：红松、水桐木、樟子松。

二类：白松（云杉、冷杉）、杉木、杨木、柳木、椴木。

三类：青松、黄花松、秋子木、马尾松、东北榆木、柏木、苦楝木、梓木、黄菠萝、椿木、楠木、柚木、樟木。

四类：栎木（柞木）、檀木、色木、槐木、荔木、麻栗木（麻烁、青刚）、桦木、荷木、水曲柳、华北榆木。

（四）木材木种除说明者外，均以一、二类木种为准，如采用三、四类木种时，分别乘以下列系数：木门窗制作，按相应项目人工和机械乘以 1.3；其他项目按相应项目人工和机械乘以系数 1.35。

（五）厂库大门、钢木大门及其他特殊种门五金费另按五金安装相应的项目计算。

（六）保温门的填充料不同时可以换算，其他工料不变。

（七）厂库房大门及特种门的钢骨架制作，以钢材质量表示，已包括在项目中，不再另列项目计算。

（八）全钢板大门，围墙钢大门的钢材和铁件用量不同时，允许调整（钢材损耗率 6%，铁件损耗率 1%）。

二、木结构工程量计算规则

（一）门制作、安装工程量除说明者外，均按门洞口面积计算，异形门按最大矩形面积计算。

（二）木屋架的制作安装工程量，按以下规定计算：

1. 木屋架制作安装均按设计断面竣工木料以 m^3 计算，其后备长度及配置损耗均不另外计算。

2. 方木屋架一面刨光时增加 3mm，两面刨光时增加 5mm；圆木屋架刨光时，木材体积每立方米增加 $0.05m^3$。附属于屋架的夹板、垫木等不另计算；与屋架连接的挑檐木、支撑等，其工程量并入屋架竣工木料体积内计算。

3. 屋架的制作安装应区别不同跨度，其跨度应以屋架上、下弦杆的中心线交点之间的长度为准。带气楼的屋架并入所依附屋架的体积内计算；屋架的马尾、折角和正交部分半屋架，应并入相连接屋架的体积内计算。

4. 钢木屋架分圆、方木，按竣工木料以 m^3 计算。

（三）圆木屋架连接的挑檐木、支撑等如为方木时，其方木部分应乘以系数 1.7，折合成圆木并入屋架竣工木料内，单独的方木挑檐，按方檩木计算。

（四）檩木按竣工木料以 m^3 计算。简支檩长度按设计规定计算，如设计无规定者，按屋架或山墙中距增加 200mm 计算，如两端出山，檩条长度算至博风板；连续檩条的长度按设计长度计算，其接头长度按全部连续檩木总体积的 5%计算。檩条托木已计入相应的檩木制作安装项目中，不另计算。

（五）屋面木基层，按屋面的斜面积计算。天窗挑檐重叠部分按设计规定计算，屋面烟囱及斜沟部分所占面积不扣除。

（六）封檐板按图示檐口外围长度计算，博风板按斜长度计算，每个大刀头增加长度 500mm。

（七）木楼梯按水平投影面积计算，不扣除宽度小于 300mm 的楼梯井，其踢脚板、平台和伸入墙内部分，不另计算。

单元十　屋面及防水工程

课题1　屋面及防水工程清单工程量

一、工程量清单项目设置

屋面及防水工程包括瓦、型材及其他屋面；屋面防水及其他；墙面防水、防潮；楼（地）面防水、防潮4部分，共21个项目清单。

（一）瓦、型材及其他屋面

1. 瓦、型材及其他屋面工程量清单项目设置、项目特征描述、计量单位及工程量计算规则（见表2.10.1）。

表2.10.1　瓦、型材及其他屋面（编码：010901）

项目编码	项目名称	项目特征	计量单位	工程量计算规则	工作内容
010901001	瓦屋面	1. 瓦品种、规格 2. 黏结层砂浆的配合比	m^2	按设计图示尺寸以斜面积计算，不扣除房上烟囱、风帽底座、风道、小气窗、斜沟等所占面积。小气窗的出檐部分不增加面积	1. 砂浆制作、运输、摊铺、养护 2. 安瓦、作瓦脊
010901002	型材屋面	1. 型材品种、规格 2. 金属檩条材料品种、规格 3. 接缝、嵌缝材料种类			1. 檩条制作、运输、安装 2. 屋面型材安装 3. 接缝、嵌缝
010901003	阳光板屋面	1. 阳光板品种、规格 2. 骨架材料品种、规格 3. 接缝、嵌缝材料种类 4. 油漆品种、刷漆遍数		按设计图示尺寸以斜面积计算，不扣除屋面面积≤$0.3m^2$孔洞所占面积	1. 骨架制作、运输、安装、刷防护材料、油漆 2. 阳光板安装 3. 接缝、嵌缝
010901004	玻璃钢屋面	1. 玻璃钢品种、规格 2. 骨架材料品种、规格 3. 玻璃钢固定方式 4. 接缝、嵌缝材料种类 5. 油漆品种、刷漆遍数			1. 骨架制作、运输、安装、刷防护材料、油漆 2. 玻璃钢制作、安装 3. 接缝、嵌缝

续　表

项目编码	项目名称	项目特征	计量单位	工程量计算规则	工作内容
010901005	膜结构屋面	1. 膜布品种、规格 2. 支柱（网架）钢材品种、规格 3. 钢丝绳品种、规格 4. 锚固基座做法 5. 油漆品种、刷漆遍数	m^2	按设计图示尺寸以需要覆盖的水平投影面积计算	1. 膜布热压胶接 2. 支柱（网架）制作、安装 3. 膜布安装 4. 穿钢丝绳、锚头锚固 5. 锚固基座挖土、回填 6. 刷防护材料，油漆

2. 瓦、型材及其他屋面工程量清单项目设置有关说明

（1）瓦屋面，若是在木基层上铺瓦，项目特征不必描述黏结层砂浆的配合比，瓦屋面铺防水层，按屋面防水及其他中相关项目编码列项。

（2）型材屋面、阳光板屋面、玻璃钢屋面的柱、梁、屋架，按本规范附录 F 金属结构工程、附录 G 木结构工程中相关项目编码列项。

3. 瓦、型材及其他屋面工程量清单项目设置注意事项

（1）屋面基层包括檩条、椽子、木屋面板、顺水条、挂瓦条等。

（2）木屋面板应明确企口、错口、平口接缝。

（3）型材屋面的钢檩条或木檩条以及骨架、螺栓、挂钩等应包括在报价中。

（4）膜结构，也称索膜结构，是一种以膜布与支撑（柱、网架等）和拉结结构（拉杆、钢丝绳等）组成的屋盖、棚顶结构。

（5）支撑和拉固膜布的钢柱、拉杆、金属网架、钢丝绳、锚固的锚头等应包括在报价内。

（6）支撑的钢筋混凝土的桩基、锚固的钢筋混凝土基础以及地脚螺栓等按钢筋混凝土有关项目编码列项。

（二）屋面防水及其他

1. 屋面防水及其他工程量清单项目设置、项目特征描述、计量单位及工程量计算规则（见表 2.10.2）。

2. 屋面防水及其他工程量清单项目设置有关说明

（1）屋面刚性层防水，按屋面卷材防水、屋面涂膜防水项目编码列项；屋面刚性层无钢筋，其钢筋项目特征不必描述。

（2）屋面找平层按本规范附录 K 楼地面装饰工程“平面砂浆找平层”项目编码列项。

（3）屋面防水搭接及附加层用量不另行计算，在综合单价中考虑。

3. 屋面防水及其他工程量清单项目设置注意事项

（1）涂抹屋面找平层、基层处理应包括在报价中。

（2）檐沟、天沟、水落口、泛水收头、变形缝等处的卷材附加层应包括在报价中。

（3）浅色、反射涂料保护层、绿豆砂保护层、细砂、釉目以及蛭石保护层应包括在报价中。

（4）水泥砂浆保护层、细石混凝土保护层可包括在报价中，也可按有关编码列项。

表 2.10.2　屋面防水及其他（编码：010902）

项目编码	项目名称	项目特征	计量单位	工程量计算规则	工作内容
010902001	屋面卷材防水	1. 卷材品种、规格、厚度 2. 防水层数 3. 防水层做法	m^2	按设计图示尺寸以面积计算。 斜屋顶（不包括平屋顶找坡）按斜面积计算，平屋顶按水平投影面积计算； 不扣除房上烟囱、风帽底座、风道、屋面小气窗和斜沟所占面积 屋面的女儿墙、伸缩缝和天窗等处的弯起部分，并入屋面工程量内	1. 基层处理 2. 刷底油 3. 铺油毡卷材、接缝
010902002	屋面涂膜防水	1. 防水膜品种 2. 涂膜厚度、遍数 3. 增强材料种类			1. 基层处理 2. 刷基层处理剂 3. 铺布、喷涂防水层
010902003	屋面刚性层	1. 刚性层厚度 2. 混凝土种类 3. 混凝土强度等级 4. 嵌缝材料种类 5. 钢筋规格、型号		按设计图示尺寸以面积计算。不扣除房上烟囱、风帽底座、风道等所占面积	1. 基层处理 2. 混凝土制作、运输、铺筑、养护 3. 钢筋制作安装
010902004	屋面排水管	1. 排水管品种、规格 2. 雨水斗、山墙出水口品种、规格 3. 接缝、嵌缝材料种类 4. 油漆品种、刷漆遍数	m	按设计图示尺寸以长度计算。如设计未标注尺寸，以檐口至设计室外散水上表面垂直距离计算	1. 排水管及配件安装、固定 2. 雨水斗、山墙出水口、雨水篦子安装 3. 接缝、嵌缝 4. 刷漆
010902005	屋面排（透）气管	1. 排（透）气管品种、规格 2. 接缝、嵌缝材料种类 3. 油漆品种、刷漆遍数		按设计图示尺寸以长度计算	1. 排（透）气管及配件安装、固定 2. 铁件　制　作、安装 3. 接缝、嵌缝 4. 刷漆

续 表

项目编码	项目名称	项目特征	计量单位	工程量计算规则	工作内容
010902006	屋面（廊、阳台）吐水管	1. 吐水管品种、规格 2. 接缝、嵌缝材料种类 3. 吐水管长度 4. 油漆品种、刷漆遍数	根（个）	按设计图示数量计算	1. 水管及配件安装、固定 2. 接缝、嵌缝 3. 刷漆
010902007	屋面天沟、檐沟	1. 材料品种、规格 2. 接缝、嵌缝材料种类	m^2	按设计图示尺寸以展开面积计算	1. 天沟材料铺设 2. 天沟配件安装 3. 接缝、嵌缝 4. 刷防护材料
010902008	屋面变形缝	1. 嵌缝材料种类 2. 止水带材料种类 3. 盖缝材料 4. 防护材料种类	m	按设计图示以长度计算	1. 清缝 2. 填塞防水材料 3. 止水带安装 4. 盖缝制作、安装 5. 刷防护材料

（5）屋面刚性防水项目适用于细石混凝土、补偿收缩混凝土、块体混凝土、预应力混凝土和钢纤维混凝土刚性防水屋面。

（6）刚性防水屋面的分格缝、泛水、变形缝部位的防水卷材、密封材料、背衬材料、沥青麻丝等应包括在报价中。

（7）屋面排水管、雨水口、箅子板、水斗等应包括在报价内。

（三）墙面防水、防潮

1. 墙面防水、防潮工程量清单项目设置、项目特征描述、计量单位及工程量计算规则（**见表** 2.10.3）

2. 墙面防水、防潮工程量清单项目设置有关说明

（1）墙面防水搭接及附加层用量不另行计算，在综合单价中考虑。

（2）墙面变形缝，若做双面，工程量乘系数 2。

（3）墙面找平层按“墙、柱面装饰与隔断工程”中“立面砂浆找平层”项目编码列项。

3. 墙面防水、防潮工程量清单项目设置注意事项

（1）永久保护层（如砖墙、混凝土地坪等）应按有关项目编码列项。

（2）涂抹找平层、刷基础处理剂、刷胶黏剂、胶黏防水卷材应包括在报价中。

（3）特殊处理部位（如管道的通道部位）的嵌缝材料、附加卷材衬垫等应包括在报价中。

表 2.10.3 墙面防水、防潮（编码：010903）

项目编码	项目名称	项目特征	计量单位	工程量计算规则	工作内容
010903001	墙面卷材防水	1. 卷材品种、规格、厚度 2. 防水层数 3. 防水层做法	m^2	按设计图示尺寸以面积计算	1. 基层处理 2. 刷黏结剂 3. 铺防水卷材 4. 接缝、嵌缝
010903002	墙面涂膜防水	1. 防水膜品种 2. 涂膜厚度、遍数 3. 增强材料种类			1. 基层处理 2. 刷基层处理剂 3. 铺布、喷涂防水层
010903003	墙面砂浆防水（防潮）	1. 防水层做法 2. 砂浆厚度、配合比 3. 钢丝网规格			1. 基层处理 2. 挂钢丝网片 3. 设置分格缝 4. 砂浆制作、运输、摊铺、养护
010903004	墙面变形缝	1. 嵌缝材料种类 2. 止水带材料种类 3. 盖缝材料 4. 防护材料种类	m	按设计图示以长度计算	1. 清缝 2. 填塞防水材料 3. 止水带安装 4. 盖缝制作、安装 5. 刷防护材料

（四）楼（地）面防水、防潮

1. 楼（地）面防水、防潮工程量清单项目设置、项目特征描述、计量单位及工程量计算规则（见表 2.10.4）

表 2.10.4 楼（地）面防水、防潮（编码：010904）

项目编码	项目名称	项目特征	计量单位	工程量计算规则	工作内容
010904001	楼(地)面卷材防水	1. 卷材品种、规格、厚度 2. 防水层数 3. 防水层做法 4. 反边高度	m^2	按设计图示尺寸以面积计算。 楼（地）面防水：按主墙间净空面积计算，扣除凸出地面的构筑物、设备基础等所占面积，不扣除间壁墙及单个面积≤0.3m^2柱、垛、烟囱和孔洞所占面积 楼（地）面防水反边高度≤300mm 算作地面防水，反边高度＞300mm 算作墙面防水	1. 基层处理 2. 刷黏结剂 3. 铺防水卷材 4. 接缝、嵌缝
010904002	楼(地)面涂膜防水	1. 防水膜品种 3. 增强材料种类 4. 反边高度			1. 基层处理 2. 刷基层处理剂 3. 铺布、喷涂防水层
010904003	楼(地)面砂浆防水(防潮)	1. 防水层做法 2. 砂浆厚度、配合比 3. 反边高度			1. 基层处理 2. 砂浆制作、运输、摊铺、养护

续 表

项目编码	项目名称	项目特征	计量单位	工程量计算规则	工作内容
010904004	楼(地)面变形缝	1. 嵌缝材料种类 2. 止水带材料种类 3. 盖缝材料 4. 防护材料种类	m	按设计图示以长度计算	1. 清缝 2. 填塞防水材料 3. 止水带安装 4. 盖缝制作、安装 5. 刷防护材料

2. 楼（地）面防水、防潮工程量清单项目设置有关说明

（1）楼（地）面防水找平层按“楼地面装饰工程”中“平面砂浆找平层”项目编码列项。

（2）楼（地）面防水搭接及附加层用量不另行计算，在综合单价中考虑。

3. 楼（地）面防水、防潮工程量清单项目设置注意事项

该注意事项同“墙面防水、防潮工程量清单项目设置”注意事项。

课题 2　屋面及防水工程计价

一、屋面及防水工程说明

（一）水泥瓦、黏土瓦、小青瓦、石棉瓦规格不同时，瓦材数量可以换算，其他不变。

（二）防水工程适用于楼地面、墙基、墙身、构筑物、水池、水塔及室内厕所、浴室等防水，建筑物±0.00以下的防水、防潮工程按防水工程相应项目计算。

（三）三元乙丙丁基橡胶卷材屋面防水，按相应三元乙丙橡胶卷材屋面防水项目计算。

（四）氯丁冷胶“二布三涂”项目，其中的“三涂”指涂料构成防水层数并非指涂刷遍数；每一层“涂层”刷两遍至数遍不等。

（五）沥青、玛蹄脂均指石油沥青、石油沥青玛蹄脂。

（六）变形缝填缝：建筑油膏、聚氯乙烯胶泥断面取定3cm×2cm；油浸木丝板取定为2.5cm×15cm；紫铜板止水带取定为2mm厚，展开宽45cm；氯丁橡胶宽30cm；涂刷式氯丁胶贴玻璃止水片宽35cm，其余均为15cm×3cm。如设计断面不同时，用料可以换算，人工不变。

（七）盖缝：木板盖缝断面为20cm×2.5cm，如设计断面不同时，用料可换算，人工不变。

（八）屋面砂浆找平层，面层按楼地面相应定额项目计算。

（九）砼墙及地下室中钢板止水带按第八单元金属构件制作工程中的小型构件制作安装项目执行。

二、屋面及防水工程量计算规则

（一）瓦屋面、金属压型板（包括挑檐部分）均以水平投影面积乘以屋面坡度系数，以 m^2 计算，不扣除房上烟囱、风帽、屋面小气窗、斜沟等所占面积，屋面小气窗的出檐部分亦不增加。

（二）卷材屋面工程量按以下规定计算：

1. 卷材屋面按图示尺寸的水平投影面积乘以规定的坡度系数以 m^2 计算（见图2.10.1）。但不扣除房上烟囱、风帽底座、风道、屋面小气窗和斜沟所占的面积，屋面的女儿墙、伸缩缝和天窗等处的弯起部分，按图示尺寸并入屋面工程量计算。如图纸无规定时，伸缩缝、女儿墙的弯起部分可按250mm计算。天窗弯起部分可按500mm计算。

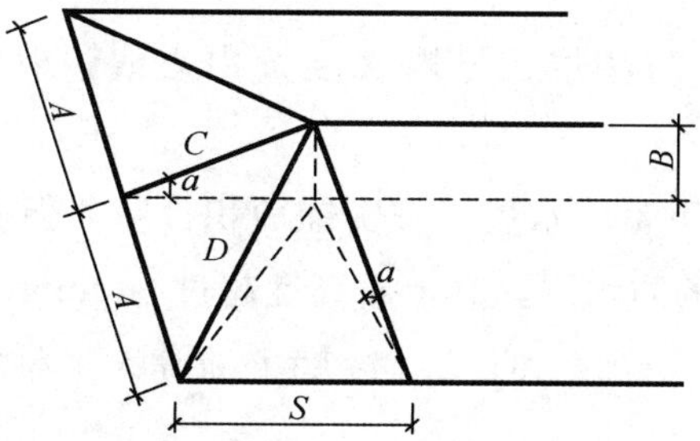

图2.10.1 屋面坡度系数示意图

2. 卷材屋面的附加层、接缝、收头、找平层的嵌缝、冷底子油已计入项目内，不另计算。

（三）涂膜屋面的工程量计算同卷材屋面。涂膜屋面的油膏嵌缝、玻璃布盖缝、屋面分格缝，以延长米计算。

（四）屋面排水工程量按以下规定计算：

1. 铁皮排水按图示尺寸以展开面积计算，如图纸没有注明尺寸时，可按表2.10.5计算。咬口和搭接等已计入定额项目中，不另计算。

2. PVC、玻璃钢水落管区别不同直径按图示尺寸以延长米计算，雨水口、水斗、弯头、短管以个计算。

表 2.10.5　铁皮排水单体零件折算表

名　称	单位	水落管/m	檐沟/m	水斗/个	漏斗/个	下水口/个	
水落管、檐沟、水斗、漏斗、下水口	m^2	0.32	0.30	0.40	0.16	0.45	
天沟、斜沟、天窗窗台泛水、天窗侧面水、烟囱泛水、通气管泛水、滴水檐头泛水、滴水	天沟/m	斜沟天窗窗台泛水/m	天窗侧面泛水/m	烟囱泛水/m	通气管泛水/m	滴水檐头泛水/m	滴水/m
	1.30	0.50	0.70	0.80	0.22	0.24	0.11

（五）防水工程量按以下规定计算：

1. 建筑物地面防水、防潮层，按主墙间净空面积计算，扣除凸出地面的构筑物、设备基础等所占的面积，不扣除柱、垛、间壁墙、烟囱及 0.3m^2 以内孔洞所占面积。与墙面连接处高度在 500mm 以内者按展开面积计算，并入平面工程量内，超过 500mm 时，按立面防水层计算。

2. 建筑物墙基防水、防潮层、外墙长度按中心线，内墙按净长乘以宽度以 m^2 计算。

3. 构筑物及建筑物地下室防水层，按实铺面积计算，但不扣除 0.3m^2 以内的孔洞面积。平面与立面交接外的防水层，其上卷高度超过 500mm 时，按立面防水层计算。

4. 防水卷材的附加层、接缝、收头、冷底子油等人工材料均已计入项目内，不另计算。

5. 变形缝按延长米计算。

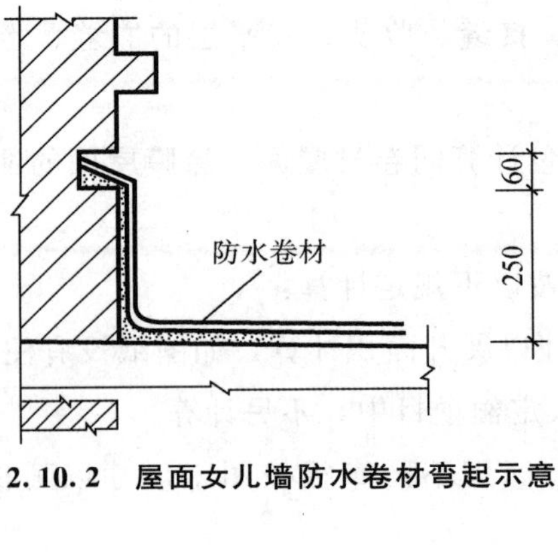

图 2.10.2　屋面女儿墙防水卷材弯起示意图

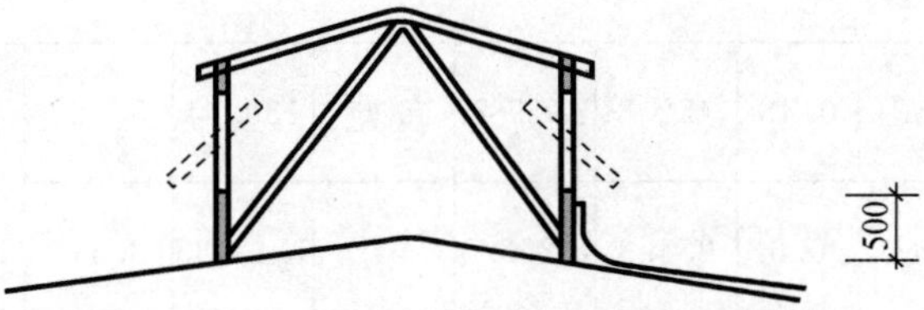

图 2.10.3 卷材屋面天窗弯起部分示意图

【例 2.10.1】已知某屋面保温卷材屋面，防水女儿墙内侧净空尺寸：长×宽＝10m×6m，请按工程量清单计价规定，管理费按人工费的 15％计取，利润按人工费和机械费之和的 30％计取，计算该屋面保温卷材防水的综合单价。屋面设计如下：

（1）4 厚 SBS 改性沥青防水卷材，沿女儿墙内侧上翻 300mm。

（2）刷基层处理剂一遍。

（3）20 厚 1∶3 水泥砂浆找平。

（4）50 厚（最薄处）1∶8 水泥膨胀珍珠岩找坡 2％。

（5）干铺 100 厚水泥砂浆珍珠岩板。

解　1. 清单工程量

$$清单工程量=10\times6=60m^2$$

2. 定额工程量

（1）卷材平屋面工程量＝屋面净面积＋女儿墙弯起部分面积＝10×6＋0.30×(10＋6)×2＝69.6(m^2)

（2）20 厚 1∶3 水泥砂浆工程量＝69.6m^2

（3）屋面现浇水泥珍珠岩工程量。

1）保温找坡层平均厚度＝(6×0.02÷4＋0.05)＝0.08m

2）屋面现浇水泥珍珠岩工程量＝60×0.08＝4.8m^3

3）屋面干铺珍珠岩工程量＝60×0.1＝6m^3

表 2.10.6 屋面保温卷材防水综合单价分析表

工程名称： 标段： 第 页 共 页

项目编码		010902001001	项目名称		屋面卷材防水			计量单位	m^2
清单综合单价组成明细									
定额编号	定额名称	定额单位	数量	单价/元				合价/元			
				人工费	材料费	机械费	管理费	人工费	材料费	机械费	管理费和利润
A8－25	石油沥青改性卷材一胶	100m^2	0.116	259.7	3 260.4		116.865	0.416	5.22		0.187
B1－2	20 厚 1∶3 水泥砂浆	100m^2	0.116	240	469	21	114.3	0.384	0.750 4	0.033 6	11.613

续 表

A9—202	屋面现浇水泥珍珠岩	$10m^3$	0.48	422.8	3 759.25	9.6	139.14	3.382	30.07	0.076 8	1.113
A9—205	屋面干铺珍珠岩	$10m^3$	0.6	254.3	2 263.5		114.435	2.543	22.635		1.144
人工单价		小计						6.725	68.675	0.110 4	14.057
70元/工日		未计价材料费									
清单项目综合单价								89.57			
材料费	主要材料名称、规格、型号					单位	数量	单价/元	合价/元	暂估单价/元	暂估合价/元
	其他材料费										
	材料费小计										

单元十一　保温、隔热、防腐工程

课题1　保温、隔热、防腐工程清单工程量

一、工程量清单项目设置

保温、隔热、防腐工程包括保温、隔热、防腐面层3部分16个项目清单。

（一）保温、隔热工程量清单项目设置、项目特征描述、计量单位及工程量计算规则（见表2.11.1）

表2.11.1　保温、隔热（编码：011001）

项目编码	项目名称	项目特征	计量单位	工程量计算规则	工作内容
011001001	保温隔热屋面	1. 保温隔热材料品种、规格、厚度 2. 隔气层材料品种、厚度 3. 黏结材料种类、做法 4. 防护材料种类、做法	m^2	按设计图示尺寸以面积计算。扣除面积＞0.3m^2孔洞及占位面积	1. 基层清理 2. 刷黏结材料 3. 铺黏保温层 4. 铺、刷（喷）防护材料
011001002	保温隔热天棚	1. 保温隔热面层材料品种、规格、性能 2. 保温隔热材料品种、规格及厚度 3. 黏结材料种类及做法 4. 防护材料种类及做法		按设计图示尺寸以面积计算。 扣除面积＞0.3m^2上柱、垛、孔洞所占面积，与天棚相连的梁按展开面积，计算并入天棚工程量内	

续　表

项目编码	项目名称	项目特征	计量单位	工程量计算规则	工作内容
011001003	保温隔热墙面	1. 保温隔热部位 2. 保温隔热方式 3. 踢脚线、勒脚线保温做法 4. 龙骨材料品种、规格 5. 保温隔热面层材料品种、规格、性能 6. 保温隔热材料品种、规格及厚度 7. 增强网及抗裂防水砂浆种类 8. 黏结材料种类及做法 9. 防护材料种类及做法	m^2	按设计图示尺寸以面积计算。扣除门窗洞口以及面积＞0.3m^2 梁、孔洞所占面积；门窗洞口侧壁需作保温时，并入保温墙体工程量内	1. 基层清理 2. 刷界面剂 3. 安装龙骨 4. 填贴保温材料 5. 保温板安装 6. 黏贴面层 7. 铺设增强格网、抹抗裂、防水砂浆面层 8. 嵌缝 9. 铺、刷(喷)防护材料
011001004	保温柱、梁			按设计图示尺寸以面积计算。 柱按设计图示柱断面保温层中心线展开长度乘保温层高度以面积计算，扣除面积＞0.3m^2 梁所占面积 梁按设计图示梁断面保温层中心线展开长度乘保温层长度以面积计算	
011001005	保温隔热楼地面	1. 保温隔热部位 2. 保温隔热材料品种、规格、厚度 3. 隔气层材料品种、厚度 4. 黏结材料种类、做法 5. 防护材料种类、做法	m^2	按设计图示尺寸以面积计算。扣除面积＞0.3m^2 柱、垛、孔洞所占面积。门洞、空圈、暖气包槽、壁龛的开口部分不增加面积	1. 基层清理 2. 刷黏结材料 3. 铺黏保温层 4. 铺、刷（喷）防护材料
011001006	其他保温隔热	1. 保温隔热部位 2. 保温隔热方式 3. 隔气层材料品种、厚度 4. 保温隔热面层材料品种、规格、性能 5. 保温隔热材料品种、规格及厚度 6. 黏结材料种类及做法 7. 增强网及抗裂防水砂浆种类 8. 防护材料种类及做法		按设计图示尺寸以展开面积计算。扣除面积＞0.3m^2 孔洞及占位面积	1. 基层清理 2. 刷界面剂 3. 安装龙骨 4. 填贴保温材料 5. 保温板安装 6. 黏贴面层 7. 铺设增强格网、抹抗裂防水砂浆面层 8. 嵌缝 9. 铺、刷（喷）防护材料

（二）保温、隔热工程量清单项目设置有关说明

1. 保温隔热装饰面层，按“楼地面装饰工程”“墙、柱面装饰与隔断、幕墙工程”“天棚工程”“油漆、涂料、裱糊工程”“其他装饰工程”中相关项目编码列项；仅做找平层按“楼地面装饰工程”中“平面砂浆找平层”或“墙、柱面装饰与隔断、幕墙工程”中“立面砂浆找平层”项目编码列项。

2. 柱帽保温隔热应并入天棚保温隔热工程量内。

3. 池槽保温隔热应按其他保温隔热项目编码列项。

4. 保温隔热方式指内保温、外保温、夹心保温。

5. 保温柱、梁适用于不与墙、天棚相连的独立柱、梁。

（三）保温、隔热工程量清单项目设置注意事项

1. 屋面保温隔热层上的防水层应按屋面的防水项目单独列项。屋面保温隔热的找坡、找平应包括在报价内。

2. 如果屋面防水层项目包括找平层和找坡，屋面保温隔热不再计算，以免重复。

3. 预制隔热板屋面的隔热板与砖墩分别按混凝土及钢筋混凝土工程和砌筑工程相关项目编码列项。

4. 保温隔热天棚下贴式如须抹灰时，应包括在报价内。

5. 保温隔热墙项目外墙内保温和外墙外保温的面层应包括在报价内。装饰层应按装饰工程相关项目编码列项。

6. 外墙内保温的内墙保温踢脚线应包括在报价内。

7. 外墙外保温、内保温、内墙保温的基层抹灰或刮腻子应包括在报价内。

（四）防腐面层工程量清单项目设置、项目特征描述、计量单位及工程量计算规则（见表 2.11.2）

表 2.11.2　防腐面层（编码：011002）

<table>
<tr><th>项目编码</th><th>项目名称</th><th>项目特征</th><th>计量单位</th><th>工程量计算规则</th><th>工作内容</th></tr>
<tr><td>01002001</td><td>防腐混凝土面层</td><td>1. 防腐部位
2. 面层厚度
3. 混凝土种类
4. 胶泥种类、配合比</td><td rowspan="2"></td><td rowspan="2">按设计图示尺寸以面积计算。
平面防腐：扣除凸出地面的构筑物、设备基础等以及面积>0.3m^2孔洞、柱、垛等所占面积，门洞、空圈、暖气包槽、壁龛的开口部分不增加面积</td><td>1. 基层清理
2. 基层刷稀胶泥
3. 混凝土制作、运输、摊铺、养护</td></tr>
<tr><td>011002002</td><td>防腐砂浆面层</td><td>1. 防腐部位
2. 面层厚度
3. 砂浆、胶泥种类、配合比</td><td>1. 基层清理
2. 基层刷稀胶泥
3. 砂浆制作、运输、摊铺、养护</td></tr>
</table>

续　表

项目编码	项目名称	项目特征	计量单位	工程量计算规则	工作内容
011002003	防腐胶泥面层	1. 防腐部位 2. 面层厚度 3. 胶泥种类、配合比	m^2	立面防腐：扣除门、窗、洞口以及面积＞0.3m^2 孔洞、梁所占面积，门、窗、洞口侧壁、垛突出部分按展开面积并入墙面积内	1. 基层清理 2. 胶泥调制、摊铺
011002004	玻璃钢防腐面层	1. 防腐部位 2. 玻璃钢种类 3. 贴布材料的种类、层数 4. 面层材料品种			1. 基层清理 2. 刷底漆、刮腻子 3. 胶浆配制、涂刷 4. 黏布、涂刷面层
011002005	聚氯乙烯板面层	1. 防腐部位 2. 面层材料品种、厚度 3. 黏结材料种类			1. 基层清理 2. 配料、涂胶 3. 聚氯乙烯板铺设
011002006	块料防腐面层	1. 防腐部位 2. 块料品种、规格 3. 黏结材料种类 4. 勾缝材料种类			1. 基层清理 2. 铺贴块料 3. 胶泥调制、勾缝
011002007	池、槽块料防腐面层	1. 防腐池、槽名称、代号 2. 块料品种、规格 3. 黏结材料种类 4. 勾缝材料种类		按设计图示尺寸以展开面积计算	1. 基层清理 2. 铺贴块料 3. 胶泥调制、勾缝

（五）其他防腐工程量清单项目设置、项目特征描述、计量单位及工程量计算规则（见表 2.11.3）

表 2.11.3　其他防腐（编码：011003）

项目编码	项目名称	项目特征	计量单位	工程量计算规则	工作内容
011003001	隔离层	1. 隔离层部位 2. 隔离层材料品种 3. 隔离层做法 4. 黏贴材料种类	m^2	按设计图示尺寸以面积计算。 平面防腐：扣除凸出地面的构筑物、设备基础等以及面积＞0.3m^2 孔洞、柱、垛等所占面积，门洞、空圈、暖气包槽、壁龛的开口部分不增加面积； 立面防腐：扣除门、窗、洞口以及面积＞0.3m^2 孔洞、梁所占面积，门、窗、洞口侧壁、垛突出部分按展开面积并入墙面积内	1. 基层清理、刷油 2. 煮沥青 3. 胶泥调制 4. 隔离层铺设

续　表

项目编码	项目名称	项目特征	计量单位	工程量计算规则	工作内容
011003002	砌筑沥青浸渍砖	1. 砌筑部位 2. 浸渍砖规格 3. 胶泥种类 4. 浸渍砖砌法	m^3	按设计图示尺寸以体积计算	1. 基层清理 2. 胶泥调制 3. 浸渍砖铺砌
011003003	防腐涂料	1. 涂刷部位 2. 基层材料类型 3. 刮腻子的种类、遍数 4. 涂料品种、刷涂遍数	m^2	按设计图示尺寸以面积计算。 平面防腐：扣除凸出地面的构筑物、设备基础等以及面积＞$0.3m^2$ 孔洞、柱、垛等所占面积，门洞、空圈、暖气包槽、壁龛的开口部分不增加面积； 立面防腐：扣除门、窗、洞口以及面积＞$0.3m^2$ 孔洞、梁所占面积，门、窗、洞口侧壁、垛突出部分按展开面积并入墙面积内	1. 基层清理 2. 刮腻子 3. 刷涂料

（六）防腐面层工程量清单项目设置有关说明

1. 防腐踢脚线，应按楼地面装饰工程中“踢脚线”项目编码列项。

2. 浸渍砖砌法指平砌、立砌。

（七）防腐面层工程量清单项目设置注意事项

1. 防腐材料必须列出砂浆、混凝土、胶泥种类（如水玻璃混凝土、沥青混凝土等）。

2. 如遇池槽防腐，池底、池壁可合并列项，也可分池底面积和池壁面积分别列项。

课题2　保温、隔热、防腐工程计价

一、耐酸防腐、保温隔热工程说明

（一）耐酸防腐

1. 整体面层、隔离层适用于平面、里面的防腐耐酸工程，包括沟、坑、槽。

2. 块料面层以平面砌为准，砌立面者按平面砌相应项目，人工乘以系数 1.38、踢脚板人工乘以系数 1.56，其他不变。

3. 各种砂浆、胶泥、混凝土材料的种类，配合比及各种整体面层的厚度，如设计与消耗标准不同时，可以换算，但各种块料面层的结合层砂浆或胶泥厚度不变。

4. 各种面层，除软聚氯乙烯塑料地面外，均不包括踢脚板。

5. 花岗岩板以六面剁斧的板材为准。如底面为毛面者，水玻璃砂浆增加 0.38m^3；耐酸沥青砂浆增加 0.44m^3。

（二）保温隔热

1. 项目适用于中温、低温及恒温的工业厂（库）房隔热工程，以及一般保温工程。

2. 项目只包括保温隔热材料的铺贴，不包括隔气防潮、保护层或衬墙等。

3. 稻壳已包括装前的筛选、除尘工序，稻壳中需增加药物防虫时，材料另行计算，人工不变。

4. 玻璃棉、矿渣棉包装材料和人工均已包括在定额内。

二、耐酸防腐、保温隔热工程量计算规则

（一）防腐工程量按以下规定计算：

1. 防腐工程项目应区分不同防腐材料种类及其厚度，按设计实铺面积以 m^2 计算。应扣除凸出地面的构筑物、设备基础等所占的面积，砖垛等突出墙面部分按展开面积计算并入墙面防腐工程量之内。

2. 踢脚板按实铺长度乘以高度以 m^2 计算，应扣除门洞所占面积并相应增加侧壁展开面积。

3. 平面砌筑双层耐酸块料时，按单层面积乘以系数 2 计算。

（二）防腐卷材接缝、附加层、收头等人工材料，已计入在项目中，不再另行计算。

（三）保温隔热工程量按以下规定计算：

1. 保温隔热层应区别不同保温隔热材料，除另有规定者外，均按设计实铺厚度计算体积以 m^3 计。

2. 保温隔热层的厚度按隔热材料（不包括胶结材料）净厚度计算。

3. 地面隔热层按围护结构墙体间净面积乘以设计厚度以 m^3 计算，不扣除柱、垛所占的体积。

4. 墙体隔热层，外墙按隔热层中心线、内墙按隔热层净长乘以图示尺寸的高度及厚度以 m^3 计算，应扣除冷藏门洞口和管道穿墙洞口所占的体积。

5. 柱包隔热层，按图示柱的隔热层中心线的展开长度乘以图示尺寸高度及厚度以 m^3 计算。

6. 其他保温隔热：

（1）池槽隔热层按图示池槽保温隔热层的长、宽及其厚度以 m^3 计算，其中池壁按墙面计算，池底按地面计算。

（2）门洞口侧壁周围的隔热部分，按图示隔热层尺寸以 m^2 计算，并入墙面的保温隔热工程量内。

（3）柱帽保温隔热层按图示保温隔热层体积并入天棚保温隔热层工程量内。

（四）外墙保温，按设计实铺面积以 m^2 计算工程量。

单元十二　装饰装修工程

课题1　楼地面装饰工程

一、楼地面装饰工程量清单设置

根据《房屋建筑与装饰工程工程量计算规范》（GB 50854－2013）规定，楼地面装饰工程包括整体面层及找平层、块料面层、橡塑面层、其他材料面层、踢脚线、楼梯面层、台阶装饰、零星装饰项目等8部分，共有43个项目清单。

（一）整体面层及找平层

1. 整体面层及找平层工程量清单项目的设置、项目特征描述的内容、计量单位、工程量计算规则（见表2.12.1）

表2.12.1　楼地面抹灰（编码：011101）

项目编码	项目名称	项目特征	计量单位	工程量计算规则	工作内容
011101001	水泥砂浆楼地面	1. 找平层厚度、砂浆配合比 2. 素水泥浆遍数 3. 面层厚度、砂浆配合比 4. 面层做法要求	m^2		1. 基层清理 2. 抹找平层 3. 抹面层 4. 材料运输
011101002	现浇水磨石楼地面	1. 找平层厚度、砂浆配合比 2. 面层厚度、水泥石子浆配合比 3. 嵌条材料种类、规格 4. 石子种类、规格、颜色 5. 颜料种类、颜色 6. 图案要求 7. 磨光、酸洗、打蜡要求			1. 基层清理 2. 抹找平层 3. 面层铺设 4. 嵌缝条安装 5. 磨光、酸洗打蜡 6. 材料运输

续　表

<table>
<tr><th>项目编码</th><th>项目名称</th><th>项目特征</th><th>计量单位</th><th>工程量计算规则</th><th>工作内容</th></tr>
<tr><td>011101003</td><td>细石混凝土楼地面</td><td>1. 找平层厚度、砂浆配合比
2. 面层厚度、混凝土强度等级</td><td rowspan="3">m²</td><td rowspan="3">按设计图示尺寸以面积计算。
扣除凸出地面构筑物、设备基础、室内管道、地沟等所占面积，不扣除间壁墙及≤0.3m²柱、垛、附墙烟囱及孔洞所占面积。门洞、空圈、暖气包槽、壁龛的开口部分不增加面积</td><td>1. 基层清理
2. 抹找平层
3. 面层铺设
4. 材料运输</td></tr>
<tr><td>011101004</td><td>菱苦土楼地面</td><td>1. 找平层厚度、砂浆配合比
2. 面层厚度
3. 打蜡要求</td><td>1. 基层清理
2. 抹找平层
3. 面层铺设
4. 打蜡
5. 材料运输</td></tr>
<tr><td>011101005</td><td>自流坪楼地面</td><td>1. 找平层砂浆配合比、厚度
2. 界面剂材料种类
3. 中层漆材料种类、厚度
4. 面漆材料种类、厚度
5. 面层材料种类</td><td>1. 基层清理
2. 抹找平层
3. 涂界面剂
4. 涂刷中层漆
5. 打磨、吸尘
6. 镘自流平面漆（浆）
7. 拌合自流平浆料
8. 铺面层</td></tr>
<tr><td>011101006</td><td>平面砂浆找平层</td><td>找平层厚度、砂浆配合比</td><td>m²</td><td>按设计图示尺寸以面积计算</td><td>1. 基层处理
2. 抹找平层
3. 材料运输</td></tr>
</table>

2. 整体面层及找平层工程清单项目设置说明

（1）水泥砂浆面层处理是拉毛还是提浆压光应在面层做法要求中描述。

（2）平面砂浆找平层只适用于仅做找平层的平面抹灰。

（3）间壁墙指墙厚≤120mm 的墙。

（4）楼地面混凝土垫层按现浇混凝土基础中所列垫层项目编码列项，除混凝土外的其他材料垫层按砌筑工程中所列垫层项目编码列项。

（二）块料面层

1. 块料面层工程量清单项目的设置、项目特征描述的内容、计量单位、工程量计算规则（见表 2.12.2）

表 2.12.2　块料面层（编码：011102）

<table>
<tr><th>项目编码</th><th>项目名称</th><th>项目特征</th><th>计量单位</th><th>工程量计算规则</th><th>工作内容</th></tr>
<tr><td>011102001</td><td>石材楼地面</td><td rowspan="2">1. 找平层厚度、砂浆配合比
2. 结合层厚度、砂浆配合比
3. 面层材料品种、规格、颜色
4. 嵌缝材料种类
5. 防护层材料种类
6. 酸洗、打蜡要求</td><td rowspan="3">m²</td><td rowspan="3">按设计图示尺寸以面积计算
门洞、空圈、暖气包槽、壁龛的开口部分并入相应的工程量内</td><td rowspan="3">1. 基层清理
2. 抹找平层
3. 面层铺设、磨边
4. 嵌缝
5. 刷防护材料
6. 酸洗、打蜡
7. 材料运输</td></tr>
<tr><td>011102002</td><td>碎石材楼地面</td></tr>
<tr><td>011102003</td><td>块料楼地面</td><td>1. 找平层厚度、砂浆配合比
2. 结合层厚度、砂浆配合比
3. 面层材料品种、规格、颜色
4. 嵌缝材料种类
5. 防护层材料种类
6. 酸洗、打蜡要求</td></tr>
</table>

2. **块料面层工程清单项目设置说明**

（1）在描述碎石材项目的面层材料特征时，可不用描述规格、品牌、颜色。

（2）石材、块料与黏结材料的结合面刷防渗材料的种类在防护层材料种类中描述。

（3）上表工作内容中的磨边指施工现场磨边，后面章节工作内容中涉及的磨边含义同此条。

（三）橡塑面层

1. 橡塑面层工程量清单项目的设置、项目特征描述的内容、计量单位、工程量计算规则应按表 2.12.3 执行。

2. 橡塑面层工程清单项目设置说明。本表项目中如涉及找平层，另按表 2.12.1 找平层项目编码列项。

（四）其他材料面层

工程量清单项目的设置、项目特征描述的内容、计量单位、工程量计算规则应按表 2.12.4 执行。

表 2.12.3 橡塑面层（编码：011103）

项目编码	项目名称	项目特征	计量单位	工程量计算规则	工作内容
011103001	橡胶板楼地面	1. 黏结层厚度、材料种类 2. 面层材料品种、规格、颜色 3. 压线条种类	m^2	按设计图示尺寸以面积计算。门洞、空圈、暖气包槽、壁龛的开口部分并入相应的工程量内	1. 基层清理 2. 面层铺贴 3. 压缝条装钉 4. 材料运输
011103002	橡胶板卷材				
011103003	塑料板楼地面				
011103004	塑料卷材楼地面				

表 2.12.4 其他材料面层（编码：011104）

项目编码	项目名称	项目特征	计量单位	工程量计算规则	工作内容
011104001	地毯楼地面	1. 面层材料品种、规格、颜色 2. 防护材料种类 3. 黏结材料种类 4. 压线条种类	m^2	按设计图示尺寸以面积计算。门洞、空圈、暖气包槽、壁龛的开口部分并入相应的工程量内	1. 基层清理 2. 铺贴面层 3. 刷防护材料 4. 装钉压条 5. 材料运输
011104002	竹、木（复合）地板	1. 龙骨材料种类、规格、铺设间距 2. 基层材料种类、规格 3. 面层材料品种、规格、颜色 4. 防护材料种类			1. 基层清理 2. 龙骨铺设 3. 基层铺设 4. 面层铺贴 5. 刷防护材料 6. 材料运输
011104003	金属复合地板	1. 龙骨材料种类、规格、铺设间距 2. 基层材料种类、规格 3. 面层材料品种、规格、颜色 4. 防护材料种类			
011104004	防静电活动地板	1. 支架高度、材料种类 2. 面层材料品种、规格、颜色 3. 防护材料种类			1. 基层清理 2. 固定支架安装 3. 活动面层安装 4. 刷防护材料 5. 材料运输

（五）踢脚线

1. 工程量清单项目的设置、项目特征描述的内容、计量单位、工程量计算规则应按表 2.12.5 执行。

2. 踢脚线工程清单项目说明。石材、块料与黏结材料的结合面刷防渗材料的种类在防护层材料种类中描述。

表 2.12.5 踢脚线（编码：011105）

项目编码	项目名称	项目特征	计量单位	工程量计算规则	工作内容
011105001	水泥砂浆踢脚线	1. 踢脚线高度 2. 底层厚度、砂浆配合比 3. 面层厚度、砂浆配合比	1. m^2 2. m	以 m^2 计量，按设计图示长度乘高度以面积计算。 以 m 计量，按延长米计算	1. 基层清理 2. 底层和面层抹灰 3. 材料运输
011105002	石材踢脚线	1. 踢脚线高度 2. 黏贴层厚度、材料种类 3. 面层材料品种、规格、颜色 4. 防护材料种类			1. 基层清理 2. 底层抹灰 3. 面层铺贴、磨边 4. 擦缝 5. 磨光、酸洗、打蜡 6. 刷防护材料 7. 材料运输
011105003	块料踢脚线				
011105004	塑料板踢脚线	1. 踢脚线高度 2. 黏结层厚度、材料种类 3. 面层材料种类、规格、颜色	1. m^2 2. m	以 m^2 计量，按设计图示长度乘高度以面积计算。 以 m 计量，按延长米计算	1. 基层清理 2. 基层铺贴 3. 面层铺贴 4. 材料运输
011105005	木质踢脚线	1. 踢脚线高度 2. 基层材料种类、规格 3. 面层材料品种、规格、颜色			
011105006	金属踢脚线				
011105007	防静电踢脚线				

（六）楼梯面层

1. 工程量清单项目的设置、项目特征描述的内容、计量单位、工程量计算规则（见表 2.12.6）

2. 楼梯面层清单项目说明

（1）在描述碎石材项目的面层材料特征时，可不用描述规格、品牌、颜色。

（2）石材、块料与黏结材料的结合面刷防渗材料的种类在防护层材料种类中描述。

表 2.12.6 楼梯面层（编码：011106）

项目编码	项目名称	项目特征	计量单位	工程量计算规则	工作内容
011106001	石材楼梯面层	1. 找平层厚度、砂浆配合比 2. 黏结层厚度、材料种类 3. 面层材料品种、规格、颜色 4. 防滑条材料种类、规格 5. 勾缝材料种类 6. 防护层材料种类 7. 酸洗、打蜡要求	m^2	按设计图示尺寸以楼梯（包括踏步、休息平台及≤500mm 的楼梯井）水平投影面积计算楼梯与楼地面相连时，算至梯口梁内侧边沿；无梯口梁者，算至最上一层踏步边沿加 300mm	1. 基层清理 2. 抹找平层 3. 面层铺贴、磨边 4. 贴嵌防滑条 5. 勾缝 6. 刷防护材料 7. 酸洗、打蜡 8. 材料运输
011106002	块料楼梯面层				
011106003	拼碎块料面层				
011106004	水泥砂浆楼梯面层	1. 找平层厚度、砂浆配合比 2. 面层厚度、砂浆配合比 3. 防滑条材料种类、规格			1. 基层清理 2. 抹找平层 3. 抹面层 4. 抹防滑条 5. 材料运输
011106005	现浇水磨石楼梯面层	1. 找平层厚度、砂浆配合比 2. 面层厚度、水泥石子浆配合比 3. 防滑条材料种类、规格 4. 石子种类、规格、颜色 5. 颜料种类、颜色 6. 磨光、酸洗打蜡要求	m^2		1. 基层清理 2. 抹找平层 3. 抹面层 4. 贴嵌防滑条 5. 磨光、酸洗、打蜡 6. 材料运输
011106006	地毯楼梯面层	1. 基层种类 2. 面层材料品种、规格、颜色 3. 防护材料种类 4. 粘结材料种类 5. 固定配件材料种类、规格			1. 基层清理 2. 铺贴面层 3. 固定配件安装 4. 刷防护材料 5. 材料运输
011106007	木板楼梯面层	1. 基层材料种类、规格 2. 面层材料品种、规格、颜色 3. 粘结材料种类 4. 防护材料种类			1. 基层清理 2. 基层铺贴 3. 面层铺贴 4. 刷防护材料 5. 材料运输

续　表

项目编码	项目名称	项目特征	计量单位	工程量计算规则	工作内容
011106008	橡胶板楼梯面层	1. 黏结层厚度、材料种类 2. 面层材料品种、规格、颜色 3. 压线条种类	m^2	按设计图示尺寸以楼梯（包括踏步、休息平台及≤500mm 的楼梯井）水平投影面积计算楼梯与楼地面相连时，算至梯口梁内侧边沿；无梯口梁者，算至最上一层踏步边沿加 300mm	1. 基层清理 2. 面层铺贴 3. 压缝条装钉 4. 材料运输
011106009	塑料板楼梯面层				

（七）台阶装饰

1. 台阶装饰工程量清单项目的设置、项目特征描述的内容、计量单位、工程量计算规则（见表 2.12.7）

表 2.12.7　台阶装饰（编码：011107）

项目编码	项目名称	项目特征	计量单位	工程量计算规则	工作内容
011107001	石材台阶面	1. 找平层厚度、砂浆配合比 2. 黏结层材料种类 3. 面层材料品种、规格、颜色 4. 勾缝材料种类 5. 防滑条材料种类、规格 6. 防护材料种类	m^2	按设计图示尺寸以台阶（包括最上层踏步边沿加 300mm）水平投影面积计算	1. 基层清理 2. 抹找平层 3. 面层铺贴 4. 贴嵌防滑条 5. 勾缝 6. 刷防护材料 7. 材料运输
011107002	块料台阶面				
011107003	拼碎块料台阶面				
011107004	水泥砂浆台阶面	1. 找平层厚度、砂浆配合比 2. 面层厚度、砂浆配合比 3. 防滑条材料种类			1. 基层清理 2. 铺设垫层 3. 抹找平层 4. 抹面层 5. 抹防滑条 6. 材料运输
011107005	现浇水磨石台阶面	1. 找平层厚度、砂浆配合比 2. 面层厚度、水泥石子浆配合比 3. 防滑条材料种类、规格 4. 石子种类、规格、颜色 5. 颜料种类、颜色 6. 磨光、酸洗、打蜡要求			1. 清理基层 2. 铺设垫层 3. 抹找平层 4. 抹面层 5. 贴嵌防滑条 6. 打磨、酸洗、打蜡 7. 材料运输

续　表

项目编码	项目名称	项目特征	计量单位	工程量计算规则	工作内容
011107006	剁假石台阶面	1. 找平层厚度、砂浆配合比 2. 面层厚度、砂浆配合比 3. 剁假石要求	m^2	按设计图示尺寸以台阶（包括最上层踏步边沿加 300mm）水平投影面积计算	1. 清理基层 2. 铺设垫层 3. 抹找平层 4. 抹面层 5. 剁假石 6. 材料运输

2. 台阶装饰清单项目说明

1. 在描述碎石材项目的面层材料特征时，可不用描述规格、品牌、颜色。

2. 石材、块料与黏结材料的结合面刷防渗材料的种类在防护层材料种类中描述。

（八）零星装饰项目

1. 零星装饰项目工程量清单项目的设置、项目特征描述的内容、计量单位、工程量计算规则（见表 2.12.8）

表 2.12.8　零星装饰项目（编码：011108）

项目编码	项目名称	项目特征	计量单位	工程量计算规则	工作内容
011108001	石材零星项目	1. 工程部位 2. 找平层厚度、砂浆配合比 3. 贴结合层厚度、材料种类 4. 面层材料品种、规格、颜色 5. 勾缝材料种类 6. 防护材料种类 7. 酸洗、打蜡要求	m^2	按设计图示尺寸以面积计算	1. 清理基层 2. 抹找平层 3. 面层铺贴、磨边 4. 勾缝 5. 刷防护材料 6. 酸洗、打蜡 7. 材料运输
011108002	拼碎石材零星项目				
011108003	块料零星项目				
011108004	水泥砂浆零星项目	1. 工程部位 2. 找平层厚度、砂浆配合比 3. 面层厚度、砂浆厚度			1. 清理基层 2. 抹找平层 3. 抹面层 4. 材料运输

2. 零星装饰项目清单说明

（1）楼梯、台阶牵边和侧面镶贴块料面层，小于等于 $0.5m^2$ 的少量分散的楼地面镶贴块料面层，应按零星装饰项目执行。

（2）石材、块料与黏结材料的结合面刷防渗材料的种类在防护层材料种类中描述。

二、楼地面装饰工程清单量计算

1. **整体面层及找平层**

(1) 整体面层项目包括水泥砂浆楼地面、现浇水磨石楼地面、细石混凝土楼地面、菱苦土楼地面、自流坪楼地面，工程量以 m^2 计量，均按设计图示尺寸以面积计算，扣除凸出地面构筑物、设备基础、室内管道、地沟等所占面积，不扣除间壁墙及≤0.3m^2 柱、垛、附墙烟囱及孔洞所占面积。门洞、空圈、暖气包槽、壁龛的开口部分不增加面积。

整体面层工程量 S=楼地层建筑面积−($L_{中}$+$L_{内}$)×墙厚度−扣除面积（包括凸出地面构筑物、设备基础、室内管道、地沟等所占面积，楼梯间面积）

式中 $L_{中}$——外墙中心线长度；

$L_{内}$——内墙净长线长度。

或者整体面层工程量 $S=\sum$（各房间净面积）

(2) 找平层项目有平面砂浆找平层，工程量以 m^2 计量，按设计图示尺寸以面积计算。

2. **块料面层**

块料面层包括石材楼地面、碎石材楼地面、块料楼地面，工程量以 m^2 计量，按设计图示尺寸以面积计算。门洞、空圈、暖气包槽、壁龛的开口部分并入相应的工程量内。

块料面层工程量 S=楼地层建筑面积−($L_{中}$+$L_{内}$)×墙厚度+门洞、空圈、暖气包槽、壁龛的开口部分增加面积−楼梯间面积

式中 $L_{中}$——外墙中心线长度；

$L_{内}$——内墙净长线长度。

或者块料面层工程量 $S=\sum$(各房间净面积)+门洞、空圈、暖气包槽、壁龛的开口部分增加面积

3. **橡塑面层**

橡塑面层包括橡胶板楼地面、橡胶板卷材楼地面、塑料板楼地面、塑料卷材楼地面，工程量以 m^2 计量，按设计图示尺寸以面积计算。门洞、空圈、暖气包槽、壁龛的开口部分并入相应的工程量内。

4. **其他材料层**

其他材料层包括地毯楼地面、竹木（复合）地板、金属复合地板、防静电活动地板，工程量以 m^2 计量，按设计图示尺寸以面积计算。门洞、空圈、暖气包槽、壁龛的开口部分并入相应的工程量内。

5. **踢脚线**

踢脚线工程量的计算有两种方法选用：

（1）工程量以 m 计量，按延长米计算。

（2）工程量以 m^2 计量，按设计图示长度乘高度以面积计算。

6. **楼梯面层**

各种材料的楼梯面层工程量以 m^2 计量，按设计图示尺寸以楼梯（包括踏步、休息平台及≤500mm 的楼梯井）水平投影面积计算。楼梯与楼地面相连时算至梯口内侧边缘。无梯口梁则算至最上一层踏步边缘加 300mm。

7. **台阶装饰**

台阶装饰按设计图示尺寸以台阶（包括最上层踏步边沿加 300mm）水平投影面积计算。

8. **零星装饰项目**

零星装饰项目包括石材零星项目、拼碎石材零星项目、块料零星项目、水泥砂浆零星项目，均按设计图示尺寸以面积计算。

【例 2.12.1】某办公室平面图如图 2.12.1 所示，M1：1 000mm×2 400mm，室内地面采用陶瓷地面砖、陶瓷地砖踢脚线。其陶瓷地砖地面做法为：①陶瓷地砖 600mm×600mm；②20 厚 1∶4 水泥砂浆；③素水泥浆结合层一遍；④100 厚 C10 砼垫层。陶瓷地砖踢脚线做法为：①150mm 高面砖，水泥浆擦缝；②3 厚 1∶1 水泥砂浆加水重 20%建筑胶镶贴；③17 厚 1∶3 水泥砂浆。

试编制陶瓷地砖地面、陶瓷地砖踢脚线的工程量清单。

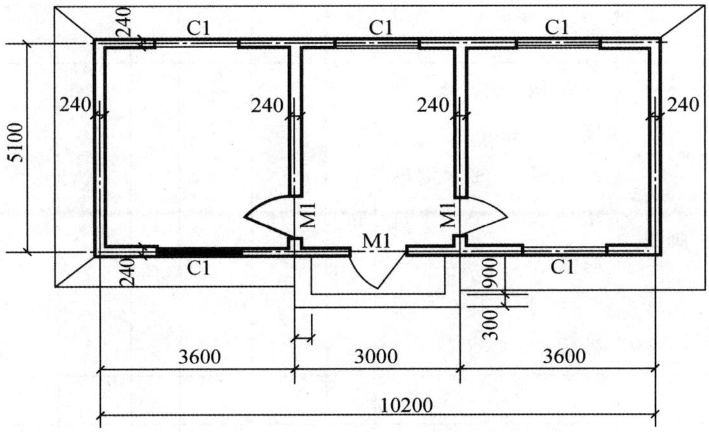

图 2.12.1　办公室平面图

解　1. **计算清单工程量**

（1）陶瓷地面砖属于块料楼地面，工程量按设计图示尺寸以面积计算。门洞、空圈的开口部分并入相应的工程量内。

陶瓷地砖地面工程量：

$S=(5.1-0.24)\times(3.6-0.24)\times2+(5.1-0.24)\times(3.0-0.24)+1\times0.24\times3=46.79\text{m}^2$

（2）踢脚线工程量有两种表示方法，按设计图示长度乘高度以面积计算或按延长米计算。

陶瓷地砖踢脚线工程量：

按长度计算：$L=(3.6-0.24+5.1-0.24)\times2\times2+(3.0-0.24+5.1-0.24)\times2-1.0\times4$(门洞)$+0.24\times4$(门洞侧壁)$=45.08\text{m}$

或按面积计算：$S=45.08\times0.15=6.76\text{m}^2$

2. **编制清单项目计价表，如表** 2.12.10 **所示**

表 2.12.10　清单项目计价表

工程名称：　　　　　　　　　　　单位工程名称：　　　　　　　　　　　第　页　共　页

<table>
<tr><th rowspan="3">序号</th><th rowspan="3">项目编码</th><th rowspan="3">项目名称</th><th rowspan="3">特征描述</th><th rowspan="3">计量单位</th><th rowspan="3">工程量</th><th colspan="5">金额（元）</th></tr>
<tr><th rowspan="2">综合单价</th><th rowspan="2">合价</th><th colspan="3">其中</th></tr>
<tr><th>建安费用</th><th>销项税额</th><th>附加税费</th></tr>
<tr><td>1</td><td>011102003001</td><td>块料楼地面</td><td>1. 100 厚 C10 砼垫层
2. 素水泥浆结合层一遍
3. 20 厚 1：4 水泥砂浆
4. 陶瓷地砖 600×600</td><td>m²</td><td>46.79</td><td></td><td></td><td></td><td></td><td></td></tr>
<tr><td>2</td><td>011105003001</td><td>块料踢脚线</td><td>1. 踢脚线高度：150mm
2. 3 厚 1：1 水泥砂浆加水重 20% 建筑胶镶贴
3. 17 厚 1：3 水泥砂浆</td><td>m²</td><td>6.76</td><td></td><td></td><td></td><td></td><td></td></tr>
<tr><td></td><td></td><td></td><td></td><td></td><td></td><td></td><td></td><td></td><td></td><td></td></tr>
<tr><td colspan="7">本业合计</td><td></td><td></td><td></td><td></td></tr>
<tr><td colspan="7">累计</td><td></td><td></td><td></td><td></td></tr>
</table>

【例 2.12.2】某 4 层办公室的楼梯设计如图 2.12.2 所示，墙厚均为 240mm，楼梯无梯口梁，楼梯面层设计采用普通水磨石，试计算水磨石楼梯面层工程量。

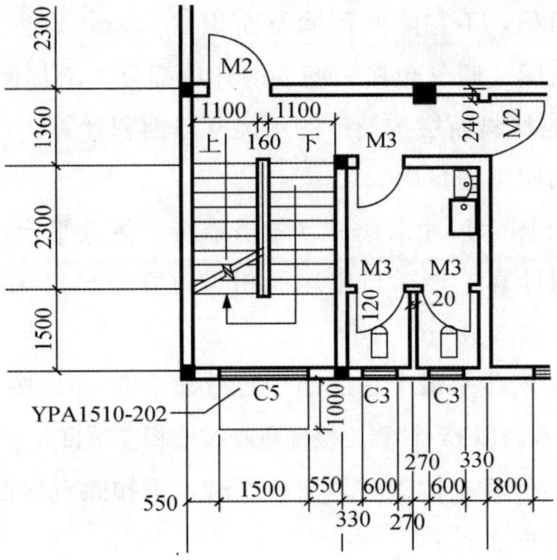

图 2.12.2 楼梯设计图

解 每层楼梯工程量为

$S=(1.5+0.55\times2-0.24)\times(1.5+2.3+0.3-0.12)=9.3928\text{m}^2$

楼梯总面积为 $9.3928\times4=37.57\text{m}^2$

三、楼地面装饰工程计价

（一）楼地面工程说明

根据 2014 年《湖南省建筑装饰装修工程消耗量标准》的规定：

1. 水泥砂浆、水泥石子浆、混凝土等的配合比，扶手、栏杆、栏板其材料规格用量与设计规定不同时可以换算。其中，镶贴块料的水泥砂浆结合层厚度与消耗量标准取定的厚度不同者，可按找平层每增减 1mm 项目调整。

2. 踢脚高度超过 30cm 者，按墙裙相应项目执行。楼梯段靠墙三角形踢脚部分另按零星项目执行。

3. 螺旋形楼梯的装饰按相应弧形项目的人工、机械乘以系数 1.20。

4. 同一铺贴面上有不同种类、材质的材料，应分别按相应定额子目执行。

5. 扶手、栏杆、栏板适用于楼梯、走廊、回廊等工程。

6. 零星项目面层适用于楼梯侧面、台阶的牵边，小便池、蹲台、池槽，以及面积在 0.5m^2 以内且未列项目的工程。

7. 木地板楼地面填充材料，按照建筑工程相应子目执行。

8. 大理石、花岗岩楼地面拼花按成品考虑。

9. 镶拼面积小于 0.015m^2 的石材执行点缀项目。

（二）楼地面工程量计算规则

1. 整体面层及找平层按设计图示尺寸以面积计算。扣除凸出地面构筑物、设备基础、室内地沟等所占面积，不扣除间壁墙及面积在 0.3m^2 以内柱、垛、附墙烟囱及孔洞所占面积。门洞、空圈、暖气包槽、壁龛的开口部分不增加面积。

2. 块料面层及其他材料面层按设计图示尺寸以面积计算。门洞、空圈、暖气包槽、壁龛的开口部分并入相应工程量内。

3. 楼梯面积按设计图示尺寸以楼梯（包括踏步、休息平台，以及≤500mm 以内的楼梯井）水平投影面积计算；楼梯与楼地面相连时算至梯口梁内侧边缘；无梯口梁则算至最上一层踏步边缘加 300mm。

4. 台阶面层（包括踏步及最上一层踏步边沿加 300mm）按水平投影面积计算。

5. 踢脚线按实贴长乘高以 m^2 计算。楼梯踢脚线按相应项目人工、机械乘以系数 1.15。

6. 点缀按个计算，计算主体铺贴地面面积时，不扣除点缀所占面积。

7. 零星项目按实铺面积计算。

8. 栏杆、栏板、扶手均按其中心线长度以延长米计算，弯头长度并入扶手延长米内计算。

9. 弯头按个计算。

10. 石材底面刷养护液包括侧面涂刷，工程量按底面积以 m^2 计算。

【例 2.12.3】某办公室平面图如图 2.12.3 所示，M1：1 800mm×2 400mm，M2：1 000×2 100mm。水泥砂浆地面做法为：①20 厚 1：2 水泥砂浆抹面压光；②素水泥浆结合层一遍；③100 厚 C10 混凝土垫层；④素土夯实。水泥砂浆踢脚线做法为：①6 厚 1：2 水泥砂浆抹面压光；②6 厚 1：2 水泥砂浆；③水泥砂浆踢脚线高 150mm。

试编制水泥砂浆地面、水泥砂浆踢脚线的工程量清单，并进行报价。

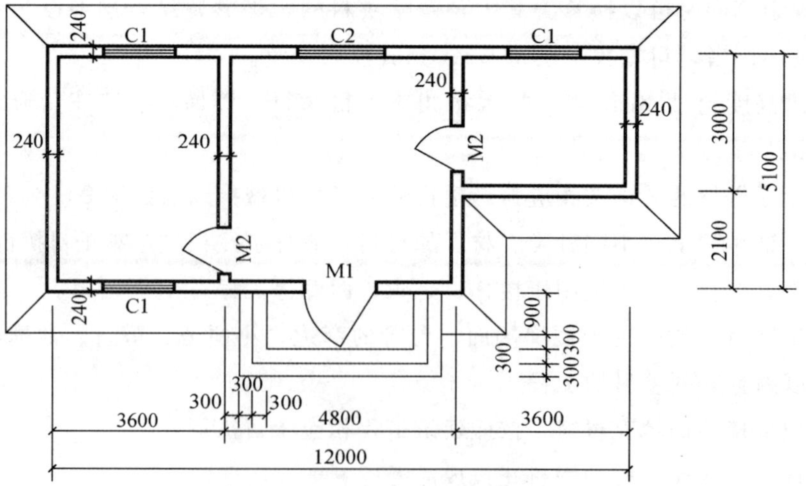

图 2.12.3　办公室平面图

解　1. 计算清单工程量

(1) 水泥砂浆地面工程量。水泥砂浆地面工程量按设计图示尺寸以面积计算。门洞、空圈的开口部分不增加面积。

1) 水泥砂浆地面工程量计算方法一：

S=楼地层建筑面积－($L_{中}$＋$L_{内}$)×墙厚度

$L_{中}$=(12＋5.1)×2=34.2m

$L_{内}$=5.1－0.24＋3.0－0.24=7.62m

S=12.24×5.34－3.6×2.1－(34.2＋7.62)×0.24＋0.9×(4.8－0.3×4×2)(台阶处)=47.76＋2.16=49.92m^2

2) 水泥砂浆地面工程量计算方法二：

S=$\sum$(各房间净面积)=(5.1－0.24)×(3.6－0.24)＋(5.1－0.24)×(4.8－0.24)＋(3.6－0.24)×(3.0－0.24)＋0.9×(4.8－0.3×4×2)(台阶处)=47.76＋2.16=49.92m^2

(2) 踢脚线工程量。

踢脚线长度=(3.6－0.24＋5.1－0.24)×2＋(4.8－0.24＋5.1－0.24)×2＋(3.6－0.24＋3.0－0.24)×2－1.0×4－1.8(门洞)＋0.24×6(门洞侧壁)=47.52－5.8＋1.44=43.16(m)

踢脚线面积：43.16×0.15=6.47m^2

2. 编制工程量清单表（见表2.12.10）。

3. 对清单工程量进行计价

根据工程量清单表中项目特征的描述，可知水泥砂浆地面的价格包括面层和垫层两部分，补充计算垫层工程量。

混凝土垫层工程量：49.92×0.1=4.992m^3

每m^2水泥砂浆清单量需完成的垫层工程量为：4.992m^3÷49.92m^2=0.1 m^3/m^2

对其工程量清单进行报价时，依据某省的《建筑装饰装修工程消耗量标准》、当地的人工、材料、机械价格及取费标准，按照教材前述例题的方法编制“清单项目费用计算表”。

将计算出的水泥砂浆地面和水泥砂浆踢脚线的单价填入清单与计价表中，完成清单与计价表中价格的计算，如表2.12.12所示。

表 2.12.10　分部分项工程量清单与计价表

工程名称：　　　　　　　　　　　　　　标段：　　　　　　　　　第　页　共　页

序号	项目编码	项目名称	项目特征描述	计量单位	工程量	金额/元		
						综合单价	合价	其中：暂估价
1	011101001	水泥砂浆楼地面	1.100 厚 C10 砼垫层 2. 素水泥浆结合层一遍 3.20 厚 1：2 水泥砂浆抹面压光	m²	49.92	57.95	2 892.86	
2	011105001	水泥砂浆踢脚线	1. 踢脚线高度为 150mm 2.6 厚 1：2 水泥砂浆 3.6 厚 1：2 水泥砂浆抹面压光	m²	6.47	45.52	294.51	
本页小计							3 187.37	
合　　计								

表 2.12.12　水泥砂浆踢脚线综合单价分析表

工程名称：　标段：　第　页　共　页

项目编码		011105001		项目名称		水泥砂浆踢脚线			计量单位	m²	
清单综合单价组成明细											
定额编号	定额名称	定额单位	数量	单价/元				合价/元			
				人工费	材料费	机械费	管理费	人工费	材料费	机械费	管理费和利润
B1－10	水泥砂浆踢脚线	100m²	0.01	2 742.08	816.96	34.11	958.73	27.42	8.17	0.34	9.59
人工单价		小　计						27.42	8.17	0.34	9.59
82 元/工日		未计价材料费									
清单项目综合单价								45.52			
材料费明细	主要材料名称、规格、型号				单位		数量	单价/元	合价/元	暂估单价/元	暂估合价/元
	其他材料费							—		—	
	材料费小计							—		—	

课题2　墙、柱面装饰与隔断、幕墙工程

一、清单项目设置

根据《房屋建筑与装饰工程工程量计算规范》（GB 50854—2013）规定，墙、柱面装饰与隔断、幕墙工程包括墙面抹灰、柱（梁）面抹灰、零星抹灰、墙面块料面层、柱（梁）面镶贴块料、镶贴零星块料、墙饰面、柱（梁）饰面、幕墙工程、隔断10部分共35个项目清单。

（一）墙、柱、梁面抹灰

1. 墙面抹灰工程量清单项目的设置、项目特征描述的内容、计量单位、工程量计算规则应按表2.12.13执行。

表2.12.13　墙面抹灰（编码：011201）

<table>
<tr><th>项目编码</th><th>项目名称</th><th>项目特征</th><th>计量单位</th><th>工程量计算规则</th><th>工作内容</th></tr>
<tr><td>011201001</td><td>墙面一般抹灰</td><td rowspan="2">1. 墙体类型
2. 底层厚度、砂浆配合比
3. 面层厚度、砂浆配合比
4. 装饰面材料种类
5. 分格缝宽度、材料种类</td><td rowspan="4">m²</td><td rowspan="4">按设计图示尺寸以面积计算，扣除墙裙、门窗洞口及单个＞0.3m²的孔洞面积，不扣除踢脚线、挂镜线和墙与构件交接处的面积，门窗洞口和孔洞的侧壁及顶面不增加面积。附墙柱、梁、垛、烟囱侧壁并入相应的墙面面积内。
外墙抹灰面积按外墙垂直投影面积计算
外墙裙抹灰面积按其长度乘以高度计算
内墙抹灰面积按主墙间的净长乘以高度计算：
无墙裙的，高度按室内楼地面至天棚底面计算；
有墙裙的，高度按墙裙顶至天棚底面计算；
有吊顶天棚抹灰，高度算至天棚底。
内墙裙抹灰面按内墙净长乘以高度计算。</td><td rowspan="2">1. 基层清理
2. 砂浆制作、运输
3. 底层抹灰
4. 抹面层
5. 抹装饰面
6. 勾分格缝</td></tr>
<tr><td>011201002</td><td>墙面装饰抹灰</td></tr>
<tr><td>011201003</td><td>墙面勾缝</td><td>1. 勾缝类型
2. 勾缝材料种类</td><td>1. 基层清理
2. 砂浆制作运输
3. 勾缝</td></tr>
<tr><td>011201004</td><td>立面砂浆找平层</td><td>1. 基层类型
2. 找平层砂浆厚度、配合比</td><td>1. 基层清理
2. 砂浆制作运输
3. 抹灰找平</td></tr>
</table>

2. 柱（梁）面抹灰工程量清单项目的设置、项目特征描述的内容、计量单位、工程量计算规则应按表2.12.14执行。

3. 零星抹灰工程量清单项目的设置、项目特征描述的内容、计量单位、工程量计

算规则应按表 2.12.15 执行。

表 2.12.14　柱（梁）面抹灰（编码：011202）

<table>
<tr><th>项目编码</th><th>项目名称</th><th>项目特征</th><th>计量单位</th><th>工程量计算规则</th><th>工作内容</th></tr>
<tr><td>011202001</td><td>柱、梁面一般抹灰</td><td rowspan="2">1. 柱（梁）体类型
2. 底层厚度、砂浆配合比
3. 面层厚度、砂浆配合比
4. 装饰面材料种类
5. 分格缝宽度、材料种类</td><td rowspan="4">m^2</td><td rowspan="3">柱面抹灰：按设计图示柱断面周长乘高度以面积计算。
梁面抹灰：按设计图示梁断面周长乘长度以面积计算</td><td rowspan="2">1. 基层清理
2. 砂浆制作、运输
3. 底层抹灰
4. 抹面层
5. 勾分格缝</td></tr>
<tr><td>011202002</td><td>柱、梁面装饰抹灰</td></tr>
<tr><td>011202003</td><td>柱、梁面砂浆找平</td><td>1. 柱体类型
2. 找平的砂浆厚度、配合比</td><td>1. 基层清理
2. 砂浆制作、运输
3. 抹灰找平</td></tr>
<tr><td>011202004</td><td>柱、梁面勾缝</td><td>1. 墙体类型
2. 勾缝类型
3. 勾缝材料种类</td><td>按设计图示柱断面周长乘高度以面积计算</td><td>1. 基层清理
2. 砂浆制作、运输
3. 勾缝</td></tr>
</table>

表 2.12.15　零星抹灰（编码：011203）

<table>
<tr><th>项目编码</th><th>项目名称</th><th>项目特征</th><th>计量单位</th><th>工程量计算规则</th><th>工作内容</th></tr>
<tr><td>011203001</td><td>零星项目一般抹灰</td><td rowspan="2">1. 基层类型、部位
2. 底层厚度、砂浆配合比
3. 面层厚度、砂浆配合比
4. 装饰面材料种类
5. 分格缝宽度、材料种类</td><td rowspan="3">m^2</td><td rowspan="3">按设计图示尺寸以面积计算</td><td rowspan="2">1. 基层清理
2. 砂浆制作、运输
3. 底层抹灰
4. 抹面层
5. 抹装饰面
6. 勾分格缝</td></tr>
<tr><td>011203002</td><td>零星项目装饰抹灰</td></tr>
<tr><td>011203003</td><td>零星项目砂浆找平</td><td>1. 基层类型、部位
2. 找平的砂浆厚度、配合比</td><td>1. 基层清理
2. 砂浆制作、运输
3. 抹灰找平</td></tr>
</table>

4. 墙、柱、梁面抹灰清单项目设置说明

（1）立面砂浆找平项目适用于仅做找平层的立面抹灰。

（2）墙面抹石灰砂浆、水泥砂浆、混合砂浆、聚合物水泥砂浆、麻刀石灰浆、石膏灰浆等按墙面一般抹灰列项，水刷石、斩假石、干黏石、假面砖等按墙面装饰抹灰列项。

（3）飘窗凸出外墙面增加的抹灰并入外墙工程量内。

(4) 有吊顶天棚的内墙面抹灰，抹至吊顶以上部分在综合单价中考虑。

(5) 墙面抹灰不扣除墙与构件交接处的面积，是指墙与梁交接处的面积，不包括墙与楼板交接。

(6) 柱（梁）面抹灰砂浆找平项目适用于仅做找平层的柱（梁）面抹灰。

(7) 柱（梁）面抹灰时，抹石灰砂浆、水泥砂浆、混合砂浆、聚合物水泥砂浆、麻刀石灰浆、石膏灰浆等按柱（梁）面一般抹灰编码列项，水刷石、斩假石、干黏石、假面砖等按柱（梁）面装饰抹灰编码列项。

(8) 零星项目装饰抹灰时，抹石灰砂浆、水泥砂浆、混合砂浆、聚合物水泥砂浆、麻刀石灰浆、石膏灰浆等按零星项目一般抹灰编码列项，水刷石、斩假石、干黏石、假面砖等按零星项目装饰抹灰编码列项。

(9) 墙、柱（梁）面≤0.5m^2 的少量分散的抹灰按表 2.12.15 零星抹灰项目编码列项。

（二）墙柱梁面镶贴块料面层

1. 墙面块料面层工程量清单项目的设置、项目特征描述的内容、计量单位、工程量计算规则应按表 2.12.16 执行。

表 2.12.16　墙面块料面层（编码：011204）

项目编码	项目名称	项目特征	计量单位	工程量计算规则	工作内容
011204001	石材墙面	1. 墙体类型 2. 安装方式 3. 面层材料品种、规格、颜色 4. 缝宽、嵌缝材料种类 5. 防护材料种类 6. 磨光、酸洗、打蜡要求	m^2	按镶贴表面积计算	1. 基层清理 2. 砂浆制作、运输 3. 黏结层铺贴 4. 面层安装 5. 嵌缝 6. 刷防护材料 7. 磨光、酸洗、打蜡
011204002	拼碎石材墙面				
011204003	块料墙面				
011204004	干挂石材钢骨架	1. 骨架种类、规格 2. 防锈漆品种遍数	t	按设计图示以质量计算	1. 骨架制作、运输、安装 2. 刷漆

2. 柱（梁）面镶贴块料工程量清单项目的设置、项目特征描述的内容、计量单位、工程量计算规则应按表 2.12.17 执行。

3. 镶贴零星块料工程量清单项目的设置、项目特征描述的内容、计量单位、工程量计算规则应按表 2.12.18 执行。

表 2.12.17　柱（梁）面镶贴块料（编码：011205）

<table>
<tr><th>项目编码</th><th>项目名称</th><th>项目特征</th><th>计量单位</th><th>工程量计算规则</th><th>工作内容</th></tr>
<tr><td>011205001</td><td>石材柱面</td><td rowspan="3">1. 柱截面类型、尺寸
2. 安装方式
3. 面层材料品种、规格、颜色
4. 缝宽、嵌缝材料种类
5. 防护材料种类
6. 磨光、酸洗、打蜡要求</td><td rowspan="5">m^2</td><td rowspan="5">按镶贴表面积计算</td><td rowspan="5">1. 基层清理
2. 砂浆制作、运输
3. 黏结层铺贴
4. 面层安装
5. 嵌缝
6. 刷防护材料
7. 磨光、酸洗、打蜡</td></tr>
<tr><td>011205002</td><td>块料柱面</td></tr>
<tr><td>011205003</td><td>拼碎块柱面</td></tr>
<tr><td>011205004</td><td>石材梁面</td><td rowspan="2">1. 安装方式
2. 面层材料品种、规格、颜色
3. 缝宽、嵌缝材料种类
4. 防护材料种类
5. 磨光、酸洗、打蜡要求</td></tr>
<tr><td>011205005</td><td>块料梁面</td></tr>
</table>

表 2.12.18　镶贴零星块料（编码：011206）

<table>
<tr><th>项目编码</th><th>项目名称</th><th>项目特征</th><th>计量单位</th><th>工程量计算规则</th><th>工作内容</th></tr>
<tr><td>011206001</td><td>石材零星项目</td><td rowspan="3">1. 基层类型、部位
2. 安装方式
3. 面层材料品种、规格、颜色
4. 缝宽、嵌缝材料种类
5. 防护材料种类
6. 磨光、酸洗、打蜡要求</td><td rowspan="3">m^2</td><td rowspan="3">按镶贴表面积计算</td><td rowspan="3">1. 基层清理
2. 砂浆制作、运输
3. 面层安装
4. 嵌缝
5. 刷防护材料
6. 磨光、酸洗、打蜡</td></tr>
<tr><td>011206002</td><td>块料零星项目</td></tr>
<tr><td>011206003</td><td>拼碎块零星项目</td></tr>
</table>

4. 墙柱梁面镶贴块料面层清单项目设置说明：

（1）在描述碎块项目的面层材料特征时可不用描述规格、颜色。

（2）石材、块料与黏结材料的结合面刷防渗材料的种类在防护层材料种类中描述。

（3）墙面块料安装方式可描述为砂浆或黏结剂黏贴、挂贴、干挂等，不论哪种安装方式，都要详细描述与组价相关的内容。

（4）柱（梁）面干挂石材的钢骨架按表 2.12.16 墙面块料面层相应项目编码列项。

（5）零星项目干挂石材的钢骨架按表 2.12.16 墙面块料面层相应项目编码列项。

（6）墙柱面≤0.5m^2 的少量分散的镶贴块料面层应按零星项目执行。

（三）墙柱（梁）饰面工程

1. 墙饰面工程量清单项目的设置、项目特征描述的内容、计量单位、工程量计算规则应按表 2.12.19 执行。

表 2.12.19　墙饰面（编码：011207）

项目编码	项目名称	项目特征	计量单位	工程量计算规则	工作内容
011207001	墙面装饰板	1. 龙骨材料种类、规格、中距 2. 隔离层材料种类、规格 3. 基层材料种类、规格 4. 面层材料品种、规格、颜色 5. 压条材料种类、规格	m^2	按设计图示墙净长乘净高以面积计算，扣除门窗洞口及单个＞0.3m^2 的孔洞所占面积	1. 基层清理 2. 龙骨制作、运输、安装 3. 钉隔离层 4. 基层铺钉 5. 面层铺贴
011207002	墙面装饰浮雕	1. 基层类型 2. 浮雕材料种类 3. 浮雕样式		按设计图示尺寸以面积计算	1. 基层清理 2. 材料制作、运输 3. 安装成型

2. 柱（梁）饰面工程量清单项目的设置、项目特征描述的内容、计量单位、工程量计算规则应按表 2.12.20 执行

表 2.12.20　柱（梁）饰面（编码：011208）

项目编码	项目名称	项目特征	计量单位	工程量计算规则	工作内容
011208001	柱（梁）面装饰	1. 龙骨材料种类、规格、中距 2. 隔离层材料种类 3. 基层材料种类、规格 4. 面层材料品种、规格、颜色 5. 压条材料种类、规格	m^2	按设计图示饰面外围尺寸以面积计算。柱帽、柱墩并入相应柱饰面工程量内	1. 清理基层 2. 龙骨制作、运输、安装 3. 钉隔离层 4. 基层铺钉 5. 面层铺贴
011208002	成品装饰柱	1. 柱截面、高度尺寸 2. 柱材质		以根计量，按设计数量计算 以 m 计量，按设计长度计算	柱运输、固定、安装

（四）幕墙工程

幕墙工程量清单项目的设置、项目特征描述的内容、计量单位、工程量计算规则应按表 2.12.21 执行。

表 2.12.21 幕墙工程（编码：011209）

项目编码	项目名称	项目特征	计量单位	工程量计算规则	工作内容
011209001	带骨架幕墙	1. 骨架材料种类、规格、中距 2. 面层材料品种、规格、颜色 3. 面层固定方式 4. 隔离带、框边封闭材料品种、规格 5. 嵌缝、塞口材料种类	m^2	按设计图示框外围尺寸以面积计算。与幕墙同种材质的窗所占面积不扣除	1. 骨架制作、运输、安装 2. 面层安装 3. 隔离带、框边封闭 4. 嵌缝、塞口 5. 清洗
011209002	全玻（无框玻璃）幕墙	1. 玻璃品种、规格、颜色 2. 黏结塞口材料种类 3. 固定方式		按设计图示尺寸以面积计算。带肋全玻幕墙按展开面积计算	1. 幕墙安装 2. 嵌缝、塞口 3. 清洗

二、墙柱面装饰清单工程量计算

（一）墙面抹灰

墙面抹灰有一般抹灰和装饰抹灰，一般抹灰包括抹石灰砂浆、水泥砂浆、混合砂浆、聚合物水泥砂浆、麻刀石灰浆、石膏灰浆等；装饰抹灰包括水刷石、斩假石、干黏石、假面砖等。

1. 外墙面、墙裙抹灰

外墙抹灰面积按外墙垂直投影面积（m^2）计算，应扣除墙裙、门窗洞口及单个>0.3m^2的孔洞面积，门窗洞口和孔洞的侧壁及顶面不增加面积。附墙柱、梁、垛、烟囱侧壁并入相应的墙面面积内。

外墙抹灰面积＝外墙垂直投影面积－墙裙、门窗洞口及单个 0.3m^2 以上的孔洞面积＋附墙柱、垛、烟囱侧壁面积

外墙垂直投影面积＝外墙外边线长度($L_{外}$)×外墙高度

外墙裙抹灰面积＝外墙外边线长度($L_{外}$)×外墙裙高度－门窗洞口及单个 0.3m^2 以上的孔洞面积

2. 内墙面、墙裙抹灰

内墙抹灰面积按主墙间的净长乘以高度计算，应扣除墙裙、门窗洞口及单个大于 0.3m^2 的孔洞面积，不扣除踢脚线、挂镜线和墙与构件交接处的面积，门窗洞口和孔洞的侧壁及顶面不增加面积。附墙柱、梁、垛、烟囱侧壁并入相应的墙面面积内。

内墙抹灰面积＝主墙间的净长×高度－门窗洞口及单个 0.3m^2 以上的孔洞面积＋

附墙柱、梁、垛、烟囱侧壁面积

内墙抹灰高度规定为：

（1）无墙裙的，高度按室内楼地面至天棚底面计算；

（2）有墙裙的，高度按墙裙顶至天棚底面计算；

（3）有吊顶天棚抹灰，高度算至天棚底。

内墙裙抹灰面积按内墙净长乘以高度计算。

内墙裙抹灰面积＝内墙净长×高度－门窗洞口及单个 $0.3m^2$ 以上的孔洞面积＋附墙柱、垛、烟囱侧壁面积

若按设计，墙面和墙裙抹灰种类相同，则工程量可合并计算，套同一项目。

3. **墙面勾缝、立面砂浆找平层**

其工程量按设计图示尺寸以面积计算，扣除墙裙、门窗洞口及单个 $>0.3m^2$ 的孔洞面积，不扣除踢脚线、挂镜线和墙与构件交接处的面积、门窗洞口和孔洞的侧壁及顶面不增加面积。附墙柱、梁、垛、烟囱侧壁并入相应的墙面面积内。

（二）柱、梁面抹灰

砖墙中的钢筋混凝土梁、柱侧面抹灰，按砖墙抹灰项目计算，单独的柱、梁面抹灰按柱、梁面抹灰项目计算。

1. 柱面抹灰、砂浆找平。

工程量：S＝柱断面周长×柱高度

2. 梁面抹灰、砂浆找平。

工程量：S＝梁断面周长×梁长度

3. 柱面勾缝。

工程量：S＝柱断面周长×高度

（三）零星抹灰

1. 墙、柱（梁）面 $\leqslant 0.5m^2$ 的少量分散的抹灰按零星抹灰项目编码列项。

2. 零星项目一般抹灰包括抹石灰砂浆、水泥砂浆、混合砂浆、聚合物水泥砂浆、麻刀石灰浆、石膏灰浆等；零星项目装饰抹灰包括水刷石、斩假石、干黏石、假面砖等。

3. 零星项目一般抹灰、零星项目装饰抹灰、零星项目砂浆找平的工程量均按设计图示尺寸以面积计算。

（四）墙面块料面层

1. 墙面镶贴块料面层，包括石材墙面、拼碎石材墙面、块料墙面，按镶贴表面积计算。

2. 干挂石材钢骨架，按设计图示以质量计算。

3. 柱（梁）面镶贴块料，按镶贴表面积计算。

4. 镶贴零星块料，按镶贴表面积计算。

（五）墙柱梁饰面

1. 墙面装饰板，按设计图示墙净长乘净高以面积计算，扣除门窗洞口及单个大于0.3m^2的孔洞所占面积。

2. 墙面装饰浮雕，按设计图示尺寸以面积计算。

3. 柱（梁）面装饰，按设计图示饰面外围尺寸以面积计算。柱帽、柱墩并入相应柱饰面工程量内。

4. 成品装饰柱，有两种方法：

（1）以根计量，按设计数量计算；

（2）以 m 计量，按设计长度计算。

（六）幕墙工程

1. 带骨架幕墙，按设计图示框外围尺寸以面积计算。与幕墙同种材质的窗所占面积不扣除。

2. 全玻（无框玻璃）幕墙，按设计图示尺寸以面积计算。带肋全玻幕墙按展开面积计算。

（七）隔断

1. 木隔断，按设计图示框外围尺寸以面积计算，不扣除单个≤0.3m^2的孔洞所占面积；浴厕门的材质与隔断相同时，门的面积并入隔断面积内。

2. 金属隔断，按设计图示框外围尺寸以面积计算，不扣除单个≤0.3m^2的孔洞所占面积；浴厕门的材质与隔断相同时，门的面积并入隔断面积内。

3. 玻璃隔断、塑料隔断，按设计图示框外围尺寸以面积计算，不扣除单个≤0.3m^2的孔洞所占面积。

4. 成品隔断，按设计图示框外围尺寸以面积计算或按设计间的数量以间计算。

5. 其他隔断，按设计图示框外围尺寸以面积计算，不扣除单个≤0.3m^2的孔洞所占面积。

三、墙柱面装饰工程清单计价

（一）墙柱面工程定额套用说明

1. 抹灰项目其砂浆配比与设计不同者，允许调整。

2. 饰面材料及型材的型号规格与设计不同时，可按设计规定调整。

3. 圆弧形、锯齿形等不规则墙面抹灰、镶贴块料按相应项目人工乘以系数1.15。

4. 勾缝镶贴面砖子目，面砖消耗量分别按缝宽 5mm 和 10mm 以内考虑，灰缝宽度与取定不同者，其块料及灰缝材料（水泥砂浆 1∶1）用量允许调整。

5. 镶贴块料和装饰抹灰的“零星项目”适用于挑檐、天沟、腰线、窗台线、门窗套、飘窗板、空调搁板、压顶、扶手、雨棚周边和壁柜、碗柜、池槽、花台等。

6. 一般抹灰工程的“零星项目”适用于各种壁柜、碗柜、过人洞、飘窗板、空调搁板、暖气罩、池槽、花台以及 $1m^2$ 以内的其他各种零星抹灰。抹灰工程的装饰线条适用于门窗套、挑檐、腰线、压顶、遮阳板、楼梯边梁、宣传栏边框等项目的抹灰，以及突出墙面且展开宽度在 300mm 以内的竖、横线条抹灰。

7. 干挂石材钢骨架及玻璃幕墙型钢骨架，均按钢骨架项目执行。预埋铁件按建筑工程消耗量标准项目执行。

8. 外墙面砖切割 45°斜边（包括打磨），按石材切割相应项目乘以系数 0.50。

9. 木龙骨基层是按双向计算的，如设计为单向时，材料、人工用量乘以系数 0.55。

10. 面层、隔墙（间壁）、隔断（护壁）项目内，除注明者外均未包括压边、收边、装饰线（板），如设计要求时，应按照相应项目执行。

11. 面层、木基层均未包括刷防火材料，如设计要求时，应按照相应项目执行。

12. 隔墙（间壁）、隔断（护壁）、幕墙等项目中龙骨间距、规格如与设计不同时，用量允许调整。

13. 玻璃幕墙设计带有平开、推拉窗者，并入幕墙面积计算，窗的型材用量应予调整，窗的五金用量相应增加，五金施工损耗按 2%计算。

14. 玻璃幕墙中的玻璃按成品玻璃考虑，幕墙中的避雷装置已综合，但幕墙的封边、封顶的费用另行计算。

15. 隔墙（间壁）、隔断（护壁）、幕墙等项目中的龙骨间距、规格如与设计不同时，用量允许调整。

（二）墙柱面工程量计算规则

1. 内墙面、墙裙抹灰面积应扣除门窗洞口和 $0.3m^2$ 以上的空圈所占的面积，且门窗洞口、空圈、孔洞的侧壁面积亦不增加，不扣除踢脚线、挂镜线及 $0.3m^2$ 以内的孔洞和墙与构件交接处的面积。附墙柱的侧面抹灰应并入墙面、墙裙抹灰工程量内计算。墙面、墙裙的长度以主墙间的图示净长计算，墙面高度按室内地面至天棚底面净高计算，墙面抹灰面积应扣除墙裙抹灰面积，如墙面和墙裙抹灰种类相同者，工程量合并计算，套同一项目。

2. 钉板天棚（不包括灰板条天棚）的内墙抹灰，其高度自楼、地面至天棚底另加 200mm 计算。

3. 砖墙中的钢筋混凝土梁、柱侧面抹灰，按砖墙项目计算。

4. 外墙抹灰面积，按垂直投影面积计算，应扣除门窗洞口、外墙裙和 0.3m^2 以内的孔洞所占面积，门窗洞口及孔洞侧壁面积亦不增加。附墙柱侧面抹灰面积应并入外墙面抹灰面积工程量内。

5. 外墙裙抹灰按展开面积计算，扣除门窗洞口及 0.3m^2 以上孔洞所占面积，但门窗洞口及孔洞的侧壁面积亦不增加。

6. 柱抹灰按结构断面周长乘高计算。

7. 女儿墙（包括泛水、挑砖）、阳台栏板（不扣除花格所占孔洞面积）内侧与阳台栏板外侧抹灰工程量按垂直投影面积计算，块料按展开面积计算；无泛水挑砖者，人工及机械乘系数 1.10；带泛水挑砖者，人工及机械乘系数 1.30 按墙面项目执行；女儿墙外侧并入墙面计算；压顶按相应说明及相应项目执行。

8. “零星项目”按设计图示尺寸展开面积计算。

9. 墙面贴块料面层，按实贴面积计算。

10. 墙面贴块料、饰面高度在 300mm 以内者，按踢脚线执行。

11. 柱饰面面积按外围饰面尺寸乘以高计算。

12. 挂贴大理石、花岗岩其他零星项目是按成品考虑的，柱墩、柱帽按最大外径周长计算。

13. 除已列有挂贴大理石、花岗岩、柱帽、柱墩项目外，其他项目的柱帽、柱墩工程量按设计图示尺寸以展开面积计算，并入相应柱面积内，每个柱帽或柱墩另增人工：抹灰 0.25 工日，块料 0.38 工日，饰面 0.5 工日。

14. 隔断按墙的净长乘净高计算，扣除门窗洞及 0.3m^2 以上的孔洞所占面积。

15. 全玻隔断、全玻幕墙如有加强肋者，工程量按其展开面积计算；玻璃幕墙、铝板幕墙以框外围面积计算。

16. 装饰抹灰分格、嵌缝按装饰抹灰面面积计算。

17. 抹灰线子按展开宽度在 300mm 以内计算，超过 300mm 者，按相应项目执行。

课题3 天棚工程

一、天棚工程清单项目设置

天棚工程包括天棚抹灰、天棚吊顶、采光天棚工程、天棚其他装饰 4 部分共 10 个项目清单。

（一）天棚抹灰工程量清单项目的设置、项目特征描述的内容、计量单位、工程量计算规则应按表 2.12.22 执行。

表 2.12.22　天棚抹灰（编码：011301）

项目编码	项目名称	项目特征	计量单位	工程量计算规则	工作内容
011301001	天棚抹灰	1. 基层类型 2. 抹灰厚度、材料种类 3. 砂浆配合比	m^2	按设计图示尺寸以水平投影面积计算，不扣除间壁墙、垛、柱、附墙烟囱、检查口和管道所占的面积，带梁天棚的梁两侧抹灰面积并入天棚面积内，板式楼梯底面抹灰按斜面积计算，锯齿形楼梯底板抹灰按展开面积计算	1. 基层清理 2. 底层抹灰 3. 抹面层

（二）天棚吊顶工程量清单项目的设置、项目特征描述的内容、计量单位、工程量计算规则应按表 2.12.23 执行。

表 2.12.23　天棚吊顶（编码：011302）

项目编码	项目名称	项目特征	计量单位	工程量计算规则	工作内容
011302001	吊顶天棚	1. 吊顶形式、吊杆规格、高度 2. 龙骨材料种类、规格、中距 3. 基层材料种类、规格 4. 面层材料品种、规格 5. 压条材料种类、规格 6. 嵌缝材料种类 7. 防护材料种类	m^2	按设计图示尺寸以水平投影面积计算。天棚面中的灯槽及跌级、锯齿形、吊挂式、藻井式天棚面积不展开计算，不扣除间壁墙、检查口、附墙烟囱、柱垛和管道所占面积，扣除单个大于 $0.3m^2$ 的孔洞、独立柱及与天棚相连的窗帘盒所占的面积	1. 基层清理、吊杆安装 2. 龙骨安装 3. 基层板铺贴 4. 面层铺贴 5. 嵌缝 6. 刷防护材料
011302002	格栅吊顶	1. 龙骨材料种类、规格、中距 2. 基层材料种类规格 3. 面层材料品种、规格 4. 防护材料种类		按设计图示尺寸以水平投影面积计算	1. 基层清理 2. 安装龙骨 3. 基层板铺贴 4. 面层铺贴 5. 刷防护材料
011302003	吊筒吊顶	1. 吊筒形状、规格 2. 吊筒材料种类 3. 防护材料种类			1. 基层清理 2 吊筒制作安装 3. 刷防护材料

续 表

项目编码	项目名称	项目特征	计量单位	工程量计算规则	工作内容
011302004	藤条造型悬挂吊顶	1. 骨架材料种类、规格 2. 面层材料品种、规格	m^2	按设计图示尺寸以水平投影面积计算	1. 基层清理 2. 龙骨安装 3. 铺贴面层
011302005	织物软雕吊顶				
011302006	网架（装饰）吊顶	网架材料品种、规格			1. 基层清理 2. 网架制作安装

（三）采光天棚工程工程量清单项目的设置、项目特征描述的内容、计量单位、工程量计算规则应按表 2.12.24 执行。

表 2.12.24 采光天棚工程（编码：011303）

项目编码	项目名称	项目特征	计量单位	工程量计算规则	工作内容
011303001	采光天棚	1. 骨架类型 2. 固定类型、固定材料品种、规格 3. 面层材料品种、规格 4. 嵌缝、塞口材料种类	m^2	按框外围展开面积计算	1. 清理基层 2. 面层制作安装 3. 嵌缝、塞口 4. 清洗
注： 采光天棚骨架不包括在本节中，应单独按附录 F 相关项目编码列项					

（四）天棚其他装饰工程量清单项目的设置、项目特征描述的内容、计量单位、工程量计算规则应按表 2.12.25 执行。

表 2.12.25 天棚其他装饰（编码：011304）

项目编码	项目名称	项目特征	计量单位	工程量计算规则	工作内容
011304001	灯带（槽）	1. 灯带型式、尺寸 2. 格栅片材料品种、规格 3. 安装固定方式	m^2	按设计图示尺寸以框外围面积计算	安装、固定
011304002	送风口、回风口	1. 风口材料品种、规格 2. 安装固定方式 3. 防护材料种类	个	按设计图示数量计算	1. 安装、固定 2. 刷防护材料

二、天棚工程清单工程量计算

（一）天棚抹灰，按设计图示尺寸以水平投影面积计算，不扣除间壁墙、垛、柱、附墙烟囱、检查口和管道所占的面积，带梁天棚、梁两侧抹灰面积并入天棚面积内，板式楼梯底面抹灰按斜面积计算，锯齿形楼梯底板抹灰按展开面积计算。

天棚抹灰工程量＝主墙间的净长度×主墙间净宽度＋梁两侧面面积

（二）吊顶天棚，按设计图示尺寸以水平投影面积计算。天棚面中的灯槽及跌级、锯齿形、吊挂式、藻井式天棚面积不展开计算，不扣除间壁墙、检查口、附墙烟囱、柱垛和管道所占面积，扣除单个大于 $0.3m^2$ 的孔洞、独立柱及与天棚相连的窗帘盒所占的面积。

（三）格栅吊顶、吊筒吊顶，按设计图示尺寸以水平投影面积计算。

（四）采光天棚，按框外围展开面积计算。

（五）灯带（槽），按设计图示尺寸以框外围面积计算。

（六）送风口、回风口，按设计图示数量以个计算。

【例 2.12.4】某工程二层楼面的井式楼盖结构如图 2.12.4 所示，墙厚 240mm，计算天棚抹灰工程量。

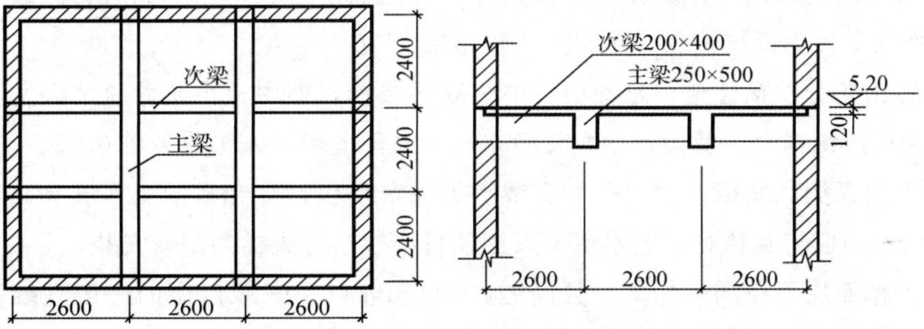

图 2.12.4 二层楼盖结构图

解

天棚抹灰工程量＝主墙间的净长度×主墙间净宽度＋梁侧面面积＝

(7.8－0.24)×(7.2－0.24)＋(0.4－0.12)×(7.8－0.24－0.25×2)×2×2(次梁侧面)＋(7.2－0.24)×(0.5－0.12)×2×2－0.2×(0.4－0.12)×8(主梁侧面)＝$70.66m^2$

【例 2.12.5】某办公室房间净尺寸为 6 960×6 360mm，采用轻钢龙骨石膏板吊顶（不上人型），面层规格 600mm×600mm，如图 2.12.5 所示。试计算吊顶天棚的工程量。

解 吊顶天棚，按设计图示尺寸以水平投影面积计算，天棚面中的灯槽及跌级等不展开计算。

吊顶天棚工程量＝主墙间净面积＝6.96×6.36＝$44.27m^2$

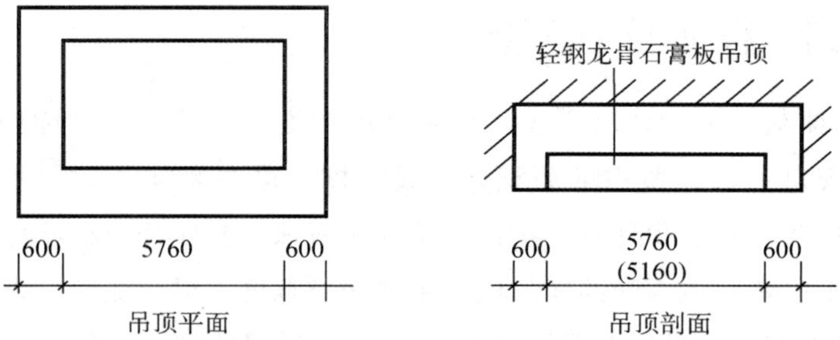

图 2.12.5　吊顶天棚示意图

三、天棚工程清单计价

（一）天棚工程定额套用说明

1. 抹灰项目中砂浆配合比与设计不同者，允许调整。

2. 除部分项目为龙骨、基层、面层合并列项外，其余均为天棚龙骨、基层、面层分别列项编制。

3. 龙骨的种类、间距、规格和基层、面层材料的型号、规格是按常用材料和常用做法考虑的，如设计要求不同时，材料可以调整，但人工、机械不变。

4. 天棚面层在同一标高称为平面天棚，天棚面层不在同一标高者为跌级天棚，跌级天棚面层其侧面面层按相应项目人工乘系数 1.30。

5. 轻钢龙骨、铝合金、龙骨项目中为双层结构，即中、小龙骨紧贴大龙骨底面吊挂，如为单层结构时，及大、中龙骨面在同一水平上者，人工乘系数 0.85。

6. 平面天棚和跌级天棚指一般直线形天棚，不包括灯光槽的制作安装。灯光槽制作安装应按相应子目执行，艺术造型天棚项目中包括灯光槽的制作安装。

7. 天棚面层不在同一标高，且高差在 400mm 以下三级以内的一般直线形平面天棚，按跌级天棚相应项目执行；高差在 400mm 以上或超过三级以及圆弧形、拱形等造型天棚，按艺术造型天棚相应项目执行。

8. 天棚检查孔的工料已包括在项目内，不另计算。

9. 龙骨、基层、面层的防火处理，应按相应子目执行。

（二）天棚工程量计算规则

1. 抹灰及各种吊顶天棚龙骨按主墙间净空面积计算，不扣除间壁墙、检查孔、附墙烟囱、柱、垛和管道所占面积。带梁的天棚抹灰，其梁侧面抹灰并入天棚抹灰工程量内计算。

2. 天棚基层按展开面积计算。

3. 天棚装饰面层，按主墙间实钉（胶）展开面积以 m^2 计算，不扣除间壁、检查口、附墙烟囱、柱、垛和管道所占面积，但应扣除 $0.3m^2$ 以上的孔洞、独立柱、灯槽及天棚相连的窗帘盒所占面积。

4. 龙骨、基层、面层合并列项的子目，工程量按主墙间净空面积计算，不扣除间壁墙、检查孔、附墙烟囱、柱、垛和管道所占面积。

5. 板式楼梯底面的装饰工程量按水平投影面积乘系数 1.15 计算，梁式楼梯底面按水平投影面积乘系数 1.37 计算，套用天棚定额。

6. 灯光槽按延长米计算。

7. 网架按水平面积投影计算。

8. 石膏板面层嵌缝按天棚面积计算。

课题 4　油漆、涂料、裱糊工程

一、油漆、涂料、裱糊工程清单项目设置

油漆、涂料、裱糊工程包括门油漆，窗油漆，木扶手及其他板条、线条油漆，木材面油漆，金属面油漆，抹灰面油漆，喷刷涂料，裱糊 8 部分共 36 个清单项目。

（一）门油漆工程量清单项目设置、项目特征描述的内容、计量单位、工程量计算规则应按表 2.12.26 的规定执行。

表 2.12.26　门油漆（编号：011401）

项目编码	项目名称	项目特征	计量单位	工程量计算规则	工作内容
011401001	木门油漆	1. 门类型 2. 门代号及洞口尺寸 3. 腻子种类 4. 刮腻子遍数 5. 防护材料种类 6. 油漆品种、刷漆遍数	1. 樘 2. m^2	以樘计量，按设计图示数量计量 以 m^2 计量，按设计图示洞口尺寸以面积计算	1. 基层清理 2. 刮腻子 3. 刷防护材料、油漆
011401002	金属门油漆				1. 除锈、基层清理 2. 刮腻子 3. 刷防护材料、油漆

注：

① 木门油漆应区分木大门、单层木门、双层（一玻一纱）木门、双层（单裁口）木门、全玻自由门、半玻自由门、装饰门及有框门或无框门等项目，分别编码列项。

② 金属门油漆应区分平开门、推拉门、钢制防火门列项。

③ 以 m^2 计量，项目特征可不必描述洞口尺寸。

（二）窗油漆工程量清单项目设置、项目特征描述的内容、计量单位、工程量计算规则应按表 2.12.27 的规定执行。

表 2.12.27　窗油漆（编号：011402）

项目编码	项目名称	项目特征	计量单位	工程量计算规则	工作内容
011402001	木窗油漆	1. 窗类型 2. 窗代号及洞口尺寸 3. 腻子种类 4. 刮腻子遍数 5. 防护材料种类 6. 油漆品种、刷漆遍数	1. 樘 2. m^2	以樘计量，按设计图示数量计量 以 m^2 计量，按设计图示洞口尺寸以面积计算	1. 基层清理 2. 刮腻子 3. 刷防护材料、油漆
011402002	金属窗油漆				1. 除锈、基层清理 2. 刮腻子 3. 刷防护材料、油漆

注：

① 木窗油漆应区分单层木门、双层（一玻一纱）木窗、双层框扇（单裁口）木窗、双层框三层（二玻一纱）木窗、单层组合窗、双层组合窗、木百叶窗、木推拉窗等项目，分别编码列项。

② 金属窗油漆应区分平开窗、推拉窗、固定窗、组合窗、金属隔栅窗分别列项。

③ 以 m^2 计量，项目特征可不必描述洞口尺寸。

（三）木材面油漆工程量清单项目设置、项目特征描述的内容、计量单位、工程量计算规则应按表 2.12.28 的规定执行。

表 2.12.28　木材面油漆（编号：011404）

项目编码	项目名称	项目特征	计量单位	工程量计算规则	工作内容
011404001	木护墙、木墙裙油漆	1. 腻子种类 2. 刮腻子遍数 3. 防护材料种类 4. 油漆品种、刷漆遍数	m^2	按设计图示尺寸以面积计算	1. 基层清理 2. 刮腻子 3. 刷防护材料、油漆
011404002	窗台板、筒子板、盖板、门窗套、踢脚线油漆				
011404003	清水板条天棚、檐口油漆				
011404004	木方格吊顶天棚油漆			按设计图示尺寸以单面外围面积计算	

续　表

<table>
<tr><th>项目编码</th><th>项目名称</th><th>项目特征</th><th>计量单位</th><th>工程量计算规则</th><th>工作内容</th></tr>
<tr><td>011404005</td><td>吸音板墙面、天棚面油漆</td><td rowspan="10">1. 腻子种类
2. 刮腻子遍数
3. 防护材料种类
4. 油漆品种、刷漆遍数</td><td rowspan="11">m^2</td><td rowspan="3"></td><td rowspan="10">1. 基层清理
2. 刮腻子
3. 刷防护材料、油漆</td></tr>
<tr><td>011404006</td><td>暖气罩油漆</td></tr>
<tr><td>011404007</td><td>其他木材面</td></tr>
<tr><td>011404008</td><td>木间壁、木隔断油漆</td><td rowspan="2">按设计图示尺寸以油漆部分展开面积计算</td></tr>
<tr><td>011404009</td><td>玻璃间壁露明墙筋油漆</td></tr>
<tr><td>011404010</td><td>木栅栏、木栏杆（带扶手）油漆</td><td rowspan="6">按设计图示尺寸以面积计算。空洞、空圈、暖气包槽、壁龛的开口部分并入相应的工程量内</td></tr>
<tr><td>011404011</td><td>衣柜、壁柜油漆</td></tr>
<tr><td>011404012</td><td>梁柱饰面油漆</td></tr>
<tr><td>011404013</td><td>零星木装修油漆</td></tr>
<tr><td>011404014</td><td>木地板油漆</td></tr>
<tr><td>011404015</td><td>木地板烫硬蜡面</td><td>1. 硬蜡品种
2. 面层处理要求</td><td>1. 基层清理
2. 烫蜡</td></tr>
</table>

（四）喷刷涂料工程量清单项目设置、项目特征描述的内容、计量单位、工程量计算规则应按表 2.12.29 的规定执行。

表 2.12.29　喷刷涂料（编号：011407）

<table>
<tr><th>项目编码</th><th>项目名称</th><th>项目特征</th><th>计量单位</th><th>工程量计算规则</th><th>工作内容</th></tr>
<tr><td>011407001</td><td>墙面喷刷涂料</td><td rowspan="2">1. 基层类型
2. 喷刷涂料部位
3. 腻子种类
4. 刮腻子要求
5. 涂料品种、喷刷遍数</td><td rowspan="2">m^2</td><td rowspan="2">按设计图示尺寸以面积计算</td><td rowspan="3">1. 基层清理
2. 刮腻子
3. 刷、喷涂料</td></tr>
<tr><td>011407002</td><td>天棚喷刷涂料</td></tr>
<tr><td>011407003</td><td>空花格、栏杆刷涂料</td><td>1. 腻子种类
2. 刮腻子遍数
3. 涂料品种、刷喷遍数</td><td>m^2</td><td>按设计图示尺寸以单面外围面积计算</td></tr>
</table>

续 表

项目编码	项目名称	项目特征	计量单位	工程量计算规则	工作内容
011407004	线条刷涂料	1. 基层清理 2. 线条宽度 3. 刮腻子遍数 4. 刷防护材料、油漆	m	按设计图标尺寸以长度计算	
011407005	金属构件刷防火涂料	1. 喷刷防火涂料构件名称。 2. 防火等级要求 3. 涂料品种、喷刷遍数	1. m^2 2. t	以 t 计量，按设计图示尺寸以质量计算 以 m^2 计量，按设计展开面积计算	1. 基层清理 2. 刷防护材料、油漆
011407006	木材构件喷刷防火涂料		m^2	以 m^2 计量，按设计图示尺寸以面积计算	1. 基层清理 2. 刷防火材料
注：喷刷墙面涂料部位要注明内墙或外墙。					

二、油漆、涂料、裱糊工程清单计量

（一）木门窗油漆、金属门窗油漆。按设计图示数量以樘计量；或按设计图示洞口尺寸以 m^2 计算。

（二）木扶手及其他板条、线条油漆，按设计图示尺寸以长度计算。

（三）木材面油漆。

1. 木护墙、木墙裙油漆，窗台板、筒子板、盖板、门窗套、踢脚线油漆，其他木材面油漆：按设计图示尺寸以面积计算。

2. 木间壁、木隔断油漆，木栅栏、木栏杆（带扶手）油漆等：按设计图示尺寸以单面外围面积计算。

3. 衣柜、壁柜油漆，梁柱饰面油漆：按设计图示尺寸以油漆部分展开面积计算。

（四）金属面油漆，可以按设计图示尺寸以质量（t）计算；或按设计展开面积（m^2）计算。

（五）抹灰面油漆，按设计图示尺寸以面积计算。

（六）抹灰线条油漆，按设计图示尺寸以长度计算。

（七）满刮腻子，按设计图示尺寸以面积计算。

（八）墙面、天棚喷刷涂料，按设计图示尺寸以面积计算。

（九）空花格、栏杆刷涂料，按设计图示尺寸以单面外围面积计算。

（十）线条刷涂料，按设计图示尺寸以长度计算

（十一）金属构件刷防火涂料，可以按设计图示尺寸以质量（t）计算；或按设计展开面积（m^2）计算。

（十二）木材构件喷刷防火涂料，按设计图示尺寸以面积（m^2）计算。

（十三）墙纸裱糊、织锦缎裱糊，按设计图示尺寸以面积计算。

三、油漆、涂料、裱糊工程计价

（一）油漆、涂料，裱糊工程说明

1. 在同一平面上的分色及门窗内、外分色已综合考虑。如需要做美术图案者，另行计算。

2. 喷、涂、刷遍数与设计要求不同时，可按每增加一遍项目进行调整。

3. 喷塑（一塑三油）。底油、装饰油、面油，其规格划分如下：

(1) 大压花：喷点压平、点面积在 1.2cm^2 以上。

(2) 中压花：喷点压平、点面积在 1～1.2cm^2 以内。

(3) 喷中点、幼点：喷点面积在 1cm^2 以下。

4. 双层木门窗（单裁口）是指双层框扇。三层二玻一纱窗是指双层框三层扇。

5. 隔墙、护壁、柱、天棚、木龙骨刷防火漆是指龙骨刷防火漆。

6. 木龙骨刷防火漆按不刷底油、不刮腻子只刷漆编制的，包括龙骨四面（木地板木龙骨带毛地板的项目还包括毛地板）的涂刷。

7. 在金属面刷油漆项目中，各种金属门窗、间壁、屋面等按相应的工程量系数计算，执行单层钢门窗的相应项目，钢构（配）件，包括钢屋架、天窗架、挡风架、屋架梁、支撑、吊车梁、车挡、制动梁、钢柱、钢平台、刚体、钢栅栏、栏杆、管道、零星铁件等。

8. 刮仿瓷涂料项目包括一底二油，如设计在一底二油上再增加一遍者，其人工及材料乘系数 1.20。

（二）油漆、涂料、裱糊工程量计算规则

1. 木材面油漆的工程量分别按表 2.12.30～表 2.12.34 规定，乘以相应系数以 m^2 计算。

表 2.12.30　单层木门工程量系数表

项目名称	系数	工程量计算方法
单层木门	1.00	按单面洞口面积计算
双层（一板一纱）木门	1.36	
双层（单裁口）木门	2.00	
单层全玻门	0.83	
木百页门	1.25	
厂库房大门	1.10	

表 2.12.31　单层木窗工程量系数表

项目名称	系数	工程量计算方法
单层木窗	1.00	按单面洞口面积计算
双层（一玻一纱）窗	1.36	
双层框扇（单裁口）窗	2.00	
双层框三层（二玻一纱）窗	2.60	
单层组合窗	0.83	
双层组合窗	1.13	
木百页窗	1.50	

表 2.12.32　木扶手（不带托板）工程量系数表

项目名称	系数	工程量计算方法
木扶手（不带托板）	1.00	按延长米计算
木扶手（带托板）	2.60	
窗帘盒	2.04	
封檐板、顺水板	1.74	
挂衣板、单独木线 100mm 以外	0.52	
生活园地框，挂镜线、单独木线 100mm 以内	0.35	

表 2.12.33　木地板工程量系数表

项目名称	系数	工程量计算方法
木地板、木踢脚线	1.00	长×宽
木楼梯（不包括底面）	2.30	水平投影面积

表 2.12.34　其他木材面工程量系数表

项目名称	系数	工程量计算方法
木板、纤维板、胶合板天棚、檐口	1.00	
清水板条天棚、檐口	1.07	
木方格吊顶天棚	1.00	
吸音板墙面、天棚面	0.87	长×宽
木护墙、墙裙	1.00	
窗台板、筒子板、门窗套	1.00	
暖气罩	1.28	
屋面板（带木檩条）	1.11	斜长×宽
木间壁、木隔断	1.90	单面外围面积
玻璃间壁露明墙筋	1.65	单面外围面积
木栅栏、木栏杆（带扶手）	1.82	单面外围面积
木屋架	1.79	跨度（长）×中高×1/2
衣柜、壁柜	1.00	
零星木装修	1.00	按实刷展开面积
梁、柱饰面	1.00	

2. 隔墙（间壁）、隔断、护壁木龙骨刷防火漆，按隔壁（间壁）、隔断、护壁木龙骨的垂直投影面积计算。

3. 柱面木龙骨刷防火漆按柱装饰面外表面积计算。

4. 木地板、木龙骨刷防火漆按木板水平投影面积计算。

5. 基层板刷防火漆按板面面积，双面涂刷时，工程量乘以系数 2。

6. 金属面油漆，单层钢门窗按规定的工程量系数表计算。

7. 钢构（配）件按型材的展开面积以 m^2 计算。

8. 抹灰面油漆、喷刷涂料及裱糊的工程量：楼地面、天棚、墙、柱、梁面按装饰工程相应的工程量计算规则规定计算；混凝土花格窗、栏杆花饰按单面外围面积计算。

课题5　其他装饰工程

一、其他装饰工程清单项目设置

其他装饰工程包括柜类、货架，压条、装饰线，扶手、栏杆、栏板装饰，暖气罩，浴厕配件，雨篷、旗杆，招牌、灯箱，美术字 8 部分共 62 个项目清单。

（一）柜类、货架工程量清单项目设置、项目特征描述的内容、计量单位、工程量计算规则应按表 2.12.35 的规定执行。

表 2.12.35 柜类、货架（编号：011501）

项目编码	项目名称	项目特征	计量单位	工程量计算规则	工作内容
011501001	柜台	1. 台柜规格 2. 材料种类、规格 3. 五金种类、规格 4. 防护材料种类 5. 油漆品种、刷漆遍数	1. 个 2. m 3. m^3	以个计量，按设计图示数量计量 以 m 计量，按设计图示尺寸以延长米计算 以 m^3 计量，按设计图示尺寸以体积计算	1. 台柜制作、运输、安装（安放） 2. 刷防护材料、油漆 3. 五金件安装
011501002	酒柜				
011501003	衣柜				
011501004	存包柜				
011501005	鞋柜				
011501006	书柜				
011501007	厨房壁柜				
011501008	木壁柜				
011501009	厨房低柜				
011501010	厨房吊柜				
011501011	矮柜				
011501012	吧台背柜				
011501013	酒吧吊柜				
011501014	酒吧台				
011501015	展台				
011501016	收银台				
011501017	试衣间				
011501018	货架				
011501019	书架				
011501020	服务台				

（二）扶手、栏杆、栏板装饰工程量清单项目的设置、项目特征描述的内容、计量单位、工程量计算规则应按表 2.12.36 执行。

二、其他装饰工程清单工程量计算

（一）柜类、货架，按设计图示数量以个计量；或按设计图示尺寸以延长米计算。

（二）装饰线按设计图示尺寸以长度计算。

（三）扶手、栏杆、栏板装饰，按设计图示以扶手中心线长度（包括弯头长度）计算。

（四）暖气罩，按设计图示尺寸以垂直投影面积（不展开）计算。

（五）雨篷吊挂饰面，按设计图示尺寸以水平投影面积计算。

（六）玻璃雨篷，按设计图示尺寸以水平投影面积计算。

（七）美术字，按设计图示数量计算。

表 2.12.36　扶手、栏杆、栏板装饰（编码：011503）

<table>
<tr><th>项目编码</th><th>项目名称</th><th>项目特征</th><th>计量单位</th><th>工程量计算规则</th><th>工作内容</th></tr>
<tr><td>011503001</td><td>金属扶手、栏杆、栏板</td><td rowspan="3">1. 扶手材料种类、规格
2. 栏杆材料种类、规格
3. 栏板材料种类、规格、颜色
4. 固定配件种类
5. 防护材料种类</td><td rowspan="8">m</td><td rowspan="7">按设计图示以扶手中心线长度（包括弯头长度）计算</td><td rowspan="7">1. 制作
2. 运输
3. 安装
4. 刷防护材料</td></tr>
<tr><td>011503002</td><td>硬木扶手、栏杆、栏板</td></tr>
<tr><td>011503003</td><td>塑料扶手、栏杆、栏板</td></tr>
<tr><td>011503004</td><td>GRC 栏杆、扶手</td><td>1. 栏杆的规格
2. 安装间距
3. 扶手类型规格
4. 填充材料种类</td></tr>
<tr><td>011503005</td><td>金属靠墙扶手</td><td rowspan="3">1. 扶手材料种类、规格
2. 固定配件种类
3. 防护材料种类</td></tr>
<tr><td>011503006</td><td>硬木靠墙扶手</td></tr>
<tr><td>011503007</td><td>塑料靠墙扶手</td></tr>
<tr><td>011503008</td><td>玻璃栏板</td><td>1. 栏杆玻璃的种类、规格、颜色
2. 固定方式
3. 固定配件种类</td><td>按设计图示以扶手中心线长度（包括弯头长度）计算</td><td>1. 制作
2. 运输
3. 安装
4. 刷防护材料</td></tr>
</table>

三、其他装饰工程计价

（一）其他装饰工程说明

1. 设计采用的材料品种、规格与取定不同时，可以换算，但人工、机械不变。

2. 铁件已包括刷防锈漆一遍。如设计需要涂刷油漆、防火涂料，按相应子目执行。

3. 招牌基层。

（1）平面招牌是指安装在门前的墙面上；箱体招牌、竖式标箱是指六面体固定在墙面上；沿雨篷、檐口、阳台走向立式招牌，按平面招牌复杂项目执行。

（2）一般招牌和矩形招牌是指正立面平整无凸面；复杂招牌和异形招牌是指正立面有凹凸造型。

（3）招牌不包括灯饰。

4. 美术字安装。

(1) 美术字均以成品安装固定为准。

(2) 美术字不分字体。

5. 装饰线条。

(1) 木装饰线、石膏装饰线均以成品安装为准。

(2) 石材装饰线条均以成品安装为准。石材装饰线条磨边、磨圆角均包括在成品的单价中，不再另计。

6. 石材磨边、磨半圆边及台面开孔子目均为现场磨制。

7. 装饰线条以墙面直线安装为准，如天棚安装直线形、圆弧形或其他图案者，按以下规定计算：

(1) 天棚面安装直线装饰线条人工乘以系数1.34。

(2) 天棚面安装圆弧装饰线条人工乘以系数1.6，材料乘以系数1.1。

(3) 墙面安装圆弧装饰线条人工乘以系数1.2，材料乘以系数1.1。

(4) 装饰线条做艺术图案者，人工乘以系数1.8，材料乘以系数1.1。

8. 暖气罩挂板式是指钩挂在暖气片上；平墙式是指凹入墙内；明式是指凸出墙面；半凹半凸式按明式子目执行。

9. 货架、柜类中未考虑面板拼花及饰面板上贴其他材料的花饰、造型艺术品。

(二) 其他装饰工程量计算规则

1. 招牌、灯箱。

(1) 平面招牌基层按正立面面积计算，复杂形的凹凸造型部分亦不增减。

(2) 沿雨篷、檐口或阳台走向的立式招牌基层，按平面招牌复杂型执行时，应按展开面积计算。

(3) 箱体招牌和竖式标箱的基层，按外围体积计算。突出箱外的灯饰，店徽及其他艺术装潢等均另行计算。

(4) 灯箱的面层按展开面积以 m^2 计算。

(5) 广告牌钢骨架以 t 计算。

2. 美术字安装按字的最大外围矩形面积以个计算。

3. 压条、装饰线条均按延长米计算。

4. 暖气罩（包括脚的高度在内）按正立面边框外围尺寸垂直投影面积计算。

5. 镜面玻璃安装、盥洗室木镜箱以正立面面积计算。

6. 塑料镜箱、毛巾环、肥皂盒、金属帘子杆、浴缸拉手、毛巾杆安装以只或者副计算。大理石洗漱台以台面投影面积计算（不扣除孔洞面积）。

7. 货架、柜类均以正立面的高（包括脚的高度在内）乘以宽以 m^2 计算。

8. 收银台、试衣间等以个计算，其他以延长米为单位计算。

课题6　门窗工程

一、门窗工程清单项目设置

门窗工程包括木门，金属门，金属卷帘（闸）门，厂库房大门、特种门，其他门，木窗，金属窗，门窗套，窗台板，窗帘、窗帘盒、轨10部分共53个项目清单。

（一）木门工程量清单项目设置、项目特征描述、计量单位及工程量计算规则应按表2.12.37的规定执行。

表2.12.37　木门（编码：010801）

<table>
<tr><th>项目编码</th><th>项目名称</th><th>项目特征</th><th>计量单位</th><th>工程量计算规则</th><th>工作内容</th></tr>
<tr><td>010801001</td><td>木质门</td><td rowspan="3">1. 门代号及洞口尺寸
2. 镶嵌玻璃品种、厚度</td><td rowspan="4">1. 樘
2. m^2</td><td rowspan="4">以樘计量，按设计图示数量计算
以 m^2 计量，按设计图示洞口尺寸以面积计算</td><td rowspan="4">1. 门安装
2. 玻璃安装
3. 五金安装</td></tr>
<tr><td>010801002</td><td>木质门带套</td></tr>
<tr><td>010801003</td><td>木质连窗门</td></tr>
<tr><td>010801004</td><td>木质防火门</td><td>1. 门代号及洞口尺寸
2. 镶嵌玻璃品种、厚度</td></tr>
<tr><td>010801005</td><td>木门框</td><td>1. 门代号及洞口尺寸
2. 框截面尺寸
3. 防护材料种类</td><td>1. 樘
2. m</td><td>以樘计量，按设计图示数量计算
以m计量，按设计图示框的中心线以延长米计算</td><td>1. 木门框制作、安装
2. 运输
3. 刷防护材料</td></tr>
<tr><td>010801006</td><td>门锁安装</td><td>1. 锁品种
2. 锁规格</td><td>个（套）</td><td>按设计图示数量计算</td><td>安装</td></tr>
<tr><td colspan="6">注：
① 木质门应区分镶板木门、企口木板门、实木装饰门、胶合板门、夹板装饰门、木纱门、全玻门（带木质扇框）、木质半玻门（带木质扇框）等项目，分别编码列项。
② 木门五金应包括折页、插销、门碰珠、弓背拉手、搭机、木螺丝、弹簧折页（自动门）、管子拉手（自由门、地弹门、地弹簧（地弹门）、角铁、门轧头（地弹门、自由门）等。
③ 木质门带套计量按洞口尺寸以面积计算，不包括门套的面积。
④ 以樘计量，项目特征必须描述洞口尺寸，以 m^2 计量，项目特征可不描述洞口尺寸。
⑤ 单独制作安装木门框按木门框项目编码列项</td></tr>
</table>

（二）金属门工程量清单项目设置、项目特征描述、计量单位及工程量计算规则应按表2.12.38的规定执行。

（三）金属卷帘（闸）门工程量清单项目设置、项目特征描述、计量单位及工程量计算规则应按表 2.12.39 的规定执行。

表 2.12.38　金属门（编码：010802）

项目编码	项目名称	项目特征	计量单位	工程量计算规则	工作内容
010802001	金属(塑钢)门	1. 门代号及洞口尺寸 2. 门框或扇外围尺寸 3. 门框、扇材质 4. 玻璃品种、厚度	1. 樘 2. m²	以樘计量，按设计图示数量计算 以 m² 计量，按设计图示洞口尺寸以面积计算	1. 门安装 2. 五金安装 3. 玻璃安装
010802002	彩板门	1. 门代号及洞口尺寸 2. 门框或扇外围尺寸			
010802003	钢质防火门	1. 门代号及洞口尺寸 2. 门框或扇外围尺寸 3. 门框、扇材质			1. 门安装 2. 五金安装
010702004	防盗门				

注：

① 金属门应区分金属平开门、金属推拉门、金属地弹门、全玻门（带金属扇框）、金属半玻门（带扇框）等项目，分别编码列项。

② 铝合金门五金包括地弹簧、门锁、拉手、门插、门铰、螺丝等。

③ 其他金属门五金包括 L 形执手插锁（双舌）、执手锁（单舌）、门轨头、地锁、防盗门机、门眼（猫眼）、门碰珠、电子锁（磁卡锁）、闭门器、装饰拉手等。

④ 以樘计量，项目特征必须描述洞口尺寸，没有洞口尺寸必须描述门框或扇外围尺寸；以 m^2 计量，项目特征可不描述洞口尺寸及框、扇的外围尺寸。

⑤ 以 m^2 计量，无设计图示洞口尺寸，按门框、扇外围以面积计算

表 2.12.39　金属卷帘（闸）门（编码：010803）

项目编码	项目名称	项目特征	计量单位	工程量计算规则	工作内容
010803001	金属卷帘（闸）门	1. 门代号及洞口尺寸 2. 门材质 3. 启动装置品种、规格	1. 樘 2. m²	以樘计量，按设计图示数量计算； 以 m² 计量，按设计图示洞口尺寸以面积计算	1. 门运输、安装 2. 启动装置、活动小门、五金安装
010803002	防火卷帘（闸）门				

注：

以樘计量，项目特征必须描述洞口尺寸；以 m^2 计量，项目特征可不描述洞口尺寸

（四）木窗工程量清单项目设置、项目特征描述、计量单位及工程量计算规则应按表 2.12.40 的规定执行。

表 2.12.40　木窗（编码：010806）

项目编码	项目名称	项目特征	计量单位	工程量计算规则	工作内容
010806001	木质窗	1. 窗代号及洞口尺寸 2. 玻璃品种、厚度	1. 樘 2. m^2	以樘计量，按设计图示数量计算。 以 m^2 计量，按设计图示洞口尺寸以面积计算	1. 窗安装 2. 五金、玻璃安装
010806002	木飘(凸)窗				
010806003	木橱窗	1. 窗代号 2. 框截面及外围展开面积 3. 玻璃品种、厚度 4. 防护材料种类		以樘计量，按设计图示数量计算 以 m^2 计量，按设计图示尺寸以框外围展开面积计算	1. 窗制作、运输、安装 2. 五金、玻璃安装 3. 刷防护材料
010806004	木纱窗	1. 窗代号及框的外围尺寸 2. 纱窗材料品种、规格		以樘计量，按设计图示数量计算 以 m^2 计量，按框的外围尺寸以面积计算	1. 窗安装 2. 五金、玻璃安装
注： ① 木质窗应区分木百叶窗、木组合窗、木天窗、木固定窗、木装饰空花窗等项目，分别编码列项。 ② 以樘计量，项目特征必须描述洞口尺寸，没有洞口尺寸必须描述窗框外围尺寸；以 m^2 计量，项目特征可不描述洞口尺寸及框的外围尺寸。 ③ 以 m^2 计量，无设计图示洞口尺寸，按窗框外围以面积计算。 ④ 木橱窗、木飘（凸）窗以樘计量，项目特征必须描述框截面及外围展开面积。 ⑤ 木窗五金包括折页、插销、风钩、木螺丝、滑楞滑轨（推拉窗）等					

（五）金属窗工程量清单项目设置、项目特征描述、计量单位及工程量计算规则应按表 2.12.41 的规定执行。

（六）门窗套工程量清单项目设置、项目特征描述、计量单位及工程量计算规则应按表 2.12.42 的规定执行。

（七）窗台板工程量清单项目设置、项目特征描述、计量单位及工程量计算规则应按表 2.12.43 的规定执行。

（八）窗帘、窗帘盒、轨工程量清单项目设置、项目特征描述、计量单位及工程量计算规则应按表 2.12.44 的规定执行。

表 2.12.41 金属窗（编码：010807）

<table>
<tr><th>项目编码</th><th>项目名称</th><th>项目特征</th><th>计量单位</th><th>工程量计算规则</th><th>工作内容</th></tr>
<tr><td>010807001</td><td>金属（塑钢、断桥）窗</td><td rowspan="3">1. 窗代号及洞口尺寸
2. 框、扇材质
3. 玻璃品种、厚度</td><td rowspan="9">1. 樘
2. m^2</td><td rowspan="3">以樘计量，按设计图示数量计算；
以 m^2 计量，按设计图示洞口尺寸以面积计算</td><td rowspan="5">1. 窗安装
2. 五金、玻璃安装</td></tr>
<tr><td>010807002</td><td>金属防火窗</td></tr>
<tr><td>010807003</td><td>金属百叶窗</td></tr>
<tr><td>010807004</td><td>金属纱窗</td><td>1. 窗代号及框的外围尺寸
2. 框材质
3. 窗纱材料品种、规格</td><td>以樘计量，按设计图示数量计算；
以 m^2 计量，按框的外围尺寸以面积计算</td></tr>
<tr><td>010807005</td><td>金属格栅窗</td><td>1. 窗代号及洞口尺寸
2. 框外围尺寸
3. 框、扇材质</td><td>以樘计量，按设计图示数量计算；
以 m^2 计量，按设计图示洞口尺寸以面积计算</td></tr>
<tr><td>010807006</td><td>金属（塑钢、断桥）橱窗</td><td>1. 窗代号
2. 框外围展开面积
3. 框、扇材质
4. 玻璃品种、厚度
5. 防护材料种类</td><td rowspan="2">以樘计量，按设计图示数量计算
以平方米计量，按设计图示尺寸以框外围展开面积计算</td><td rowspan="2">1. 窗制作、运输、安装
2. 五金、玻璃安装
3. 刷防护材料</td></tr>
<tr><td>010807007</td><td>金属（塑钢、断桥）飘（凸）窗</td><td>1. 窗代号
2. 框外围展开面积
3. 框、扇材质
4. 玻璃品种、厚度</td></tr>
<tr><td>010807008</td><td>彩板窗</td><td rowspan="2">1. 窗代号及洞口尺寸
2. 框外围尺寸
3. 框、扇材质
4. 玻璃品种、厚度</td><td rowspan="2">以樘计量，按设计图示数量计算
以平方米计量，按设计图示洞口尺寸或框外围以面积计算</td><td rowspan="2">1. 窗安装
2. 五金安装</td></tr>
<tr><td>010807009</td><td>复合材料窗</td></tr>
<tr><td colspan="6">注：
① 金属窗应区分金属组合窗、防盗窗等项目，分别编码列项。
② 以樘计量，项目特征必须描述洞口尺寸，没有洞口尺寸必须描述窗框外围尺寸，以平方米计量，项目特征可不描述洞口尺寸及框的外围尺寸。
③ 以 m^2 计量，无设计图示洞口尺寸，按窗框外围以面积计算。
④ 金属橱窗、飘（凸）窗以樘计量，项目特征必须描述框外围展开面积。
⑤ 金属窗中铝合金窗五金应包括卡锁、滑轮、铰拉、执手、拉把、拉手、风撑、角码、牛角制等</td></tr>
</table>

表 2.12.42 门窗套（编码：010808）

<table>
<tr><th>项目编码</th><th>项目名称</th><th>项目特征</th><th>计量单位</th><th>工程量计算规则</th><th>工作内容</th></tr>
<tr><td>010808001</td><td>木门窗套</td><td>1. 窗代号及洞口尺寸
2. 门窗套展开宽度
3. 基层材料种类
4. 面层材料品种、规格
5. 线条品种、规格
6. 防护材料种类</td><td rowspan="5">1. 樘
2. m^2
3. m</td><td rowspan="5">以樘计量，按设计图示数量计算
以 m^2 计量，按设计图示尺寸以展开面积计算
以 m 计量，按设计图示中心以延长米计算</td><td rowspan="3">1. 清理基层
2. 立筋制作、安装
3. 基层板安装
4. 面层铺贴
5. 线条安装
6. 刷防护材料</td></tr>
<tr><td>010808002</td><td>木筒子板</td><td rowspan="2">1. 筒子板宽度
2. 基层材料种类
3. 面层材料品种、规格
4. 线条品种、规格
5. 防护材料种类</td></tr>
<tr><td>010808003</td><td>饰面夹板筒子板</td></tr>
<tr><td>010808004</td><td>金属门窗套</td><td>1. 窗代号及洞口尺寸
2. 门窗套展开宽度
3. 基层材料种类
4. 面层材料品种、规格
5. 防护材料种类</td><td>1. 清理基层
2. 立筋制作、安装
3. 基层板安装
4. 面层铺贴
5. 刷防护材料</td></tr>
<tr><td>010808005</td><td>石材门窗套</td><td>1. 窗代号及洞口尺寸
2. 门窗套展开宽度
3. 底层厚度、砂浆配合比
4. 面层材料品种、规格
5. 线条品种、规格</td><td>1. 清理基层
2. 立筋制作、安装
3. 基层抹灰
4. 面层铺贴
5. 线条安装</td></tr>
<tr><td>010808006</td><td>门窗木贴脸</td><td>1. 门窗代号及洞口尺寸
2. 贴脸板宽度
5. 防护材料种类</td><td>1. 樘
2. m</td><td>以樘计量，按设计图示数量计算
以 m 计量，按设计图示尺寸以延长米计算</td><td>安装</td></tr>
<tr><td>010808007</td><td>成品木门窗套</td><td>1. 窗代号及洞口尺寸
2. 门窗套展开宽度
3. 门窗套材料品种、规格</td><td>1. 樘
2. m^2
3. m</td><td>以樘计量，按设计图示数量计算
以 m^2 计量，按设计图示尺寸以展开面积计算
以 m 计量，按设计图示中心以延长米计算</td><td>1. 清理基层
2. 立筋制作、安装
3. 板安装</td></tr>
<tr><td colspan="6">注：
① 以樘计量，项目特征必须描述洞口尺寸、门窗套展开宽度。
② 以 m^2 计量，项目特征可不描述洞口尺寸、门窗套展开宽度。
③ 以 m 计量，项目特征必须描述门窗套展开宽度、筒子板及贴脸宽度</td></tr>
</table>

表 2.12.43　窗台板（编码：010809）

项目编码	项目名称	项目特征	计量单位	工程量计算规则	工作内容
010809001	木窗台板	1. 基层材料种类 2. 窗台面板材质、规格、颜色 3. 防护材料种类	m^2	按设计图示尺寸以展开面积计算	1. 基层清理 2. 基层制作、安装 3. 窗台板制作、安装 4. 刷防护材料
010809002	铝塑窗台板				
010809003	金属窗台板				
010809004	石材窗台板	1. 黏结层厚度、砂浆配合比 2. 窗台板材质、规格、颜色			1. 基层清理 2. 抹找平层 3. 窗台板制作、安装

表 2.12.44　窗帘、窗帘盒、轨（编码：010810）

项目编码	项目名称	项目特征	计量单位	工程量计算规则	工作内容
010810001	窗帘（杆）	1. 窗帘材质 2. 窗帘高度、宽度 3. 窗帘层数 4. 带幔要求	1. m 2. m^2	以 m 计量，按设计图示尺寸以成活后长度计算 以 m^2 计量，按图示尺寸以成活后展开面积计算	1. 制作、运输 2. 安装
010810002	木窗帘盒	1. 窗帘盒材质、规格 2. 防护材料种类	m	按设计图示尺寸以长度计算	1. 制作、运输、安装 2. 刷防护材料
010810003	饰面夹板、塑料窗帘盒				
010810004	铝合金窗帘盒				
010810005	窗帘轨	1. 窗帘轨材质、规格 2. 轨的数量 3. 防护材料种类			
注： ① 窗帘若是双层，项目特征必须描述每层材质。 ② 窗帘以米计量，项目特征必须描述窗帘高度和宽					

二、门窗工程清单工程量计算

（一）木门、金属门、金属卷帘（闸）门、厂库房大门、特种门、木质窗、金属窗等，按设计图示数量以樘计算；或按设计图示洞口尺寸以 m^2 计算。

（二）门锁安装，按设计图示数量以个或套计算。

（三）金属（塑钢、断桥）橱窗、金属（塑钢、断桥）飘（凸）窗，按设计图示数量以樘计算；或按设计图示尺寸以框外围展开面积计算。

（四）窗台板，按设计图示尺寸以展开面积计算。

（五）窗帘（杆），按设计图示尺寸以 m 计算；或按设计图示尺寸以展开面积计算。

（六）木窗帘盒、铝合金窗帘盒、窗帘轨，按设计图示尺寸以长度计算。

三、门窗工程计价

（一）门窗工程说明

1. 木材木种除说明者外，均以一、二类木种为准，如采用三、四类木种时，人工和机械乘系数 1.24。

2. 木门窗一般小五金配件费（折页、插销、铁搭扣、风钩、普通拉手）按附表计算，特种五金另按相应项目执行。

3. 铝合金门窗制作、安装项目不分现场或施工企业附属加工厂制作，均执行本标准。

4. 铝合金地弹门制作型材（框料）按 101.6mm×44.5mm 方管制作，单扇平开门、双扇平开窗按 38 系列厚 1.2mm 制定，推拉窗按 70 系列厚 1.2mm 制定。如实际采用的型材断面及厚度与规格不同者，可按图示尺寸乘以线密度 6%的施工损耗计算型材质量。

5. 装饰板门制作按木骨架、基层、饰面板面层分别计算。

6. 在成品门窗安装项目中，门窗附件包含在成品门窗单价内，玻璃则不包括在成品单价内。铝合金门窗制作、安装项目中未含五金配件，五金配件按附表选用。

（二）门窗工程量计算规则

1. 普通木门窗、彩板组角门窗、塑钢门窗、铝合金门窗均按洞口面积以 m^2 计算，铝合金纱扇制作安装按纱扇外围面积计算。

2. 普通窗上部带有半圆窗的工程量应分别按半圆窗和普通窗计算。其分界线以普通窗和半圆窗之间的横框上裁口线。

3. 卷闸门安装按其安装高度乘以门的实际宽度以 m^2 计算。安装高度算至滚筒顶为准。带卷筒罩的按展开面积增加。电动装置安装以套计算，小门安装以个计算。

4. 防盗门、防盗窗、不锈钢格栅门按框外围面积以 m^2 计算。

5. 成品防火门以框外围面积计算，防火卷帘门从地（楼）面算至端板顶点乘设计宽度。

6. 实木门框制作安装以延长米计算。实木门扇制作安装及装饰门扇制作按扇外围面积计算。装饰门扇及成品门扇安装按扇计算。

7. 木门扇皮制隔音面层和装饰板隔音面层，按单面积计算。

8. 不锈钢板包门框、门窗套、花岗岩门套、门窗筒子板按展开面积计算。门窗贴脸、窗帘盒、窗帘轨按延长米计算。

9. 窗台板按实铺面积计算。

10. 电子感应门及转门以樘计算。

11. 不锈钢电动伸缩门以樘计算。

【例 2.12.6】某办公室的平面图和墙身大样图如图 2.12.6 所示。已知内墙粉混合砂浆、外刷涂料，内墙裙 900mm 高釉面砖，外墙粉水泥砂浆、外贴墙面砖，天棚水泥砂浆、外刷涂料，台阶贴陶瓷地面砖。门窗表如表 2.12.45 所示。

表 2.12.45 门窗表

门窗名称	洞口尺寸/mm	樘数	备注
M1	1 800×2 400	1	塑钢双扇平开门
M2	1 000×2 100	2	单扇无亮镶板木门
C1	1 800×1 800	4	塑钢推拉窗
C2	2 100×1 800	1	塑钢推拉窗

内外墙的装饰做法为：

(1) 内墙的做法：

1) 仿瓷涂料。

2) 5 厚 1∶0.5∶3 水泥石膏砂浆抹面压实抹光。

3) 12 厚 1∶1∶6 水泥石膏砂浆打底。

(2) 内墙裙的做法：

1) 4 厚釉面砖。

2) 3 厚 1∶1 水泥砂浆加 20%801 胶。

3) 17 厚 1∶3 水泥砂浆底。

(3) 天棚的做法：

1) 仿瓷涂料。

2) 5 厚 1∶2 水泥砂浆抹面。

3) 5 厚 1∶3 水泥砂浆打底。

4) 刷素水泥浆一道（内掺建筑胶）。

5) 现浇钢筋混凝土板。

(4) 外墙的做法：粉水泥砂浆、外贴墙面砖。

(5) 台阶贴地面砖。

试编制台阶装饰、墙面装饰、天棚、门窗的工程量清单。

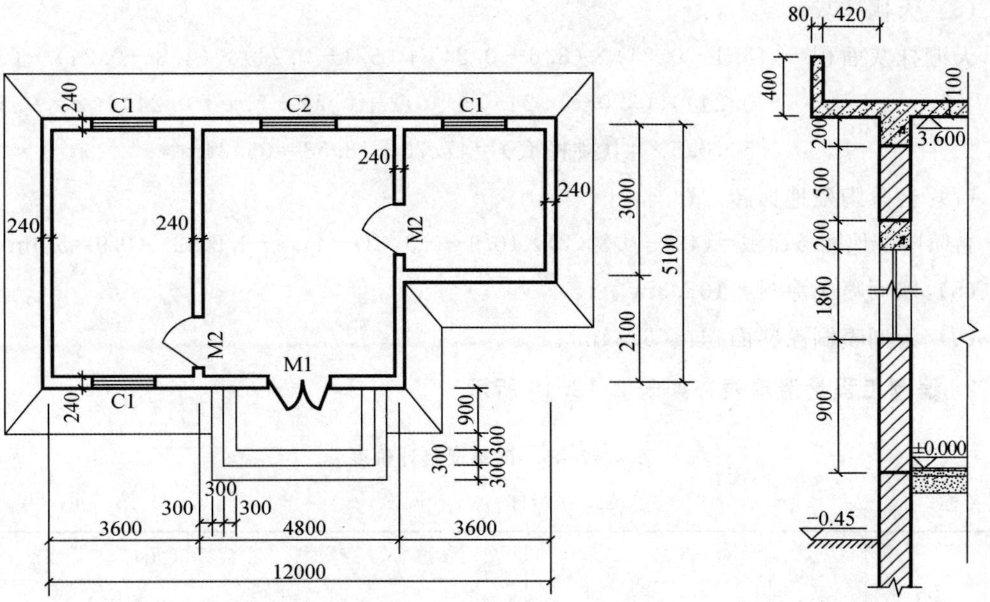

办公室平面图　　　　墙身大样图

图 2.12.6

解　1. 计算清单工程量

(1) 门窗面积统计。

外墙上窗面积：$1.8\times1.8\times3+2.1\times1.8=13.5\text{m}^2$

外墙上门（M1）面积：$1.8\times2.4=4.32\text{m}^2$

内墙上门（M2）面积：$1.0\times2.1\times2=4.2\text{m}^2$

(2) 内墙抹灰。

内墙抹灰面积＝主墙间的净长×高度－门窗洞口及单个 0.3m^2 以上的孔洞面积＋附墙柱、垛、烟囱侧壁面积＝

$[(3.6-0.24+5.1-0.24)\times2+(4.8-0.24+5.1-0.24)\times2+(3.6-0.24+3.0-0.24)\times2]\times(3.6-0.9)-(13.5+1.8\times1.5+1.0\times1.2\times2\times2)=47.52\times2.7-21=107.3\text{m}^2$

(3) 内墙裙。

内墙裙面积＝$47.52\times0.9-(1.8\times0.9+1.0\times0.9\times2\times2)=37.55\text{m}^2$

(4) 外墙抹灰。

外墙抹灰面积＝外墙垂直投影面积－墙裙、门窗洞口及单个 0.3m^2 以上的孔洞面积＋附墙柱、垛、烟囱侧壁面积＝

$(12+0.24+5.1+0.24)\times2\times(3.6+0.45)-13.5-4.32+(12.24+0.5\times2+5.34+0.5\times2)\times2\times0.4$(挑檐)$=140.24\text{m}^2$

(5) 外墙贴面砖面积：140.24m^2。

（6）天棚抹灰。

天棚抹灰面积＝[(5.1－0.24)×(3.6－0.24)＋(5.1－0.24)×(4.8－0.24)＋(3.6－0.24)×(3.0－0.24)]＋[(12＋0.24＋5.1＋0.24)×2×0.5＋0.5×0.5×4](挑檐底)＝47.76＋18.58＝66.34m^2

（7）台阶陶瓷地面砖。

台阶陶瓷地面砖面积＝(4.8－0.3×2)×(0.9＋0.3×3)－(4.8－1.2×2)×0.9＝5.4m^2

（8）墙面喷刷涂料：107.3m^2。

（9）天棚喷刷涂料面积：66.34m^2。

2. **编制工程量清单表，如表** 2.12.46 **所示。**

表 2.12.46　清单项目计价表

工程名称：　　　　　　　　　　　　单位工程名称：　　　　　　　　　　　　第　页　共　页

序号	项目编码	项目名称	特征描述	计量单位	工程量	金额（元）				
						综合单价	合价	其中		
								建安费用	销项税额	附加税费
1	011107002001	块料台阶面	1. 陶瓷台阶砖 2. 5 厚 1：1 水泥砂浆 3. 刷素水泥浆一遍 4. 15 厚 1：3 水泥砂浆	m^2	5.4					
2	011201001001	墙面一般抹灰	1. 墙体类型：砖墙 2.12 厚 1∶1∶6 水泥石膏砂浆打底 3.5 厚 1∶0.5∶3 水泥石膏砂浆抹面压实抹光	m^2	107.3					
3	011201001002	墙面一般抹灰	1. 墙体类型：砖墙 2. 15 厚 1：3 水泥砂浆 3. 5 厚 1：2 水泥砂浆	m^2	140.24					

续　表

序号	项目编码	项目名称	特征描述	计量单位	工程量	金额（元）				
						综合单价	合价	其中		
								建安费用	销项税额	附加税费
4	011204003001	块料墙面	1. 墙体类型：砖墙 2. 4厚釉面砖 3. 3厚1∶1水泥砂浆加20%801胶 4. 17厚1∶3水泥砂浆底	m^2	37.55					
5	011301001001	天棚抹灰	1. 基层类型：现浇钢筋混凝土板 2. 刷素水泥浆一道(内掺建筑胶 3. 5厚1∶3水泥砂浆打底 4. 5厚1∶2水泥砂浆抹面	m^2	66.34					
6	011407001001	墙面喷刷涂料	1. 基层类型：抹灰面 2. 喷刷涂料部位：内墙 3. 涂料品种、喷刷遍数：仿瓷涂料，两遍	m^2	107.3					
7	011407002001	天棚喷刷涂料	1. 基层类型：抹灰面 2. 涂料品种、喷刷遍数：仿瓷涂料，两遍	m^2	66.34					
本业合计										
累计										

单元十三 措施项目

课题1 措施项目清单

措施项目是相对于工程实体的分部分项工程项目而言，是指为完成工程项目施工，发生于该工程项目施工准备和施工过程中技术、生活、安全、环境保护等方面的非工程实体项目的总称。根据《房屋建筑与装饰工程工程量计算规范》(GB 50584－2013)，措施项目在附录S中，分为脚手架、混凝土模板及支架（撑）、垂直运输、超高施工增加、大型机械设备进出场及安拆、施工排水降水、安全文明施工及其他措施项目7部分内容，共52个清单项目。“计算规范”对可以计算工程量的措施项目（单价措施项目），列出了项目编码、项目名称、项目特征、计量单位和工程量计算规则，对不能计算工程量的措施项目（总价措施项目），列出了项目编码、项目名称、工作内容及包含范围。

措施项目清单应根据相关工程现行国家计量规范的规定编制，并应根据拟建工程的实际情况列项。措施项目也同分部分项工程一样，编制工程量清单必须列出项目编码、项目名称、项目特征、计量单位。对仅列出项目编码、项目名称，但未列出项目特征、计量单位和工程量计算规则的措施项目，编制工程量清单时，必须按规范规定的项目编码、项目名称确定清单项目。

一、脚手架工程

（一）脚手架工程工程量清单项目设置、项目特征描述的内容、计量单位及工程量计算规则（见表2.13.1）

（二）脚手架工程清单项目设置说明

1. 使用综合脚手架时，不再使用外脚手架、里脚手架等单项脚手架；综合脚手架适用于能够按“建筑面积计算规则”计算建筑面积的建筑工程脚手架，不适用于房屋加层、构筑物及附属工程脚手架。

2. 同一建筑物有不同檐高时，以建筑物竖向切面分别按不同檐高编列清单项目。

3. 整体提升架已包括2m高的防护架体设施。

表 2.13.1 脚手架工程（编码：011701）

项目编码	项目名称	项目特征	计量单位	工程量计算规则	工作内容
011701001	综合脚手架	1. 建筑结构形式 2. 檐口高度	m²	按建筑面积计算	1. 场内、场外材料搬运 2. 搭、拆脚手架、斜道、上料平台 3. 安全网的铺设 4. 选择附墙点与主体连接 5. 测试电动装置、安全锁等 6. 拆除手架后材料的堆放
011701002	外脚手架	1. 搭设方式 2. 搭设高度 3. 脚手架材质	m²	按服务对象的垂直投影面积计算	1. 场内、场外材料搬运 2. 搭、拆脚手架、斜道、上料平台 3. 安全网的铺设 4. 拆除手架后材料的堆放
011701003	里脚手架				
011701004	悬空脚手架	1. 窗帘轨材质、规格 2. 轨的数量 3. 防护材料种类		按搭设的水平投影面积计算	
011701005	挑脚手架		m	按搭设长度乘以搭设层数以延长米计算	
011701006	满堂脚手架	1. 搭设方式 2. 搭设高度 3. 脚手架材质	m²	按搭设的水平投影面积计算	
011701007	整体提升架	1. 搭设方式及启动装置 2. 搭设高度	m²	按服务对象的垂直投影面积计算	1. 场内、场外材料搬运 2. 选择附墙点与主体连接 3. 搭、拆脚手架、斜道、上料平台 4. 安全网的铺设 5. 测试电动装置、安全锁等 6. 拆除手架后材料的堆放

续 表

项目编码	项目名称	项目特征	计量单位	工程量计算规则	工作内容
011701008	外装饰吊篮	1. 升降方式及启动装置 2. 搭设高度及吊篮型号	m^2	按服务对象的垂直投影面积计算	1. 场内、场外材料搬运 2. 吊篮的安装 3. 测试电动装置、安全锁、平衡控制器等 4. 吊篮的拆卸

(4) 脚手架材质可以不描述，但应注明由投标人根据工程实际情况按照国家现行标准《建筑施工扣件式钢管脚手架安全技术规范》(JGJ 130)、《建筑施工附着升降脚手架管理暂行规定》(建建［2000］230 号) 等规范自行确定。

二、混凝土模板及支架（撑）

(一) 混凝土模板及支架（撑）工程量清单项目设置、项目特征描述的内容、计量单位及工程量计算规则（见表 2.13.2）

(二) 混凝土模板及支架（撑）工程清单项目设置说明

1. 原槽浇灌的混凝土基础，不计算模板。

2. 混凝土模板及支架（撑）项目，只适用于以 m^2 计量，按模板与混凝土构件的接触面积计算。以 m^3 计量的模板及支架（支撑），按混凝土及钢筋混凝土实体项目执行，其综合单价中应包含模板及支撑（支架）。

3. 采用清水模板时，应在特征中注明。

4. 若现浇混凝土梁、板支撑高度超过 3.6m，项目特征应描述支撑高度。

表 2.13.2 混凝土模板及支架（撑）（编码：011702）

项目编码	项目名称	项目特征	计量单位	工程量计算规则	工作内容
011702001	基础	基础类型	m^2	按模板与现浇混凝土构件的接触面积计算。 现浇钢筋混凝土墙、板单孔面积≤0.3m^2 的孔洞不予扣除，洞侧壁模板亦不增加；单孔面积＞0.3m^2 时应予以扣除，洞侧壁模板面积并入墙、板工程量内计算；	1. 模板制作 2. 模板安装、拆除、整理堆放及场内、外运输 3. 清理模板黏结物及模内杂物、刷隔离剂等
011702002	矩形柱				
011702003	构造柱				
011702004	异形柱	柱截面形状			
011702005	基础梁	梁截面形状			
011702006	矩形梁	支撑高度			
011702007	异形梁	1. 梁截面形状 2. 支撑高度			

续 表

项目编码	项目名称	项目特征	计量单位	工程量计算规则	工作内容
011702008	圈梁		m^2	现浇框架分别按梁、板、柱有关规定计算；附墙柱、暗梁、暗柱并入墙内工程量内计算； 柱、梁、墙、板相互连接的重叠部分，均不计算模板面积； 构造柱按图示外露部分计算模板面积	
011702009	过梁				
011702010	弧形、拱形梁	1. 梁截面形状 2. 支撑高度			
011702011	直形墙				
011702012	弧形墙				
011702013	短肢剪力墙、电梯井壁				
011702014	有梁板	支撑高度			
011702015	无梁板				
011702016	平板				
011702017	拱板				
011702018	薄壳板				
011702019	空心板				
011702020	其他板				
011702021	栏板				
011702022	天沟、檐沟	构件类型		按模板与现浇混凝土构件的接触面积计算	
011702023	雨篷、悬挑板、阳台板	1. 构件类型 2. 板厚度		按图示外挑部分尺寸的水平投影面积计算，挑出墙外的悬臂梁及板边不另计算	
011702024	楼梯	类型	m^2	按楼梯（包括休息平台、平台梁、斜梁和楼层板的连接梁）的水平投影面积计算，不扣除宽度≤500mm的楼梯井所占面积，楼梯踏步、踏步板、平台梁等侧面模板不另计算，伸入墙内部分亦不增加	
011702025	其他现浇构件	构件类型		按模板与现浇混凝土构件的接触面积计算	
011702026	电缆沟、地沟	1. 沟类型 2. 沟截面		按模板与电缆沟、地沟接触的面积计算	

续　表

项目编码	项目名称	项目特征	计量单位	工程量计算规则	工作内容
011702027	台阶	台阶踏步宽	m^2	按图示台阶水平投影面积计算，台阶端头两侧不另计算模板面积。架空式混凝土台阶，按现浇楼梯计算	1. 模板制作 2. 模板安装、拆除、整理堆放及场内外运输 3. 清理模板黏结物及模内杂物、刷隔离剂等
011702028	扶手	扶手断面尺寸		按模板与扶手的接触面积计算	
011702029	散水			按模板与散水的接触面积计算	
011702030	后浇带	后浇带部位		按模板与后浇带的接触面积计算	
011702031	化粪池	1. 化粪池部位 2. 化粪池规格		按模板与混凝土接触面积计算	
011702032	检查井	1. 检查井部位 2. 检查井规格			

三、垂直运输

（一）垂直运输工程量清单项目设置、项目特征描述的内容、计量单位及工程量计算规则（见表 2.13.3）

表 2.13.3　垂直运输（编码：011703）

项目编码	项目名称	项目特征	计量单位	工程量计算规则	工作内容
011703001	垂直运输	1. 建筑物建筑类型及结构形式 2. 地下室建筑面积 3. 建筑物檐口高度、层数	1. m^2 2. 天	1. 按建筑面积计算 2. 按施工工期日历天数计算	1. 垂直运输机械的固定装置、基础制作、安装 2. 行走式垂直运输机械轨道的铺设、拆除、摊销

（二）垂直运输工程清单项目设置说明

1. 建筑物的檐口高度是指设计室外地坪至檐口滴水的高度（平屋顶系指屋面板底高度），突出主体建筑物屋顶的电梯机房、楼梯出口间、水箱间、瞭望塔、排烟机房等不计入檐口高度。

2. 垂直运输指施工工程在合理工期内所需垂直运输机械。

3. 同一建筑物有不同檐高时，按建筑物的不同檐高做纵向分隔，分别计算建筑面积，以不同檐高分别编码列项。

四、超高施工增加

（一）超高施工增加工程量清单项目设置、项目特征描述的内容、计量单位及工程量计算规则（见表 2.13.4）

表 2.13.4 超高施工增加（编码：011704）

项目编码	项目名称	项目特征	计量单位	工程量计算规则	工作内容
011704001	超高施工增加	1. 建筑物建筑类型及结构形式 2. 建筑物檐口高度、层数 3. 单层建筑物檐口高度超过 20m，多层建筑物超过 6 层部分的建筑面积	m^2	按建筑物超高部分的建筑面积计算	1. 建筑物超高引起的人工工效降低以及由于人工工效降低引起的机械降效 2. 高层施工用水加压水泵的安装、拆除及工作台班 3. 通信联络设备的作用及摊销

（二）超高施工增加工程清单项目设置说明

1. 单层建筑物檐口高度超过 20m，多层建筑物超过 6 层时，可按超高部分的建筑面积计算超高施工增加。计算层数时，地下室不计入层数。

2. 同一建筑物有不同檐高时，可按不同高度的建筑面积分别计算建筑面积，以不同檐高分别编码列项。

五、大型机械设备进出场及安拆

大型机械设备进出场及安拆工程量清单项目设置、项目特征描述的内容、计量单位及工程量计算规则，应按表 2.13.5 的规定执行。

表 2.13.5 大型机械设备进出场及安拆（编码：011705）

项目编码	项目名称	项目特征	计量单位	工程量计算规则	工作内容
011705001	大型机械设备进出场及安拆	1. 机械设备名称 2. 机械设备规格型号	台次	按使用机械设备的数量计算	安拆费包括施工机械、设备在现场进行安装拆卸所需人工、材料、机械和试运转费用以及机械辅助设施的折旧、搭设、拆除等费用。 进出场费包括施工机械、设备整体或分体自停放地点运至施工现场或由一施工地点运至另一施工地点所发生的运输、装卸、辅助材料等费用

六、施工排水降水

施工排水降水工程量清单项目设置、项目特征描述的内容、计量单位及工程量计算规则，应按表 2.13.6 的规定执行。

表 2.13.6　施工排水降水（编码：011706）

项目编码	项目名称	项目特征	计量单位	工程量计算规则	工作内容
011706001	成井	1. 成井方式 2. 地层情况 3. 成井直径 4. 井（滤）管类型、直径	m	按设计图示尺寸以钻孔深度计算	准备钻孔机械、埋设护筒、钻机就位，泥浆制作、固壁，成孔、出渣、清孔等； 对接上、下井管（滤管），焊接，安放，下滤料，洗井，连接试抽等
011706002	排水、降水	1. 机械规格型号 2. 降排水管规格	昼夜	按排、降水日历天数计算	管道安装、拆除，场内搬运等 抽水、值班、降水设备维修等

七、安全文明施工及其他措施项目

安全文明施工及其他措施项目工程量清单项目设置、计量单位、工作内容及包含范围按表 2.13.7 的规定执行。

表 2.13.7　安全文明施工及其他措施项目（011707）

项目编码	项目名称	工作内容及包含范围
011707001	安全文明施工	环境保护：现场施工机械设备降低噪声、防扰民措施；水泥和其他易飞扬细颗粒建筑材料密闭存放或采取覆盖措施等；工程防扬尘洒水；土石方、建渣外运车辆防护措施等；现场污染源的控制、生活垃圾清理外运、场地排水排污措施；其他环境保护措施。 文明施工："五牌一图"；现场围挡的墙面美化（包括内外粉刷、刷白、标语等）、压顶装饰；现场厕所便槽刷白、贴面砖，水泥砂浆地面或地砖，建筑物内临时便溺设施；其他施工现场临时设施的装饰装修、美化措施；现场生活卫生设施；符合卫生要求的饮水设备、淋浴、消毒等设施；生活用洁净燃料；防煤气中毒、防蚊虫叮咬等措施；施工现场操作场地的硬化；现场绿化、治安综合治理；现场配备医药保健器材、物品费用和急救人员培训；现场工人的防暑降温、电风扇、空调等设备及用电；其他文明施工措施。

续表

项目编码	项目名称	工作内容及包含范围
011707001	安全文明施工	安全施工：安全资料、特殊作业专项方案的编制，安全施工标志的购置及安全宣传；“三宝”（安全帽、安全带、安全网）、“四口”（楼梯口、电梯井口、通道口、预留洞口）、“五临边”（阳台围边、楼板围边、屋面围边、槽坑围边、卸料平台两侧），水平防护架、垂直防护架、外架封闭等防护；施工安全用电，包括配电箱三级配电、两级保护装置要求、外电防护措施；起重机、塔吊等起重设备（含井架、门架）及外用电梯的安全防护措施（含警示标志）及卸料平台的临边防护、层间安全门、防护棚等设施；建筑工地起重机械的检验检测；施工机具防护棚及其围栏的安全保护设施；施工安全防护通道；工人的安全防护用品、用具购置；消防设施与消防器材的配置；电气保护、安全照明设施；其他安全防护措施。 临时设施：施工现场采用彩色、定型钢板，砖、砼砌块等围挡的安砌、维修、拆除；施工现场临时建筑物、构筑物的搭设、维修、拆除，如临时宿舍、办公室，食堂、厨房、厕所、诊疗所、临时文化福利用房、临时仓库、加工场、搅拌台、临时简易水塔、水池等；施工现场临时设施的搭设、维修、拆除，如临时供水管道、临时供电管线、小型临时设施等；施工现场规定范围内临时简易道路铺设，临时排水沟、排水设施安砌、维修、拆除；其他临时设施搭设、维修、拆除
011707002	夜间施工	夜间固定照明灯具和临时可移动照明灯具的设置、拆除； 夜间施工时，施工现场交通标志、安全标牌、警示灯等的设置、移动、拆除； 包括夜间照明设备摊销及照明用电、施工人员夜班补助、夜间施工劳动效率降低等
011707003	非夜间施工照明	为保证工程施工正常进行，在如地下室等特殊施工部位施工时所采用的照明设备的安拆、维护、摊销及照明用电等
011707004	二次搬运	包括由于施工场地条件限制而发生的材料、成品、半成品等一次运输不能到达堆放地点，必须进行二次或多次搬运

续　表

项目编码	项目名称	工作内容及包含范围
011707005	冬雨季施工	冬雨（风）季施工时增加的临时设施（防寒保温、防雨、防风设施）的搭设、拆除； 冬雨（风）季施工时，对砌体、混凝土等采用的特殊加温、保温和养护措施； 冬雨（风）季施工时，施工现场的防滑处理、对影响施工的雨雪的清除； 包括冬雨（风）季施工时增加的临时设施的摊销、施工人员的劳动保护用品、冬雨（风）季施工劳动效率降低等
011707006	地上、地下设施、建筑物的临时保护设施	在工程施工过程中，对已建成的地上、地下设施和建筑物进行的遮盖、封闭、隔离等必要保护措施
011707007	已完工程及设备保护	对已完工程及设备采取的覆盖、包裹、封闭、隔离等必要保护措施所发生的费用

课题 2　措施工程项目计价

一、脚手架工程

（一）脚手架工程有关说明

1. 按施工中实际使用的材料，分别执行相应项目。

2. 外脚手架综合了上料平台、护卫栏杆等。

3. 满堂基础套用满堂脚手架基本层相应项目的 50%计算脚手架。

4. 利用外架或里脚手架的室内、外的墙柱面装饰时，按每 100m^2 计改架工 1.28 工日，不得再计算装饰架。

（二）工程量计算规则

1. 脚手架面积的计算，均按其投影面积计算脚手架。

2. 建筑物如有高、低跨（层）且檐口高度不在同一标准步距时，分别按高、低跨（层）计算脚手架面积，分别套用相应项目执行。

3. 突出屋面的水箱间、电梯机房、楼梯间、闭路电视间、女儿墙等搭设的脚手架，套用相应屋面檐口高度项目执行。

4. 依附建筑物的外走廊、檐廊、阳台挑出墙外宽度在 1.5m 以内者，利用外墙架，按里脚手架的80%计算脚手架，挑出宽度在1.5m以上者，按里脚手架计算。

5. 独立柱按周长增3.6m乘以柱高套用相应项目高度项目，柱高15m以内按单排计算，柱高15m以上按双排计算。

6. 砌筑里脚手架，按内墙垂直投影面积计算，不扣除门窗洞口的面积。

7. 满堂脚手架，按实际搭设的水平投影面积计算，不扣除依附墙柱、柱所占面积，其基本层高以3.6m以上至5.2m为准。凡超过3.6m，在5.2m以内的天棚装饰抹灰及装饰，应计算满堂脚手架基本层；层高超过5.2m，每增加1.2m计算一个增加层。

8. 安全过道按实际搭设的水平投影面积（架宽×架长）计算。

9. 斜挑式安全笆按实际搭设的斜面积计算。

10. 立挂安全网，按实际满挂的垂直投影面积计算。

二、模板工程

（一）模板工程有关说明

1. 现浇混凝土模板按不同构件，分别以组合钢模板（钢支撑、木支撑）、复合木模板（钢支撑、木支撑）、木模板（木支撑）配制。

2. 现浇混凝土梁、板、柱、墙是按支模高度3.6m编制的，超过3.6m时，超过部分工程量按超高的项目计算。

（二）模板工程量计算规则

1. 现浇混凝土及钢筋混凝土模板工程量，除有规定者外，均应区别模板的不同材质，按混凝土与模板接触面积，以m^2计算。

2. 有肋带型基础，其肋高与肋宽之比在4∶1以内，按有肋带型基础计算。超过4∶1时，其基础按板式带型基础计算，以上部分按墙计算。

3. 柱、梁、板、墙均按混凝土与模板接触面积计算。

（1）现浇钢筋混凝土柱、梁、板、墙的支模高度以3.6m内为准，超过3.6m以上部分，另外按超过部分计算增加支撑工程量。

1）柱、墙支模高度计算：首层按室外地坪（地下室按室内地坪）至上层楼面积算；楼面安层高计算。

2）有梁板（不包括整浇一起的框架梁，但包括整浇一起的其他梁）、平板的支模高度计算：首层按室外地坪（地下室按室内地坪）至上层楼面积算；楼面安层高计算。

3）单独的梁（包括框架梁）的支模高度计算：首层按室外地坪（地下室按室内地坪）至梁底计算；楼层按楼板面（或梁面）至梁底计算。

（2）现浇钢筋混凝土板、墙上单孔面积在0.3m^2以内的孔洞，不予扣除，洞侧壁模板面积亦不增加；单孔面积在0.3m^2以外时，应予以扣除，洞侧壁模板面积并入板、墙模板工程量内计算。

1）框架梁：（包括预制与现浇结构）均计算至柱或混凝土墙侧面。

2）有梁板：主次梁连接者，次梁算至主梁侧面；伸入墙内的梁头与梁垫的模板并入梁内；板算至梁的侧面。

3）无梁板：板算至边梁的侧面，柱帽部分按接触面积计算工程量套用柱帽项目。

4. 柱与梁、柱与墙、梁与梁等连接的重叠部分以及伸入墙内的梁头、板头部分均不计算模板面积。

5. 均应按：柱宽加马牙槎宽度乘以高度

6. 按外挑部分尺寸的水平投影面积计算

7. 按台阶尺寸的水平投影面积计算

三、垂直运输机械

（一）垂直运输机械的有关说明

1. 建筑物檐口高度或构筑物高度在3.6m以内的，不计算垂直运输机械费。

2. 同一建筑物有多个檐高时，按最高檐高套用定额。

（二）垂直运输机械工程量计算规则

1. 垂直运输机械使用费按垂直运输机械的数量和使用时间计算。

2. 垂直运输机械的数量和使用时间计算根据施工组织设计计算。

四、超高增加费工程

（一）超高增加费工程的有关说明

1. 突出主体建筑屋顶的电梯间、水箱间等不计入檐高之内。

2. 同一建筑物楼面顶标高距室外地坪的高度不同时，按水平面的不同高度范围的工程量，分别按相应项目计算。

3. 项目降效中包括的内容指建筑物檐口的高度20m以上的全部工程项目，但不包括垂直运输、各类构件的水平运输及各项脚手架。

（二）超高增加费工程量计算规则

1. 人工降效按规定内容的全部人工费计算金额。

2. 其他机械降效按规定内容中的全部机械费（不包括吊装机械）乘以计算金额。

3. 建筑物施工用水加压的水泵台班，按檐口的高度20m以上建筑面积以m^2计算。

【例2.13.1】如人工挖孔桩（利用前面图）所示，其护壁采用木模板、木支撑，计算其护壁模板的工程量。

解 人工挖孔桩井壁模板面肌是指井壁内圆的侧面积。

标准段护壁模板 $=2\times3.14\times\frac{0.8}{2}\times6.0=3.768\text{m}^2$

扩大段护壁模板 $=2\times3.14\times\frac{1.6}{2}\times1.5=7.536\text{m}^2$

底段护壁模板 $=2\times3.14\times\frac{1.6}{2}\times0.2=1.005\text{m}^2$

护壁模板工程量＝（3.768＋7.536＋1.005）×15＝12.31×15＝184.63m^2

套用定额子目 A2－140。

【例 2.13.2】如图 2.13.2 所示，井字形楼盖层高 3.9m，采用复合木模板钢支撑，求其模板工程量。

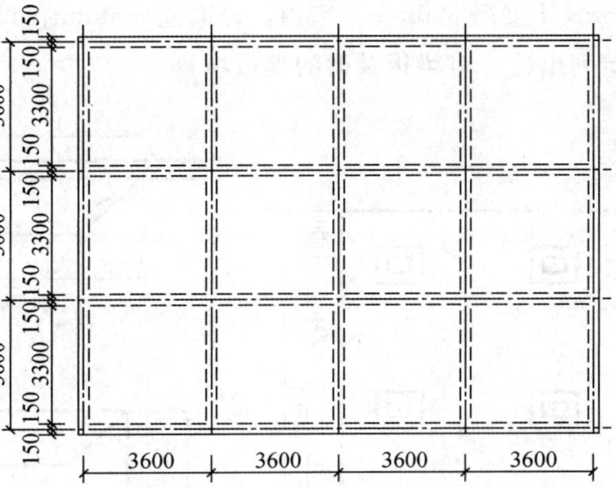

图 2.13.2 井字形楼盖示意图

解 有梁板模板面积应按板底面积、梁底面积及梁侧面积之和计算。两侧面高度应从梁底算至板底。伸入墙内的的板头部分，不计算模板面积。

模板工程量为

$S=[(8.0-0.24)\times(6.0-0.24)+(2.0-0.24)\times0.2\times4\times4\times3+$

$(8.0+0.24+6.0+0.24)\times2\times0.1]=(44.498+16.896=2.896)=66.49\text{m}^2$

模板超高工程量为

$S=66.49\times(3.9-3.6)/3.6=5.54\text{m}^2$

因此，该井字形楼盖的模板工程量＝66.49＋5.54＝72.03m^2

井字形楼盖的模板工程量及综合单价分析表，如表 2.13.1 和 2.13.2 所示。

表 2.13.1 有梁板工程量表

构件名称	定额名称	项目名称	工程量	单位
有梁板	A12－101	有梁板竹胶合板模板	66.49	m^2
	A12－113	有梁板钢模板超高增加费	5.54	m^2

【例 2.13.3】如图 2.13.3 所示无梁楼盖，周边支撑形式为悬臂伸出边柱外 1.5m，求该楼盖模板工程量（采用复合木模板木支撑）。

解　无梁楼盖模板工程量为

$$S=(11.0+11.0)\times2\times0.1+11.0\times11.0-1.0\times1.2\times3\times3+\left[(0.4+1.0)\times0.3\times\sqrt{2}+(0.6+1.2)\times0.3\times\sqrt{2}\right]\times3\times3=(4.4+121-10.8+12.217)=126.817\text{m}^2$$

套用定额子目 A12－105。

【例 2.13.4】某二层框架结构办公楼，一层板顶标高为 3.3m，二层板顶标高为 7.6m，板厚度 100mm，l 梁高 500mm，室内、外高差 300mm，设计为矩形柱，用钢模板、钢支撑施工，请列出柱、有梁板及梁的模板项目。

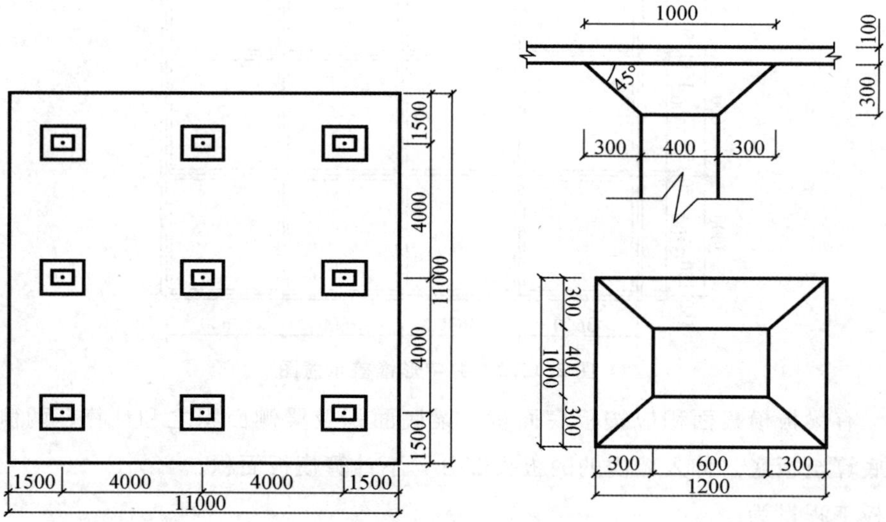

图 2.13.3　无梁楼盖示意图

解（1）分析：

一层柱、有梁板的支模高度＝设计室外地坪至板面高度＝(3.3＋0.3)＝3.6m

一层梁的支模高度＝设计室外地坪至梁底的高度＝(3.3＋0.3－0.5)＝3.1m

二层柱的支模高度＝(二层板面标高至一层板面标高)＝7.6－3.3＝4.3m＞3.6m

4.3－3.6＝0.7m

二层有梁板的梁支模高度＝二层板面至梁底＝(7.6－3.3－0.5)＝3.8m＞3.6m

3.8－3.6＝0.2m

二层有梁板的板支模高度＝(二层板面标高至一层板面标高)＝7.6－3.3＝4.3m

4.3－3.6＝0.7m

（2）列项，如表 2.13.3 所示。

表 2.13.3　构件工程量计算

构件名称	定额名称	项目名称	工程量计算范围
柱	A12－57	矩形柱钢模板	一、二层柱的模板工程量
	A12－66	矩形柱钢模板超高增加费	二层柱高超过 3.6m 部分的模板工程量
有梁板	A12－99	有梁板钢模板	一、二层有梁板的模板工程量
	A12－113	有梁板钢模板超高增加费	二层有梁板支模超过 3.6m 部分的模板工程量
梁	A12－60	框架梁钢模板	一、二层框架梁的模板工程量
	A12－84	框架梁支模超高增加费	二层框架梁支模超过 3.6m 部分的模板工程量

【例 2.13.5】某现浇钢筋混凝土有梁板，如图 2.13.4 所示，胶合板模板，钢支撑，计算有梁板模板工程量，确定定额项目。

解　有梁板模板工程量为

(1)(2.60×3－0.24)×(2.4×3－0.24)＋(2.4×3＋0.24)×(0.50－0.12)×4＋(2.60×3＋0.24－0.25×2)×(0.40－0.12)×4＝72.93m^2

(2)72.93－0.2×(0.4－0.12)×4×2＝72.48m^2

选用有梁板 A12－99。

(3) 有梁板支撑超高工程量＝72.48×(5.2－0.5－3.6)/3.6＝22.15m^2

选用 A12－113 定额。

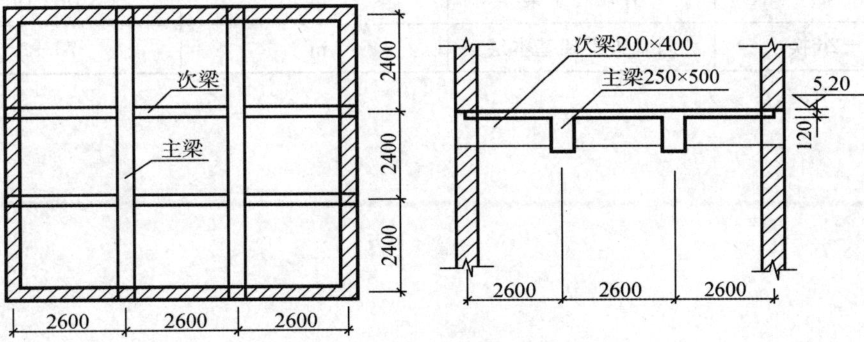

图 2.13.4　有梁板示意图

【例 2.13.6】某建筑物如图 2.13.5 所示，设计室外地坪－0.300m，请计算砌筑脚手架的工程量、满堂脚手架工程量，并编制定额应用表。

解　(1) 外墙脚手架的工程量为

S＝(4.8＋5.1＋0.24＋5.7＋2.4＋0.24)×2×(4.9＋0.3)＝192.19m^2

（2）满堂脚手架的工程量。室内净高＝3.9m，虽然超过了3.6m，但没超过5.2m，只需计算一个基本层，即

$S=(8.1-0.24)\times(9.9-0.24)=9.66\times7.86=75.93\text{m}^2$

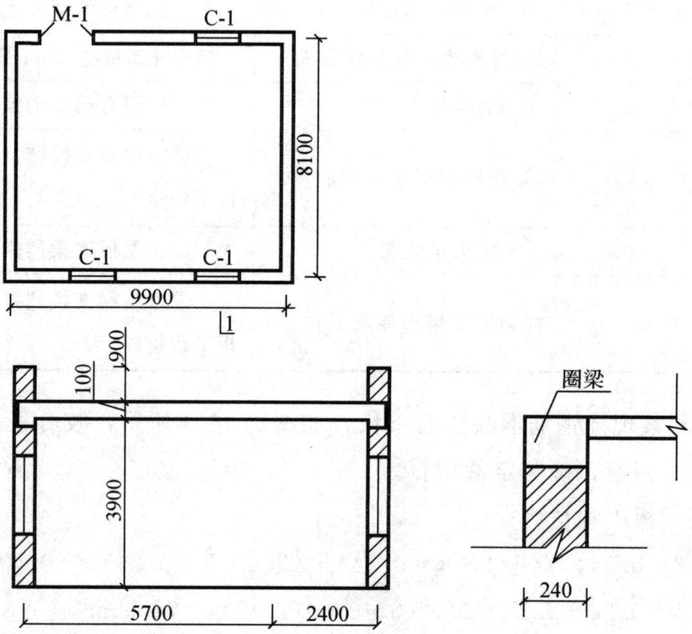

图 2.13.5

定额应用表如表2.13.4所示。

表 2.13.4　定额应用表

定额编号	工程名称	单位	工程量
A11－7	外墙脚手架	m^2	192.19
A11－26 换	满堂脚手架基本层	m^2	75.93

第三篇

工程实例

单元十四　某住院大楼工程量清单编制实例

课题 1　应用广联达 BIM 土建计量平台进行工程量清单编制

一、住院大楼 CAD 图纸算量主体工程识别建模

（一）启动软件

双击桌面“广联达 BIM 土建算量 GTJ2018”的快捷方式（见图 3.14.1），启动算量软件。

图 3.14.1　快捷方式

（二）新建工程

1. 新建工程

（1）打开软件后，点击【新建】命令，弹出如图所示（见图 3.14.2）的窗体；

（2）输入过程名称；

（3）选择计算规则和清单定额后点击【创建工程】。

图 3.14.2　新建工程

2. **输入工程信息**

（1）在工具栏点击【工程设置】选项卡，点击【工程信息】命令，弹出如图所示（见图 3.14.3）的窗体；

（2）输入檐高、建筑面积等各项工程信息；

（3）点击【编制信息】选项，输入建设单位、编制人等各项编制信息，输入完成后关闭窗体。

图 3.14.3　输入工程信息和编制信息

3. **楼层设置**

（1）在工具栏点击【工程设置】选项卡，点击【楼层设置】命令，弹出如图所示（见图 3.14.4）的窗体；

（2）点击【插入楼层】进行楼层的添加，修改对应楼层的楼层名称、层高、底标高等信息；（3）楼层混凝土的强度和锚固搭接设置在窗体下方的表格中设置。

注：如果设计图上有楼层信息表即可在工具栏【建模】选项卡中点击【识别楼层表】进行楼层信息的框选识别

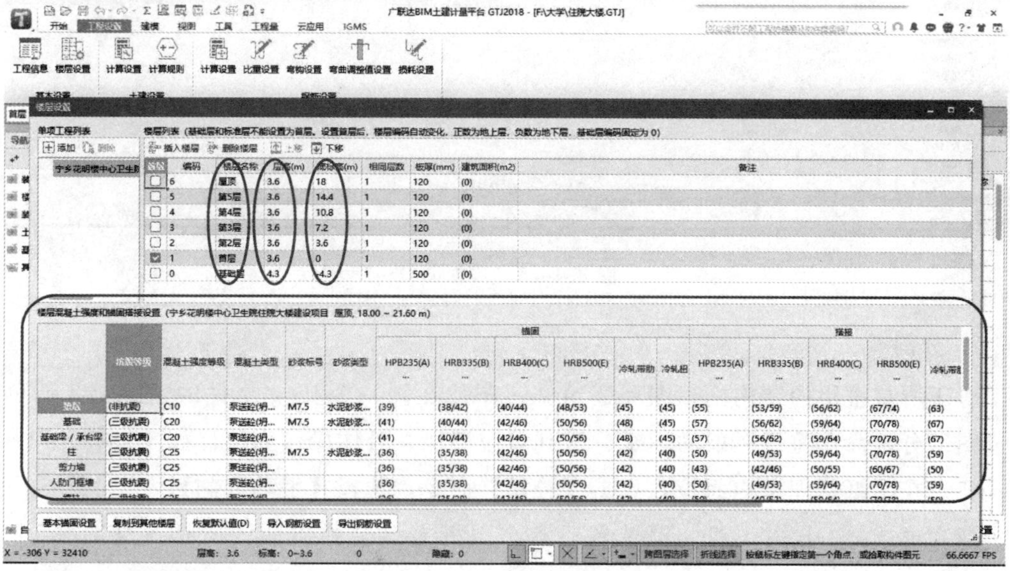

图 3.14.4　输入楼层信息

（三）导入图纸

1. **添加结构图纸和建筑图纸**

（1）在工具栏点击【视图】选项卡，点击【图纸管理】命令，再点击【添加图纸】，弹出如图所示（见图 3.14.5）的窗体。选择需要导入的图纸“住院大楼结构图”，点击【打开】。

（2）以同样的方式再次导入“住院大楼建筑图”。

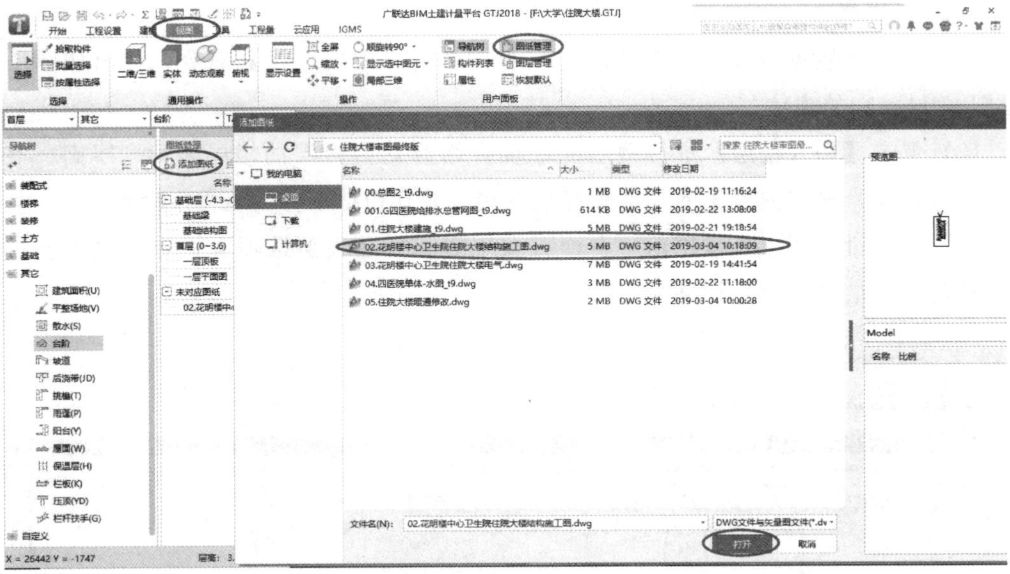

图 3.14.5　添加图纸

2. 分割

对于所有楼层的结构施工图和建筑施工图放在同一个 dwg 文件的情况，我们可以通过图纸分割命令将每一层的图纸分配到对应楼层。具体操作如下：

（1）在图纸管理用户面板，点击【分割】命令，选择【手动分割】；

（2）框选某一层的图纸，框选好后点击鼠标右键会弹出如图所示（见图 3.14.6）的窗体；

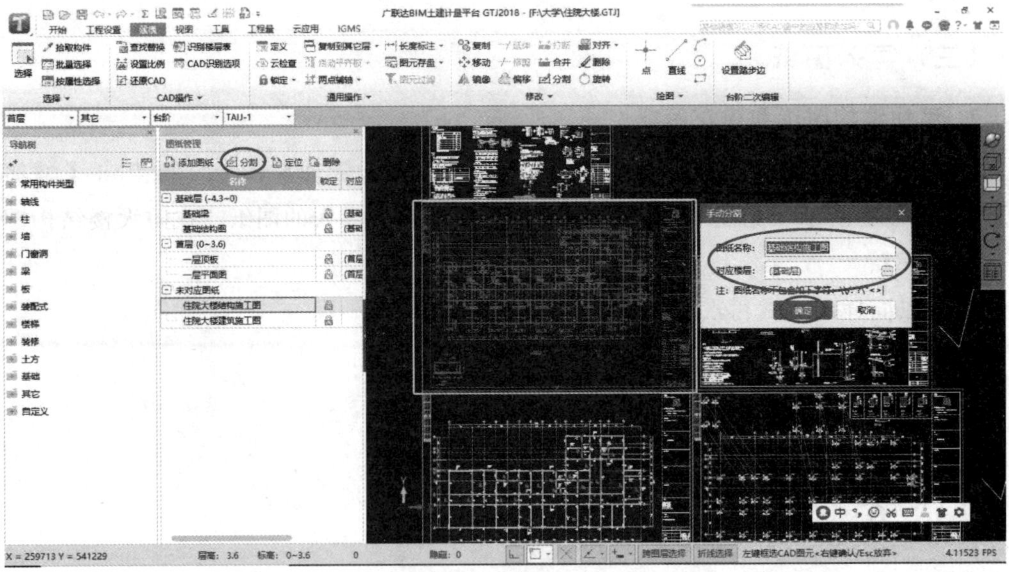

图 3.14.6　分割图纸

(3) 给分割好的图纸命名并选择对应楼层后点击【确定】。

(四) 构件识别建模

1. 轴网的识别建立

(1) 切换楼层到首层，在图纸管理面板中双击【首层梁平面图】；

(2) 在导航树中打开【轴线】节点，单击【轴网】命令；

(3) 在上方工具栏中打开【建模】选项卡，点击【识别轴网】命令，弹出如图所示的工具栏（见图 3.14.7）；

(4) 提取轴线：选择【提取轴线】，选择 CAD 图纸中的轴线后单击右键；

(5) 提取标注：选择【提取标注】，选择 CAD 图纸中的轴线标注后单击右键；

(6) 自动识别轴网：选择【自动识别】，识别完成后的轴网如图所示；

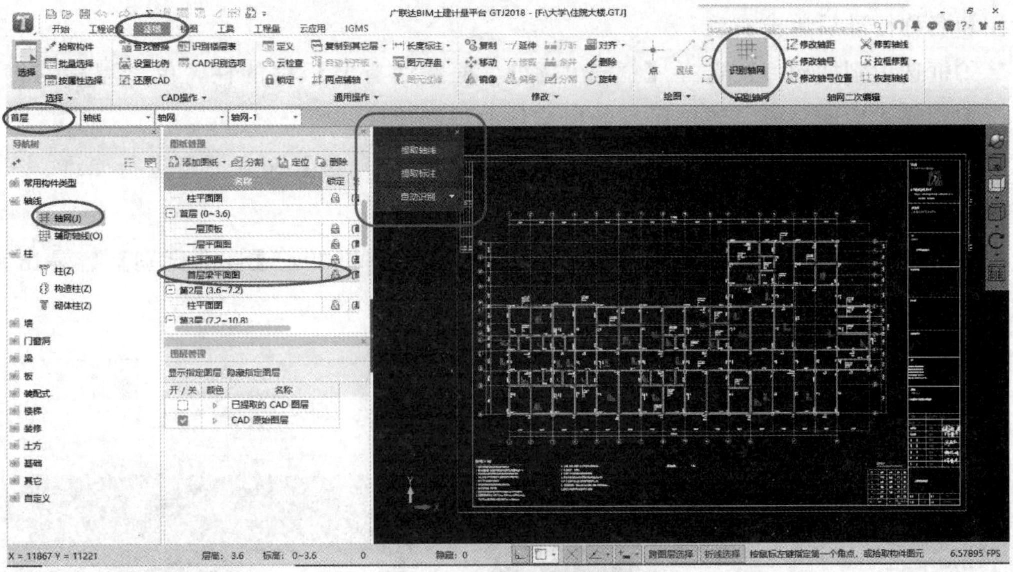

图 3.14.7　识别轴网

2. 柱的识别建模

(1) 切换楼层到首层，在图纸管理面板中双击【柱平面图】；

(2) 在导航树中打开【柱】节点，单击【柱】命令；

(3) 柱构件识别定义：

①在上方工具栏中打开【建模】选项卡，点击【识别柱大样】命令，弹出如图所示的工具栏（见图 3.14.8）；

②提取柱边线：选择【提取柱边线】，选择 CAD 图纸中的柱大样图的柱边线后单击右键；

③提取柱标注：选择【提取柱标注】，选择 CAD 图纸中的柱大样图的柱集中标注

和名称标准后单击右键；

④点选识别柱构件：选择【点选识别】，点击要识别的柱大样图，弹出如图所示的窗体（见图 3.14.8），如果窗体中的构件信息与大样图中的信息对比无误，即点击【确定】。依据此方法步骤依次点选识别定义所有柱构件，识别完成后即定义了所有的柱构件。

（4）柱构件识别建模：

①在上方工具栏中打开【建模】选项卡，点击【识别柱】命令，弹出如图所示的工具栏（见图 3.14.9）；

②提取柱边线：选择【提取柱边线】，选择 CAD 图纸中的柱平面布置图的柱边线后单击右键；

③提取柱标注：选择【提取柱标注】，选择 CAD 图纸中的柱平面布置图的柱集中标注和名称标准后单击右键；

④框选识别柱构件：选择【框选识别】，框选所有要识别的柱，单击鼠标右键确定，识别完成后即完成了该层所有的柱构件的识别建模。

（4）在上方工具栏【视图】选项卡下点击【二维/三维】命令即可进行二维、三维间的切换，进行三维观察（见图 3.14.10）。

注：识别定义柱构件推荐用【点选识别】，错误率更低，【自动识别】容易出错；柱构件识别建模推荐用【框选识别】。

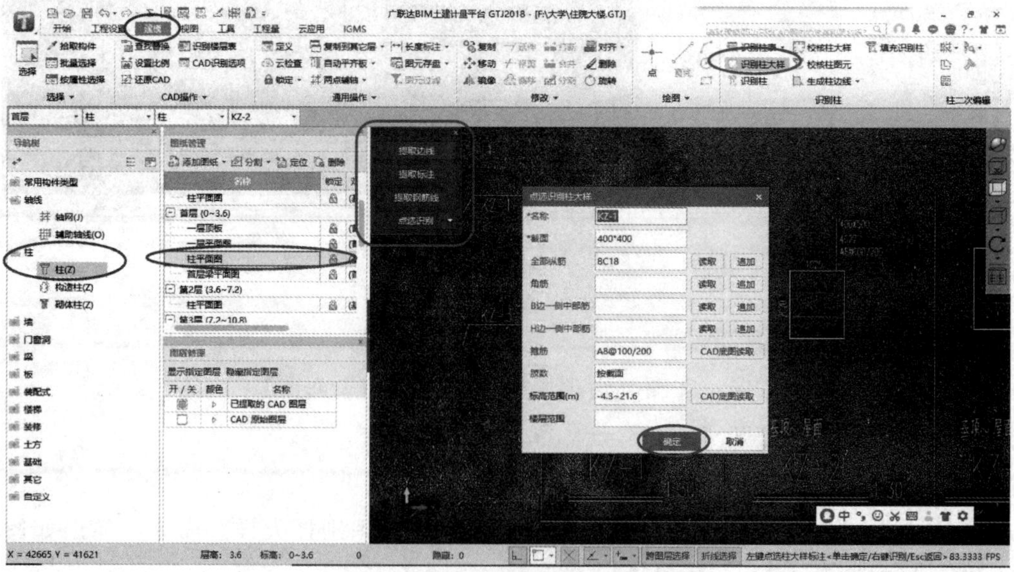

图 3.14.8　柱构件识别定义

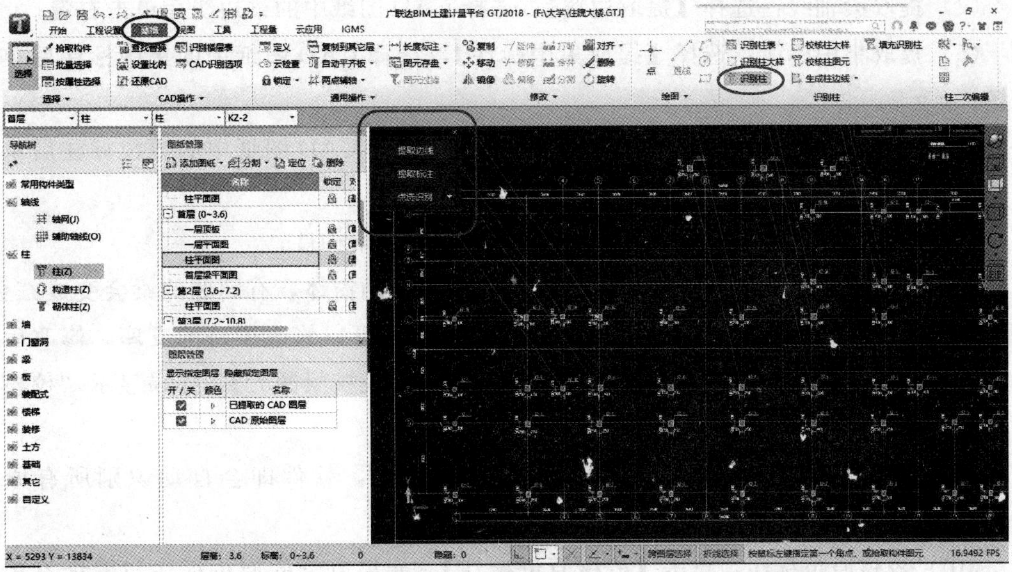

图 3.14.9　柱构件识别建模

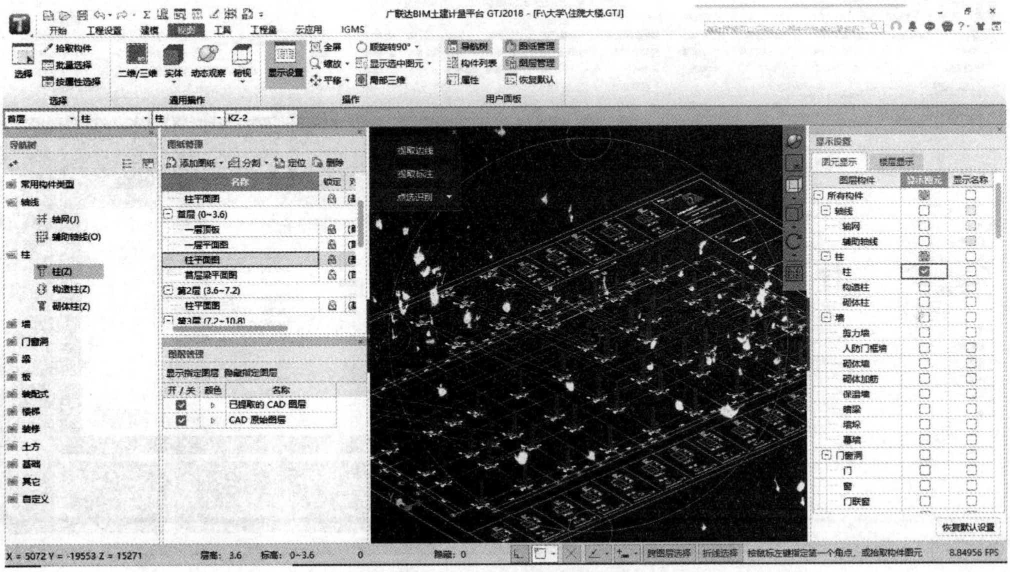

图 3.14.10　首层柱构件三维

3. **梁的识别建模**

（1）切换楼层到首层，在图纸管理面板中双击【首层梁平面图】；

（2）在导航树中打开【梁】节点，单击【梁】命令；

（3）在上方工具栏中打开【建模】选项卡，点击【识别梁】命令，弹出如图所示的工具栏（见图 3.14.11）；

（4）提取梁轴线：选择【提取边线】，选择 CAD 图纸中的梁边线后单击右键；

（5）提取集中标注：选择【提取集中标注】，选择 CAD 图纸中的集中标注后单击右键；

（6）提取原位标注：选择【提取原位标注】，选择 CAD 图纸中的原位标注后单击右键；

（7）识别梁：选择【自动识别梁】，软件自动生成梁构件；

（8）如果识别梁的结果有问题，会弹出如图所示的窗体，有问题的梁会变成红色，一般都是梁跨不匹配的问题，通过【编辑支座】命令可以修改梁跨的支座，修改后梁构件的颜色变成绿色即可。全部修改完成后，点击【校核梁图元】，如果显示“校核通过”即识别完成。

（9）识别原位标注：选择【自动识别原位标注】，软件即会自动识别所有原位标注；

（10）校核原位标注：点击【校核原位标注】，如果有梁的原位标注与图纸不相符的情况，软件会弹出窗体提醒，如果相符，即会显示“校核通过”。（见图 3.14.12）

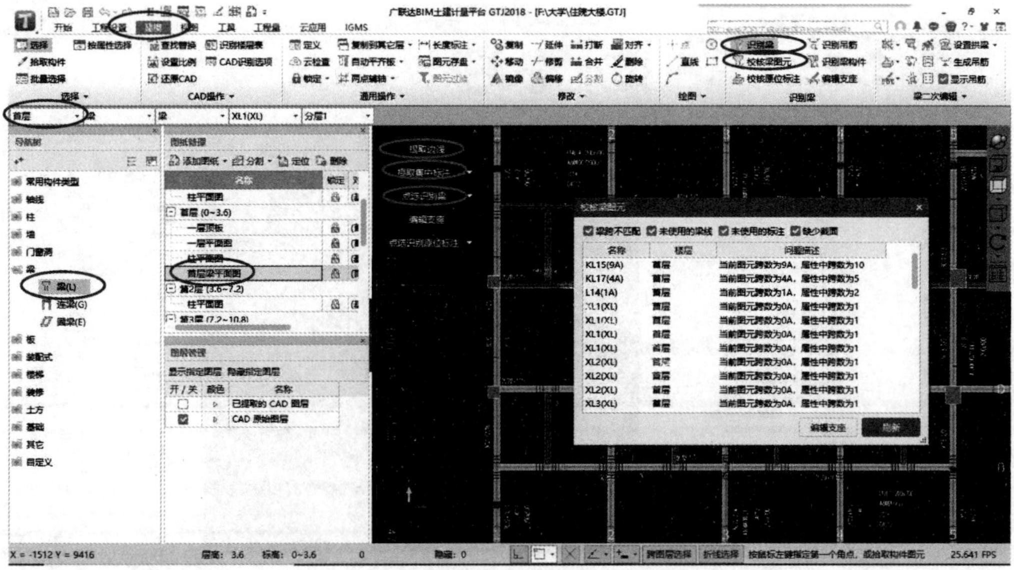

图 3.14.11　校核梁图元

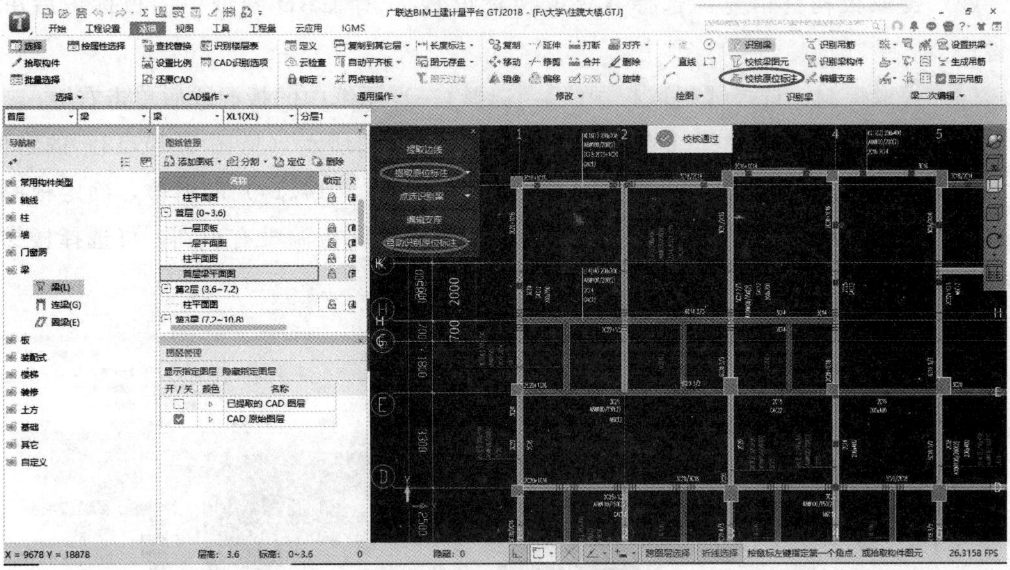

图 3.14.12　识别并校核原位标注

4. 板的识别建模

（1）切换楼层到首层，在图纸管理面板中双击【首层顶板平面图】；

（2）在导航树中打开【板】节点，单击【现浇板】命令；

（3）在上方工具栏中打开【建模】选项卡，点击【识别板】命令，弹出如图所示的工具栏（见图 3.14.13）；

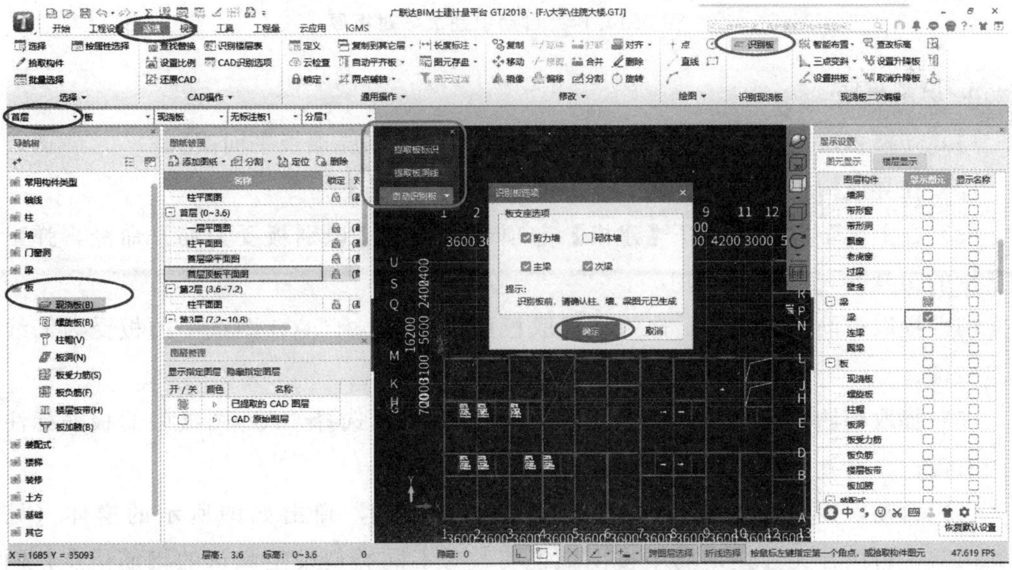

图 3.14.13　自动识别板设置板支座

（5）提取板构件信息：选择【提取板标识】，选择 CAD 图纸中的板标识后单击右键；

（6）提取板洞：选择【提取板洞线】，选择 CAD 图纸中的板洞线后单击右键；

（7）自动识别板：选择【自动识别板】，弹出如图所示（见图 3.14.13）的窗体，选择板支座后点击【确定】；再次弹出如图所示（见图 3.14.14）的窗体，确定板厚无误后点击【确定】，软件会自动生成所有板。如果楼梯间板洞没有识别，可选择楼梯间的板进行删除即可。

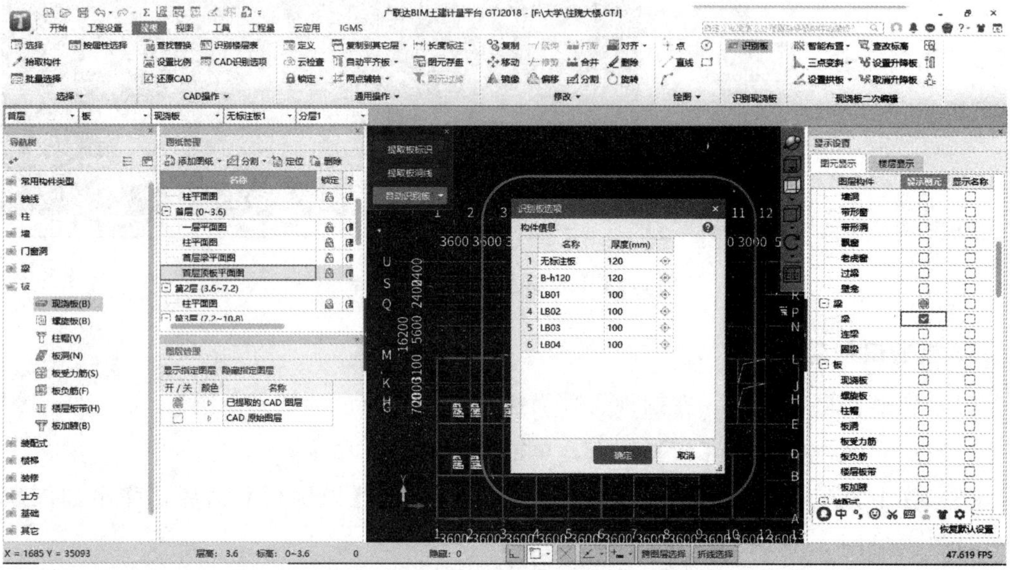

图 3.14.14　自动识别板核对板厚

5. **识别板筋**

（1）切换楼层到首层，在图纸管理面板中双击【首层顶板平面图】；

（2）在导航树中打开【板】节点，单击【板受力筋】命令；

（3）在上方工具栏中打开【建模】选项卡，点击【识别板受力筋】命令，弹出如图所示的工具栏（见图 3.14.15）；

（4）提取板筋位置信息：选择【提取板筋线】，选择 CAD 图纸中的板受力筋线后单击右键；

（5）提取板筋标注信息：选择【提取板筋标注】，选择 CAD 图纸中的板筋标注后单击右键；

（6）自动识别板受力筋：选择【自动识别板筋】，弹出如图所示的窗体（见图 3.14.16），可以在无标注钢筋中按图纸说明，对不同类型设定默认的钢筋信息；同时对图纸中多数无标注的钢筋伸出长度值进行设置，设置完成后点击【确定】，软件会自动生成所有板筋；同时，软件弹出“自动识别板筋”窗体（见图 3.14.17）；在当前窗体中，点击图标，可以在 CAD 图纸中快速查看对应的钢筋线，对应的钢筋线会以蓝色显示。

（7）板筋校核：自动识别完板筋，软件会自动执行板筋校核算法，校核出问题后，会弹出板筋校核的窗体（见图 3.14.18）；若弹窗关闭，可以通过点击【校核板筋图元】命令来调出板筋校核窗体；若校核通过，会弹出“校核通过”的提示。

注：如果图纸中每块板的板筋线都画了出来，且所有板的板筋都有标注的话，使用【自动识别板筋】命令会效率很高。如果板的板筋线没有画出来，且板上无标注，只是在图纸下方进行了无标注板的说明，那么【自动识别板筋】无法正确识别，只能使用【布置受力筋】命令进行点选布置。

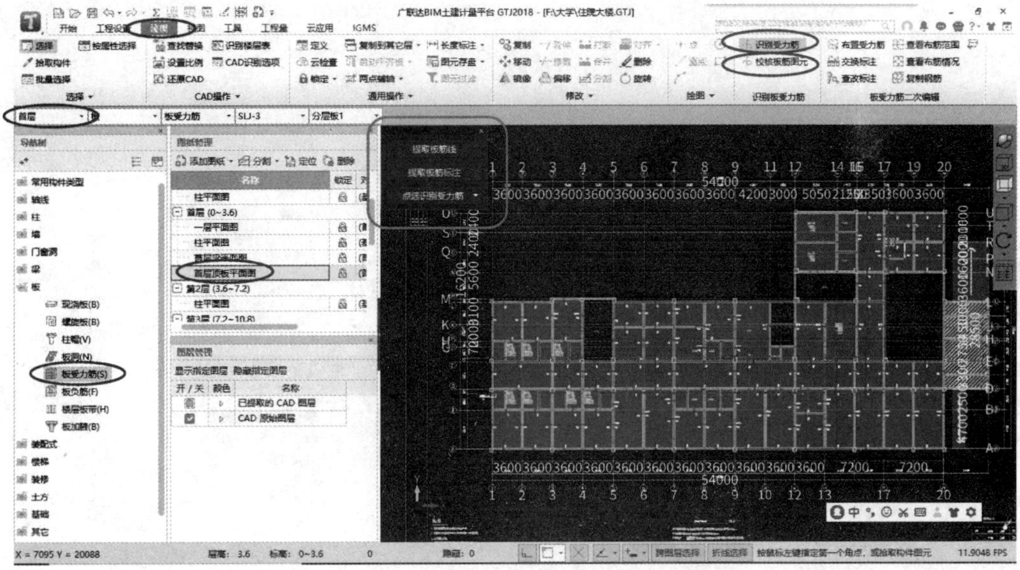

图 3.14.15　自动识别板筋

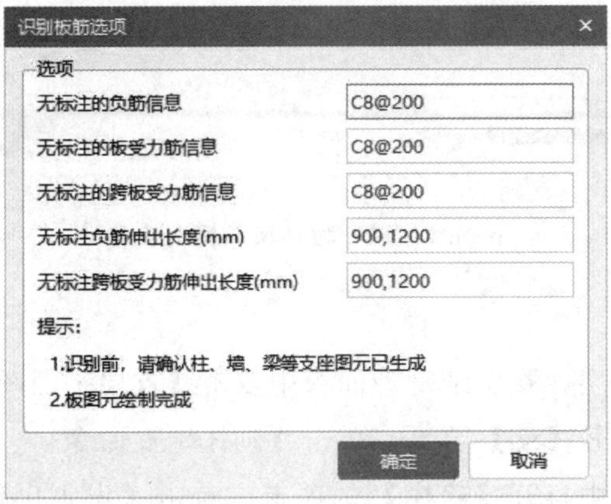

图 3.14.16　识别板筋选项窗体

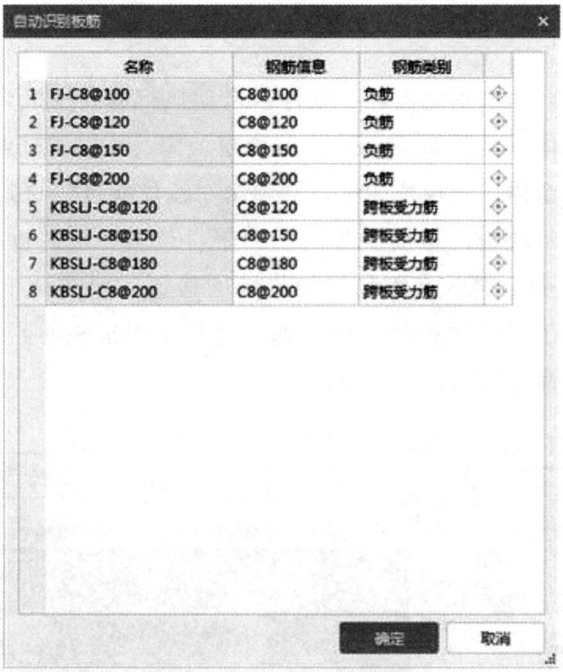

图 3.14.17　自动识别板筋窗体

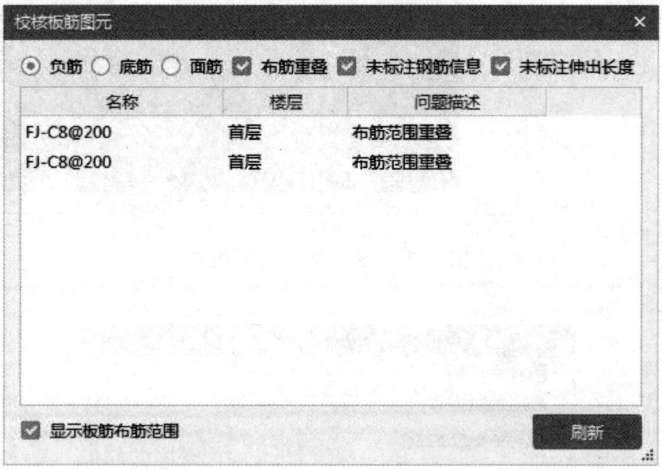

图 3.14.18　校核板筋图元窗体

6. **识别砌体墙**

（1）切换楼层到首层，在图纸管理面板中双击【首层平面图】；

（2）在导航树中打开【墙】节点，单击【砌体墙】命令；

（3）在上方工具栏中打开【建模】选项卡，点击【识别砌体墙】命令，弹出如图所示的工具栏（见图 3.14.19）；

（4）提取砌体墙位置信息：选择【提取砌体墙边线】，选择 CAD 图纸中的砌体墙边线后单击右键；

（5）提取砌体墙标注信息：选择【提取墙标识】，选择 CAD 图纸中的砌体墙标识后单击右键；

（6）提取门窗线：选择【提取门窗线】，选择 CAD 图纸中的门窗线图层后单击右键；

（7）自动识别砌体墙：选择【识别砌体墙】，弹出如图所示的窗体（见图 3.14.20），所有的砌体墙自动完成识别。

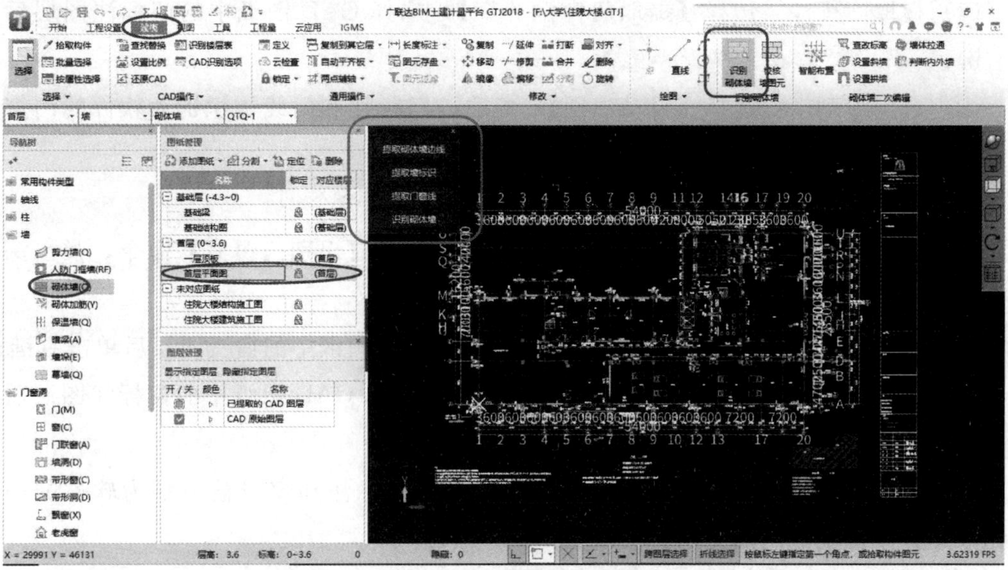

图 3.14.19　识别砌体墙操作界面

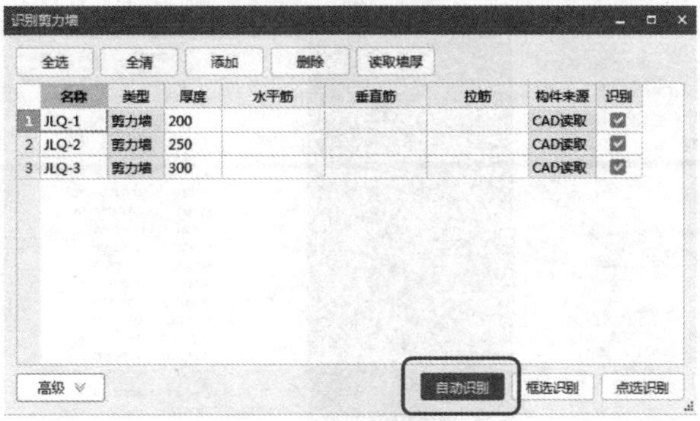

图 3.14.20　自动识别砌体墙窗体

7. 识别门窗

（1）切换楼层到首层，在图纸管理面板中双击【住院大楼建筑施工图】；

（2）在导航树中打开【门窗洞】节点，单击【门】命令；

（3）在上方工具栏中打开【建模】选项卡，点击【识别门窗表】命令，框选 CAD 图纸中的门窗表，弹出如图所示的工具栏（见图 3.14.21），确认无误后点击【识别】，软件会自动建立所有的门窗构件信息；

（4）在图纸管理面板中双击【首层平面图】；

（5）在上方工具栏中打开【建模】选项卡，点击【识别门窗洞】命令，弹出如图所示的深蓝色工具栏（见图 3.14.22）；

（6）提取门线：选择【提取门窗线】，选择 CAD 图纸中的门线图层后单击右键；

（7）提取门标注：选择【提取门窗洞标识】，选择 CAD 图纸中的门标注图层后单击右键；

（8）自动识别门：选择【自动识别】，提取的门标注和门线被识别为软件的门窗图元，并弹出识别成功的提示。

（9）在导航树中打开【门窗洞】节点，单击【窗】命令；

（10）在上方工具栏中打开【建模】选项卡，点击【识别门窗洞】命令，弹出深蓝色工具栏；

（11）提取窗线：选择【提取门窗线】，选择 CAD 图纸中的窗线图层后单击右键；

（12）提取窗标注：选择【提取门窗洞标识】，选择 CAD 图纸中的窗标注图层后单击右键；

（13）自动识别窗：选择【自动识别】，提取的窗标注和窗线被识别为软件的门窗图元，并弹出识别成功的提示。

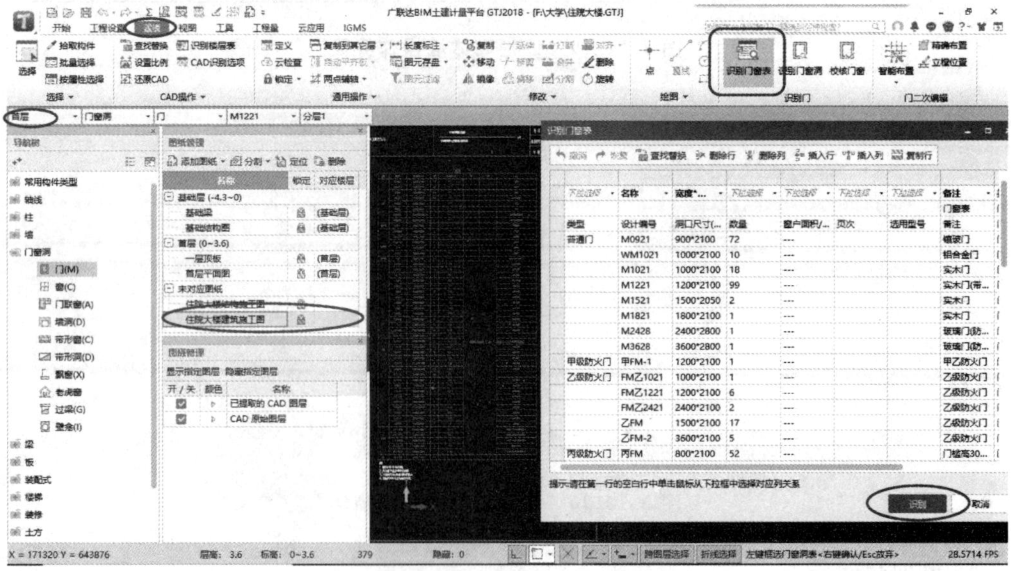

图 3.14.21　识别门窗表

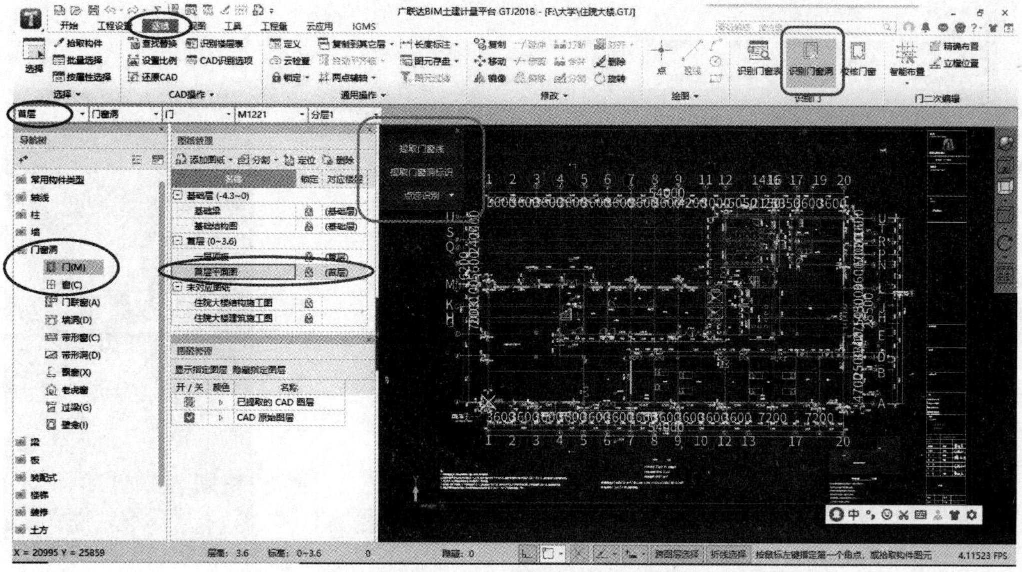

图 3.14.22　识别门窗

8. **识别独立基础**

（1）切换楼层到基础层，在图纸管理面板中双击【住院大楼结构施工图】；

（2）在导航树中打开【基础】节点，单击【独立基础】命令；

（3）在上方工具栏中打开【建模】选项卡，点击【识别独基表】命令，框选 CAD 图纸中的独基表，弹出如图所示的工具栏（见图 3.14.23），确认无误后点击【识别】，软件会自动建立所有的独立基础构件信息；

（4）在图纸管理面板中双击【基础结构图】；

（5）在上方工具栏中打开【建模】选项卡，点击【识别独立基础】命令，弹出如图所示的深蓝色工具栏（见图 3.14.24）；

（6）提取独立基础位置：选择【提取独基标线】，选择 CAD 图纸中的门线图层后单击右键；

（7）提取独立基础标注：选择【提取独基标识】，选择 CAD 图纸中的门标注图层后单击右键；

（8）自动识别独立基础：完成提取独基边线和提取独基标识操作后，在弹出的识别独基面板中，点击“手动识别”后面的倒三角，下拉选中“自动识别”；则提取的独立基础边线和独立基础标识被识别为软件的独立基础构件和图元，并弹出识别成功的提示。

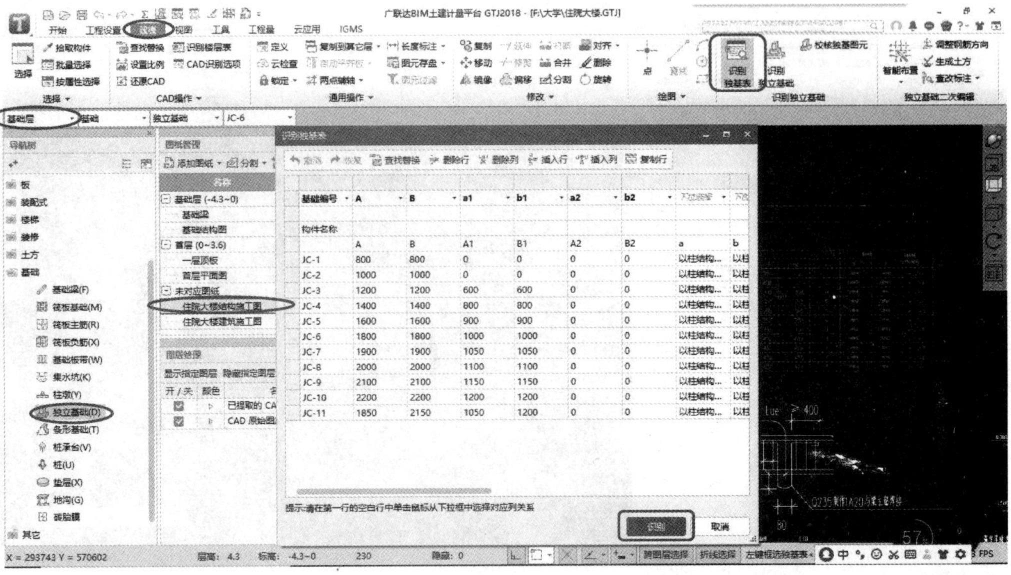

图 3.14.23　识别独基表

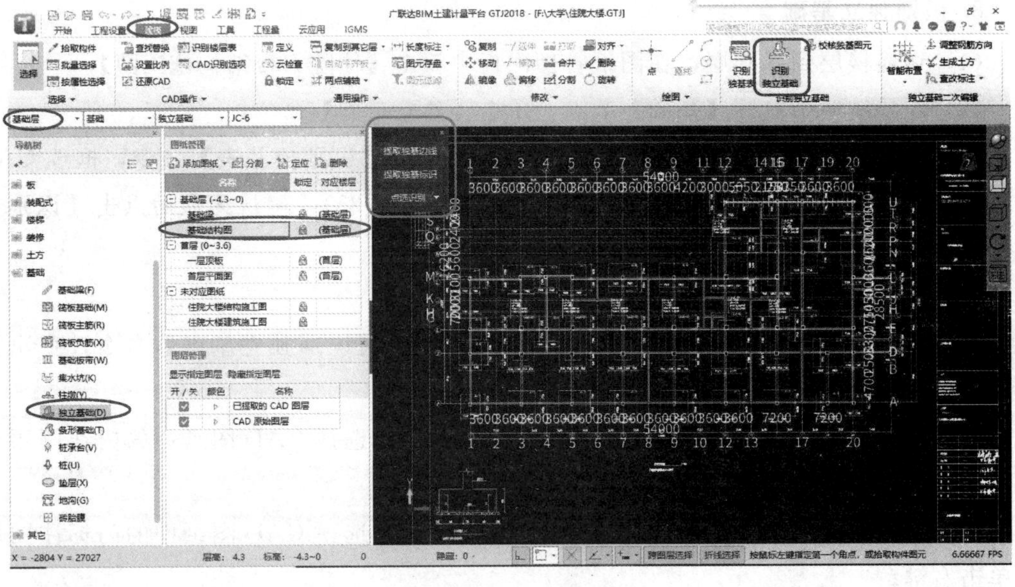

图 3.14.24　识别独基

9. 识别布置房间装修

图纸中明确了装修构件与房间的关系，这时可以使用“按房间识别装修表”功能。

（1）切换楼层到首层，在图纸管理面板中双击【住院大楼建筑施工图】；

（2）在导航树中打开【装修】节点，单击【房间】命令；

（3）在上方工具栏中打开【建模】选项卡，点击【按房间识别装修表】命令，框选 CAD 图纸中的装修表，弹出如图所示的工具栏（见图 3.14.25），修改好识别信息确认无误后点击【识别】，软件会自动建立所有的装修构件；

（4）在图纸管理面板中双击【一层平面图】；

（5）在上方工具栏中打开【建模】选项卡，在【绘图】分栏下点击【点】命令，鼠标左键单击封闭区域即可布置对应房间，对应房间所包括的装修构件即可一次性布置完成；

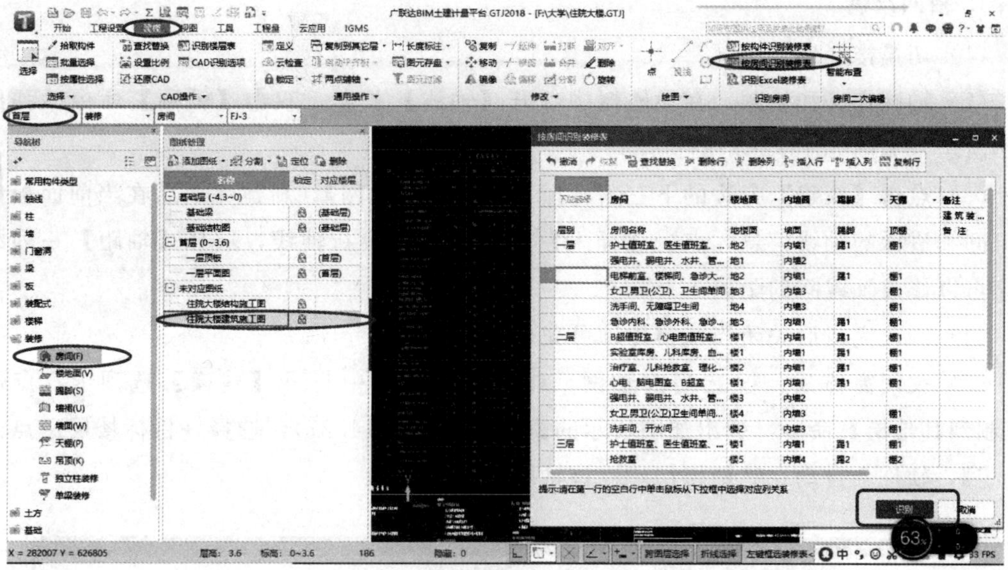

图 3.14.25　识别房间装修表

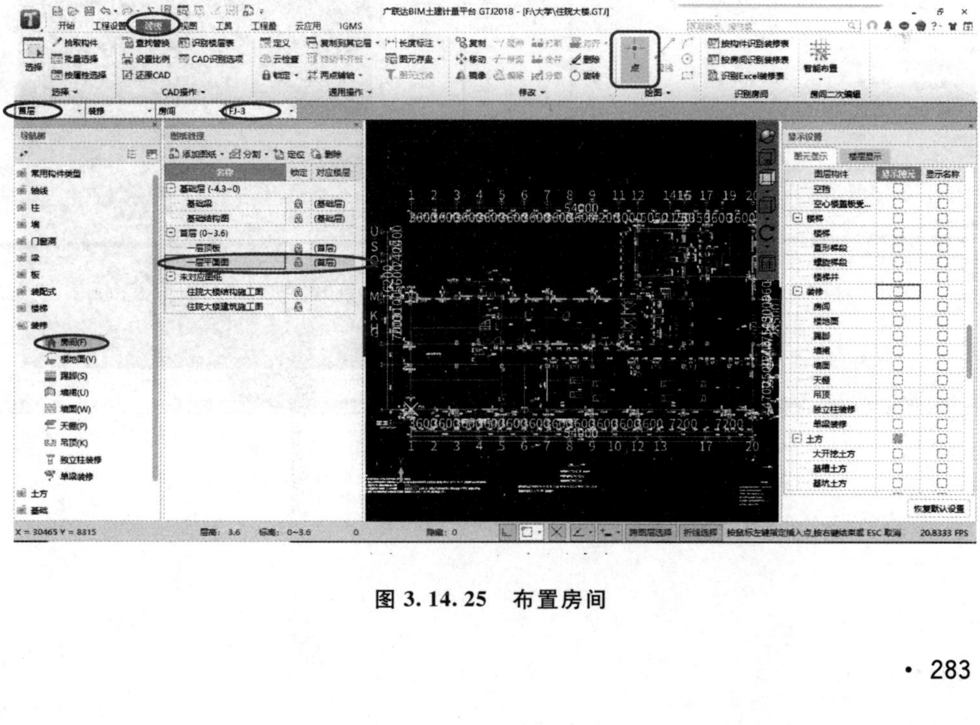

图 3.14.25　布置房间

二、住院大楼 CAD 图纸算量主体工程绘制建模

（一）启动软件、新建工程和图纸导入

启动软件和新建工程同识别建模。

（二）构件绘制建模

1. 轴网绘制

（1）切换楼层到首层；

（2）轴网定义和绘制：在导航树中打开【轴线】节点，双击【轴网】命令后弹出如图所示（见图 3.14.26）的窗体；

（3）点击【新建】旁边的下三角选择【新建正交轴网】，新建完成后在当前面板修改开间和进深的轴线信息，点击【插入】即在插入一根新轴线，选择【轴距】一列的数字可以修改轴线间的距离；

（4）修改完成后关闭当前窗体即可完成轴网绘制；

（5）关闭窗体后，框选当前轴网，在上方工具栏中打开【建模】选项卡，点击【复制到其他层】命令，弹出如图所示的窗体（见图 3.14.27），选择好目标楼层后点击【确定】，软件会自动在其他楼层建立该轴网。

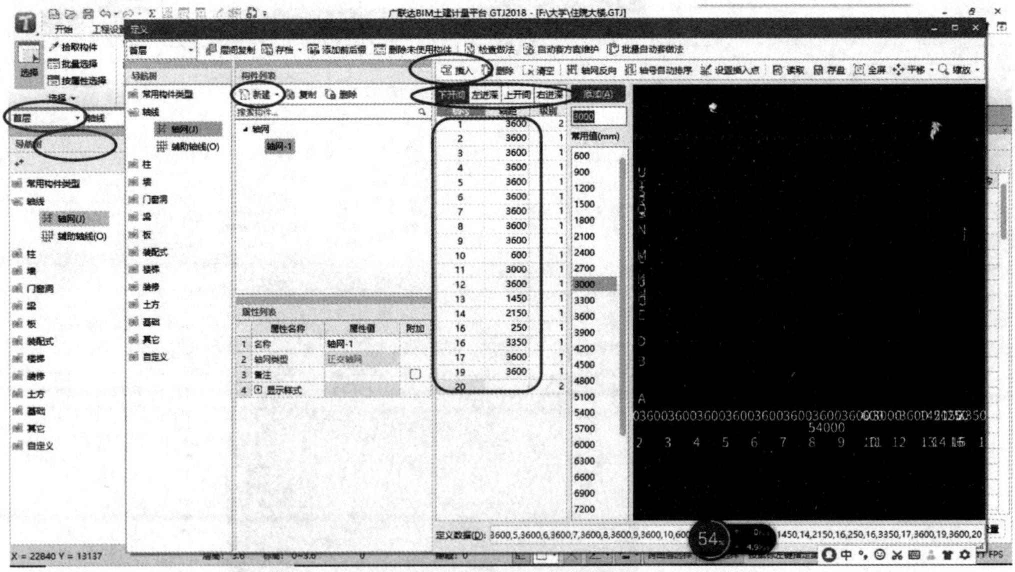

图 3.14.26 定义轴网

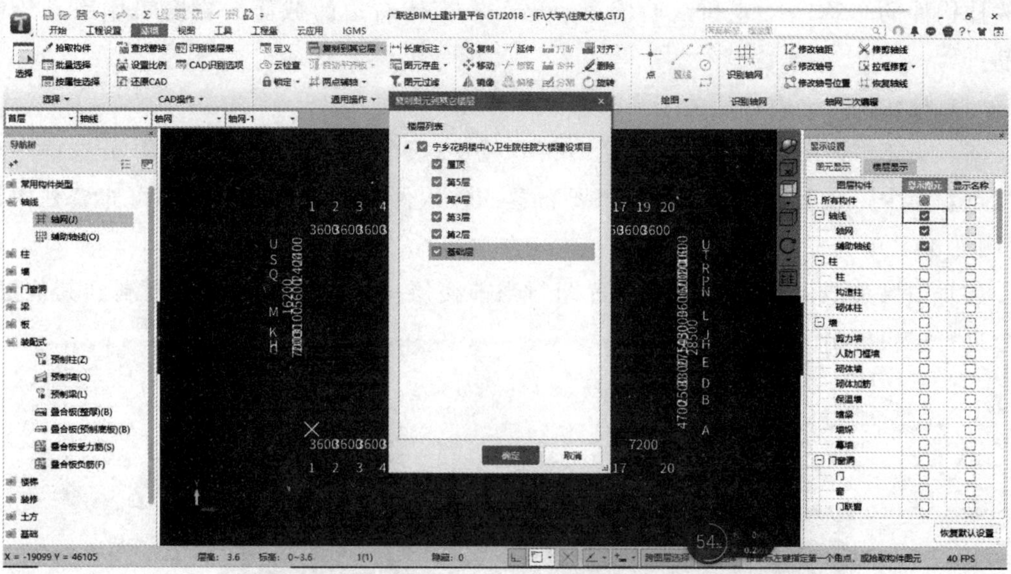

图 3.14.27　将轴网复制到其他楼层

2. **柱绘制建模**

(1) 切换楼层到首层；

(2) 定义柱构件：在导航树中打开【柱】节点，双击【柱】命令后弹出如图所示（见图 3.14.28）的窗体；

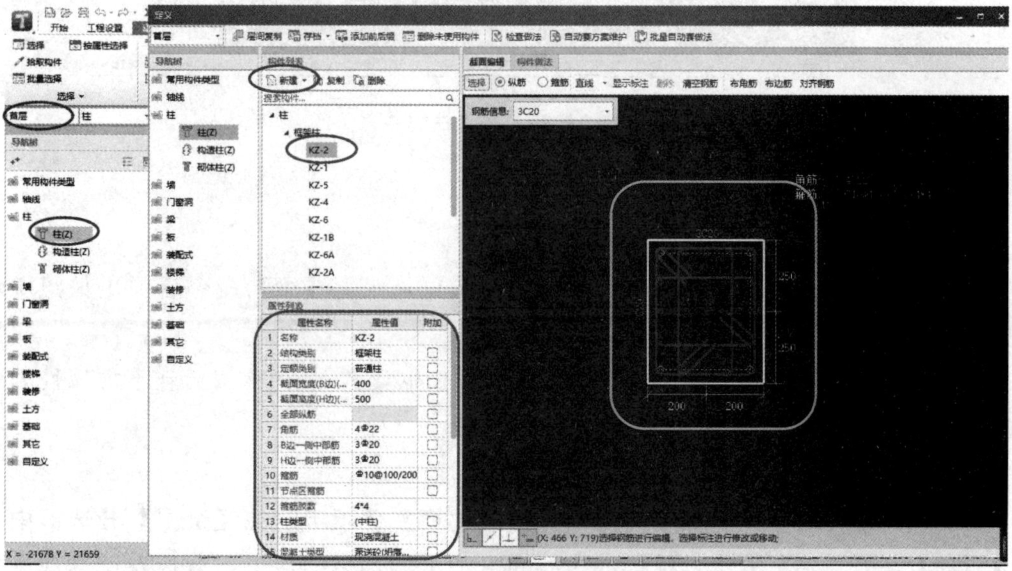

图 3.14.28　定义柱构件

(3) 点击【新建】旁边的下三角选择【新建矩形柱】，新建完成后在下方属性列表修改柱构件的名称、尺寸和钢筋信息，也可在窗体右边的截面编辑窗口中手动绘制钢筋。

（4）柱构件定义完成后关闭当前窗体即可；

（5）关闭窗体后，在上方工具栏中打开【建模】选项卡，在【绘图】分选框中点击【点】命令，在上方工具栏选择想要布置的柱构件后单击鼠标左键即可布置柱构件（见图 3.14.29）。

（6）如果其他楼层的柱平面布置图与当前楼层一样，可以通过【复制到其他层】命令进行层间复制。

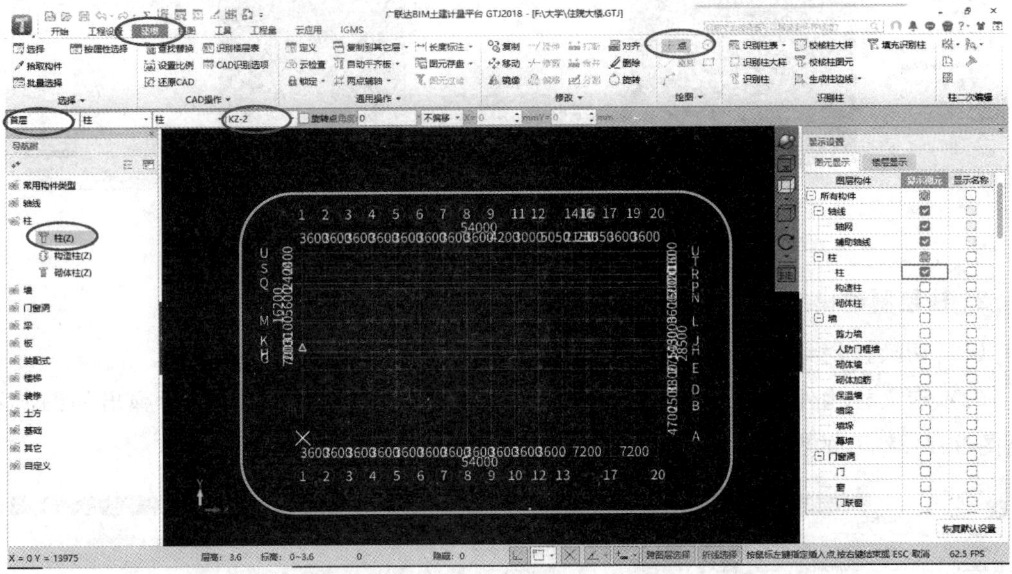

图 3.14.29　布置柱构件

3. **梁绘制建模**

（1）切换楼层到首层；

（2）定义柱构件：在导航树中打开【梁】节点，双击【梁】命令后弹出如图所示（见图 3.14.30）的窗体；

（3）点击【新建】旁边的下三角选择【新建矩形梁】，新建完成后在下方属性列表修改梁构件的名称、尺寸和钢筋信息；

（4）柱构件定义完成后关闭当前窗体即可；

（5）关闭窗体后，在上方工具栏中打开【建模】选项卡，在【绘图】分选框中点击【直线】命令，在上方工具栏选择想要布置的梁构件后两次单击鼠标左键选择梁的起点和终点即可布置梁构件（见图 3.14.31）。

（6）如果其他楼层的梁平面布置图与当前楼层一样，可以通过【复制到其他层】命令进行层间复制。

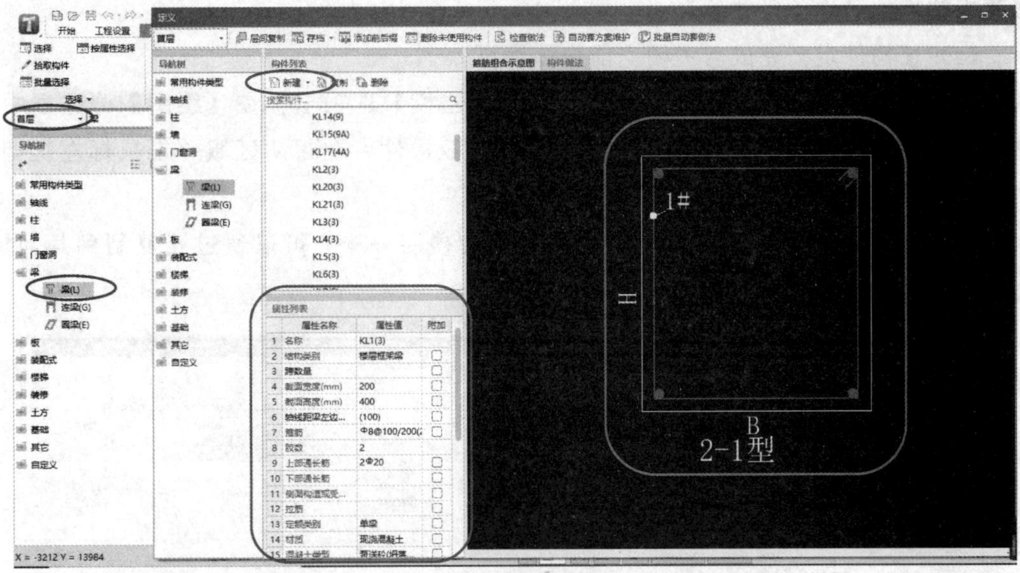

图 3.14.30　定义梁构件

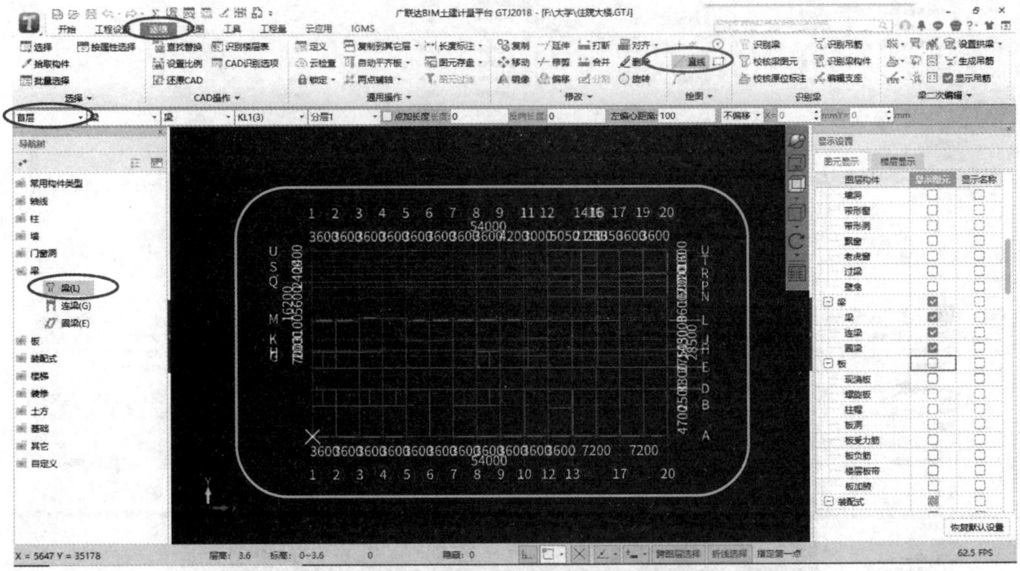

图 3.14.31　布置梁构件

4. **板绘制建模**

（1）切换楼层到首层；

（2）定义柱构件：在导航树中打开【板】节点，双击【现浇板】命令后弹出如图所示（见图 3.14.32）的窗体；

（3）点击【新建】旁边的下三角选择【新建现浇板】，新建完成后在下方属性列表修改板构件的名称、尺寸信息；

（4）板构件定义完成后关闭当前窗体即可；

（5）关闭窗体后，在上方工具栏中打开【建模】选项卡，在【绘图】分选框中点击【点】命令，在上方工具栏选择想要布置的板构件后在封闭区域单击鼠标左键即可布置板构件（见图 3.14.33）。

（6）如果其他楼层的梁平面布置图与当前楼层一样，可以通过【复制到其他层】命令进行层间复制。

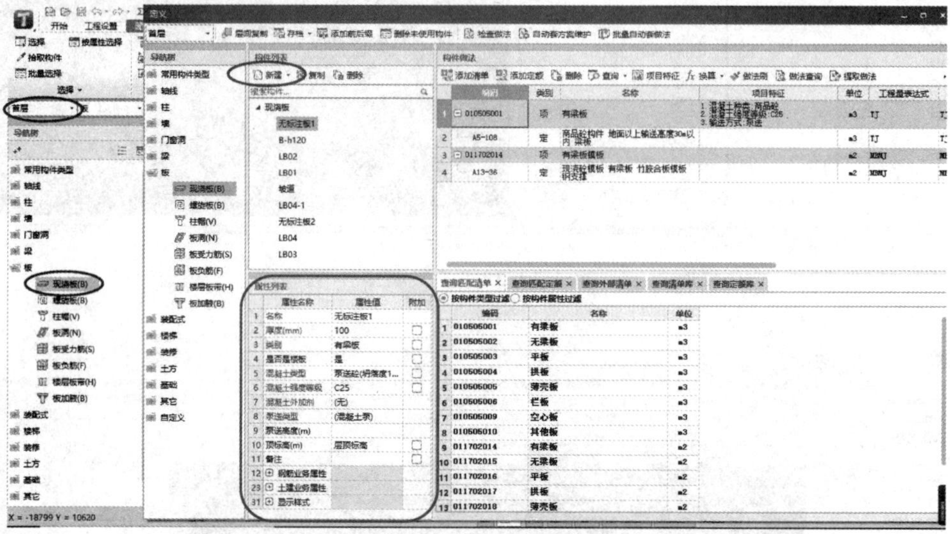

图 3.14.33　定义板构件

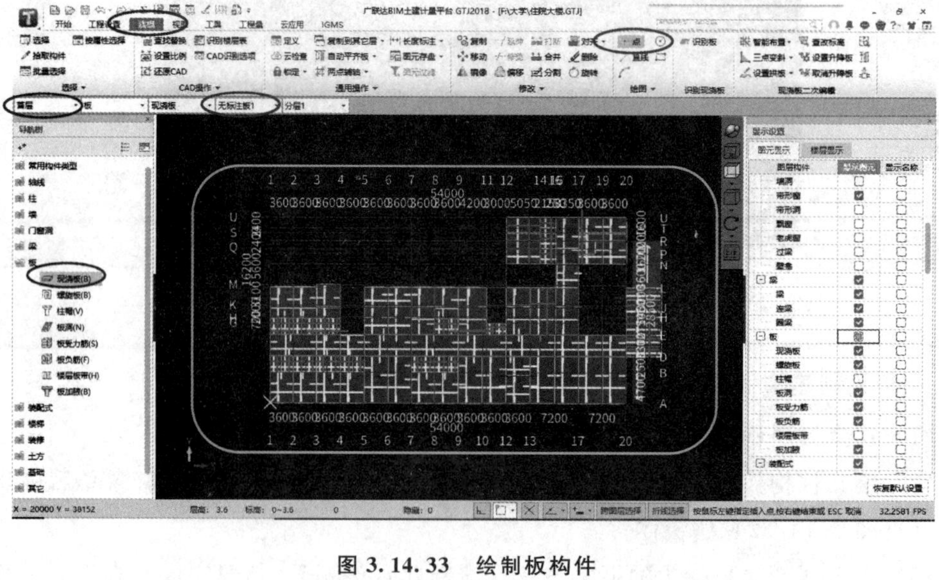

图 3.14.33　绘制板构件

4. **板受力筋绘制建模**

(1) 切换楼层到首层；

(2) 定义板受力筋构件：在导航树中打开【板】节点，双击【板受力筋】命令后弹出如图所示（见图 3.14.34）的窗体；

(3) 点击【新建】旁边的下三角选择【新建板受力筋】，新建完成后在下方属性列表修改板受力筋的名称、类型、钢筋信息；

(4) 板受力筋定义完成后关闭当前窗体即可；

(5) 关闭窗体后，在上方工具栏中打开【建模】选项卡，在【板受力筋二次编辑】分选框中点击【布置受力筋】命令，在上方工具栏选择布置方式（以单板 XY 方向方式布置为例），选择单板、XY 方向，弹出如图所示的窗体（见图 3.14.35），在窗体中分别输入 XY 方向底筋和面筋的信息，点击图中封闭区域即可布置完成。

(6) 如果其他楼层的板受力筋与当前楼层一样，可以通过【复制到其他层】命令进行层间复制。

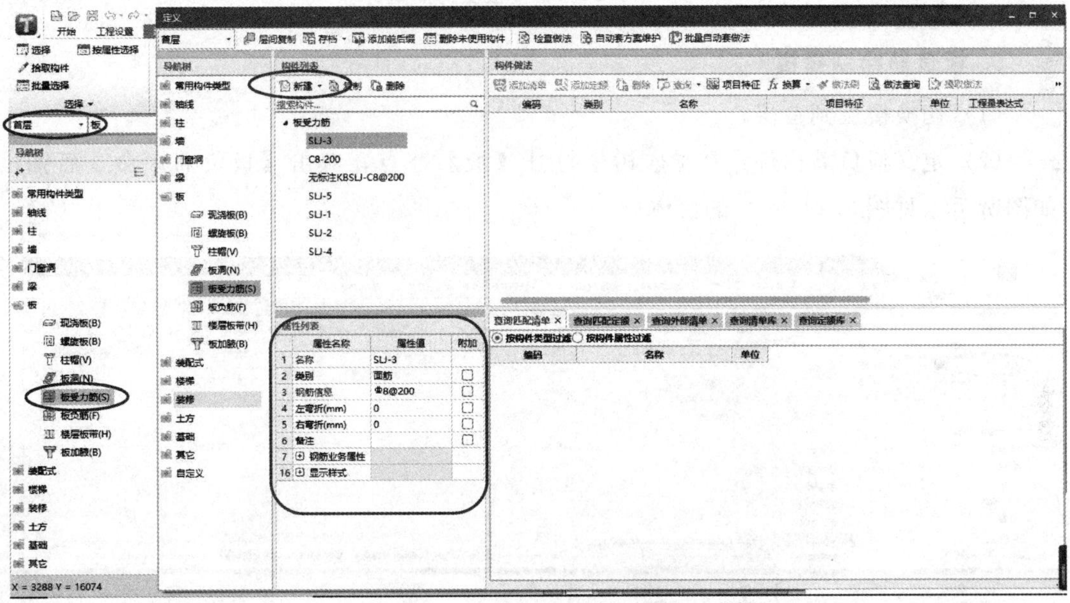

图 3.14.34　定义板受力筋构件

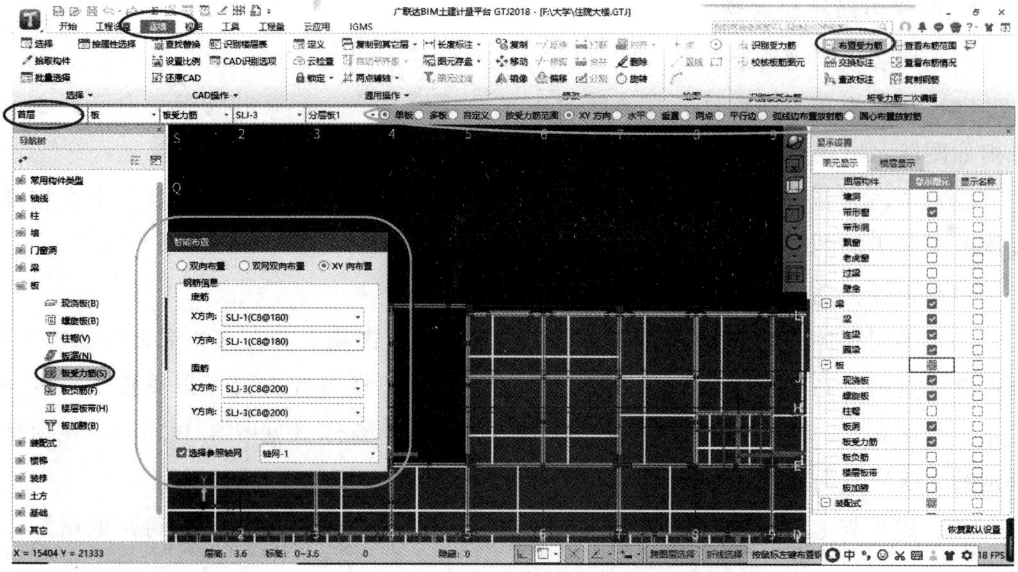

图 3.14.35　布置板受力筋构件

5. **板负筋绘制建模**

（1）切换楼层到首层；

（2）定义板负筋构件：在导航树中打开【板】节点，双击【板负筋】命令后弹出如图所示（见图 3.14.36）的窗体；

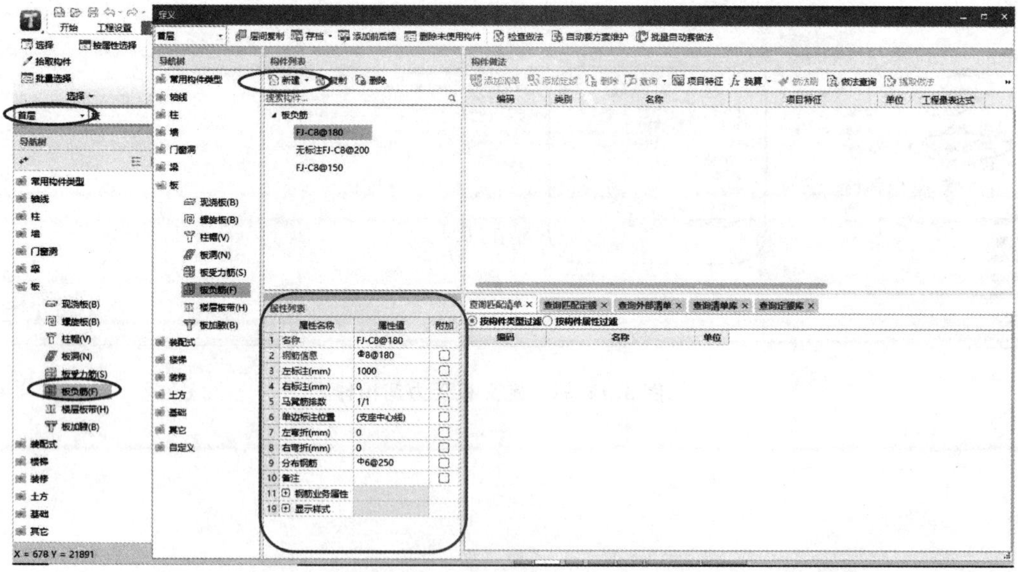

图 3.14.36　定义板负筋构件

（3）点击【新建】旁边的下三角选择【新建板负筋】，新建完成后在下方属性列表修改板受力筋的名称、左右标注、钢筋信息；

(4) 板负筋定义完成后关闭当前窗体即可；

(5) 关闭窗体后，在上方工具栏中打开【建模】选项卡，在【板负筋二次编辑】分选框中点击【布置负筋】命令，在上方工具栏选择布置方式（以画线布置为例），选择画线布置，单击鼠标左键选择布置起点和终点后移动鼠标切换左右标注，再次点击左键布置负筋（见图 3.14.37）。

(6) 如果其他楼层的板负筋与当前楼层一样，可以通过【复制到其他层】命令进行层间复制。

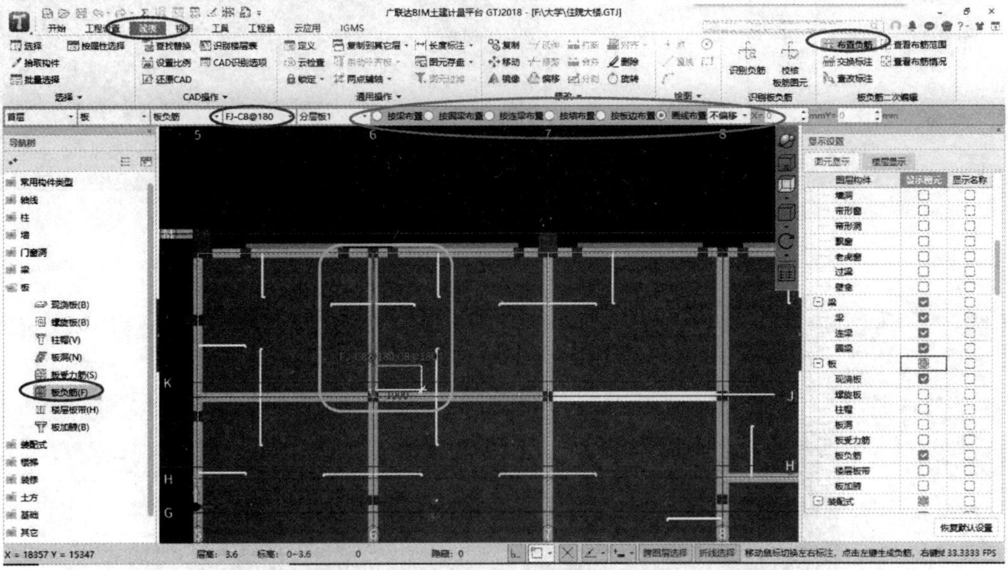

图 3.14.37　布置板负筋构件

5. **基础绘制建模**

(1) 切换楼层到基础层；

(2) 定义板负筋构件：在导航树中打开【基础】节点，双击【独立基础】命令后弹出如图所示（见图 3.14.38）的窗体；

(3) 点击【新建】旁边的下三角选择【新建独立基础】，新建完成后在下方属性列表修改独立基础的名称和标高。修改完成点击【新建】旁边的下三角选择【新建矩形独立基础单元】，新建完成后在下方属性列表修改独立基础的名称、钢筋、截面形状等信息，在右边的参数图中修改独立基础的尺寸信息；

(4) 独立基础定义完成后关闭当前窗体即可；

(5) 关闭窗体后，在上方工具栏中打开【建模】选项卡，在【绘图】分选框中点击【点】命令，在指定位置单击鼠标左键布置独立基础（见图 3.14.39）。

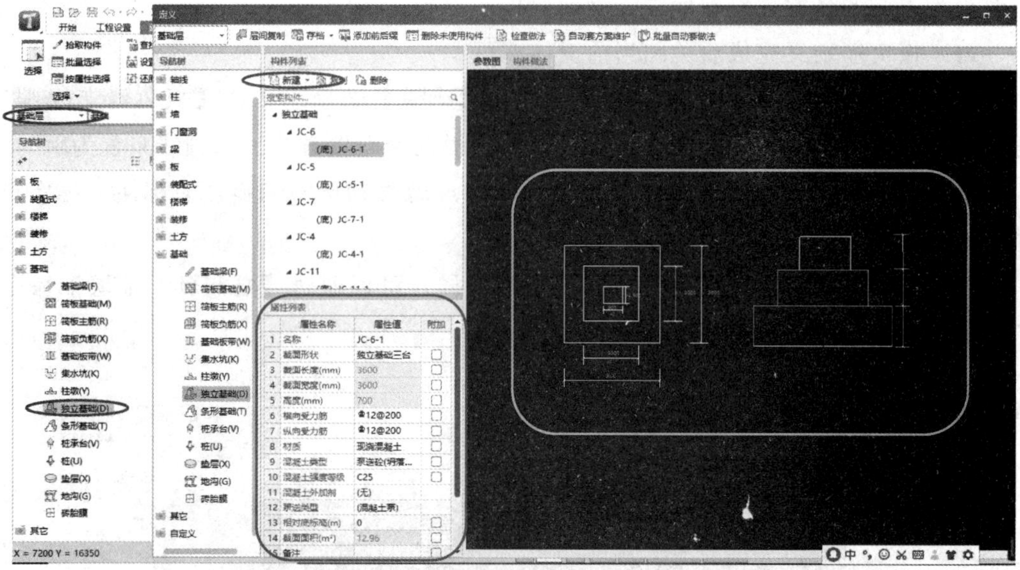

图 3.14.38　定义独立基础构件

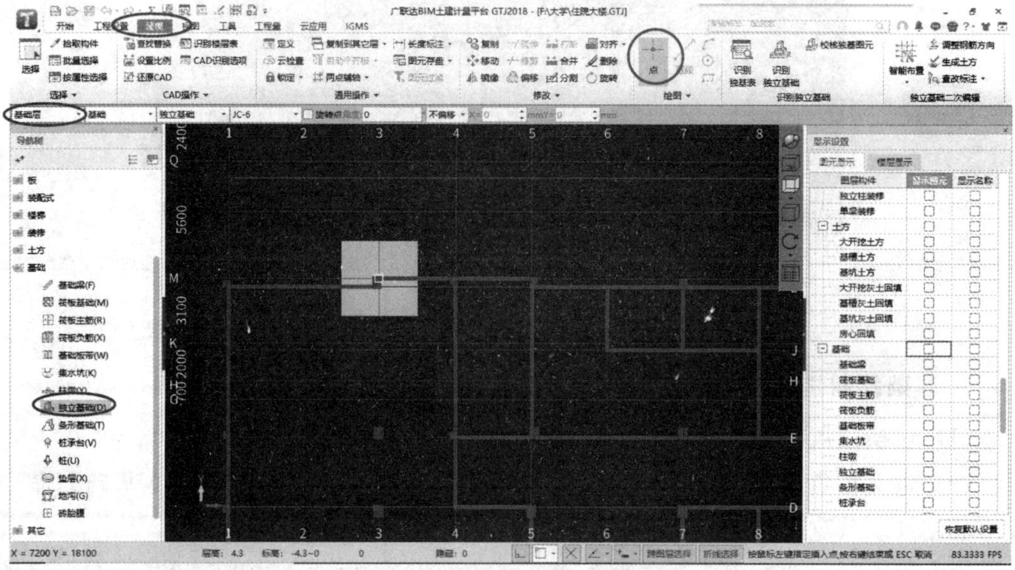

图 3.14.39　布置独立基础构件

6. 基坑绘制建模

（1）切换楼层到基础层；

（2）定义板负筋构件：在导航树中打开【土方】节点，双击【基坑土方】命令后弹出如图所示（见图 3.14.40）的窗体；

（3）点击【新建】旁边的下三角选择【新建矩形基坑土方】，新建完成后在下方属性列表修改基坑的名称、土壤类别、深度和尺寸等信息；

（4）基坑定义完成后关闭当前窗体即可；

（5）关闭窗体后，在上方工具栏中选择要布置的基坑构件，打开【建模】选项卡，在【基坑土方二次编辑】分选框中点击【智能布置】旁边的下三角选择【独基】，框选要布置当前基坑的独立基础，右键确认后基坑布置完成（见图 3.14.41）。

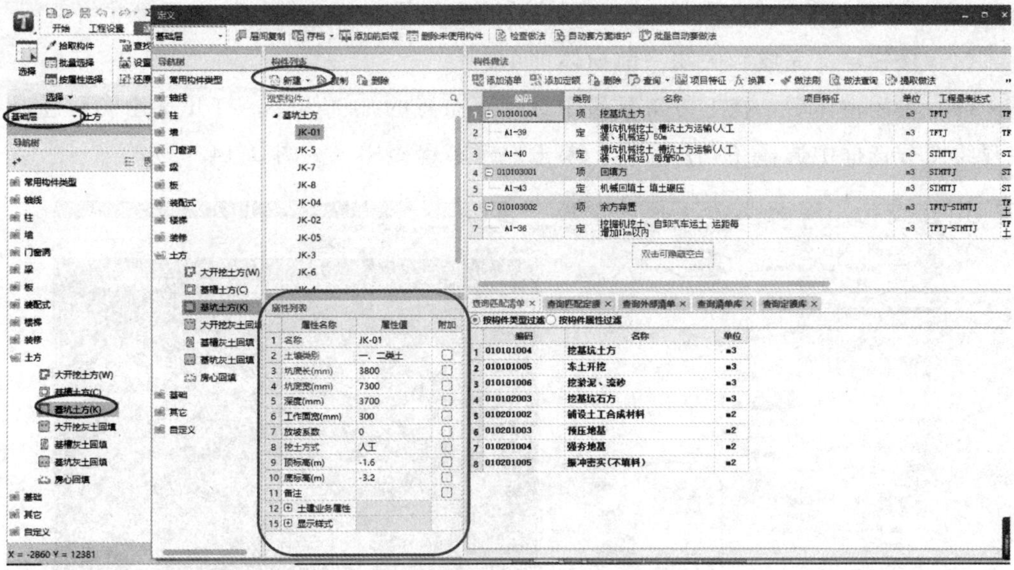

图 3.14.40　定义基坑构件

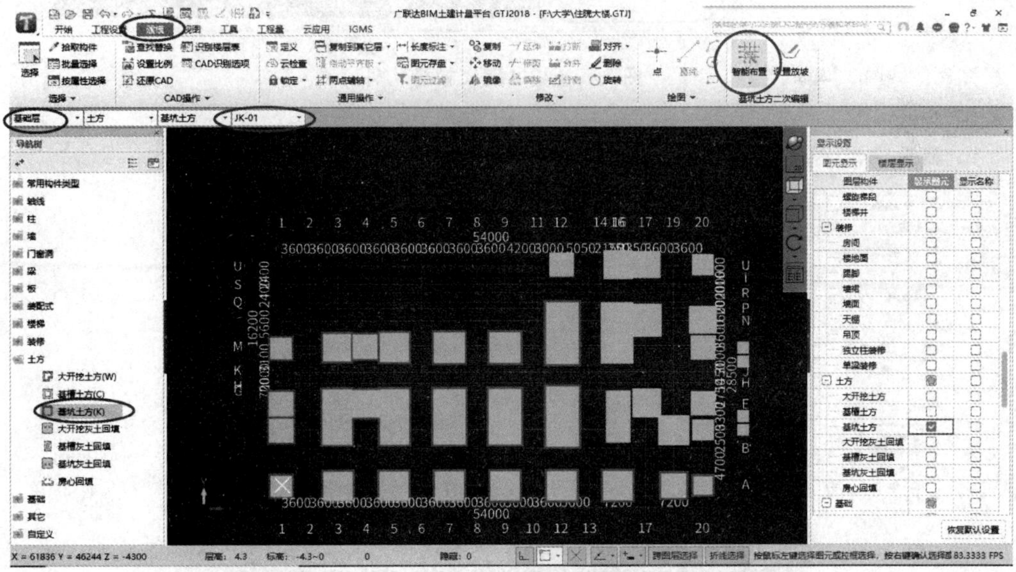

图 3.14.41　布置基坑构件

7. **楼梯绘制建模**

（1）切换楼层到首层；

（2）定义楼梯构件：在导航树中打开【楼梯】节点，双击【楼梯】命令后弹出如图所示（见图3.14.42）的窗体；

（3）点击【新建】旁边的下三角选择【新建参数化楼梯】，选择参数化截面类型（以标准双跑楼梯Ⅰ为例），新建完成后在右方参数图中修改楼梯的详细尺寸信息；

（4）楼梯定义完成后关闭当前窗体即可；

（5）关闭窗体后，在上方工具栏中选择要布置的基坑构件，打开【建模】选项卡，在【绘图分选框中选择【点】命令，单击左键布置楼梯（见图3.14.43）。

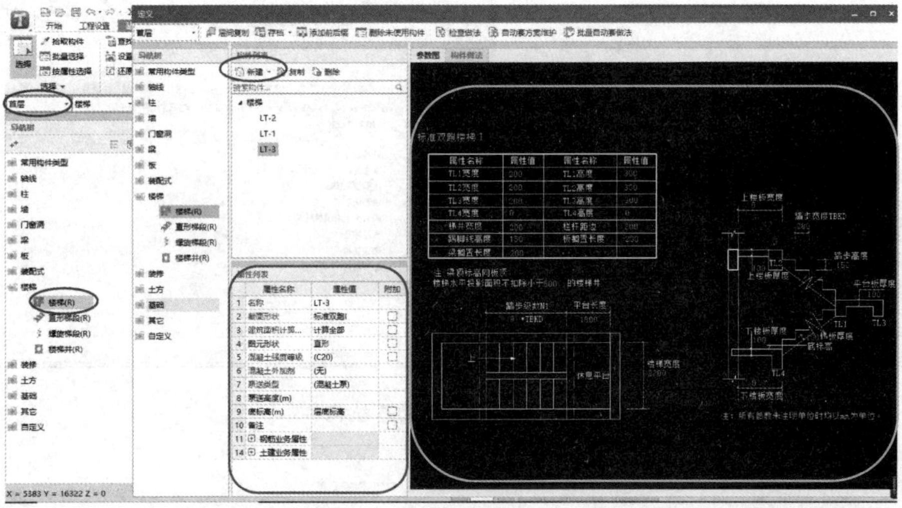

图3.14.42　定义楼梯构件

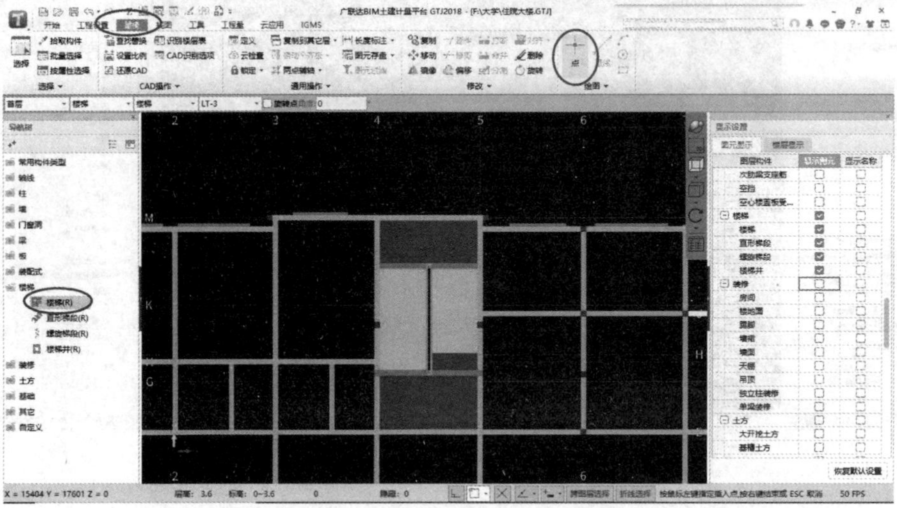

图3.14.43　布置楼梯构件

8. **挑檐绘制建模**

（1）切换楼层到屋顶层；

（2）定义挑檐构件：在导航树中打开【其他】节点，双击【挑檐】命令后弹出如图所示（见图 3.14.44）的窗体；

（3）点击【新建】旁边的下三角选择【新建线式异形挑檐】，在弹出的异形界面编辑器中编辑好截面后单击【确定】（见图 3.14.45），新建完成后在右方截面编辑中编辑钢筋信息；

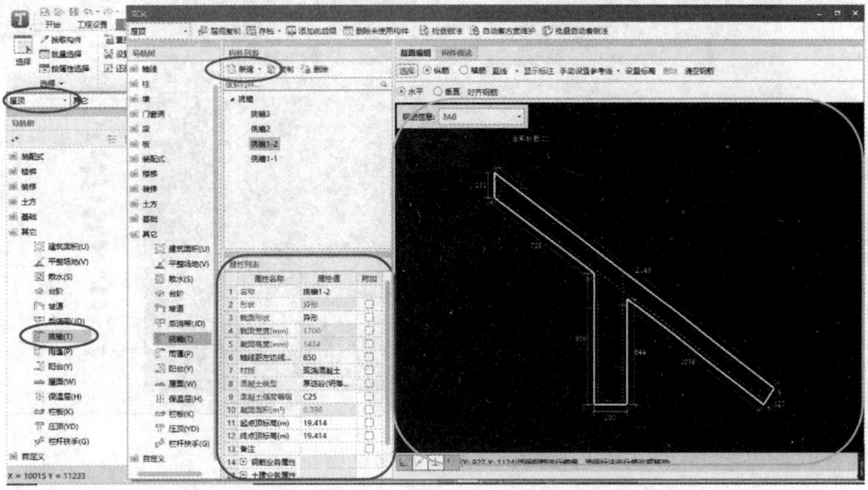

图 3.14.44　定义挑檐构件

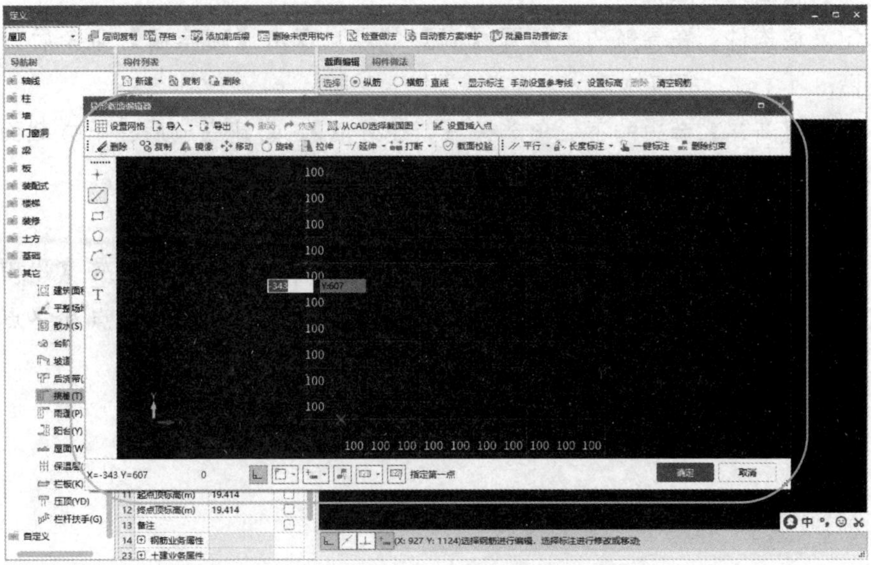

图 3.14.45　编辑异形挑檐截面

（4）挑檐定义完成后关闭当前窗体即可；

（5）关闭窗体后，在上方工具栏中选择要布置的挑檐构件，打开【建模】选项卡，在【绘图分选框中选择【直线】命令，单击左键选择挑檐的起点和终点（见图3.14.46）。

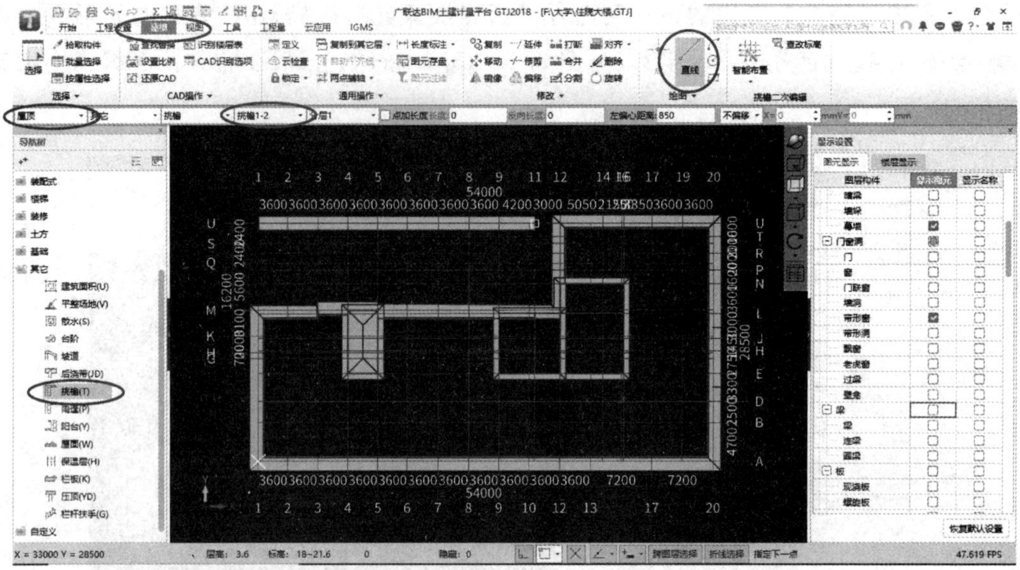

图 3.14.46　绘制挑檐

9. **墙绘制建模**

（1）切换楼层到首层；

（2）定义墙构件：在导航树中打开【墙】节点，双击【砌体墙】命令后弹出如图所示（见图3.14.47）的窗体；

（3）点击【新建】旁边的下三角选择【新建外墙】，新建完成后在下方截面编辑中编辑名称、标高、类别、厚度信息；

（4）墙定义完成后关闭当前窗体即可；

（5）关闭窗体后，在上方工具栏中选择要布置的砌体墙构件，打开【建模】选项卡，在【绘图分选框中选择【直线】命令，单击左键选择砌体墙的起点和终点（见图3.14.48）。

图 3.14.47　定义砌体墙

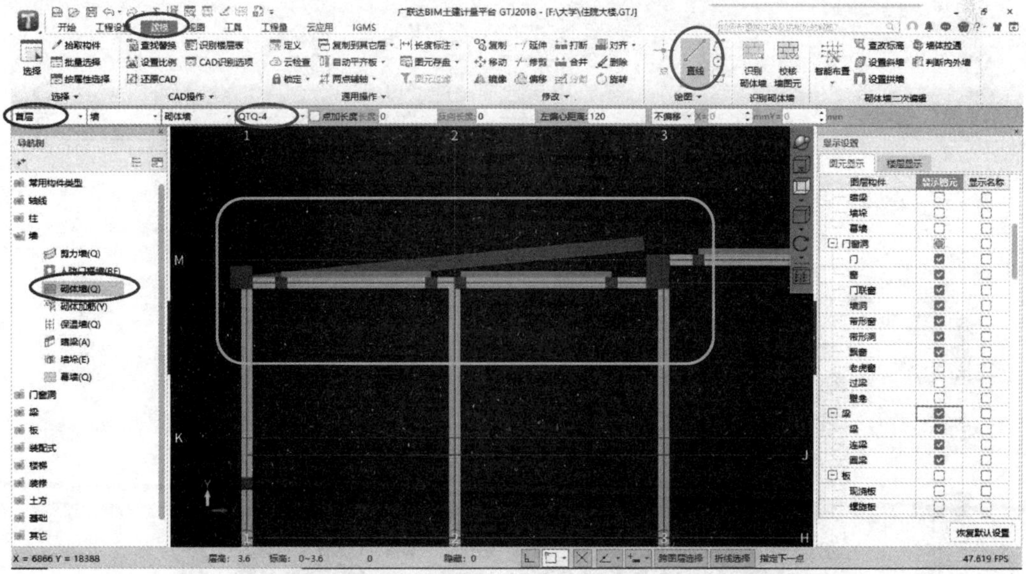

图 3.14.48　绘制砌体墙

10. **门、窗绘制建模**

（1）切换楼层到首层；

（2）定义门、窗构件：在导航树中打开【门窗洞】节点，双击【门】命令后弹出如图所示（见图 3.14.49）的窗体；

（3）点击【新建】旁边的下三角选择【新建矩形门】，新建完成后在下方截面编辑中编辑名称、尺寸信息；

（4）门定义完成后关闭当前窗体即可；

（5）关闭窗体后，在上方工具栏中选择要布置的门构件，打开【建模】选项卡，在【绘图分选框中选择【点】命令，单击左键选择砌体墙即可在墙中放置门（见图3.14.50）。

（6）窗构件的绘制建模同门构件。

图 3.14.49　定义门构件

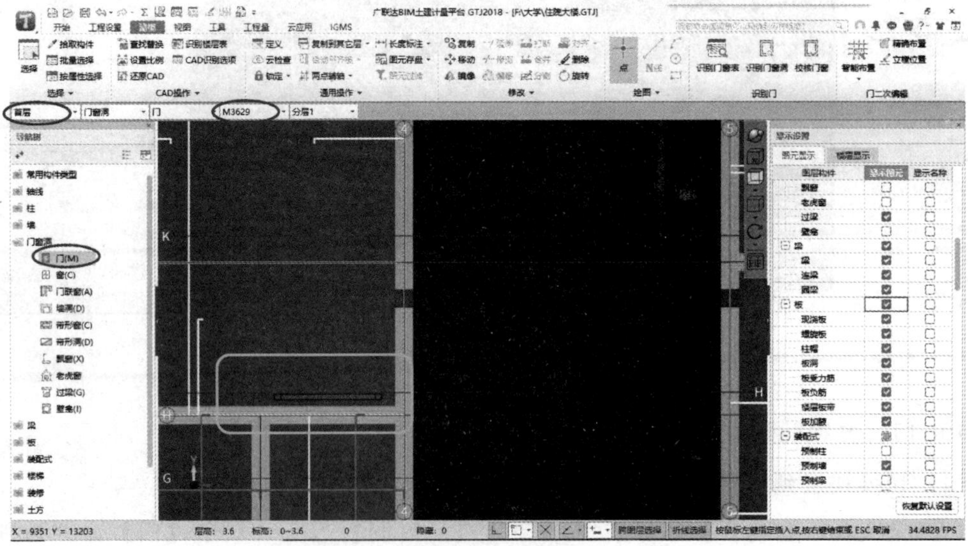

图 3.14.50　放置门构件

11. **装饰装修建模**

(1) 切换楼层到首层；

(2) 定义门、窗构件：在导航树中打开【装修】节点，双击【楼地面】命令后弹出如图所示（见图 3.14.51）的窗体；

(3) 点击【新建】旁边的下三角选择【新建楼地面】，新建完成后在下方截面编辑中编辑名称、标高信息。楼地面新建完成后在左侧的导航树中左键单击【装修】节点下的【踢脚】命令，切换到踢脚构件定义界面。按此方法和步骤依次定义楼地面、踢脚、墙裙、墙面、天棚构件。

(4) 构件定义完成后，在左侧的导航树中单击【装修】节点下的【房间】命令，切换到房间定义界面。点击【新建】旁边的下三角选择【新建房间】，新建完成后在下方截面编辑中编辑房间的名称、标高信息，信息修改完成后在窗体右侧为房间添加依附构件（见图 3.14.52）。

(5) 房间定义完成后关闭当前窗体即可；

(6) 关闭窗体后，在上方工具栏中选择要布置的房间，打开【建模】选项卡，在【绘图分选框中选择【点】命令，单击左键选择封闭区域即可布置房间，房间内的装修全部自动布置完成（见图 3.14.53）。

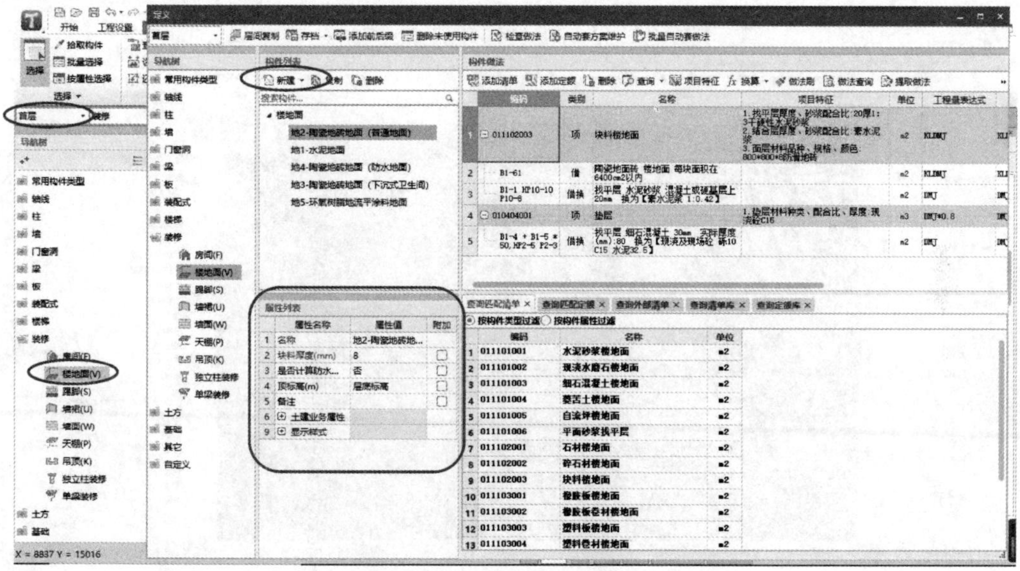

图 3.14.51　定义装修构件

图 3.14.52　定义房间并添加依附构件

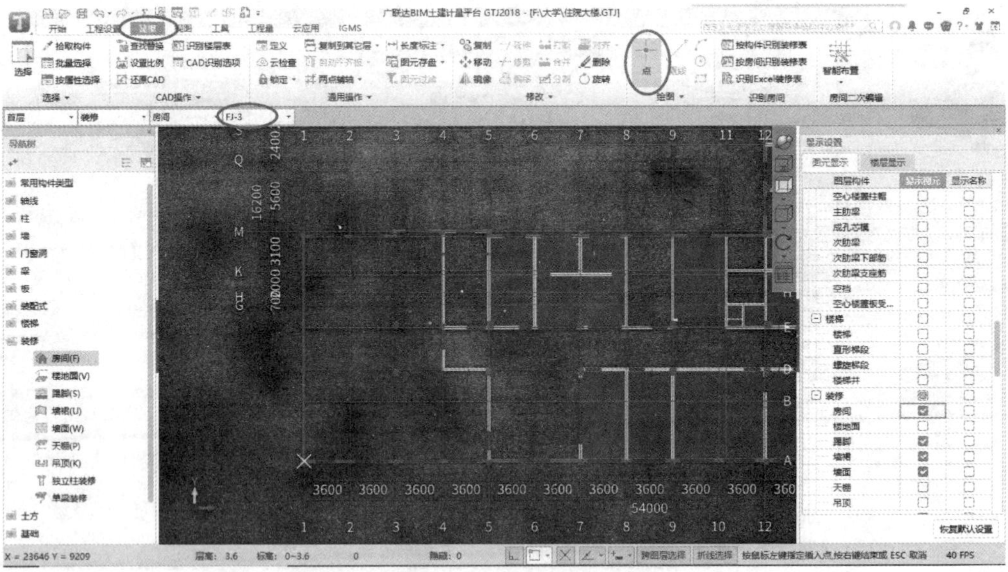

图 3.14.53　布置房间

三、清单定额套取及汇总计算

（一）清单定额套取

如果要软件输出清单工程量，那么必须在算量软件中为构件套上清单，定额可以选择在算量软件中套取，也可以在将算量文件导入计价软件中后再套取。另外，构件的钢筋定额必须在计价软件中套取，无法在算量软件中套取。

1. 清单定额套取步骤

（1）切换楼层到首层；

（2）打开构件定义窗体：在导航树中打开【柱】节点，双击【柱】命令后弹出如图所示（见图 3.14.52）的窗体；

（3）清单套取：点击窗体右侧上方的【构件做法】命令，点击下方的【查询清单库】命令，为构件选择合适的清单，双击左键即可选取；

（4）定额套取：点击下方的【查询定额库】命令，在清单下选择合适的定额，双击左键即可选取。如果要选择其他定额，可以在窗体最下方的定额库中进行选择；

（5）定额换算：点击上方工具栏【换算】命令旁边的下三角选择【标准换算】即可进行定额的换算；

（6）工程量表达式：清单和定额的工程量数据可以在【工程量表达式】一列进行调整。

（7）当前构件的清单定额套取完成后，可以单击其他构件进行切换，然后套取其他构件的清单定额即可。

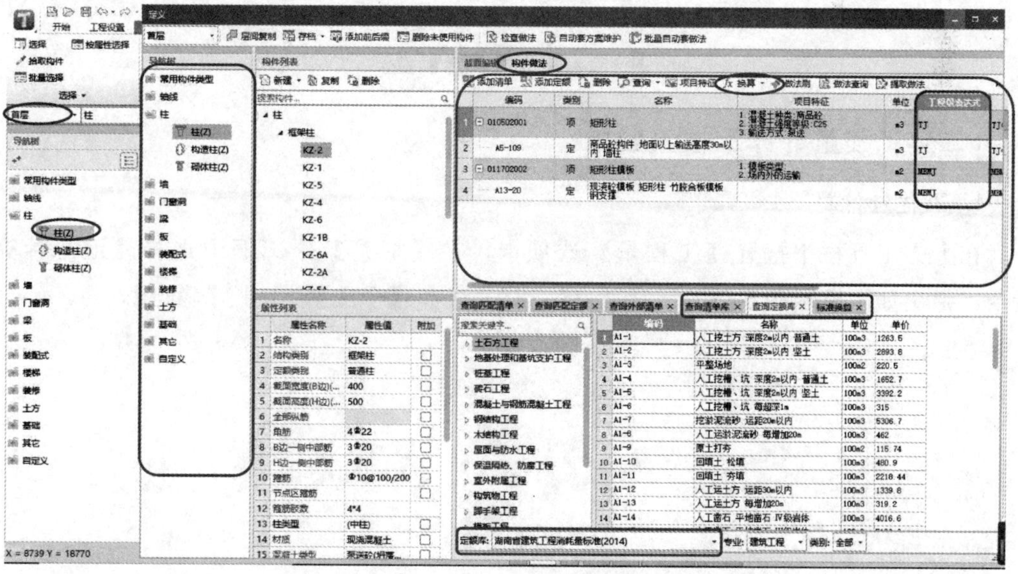

图 3.14.54　清单定额套取

2. **清单定额复制的步骤**

对于同类构件和不同楼层的相同构件，其清单定额是完全一样的，所以清单定额可以通过复制的方式来进行快速套取，在软件中使用【做法刷】命令即可完成清单定额的复制。

(1) 框选要复制的清单和定额；

(2) 单击窗体上方的【做法刷】命令后弹出如图所示的窗体，在左侧选择目标楼层及构件，选择完成后，单击【确定】。

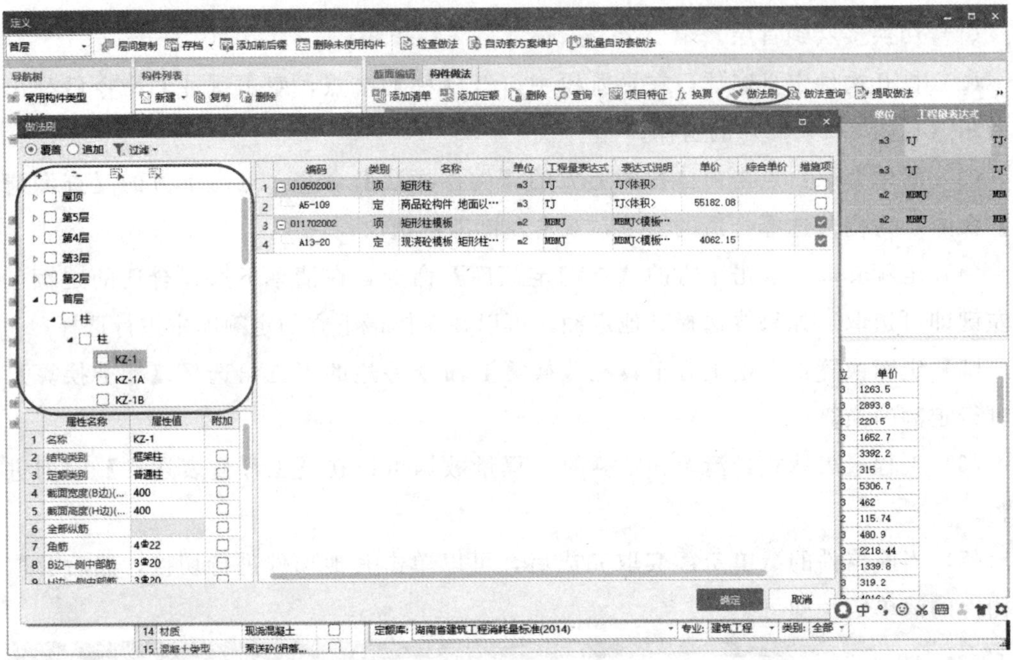

图 3.14.55 清单定额复制

(二) 工程量计算及报表输出

1. 工程量计算

在上方工具栏中打开【工程量】选项卡，在【汇总】分选框中选择【汇总计算】命令，弹出如图所示的窗体（见图 3.14.56），选择【全楼】，点击【确定】。

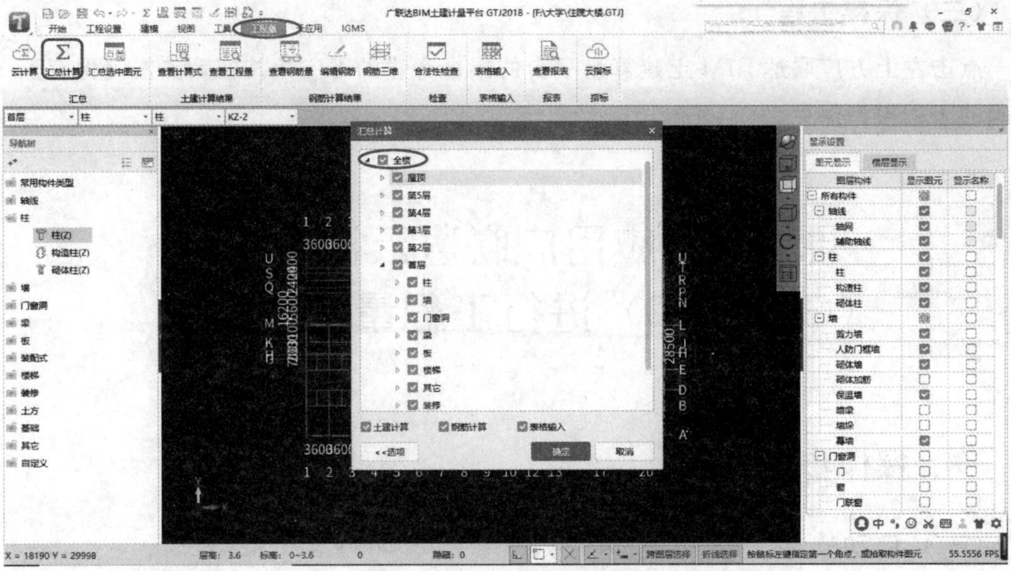

图 3.14.55　汇总计算

2. 报表输出

汇总计算完成后，在上方工具栏中打开【工程量】选项卡，在【报表】分选框中选择【查看报表】命令，弹出如图所示的窗体（见图 3.14.56）。在左侧选择表格，即可查看对应的表格，点击上方【导出】命令即可导出该报表。

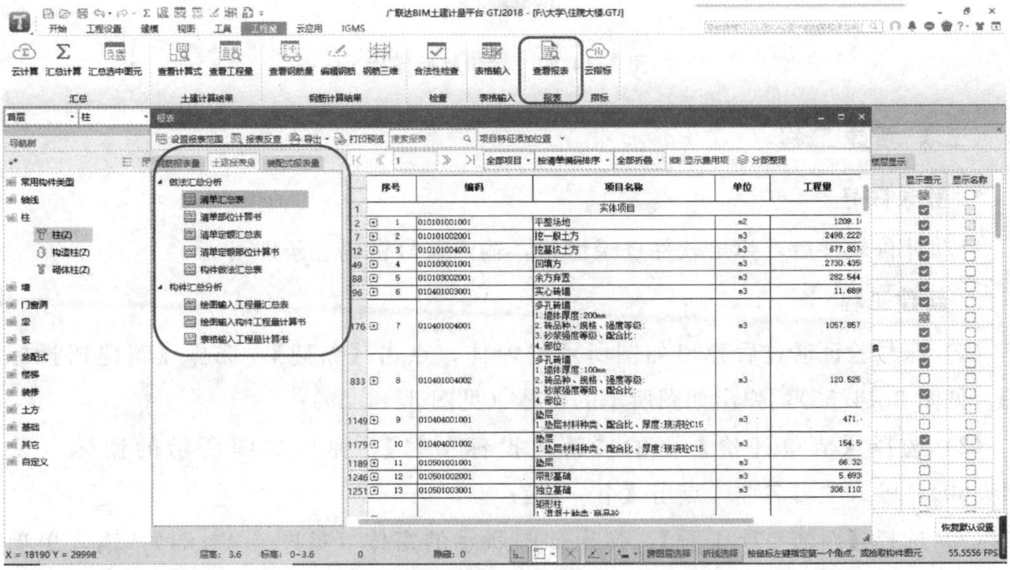

图 3.14.56　查看报表

（三）保存工程

点击左上方广联达BIM土建算量平台的图标旁边的下三角按钮，点击【保存】，将所画的工程模型保存。

课题2　应用广联达云计价平台（GCCP5.0）进行工程量清单编制

一、操作步骤

（一）启动软件

双击桌面“广联达云计价平台GCCP5.0”的快捷方式（见图3.14.57），启动计价软件。

图3.14.57　计价软件图标

（二）新建工程

1. 登录账号

启动计价软件后，弹出软件登录窗体，输入账号密码登录即可。

2. 新建工程

(1) 账号验证通过后弹出如图所示的窗体，点击【新建】，选择【新建招投标项目】（见图3.14.58），弹出如图所示的窗体（见图3.14.59）；

(2) 选择【清单计价】下的【新建投标项目】，弹出如图所示的窗体（见图3.14.60），输入项目名称，点击【下一步】；

(3) 选择【新建单项工程】，弹出如图所示的窗体（见图3.14.61），输入单项名称，选择单位工程，点击【确定】，再点击【完成】。

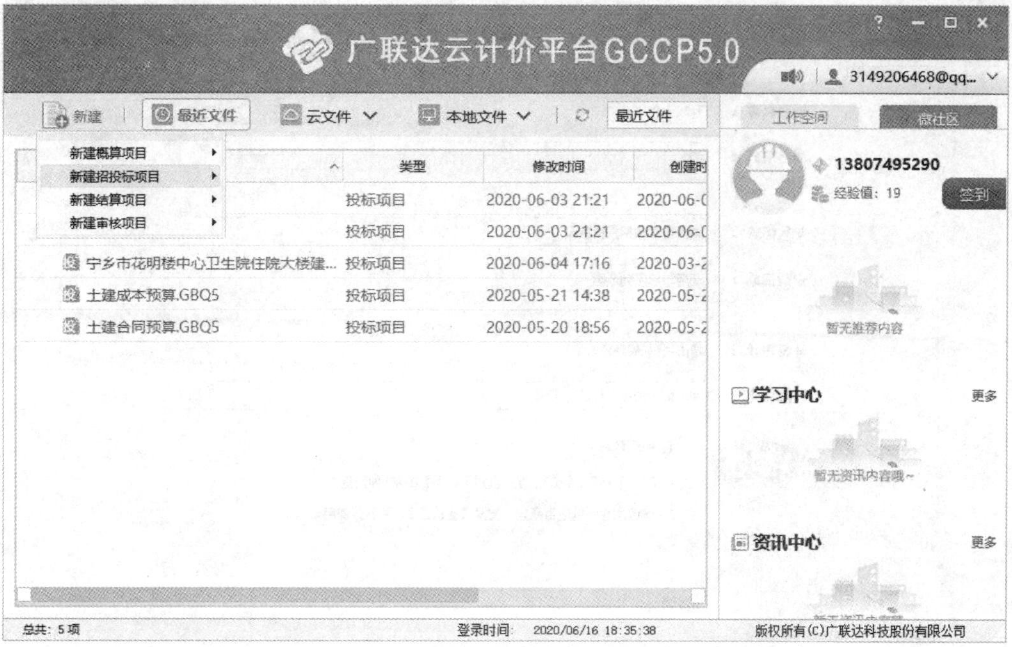

图 3.14.58 打开软件

图 3.14.59 新建工程

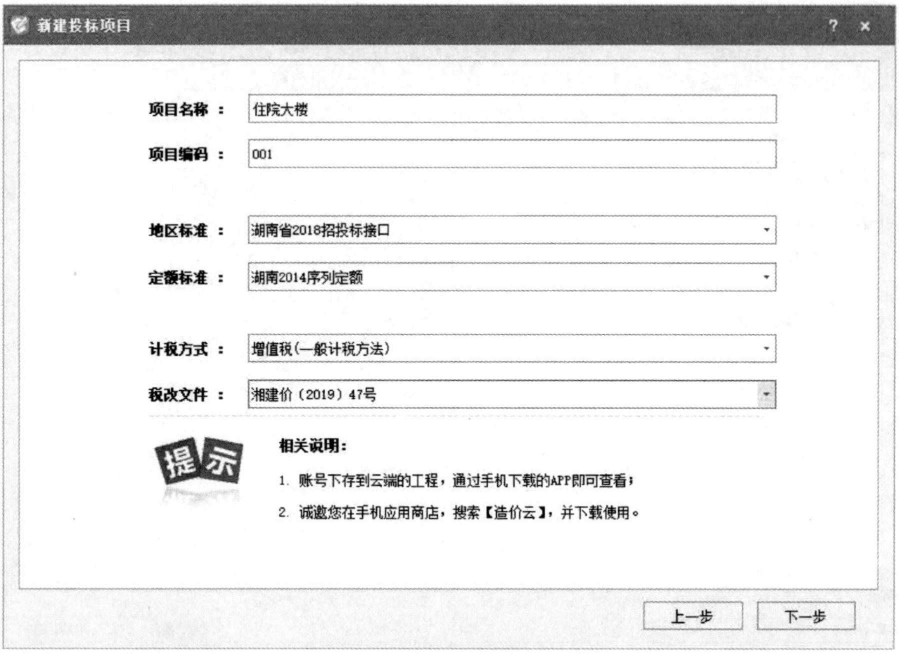

图 3.14.60　新建投标项目

图 3.14.61　新建单项工程

（三）导入算量文件

点击左上角【导入】下三角选择【导入算量文件】，选择通过 GTJ2018 保存的算量文件，点击【确认】，弹出如图所示的窗体（见图 3.14.62），点击【导入】。

图 3.14.62　导入算量文件

（四）添加钢筋工程的工程量清单

1. 插入钢筋工程的工程量清单

（1）在上方工具栏点击【插入】命令的下三角选择插入清单，双击当前所插入清单的项目编码，弹出如图所示的窗体（见图 3.14.63），双击选择清单项目，选择完成后关闭当前窗体；

图 3.14.63　插入清单

（2）选择当前工程量清单，点击下方【特征及内容】命令可修改该清单的项目特征。

2. **插入钢筋工程的定额**

（1）选择当期所插入清单，在上方工具栏点击【插入】命令的下三角选择插入子目，双击当前所插入子目的编码，弹出如图所示的窗体（见图 3.14.64）；

（2）双击选择子目后，弹出如图所示的窗体，选择定额换算内容后，点击【确定】，关闭查询窗体即可。

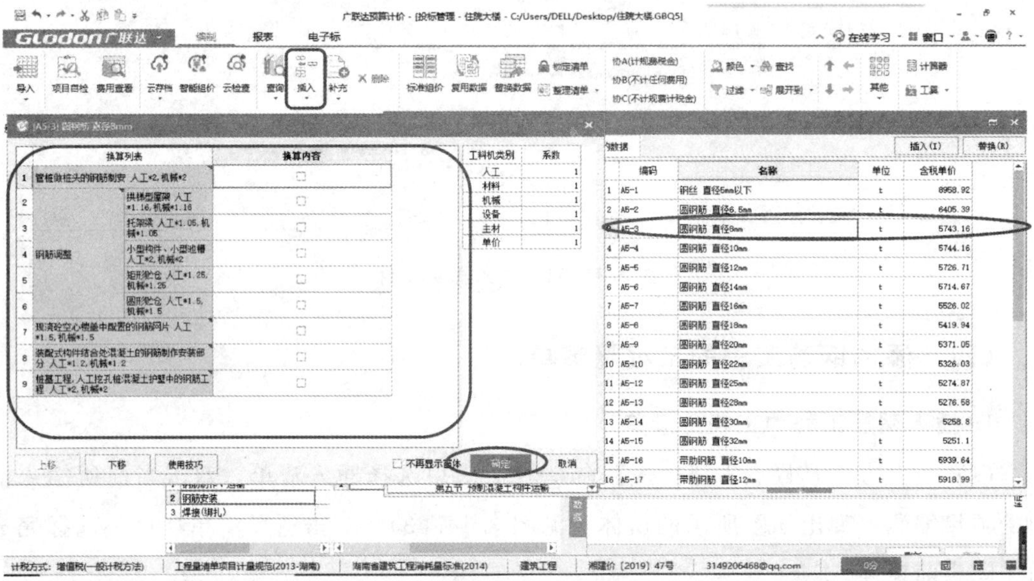

图 3.14.64　插入定额

3. **输入清单工程量**

在算量软件输出的报表中查询钢筋工程的工程量，并将查询到的工程量输入清单中。

（五）添加措施项目清单及定额

1. **总价措施**

点击【措施项目】，在总价措施费条目下可以修改总价措施相关子目（见图 3.14.65）。

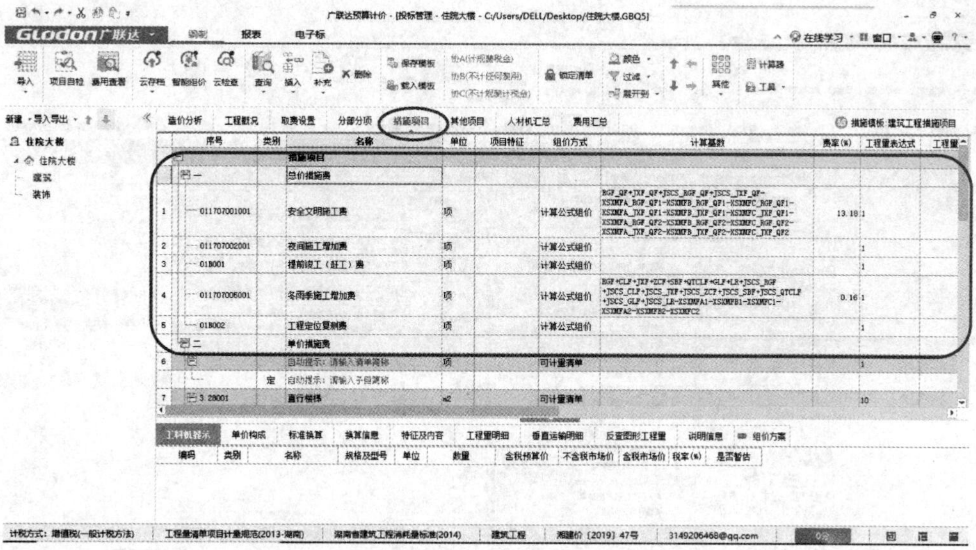

图 3.14.65　总价措施费

2. 单价措施

点击【措施项目】，在单价措施费条目下可以修改单价措施相关子目。插入塔吊垂直运输清单项目，双击项目编码在弹出窗体中选择垂直运输的清单（见图 3.14.66）；插入清单后，在当前清单下插入子目，双击子目编码，选择定额子目（见图 3.14.67）。

施工电梯、综合脚手架措施项目清单的添加同塔吊。

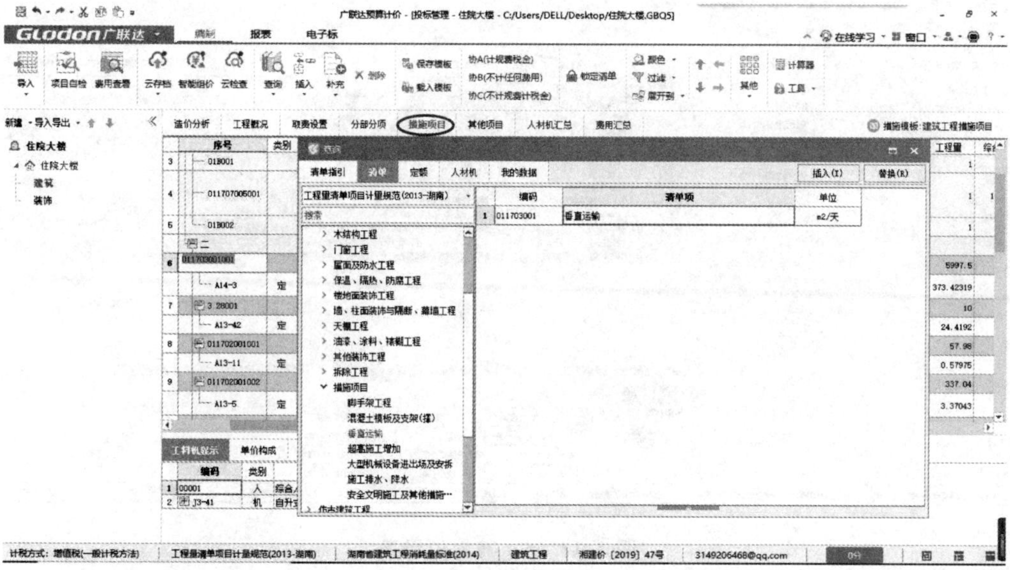

图 3.14.66　选择垂直运输清单

图 3.14.67 选择垂直运输定额子目

（五）其他项目费

点击【其他项目】，在当前页面即可修改其他项目费的计费基数及费率（见图3.14.68）。

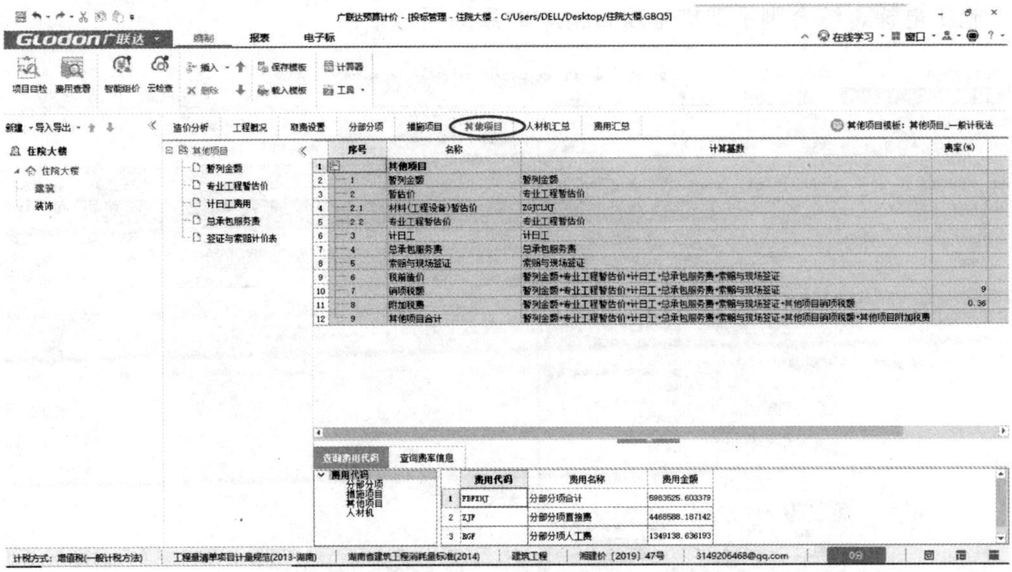

图 3.14.68 其他项目费

（六）材料价格调整

点击【人材机汇总】，在当前页面即可修改人、材、机的含税市场价（见图

3.14.69）。如果要直接套用某地某月的信息价，可以安装广材助手，直接进行价格导入。

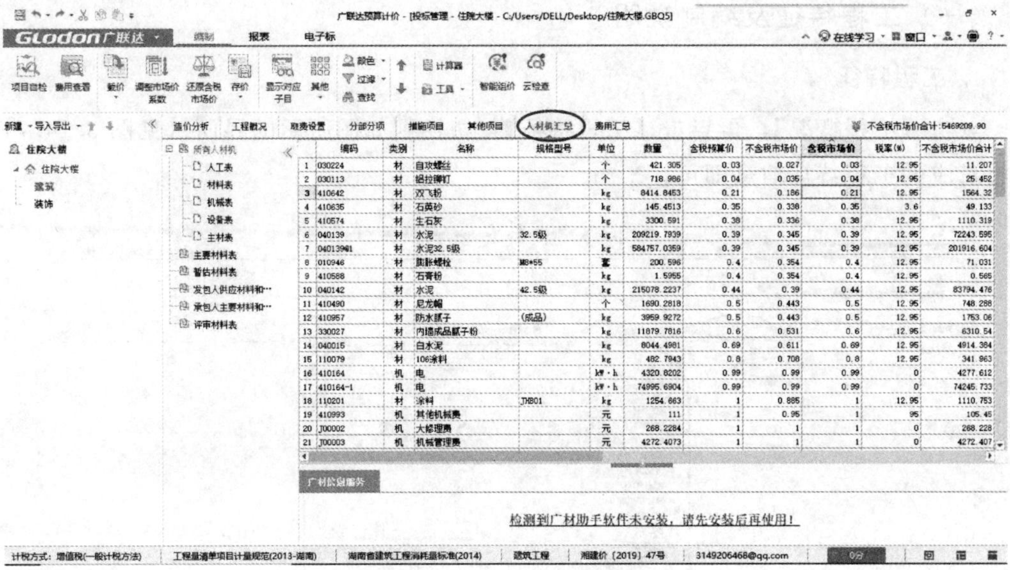

图 3.14.69　含税市场价调整

（七）费用汇总

点击【费用汇总】，在当前页面即可查看当前的单位工程造价表（见图 3.14.70）。

图 3.14.70　单位工程费用汇总

二、报表输出

（一）工程特征及编制说明

1. 工程特征

点击【工程概况】，再点击【工程特征】，切换到如图所示的界面（见图 3.14.71）。修改对应的工程特征信息即可。

图 3.14.71　工程特征修改

2. 编制说明

点击【编制说明】，切换到如图所示的界面（见图 3.14.72）。点击【编辑】，修改当前的编制说明文字内容完成后点击【预览】即可保存当前修改。

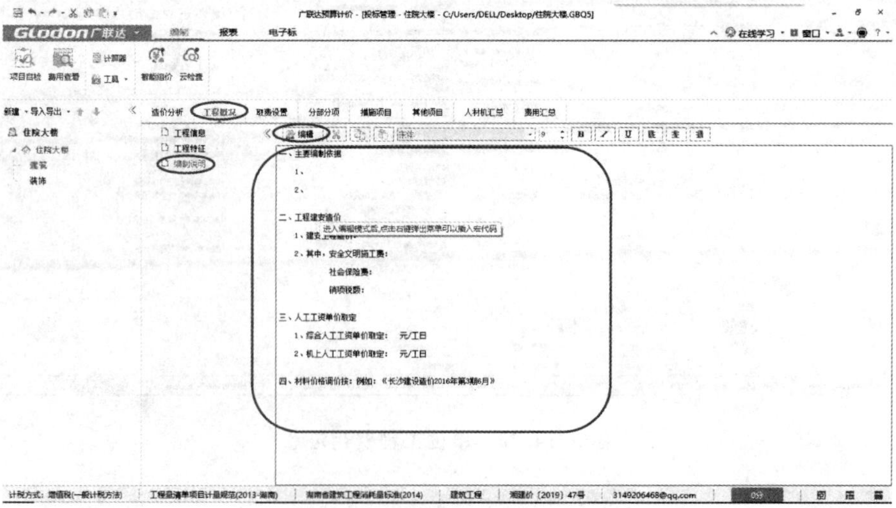

图 3.14.72　编制说明修改

（二）报表输出

1. 报表查看

点击【报表】，双击报表名称即可查看报表（见图 3.14.73）。

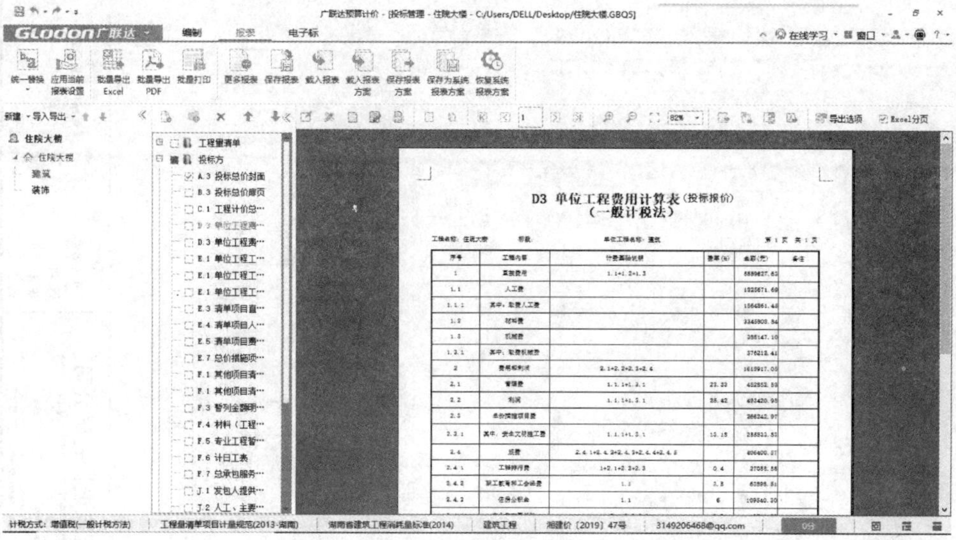

图 3.14.73　查看报表

2. 报表输出

在上方工具栏点击【批量导出 PDF】，弹出如图所示的窗体，勾选需要导出的报表，点击【导出选中报表】即可输出（见图 3.14.74）。

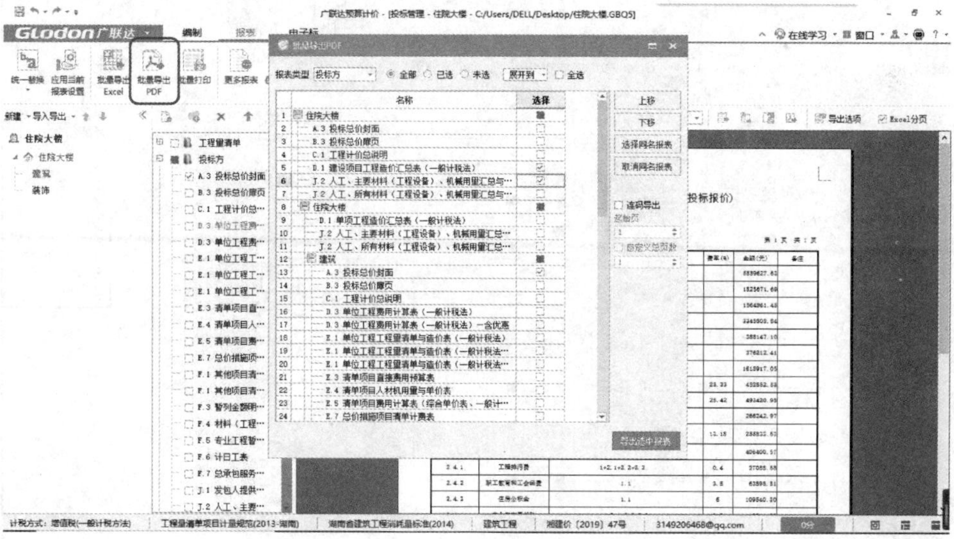

图 3.14.74　查看报表

附　　录

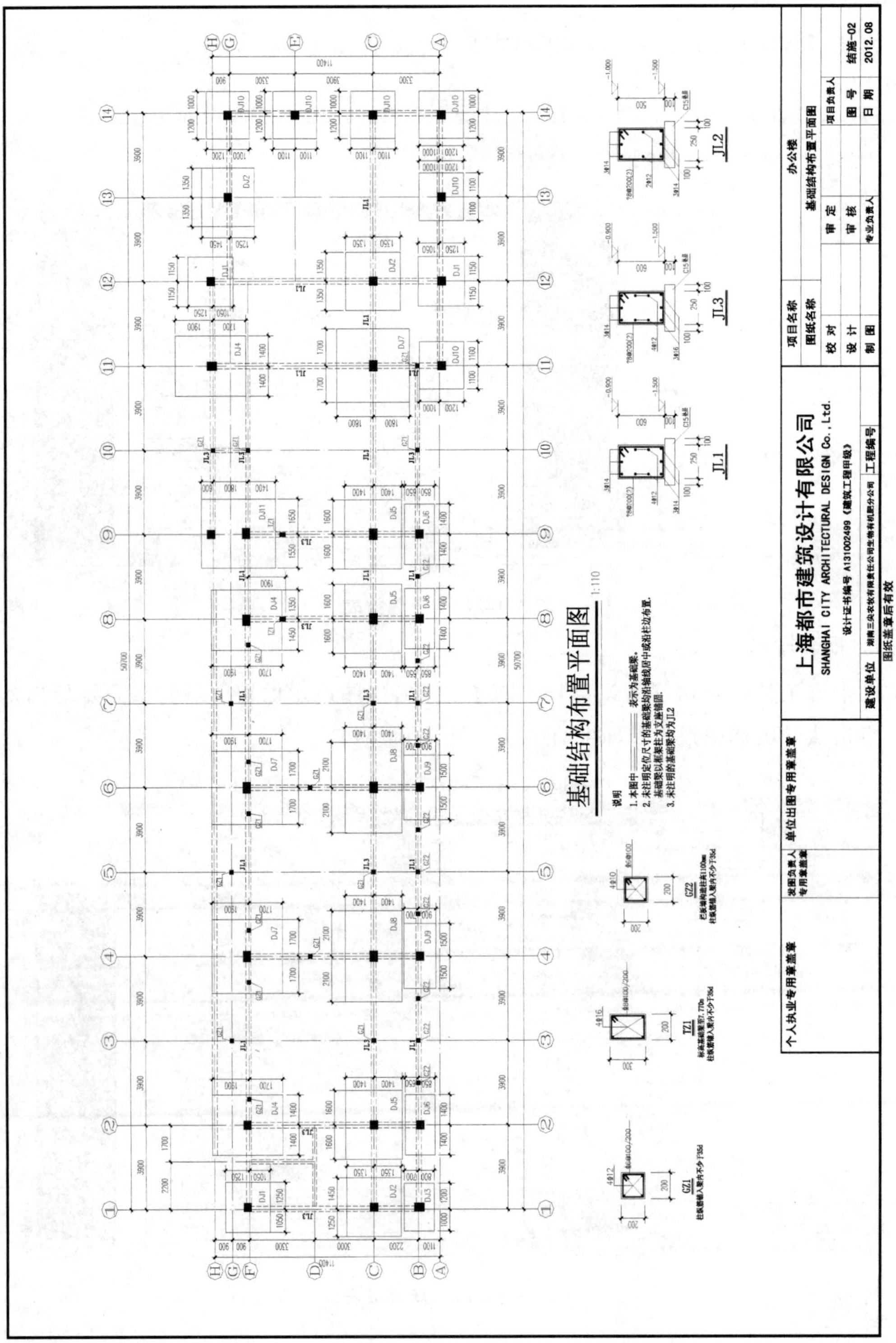
基础结构布置平面图
1:110
上海都市建筑设计有限公司
SHANGHAI CITY ARCHITECTURAL DESIGN Co., Ltd.
办公楼
基础结构布置平面图
结施-02
2012.08
JL1
JL2
JL3
GZ1
GZ2
TZ1

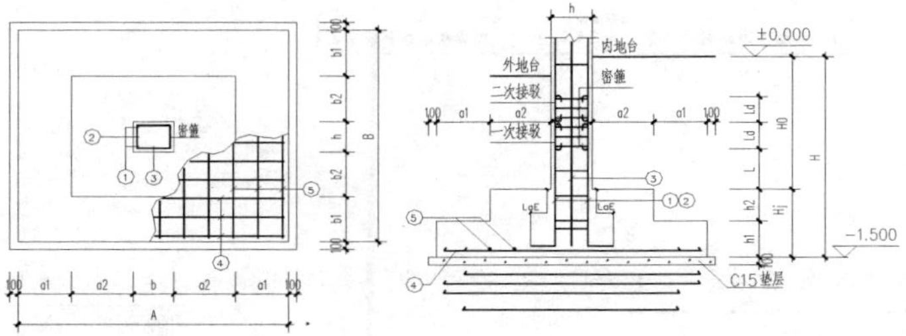

DJ Ⅰ型

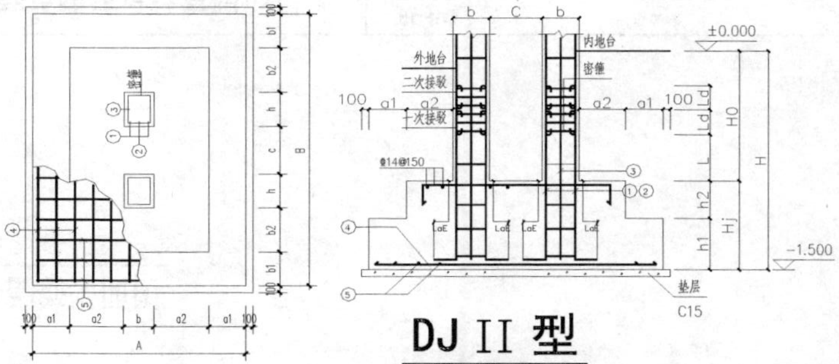

DJ Ⅱ型

基础编号	柱断面	基础平面尺寸						基础高度				基础予留柱插筋					基础底板配筋	
	b x h	A	a_1	a_2	B	b_1	b_2	H	Hj	h_1	h_2	①	②	③	密箍	Ld	④	⑤
DJ1	400x400	2300			2300			1500	500	500		同底层柱筋					Φ12@150	Φ12@150
DJ2	400x400	2700			2700			1500	500	500							Φ12@150	Φ12@150
DJ3	400x500	2200			1500			1500	500	500							Φ12@150	Φ12@150
DJ4	400x500	2800	600	600	3600	700	850	1500	600	300	300						Φ12@120	Φ12@120
DJ5	500x400	3200	650	700	2800	600	600	1500	600	300	300						Φ12@120	Φ12@120
DJ6	400x400	2800			1500			1500	500	500							Φ12@150	Φ12@150
DJ7	500x400	3400	650	800	3600	650	950	1500	600	300	300						Φ12@120	Φ12@120
DJ8	500x400	4200	700	1150	2800	600	600	1500	600	300	300						Φ14@150	Φ12@120
DJ9	400x400	3000			1600			1500	600	600							Φ12@120	Φ12@120
DJ10	400x400	2200			2200			1500	500	500							Φ12@150	Φ12@150

基础编号	柱断面	基础平面尺寸						基础高度				基础予留柱插筋					基础底板配筋	
	b x h	A	a_1	a_2	B	b_1	b_2	H	Hj	h_1	h_2	①	②	③	密箍	Ld	④	⑤
DJ11	500x400	3200	600	750	3800			1500	600	300	300						Φ14@150	Φ14@150

基础设计说明

1. 本工程地基基础设计等级为丙 级?建筑场地类别为II 类?
2. 根据?桃源县生物有机肥新建工程勘察报告??各土层参数如下表?

土层名称	压缩模量	浅基础 承载力特征值
素填土 ①		
残积土 ②	7.70 MPa	150 KPa

3. 本工程采用浅基础?以残积土为持力层?地基承载力特征值地基承载力特征值 fk=150kpa.
   基础垫层进入残积土层200mm. 基础开挖后须经验槽合格后方可进行下一步施工?
4. 本工程除基础垫层为C15 外?基础混凝土强度等级为C25
5. 本图?0.000 相当于绝对高程见总平面图?
6. 基础回填土采用粉质粘土或粉土分层夯实,压实系数不小于0.9?
   其含水量宜为最优含水量,控制含水量?2%.

个人执业专用章盖章	发图负责人专用章盖章	单位出图专用章盖章	上海都市建筑设计有限公司 SHANGHAI CITY ARCHITECTURAL DESIGN Co., Ltd. 设计证书编号 A131002499《建筑工程甲级》	项目名称	办公楼		
				图纸名称	基础大样		
				校 对	审 定	项目负责人	
				设 计	审 核	图 号	结施-03
			建设单位：湖南三尖农牧有限责任公司生物有机肥分公司 工程编号	制 图	专业负责人	日 期	2012.08

图纸盖章后有效

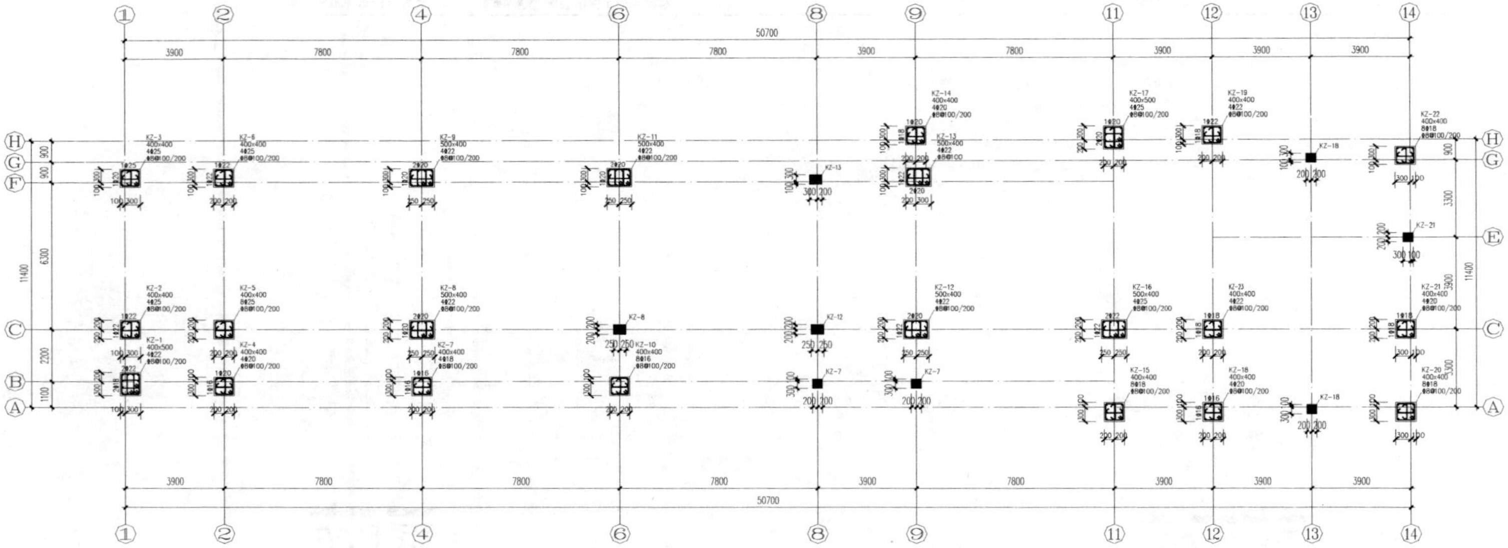

一层柱(基础～4.170m)配筋平面图

1:110

框架柱平法图说明：

1.框架柱采用平法制图？详中国建筑标准研究所11G101-1.

2.本工程为框架结构？框架抗震 等级三级

3.抗震框架柱纵向钢筋连接构造？抗震框架柱柱头和变截面位置纵向钢筋构造及抗震LZ纵向钢筋构造详11G101-1 第57~61 页？抗震框架柱箍筋加密区范围详11G101-1 第61,62页？

个人执业专用章盖章	发图负责人专用章盖章	单位出图专用章盖章	上海都市建筑设计有限公司 SHANGHAI CITY ARCHITECTURAL DESIGN Co.,Ltd. 设计证书编号 A131002499《建筑工程甲级》	项目名称	办公楼		
				图纸名称	一层柱配筋平面图		
				校对	审定	项目负责人	
				设计	审核	图号	结施-04
			建设单位 湖南三尖农牧有限责任公司生物有机肥分公司 工程编号	制图	专业负责人	日期	2012.08

图纸盖章后有效

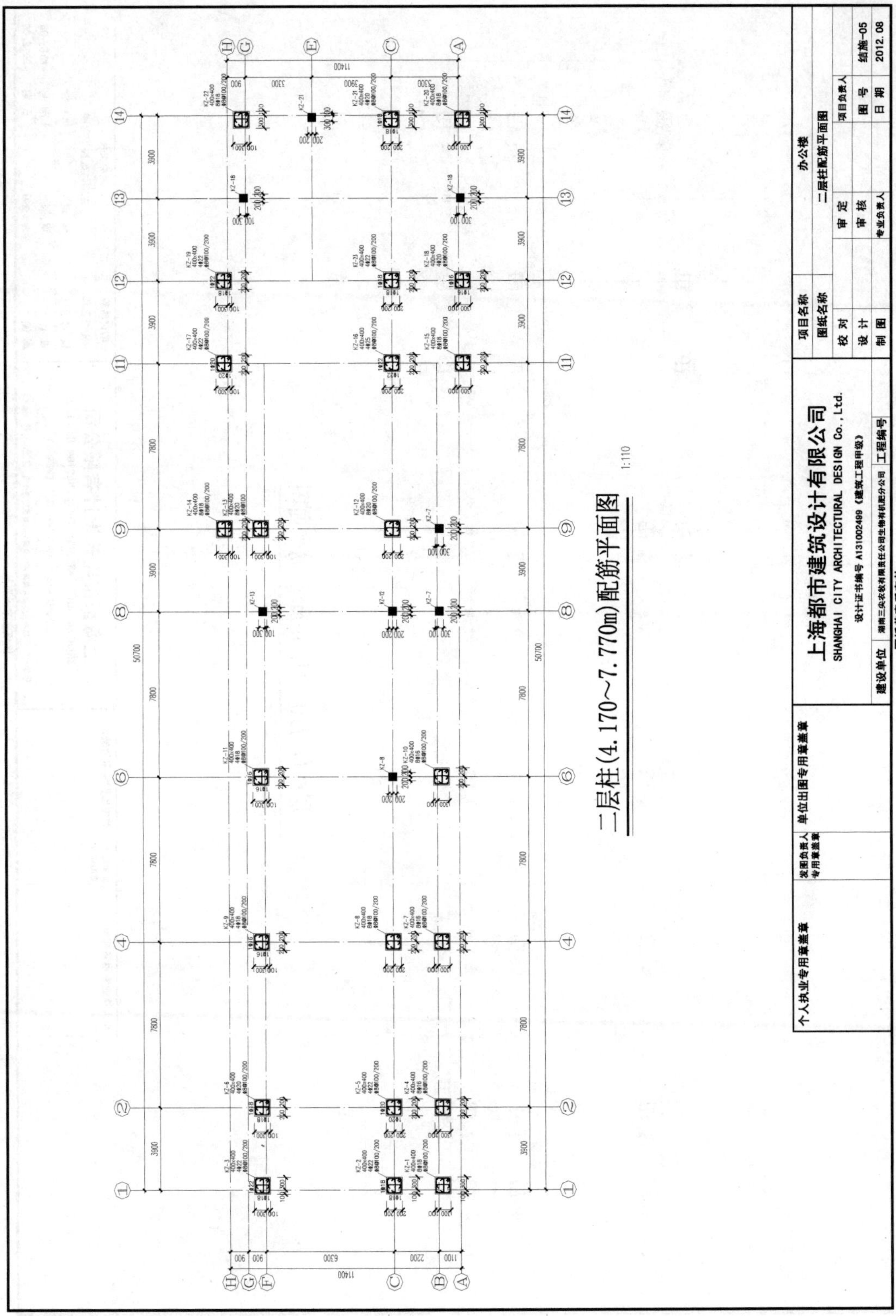
二层柱(4.170~7.770m)配筋平面图
1:110
上海都市建筑设计有限公司
SHANGHAI CITY ARCHITECTURAL DESIGN Co., Ltd.
设计证书编号 A131002499《建筑工程甲级》
项目名称
办公楼
图纸名称
二层柱配筋平面图
校 对
设 计
制 图
审 定
审 核
专业负责人
项目负责人
图 号
结施-05
日 期
2012. 08
建设单位
工程编号
图纸盖章后有效
个人执业专用章盖章
出图负责人专用章盖章
单位出图专用章盖章

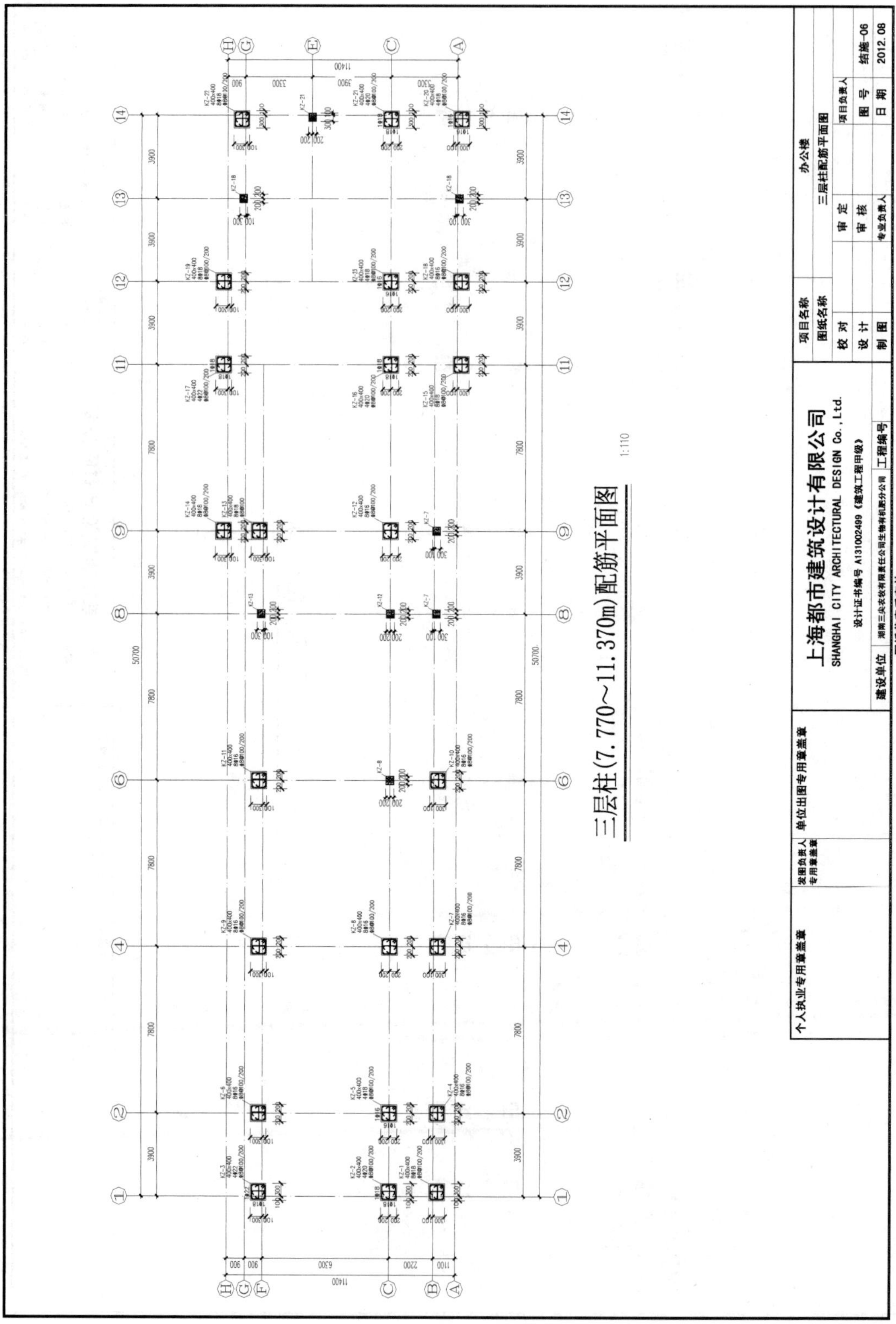
三层柱(7.770~11.370m)配筋平面图
1:110
个人执业专用章盖章
发图负责人专用章盖章
单位出图专用章盖章
上海都市建筑设计有限公司
SHANGHAI CITY ARCHITECTURAL DESIGN Co.,Ltd.
设计证书编号 A131002499《建筑工程甲级》
建设单位
湖南三尖农牧有限责任公司生物有机肥分公司
工程编号
图纸盖章后有效
项目名称
办公楼
图纸名称
三层柱配筋平面图
校 对
设 计
制 图
审 定
审 核
专业负责人
项目负责人
图 号
结施—06
日 期
2012.08

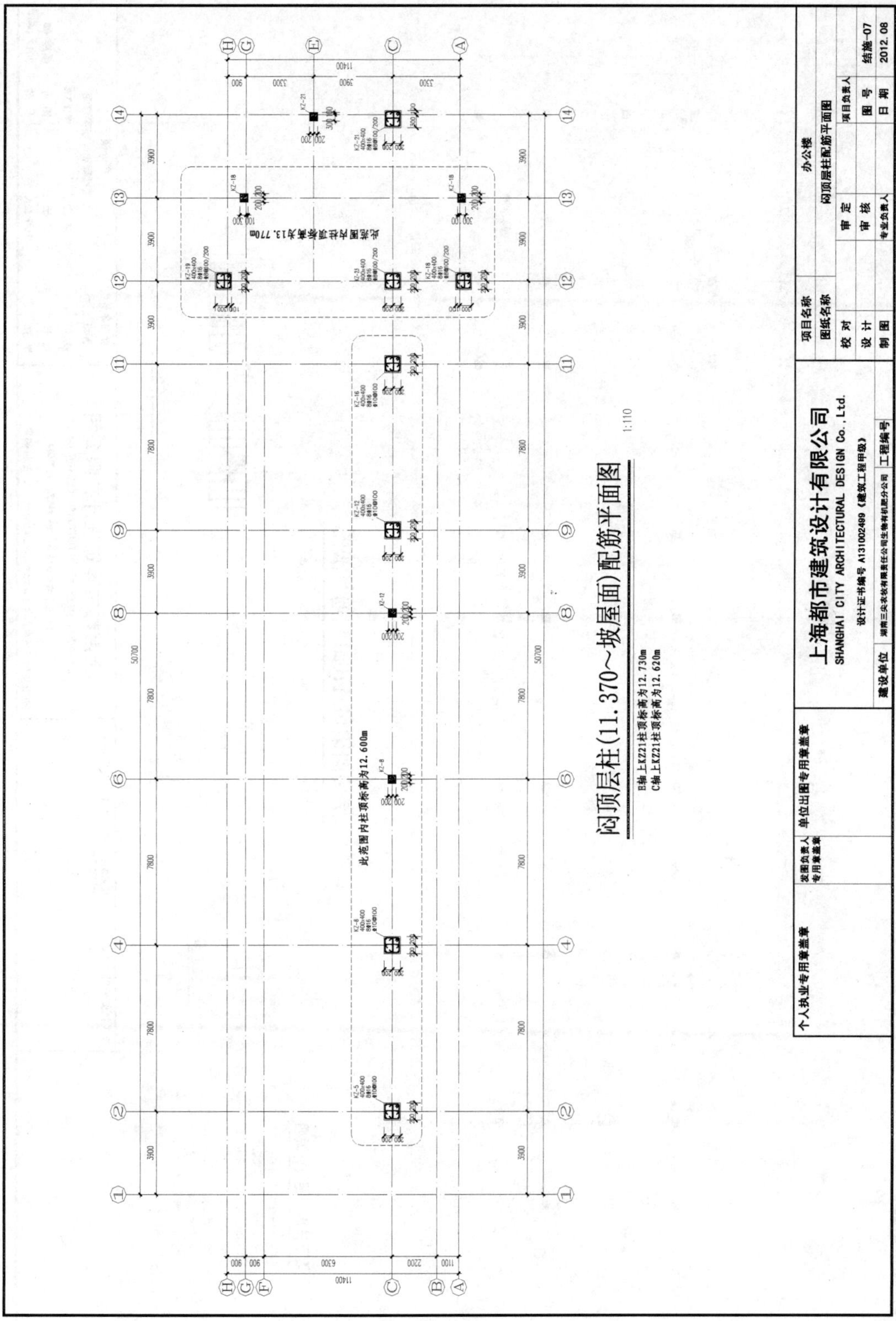
闷顶层柱(11.370～坡屋面)配筋平面图
1:110
B轴上KZ21柱顶标高为12.730m
C轴上KZ21柱顶标高为12.620m
此范围内柱顶标高为12.600m
此范围内柱顶标高为13.770m
个人执业专用章盖章
出图负责人专用章盖章
单位出图专用章盖章
上海都市建筑设计有限公司
SHANGHAI CITY ARCHITECTURAL DESIGN Co., Ltd.
设计证书编号 A131002499（建筑工程甲级）
建设单位
湖南三农农牧有限责任公司生物有机肥分公司
工程编号
图纸盖章后有效
项目名称
办公楼
图纸名称
闷顶层柱配筋平面图
校对
审定
项目负责人
设计
审核
图号
结施-07
制图
专业负责人
日期
2012.08

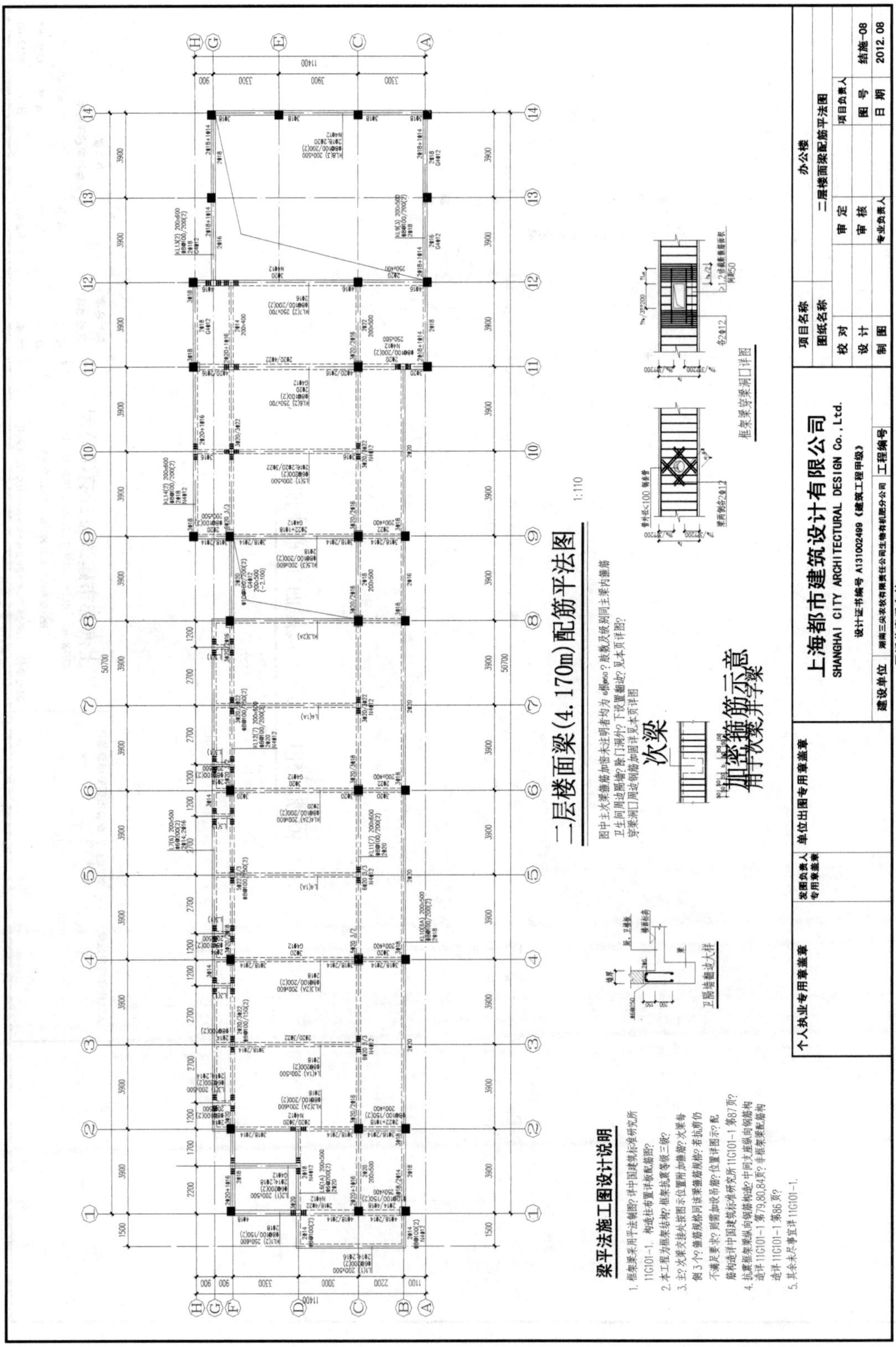
二层楼面梁(4.170m)配筋平法图
梁平法施工图设计说明
上海都市建筑设计有限公司
SHANGHAI CITY ARCHITECTURAL DESIGN Co., Ltd.
办公楼
二层楼面梁配筋平法图
结施-08
2012.08

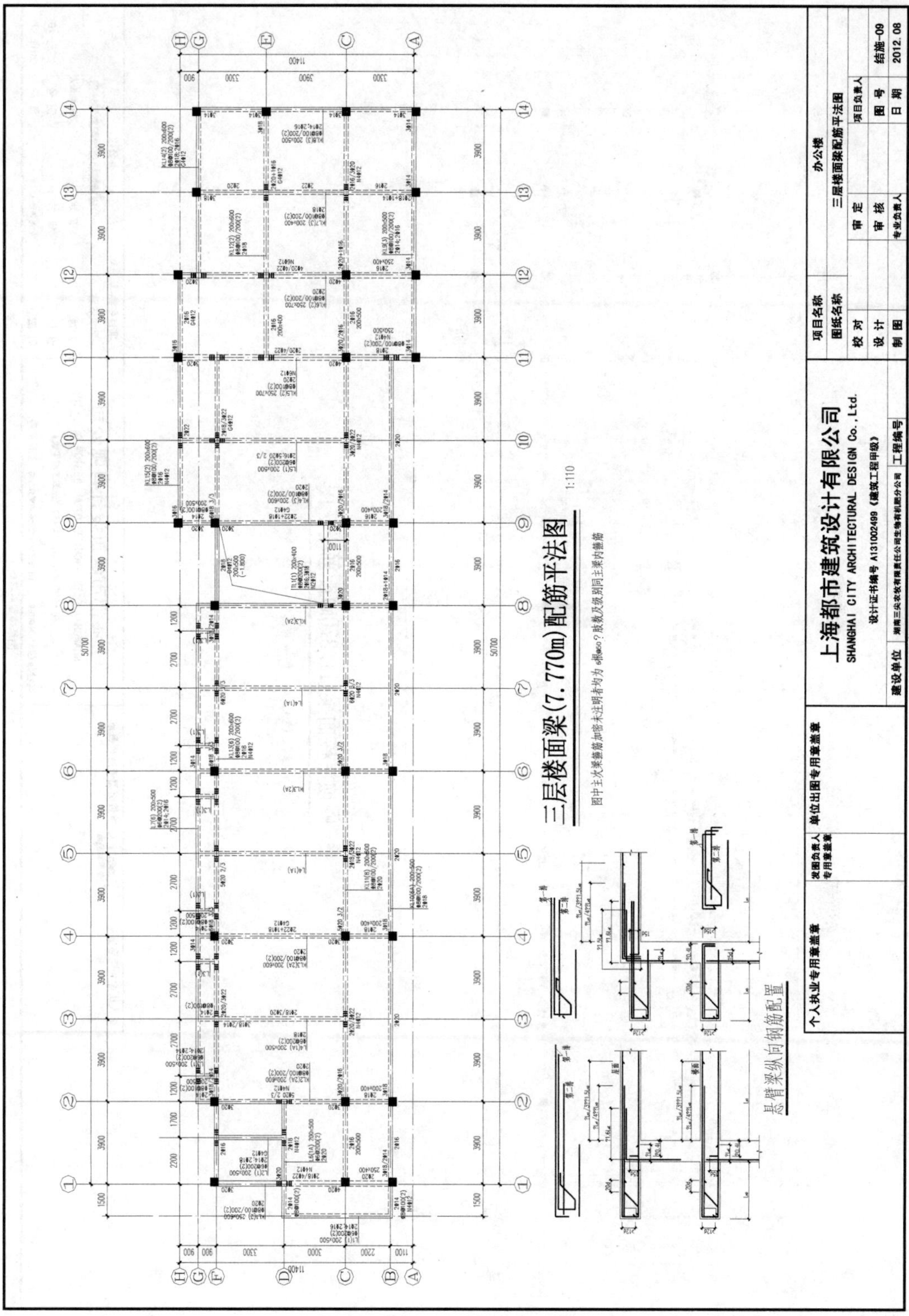
三层楼面梁(7.770m)配筋平法图
1:110
悬臂梁纵向钢筋配置
上海都市建筑设计有限公司
SHANGHAI CITY ARCHITECTURAL DESIGN Co.,Ltd.
设计证书编号 A131002499《建筑工程甲级》
建设单位
工程编号
图纸盖章后有效
个人执业专用章盖章
单位出图专用章盖章
项目名称
办公楼
图纸名称
三层楼面梁配筋平法图
校 对
审 定
项目负责人
设 计
审 核
图 号
结施-09
制 图
专业负责人
日 期
2012.08

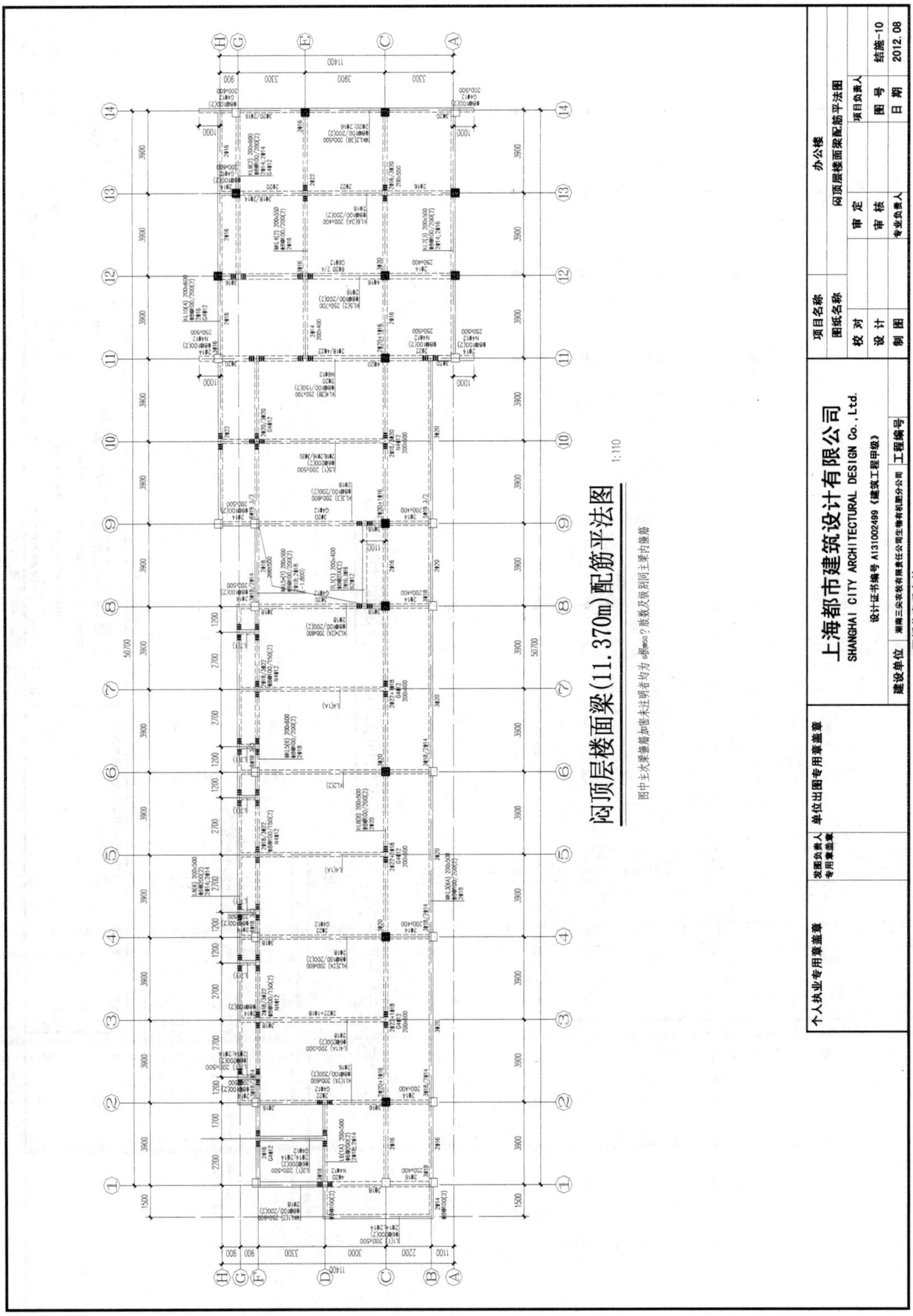

闷顶层楼面梁(11.370m)配筋平法图
1:110
上海都市建筑设计有限公司
SHANGHAI CITY ARCHITECTURAL DESIGN Co., Ltd.
设计证书编号 A131002499《建筑工程甲级》
项目名称
办公楼
图纸名称
闷顶层楼面梁配筋平法图
校对
审定
项目负责人
设计
审核
图号
结施-10
制图
专业负责人
日期
2012.08
建设单位
工程编号
图纸盖章后有效
个人执业专用章盖章
发图负责人专用章盖章
单位出图专用章盖章

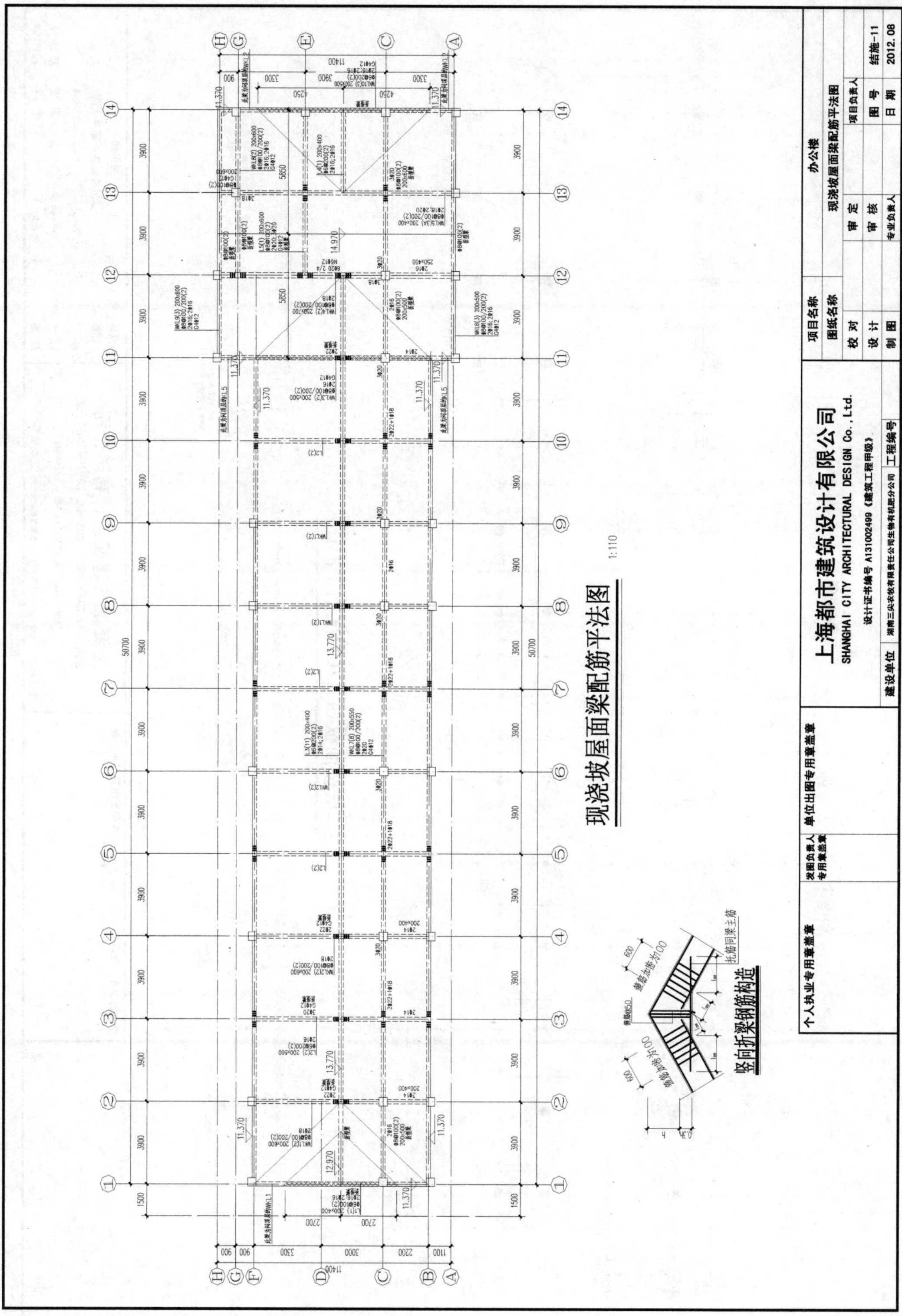
现浇坡屋面梁配筋平法图
1:110
竖向折梁钢筋构造
上海都市建筑设计有限公司
SHANGHAI CITY ARCHITECTURAL DESIGN Co.,Ltd.
设计证书编号 A131002499（建筑工程甲级）
项目名称
办公楼
图纸名称
现浇坡屋面梁配筋平法图
校对
审定
项目负责人
设计
审核
图号
结施-11
制图
专业负责人
日期
2012.08
个人执业专用章盖章
设图负责人专用章盖章
单位出图专用章盖章
建设单位
工程编号
图纸盖章后有效

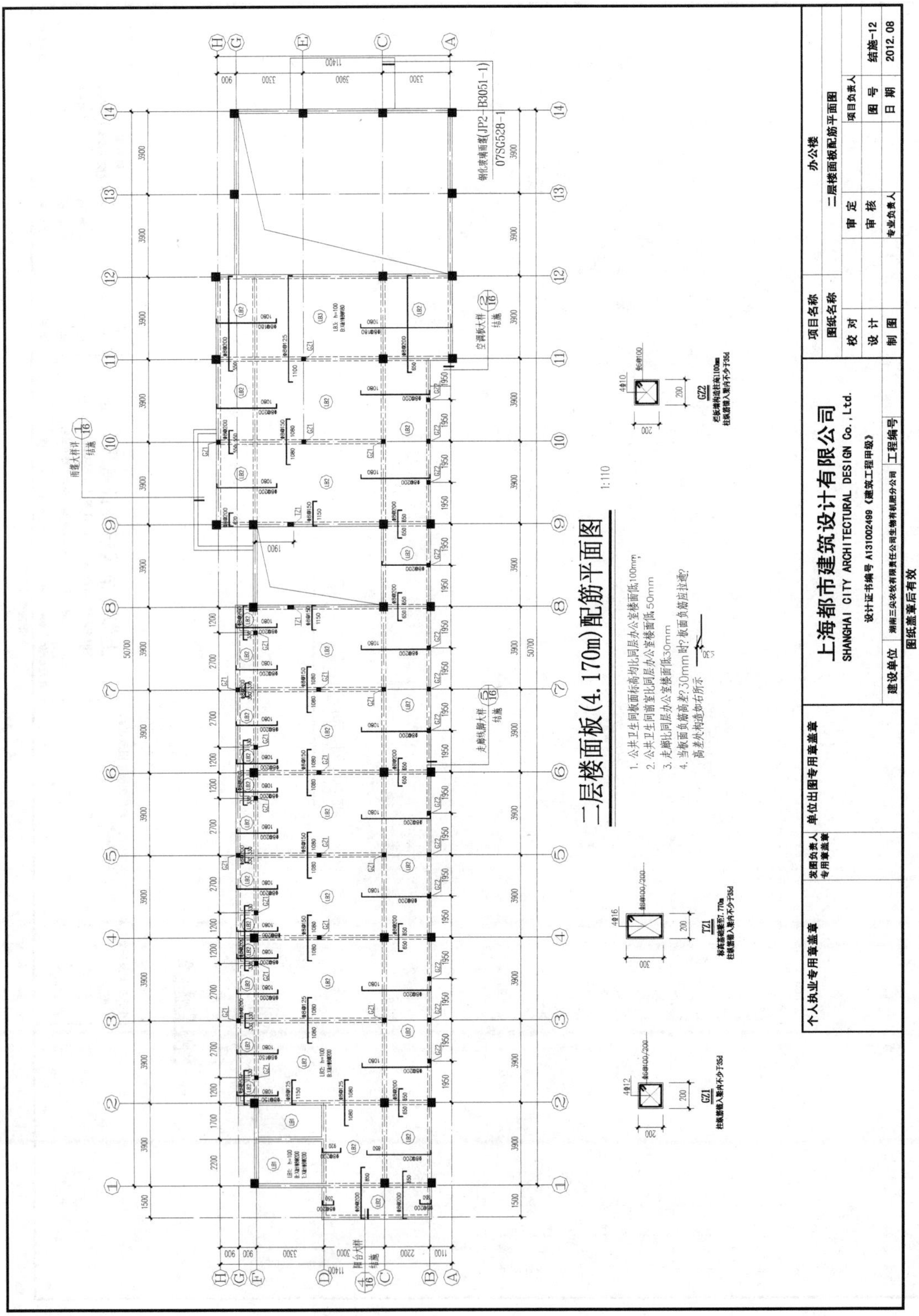
二层楼面板(4.170m)配筋平面图
1:110
1. 公共卫生间板面标高均比同层办公室楼面低100mm
2. 公共卫生间前室比同层办公室楼面低50mm
3. 走廊比同层办公室楼面低30mm
4. 当板面负筋高差≥30mm时，板面负筋应拉通，高差处构造如右所示
上海都市建筑设计有限公司
SHANGHAI CITY ARCHITECTURAL DESIGN Co., Ltd.
项目名称
办公楼
图纸名称
二层楼面板配筋平面图
图号
结施-12
日期
2012.08
图纸盖章后有效

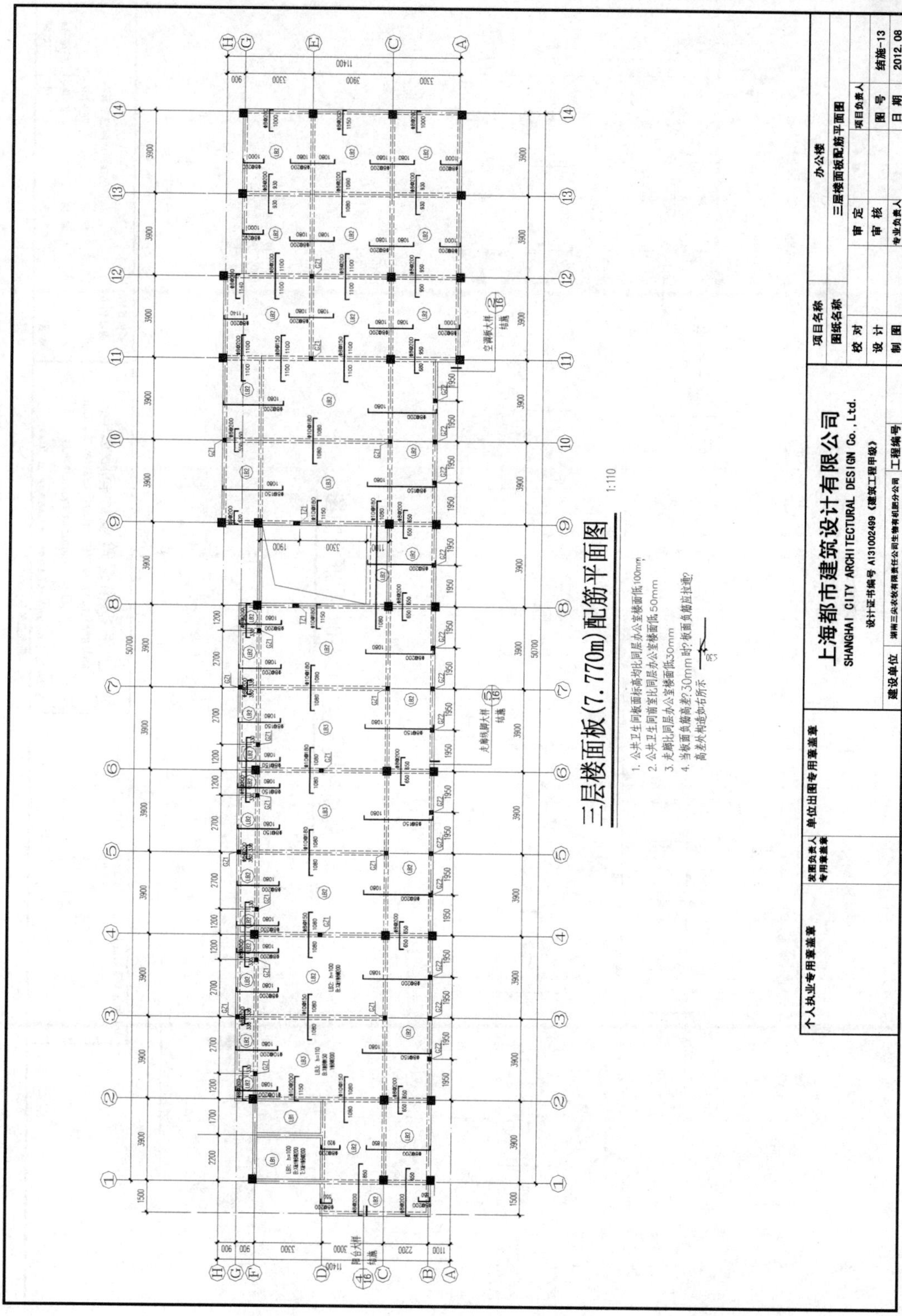

三层楼面板(7.770m)配筋平面图
1:110
1. 公共卫生间板面标高均比同层办公室楼面低100mm
2. 公共卫生间前室比同层办公室楼面低50mm
3. 走廊比同层办公室楼面低30mm
4. 当板面负筋高差≥30mm时，板面负筋应拉通，高差处构造如右所示
上海都市建筑设计有限公司
SHANGHAI CITY ARCHITECTURAL DESIGN Co., Ltd.
项目名称 办公楼
图纸名称 三层楼面板配筋平面图
图号 结施-13
日期 2012.08

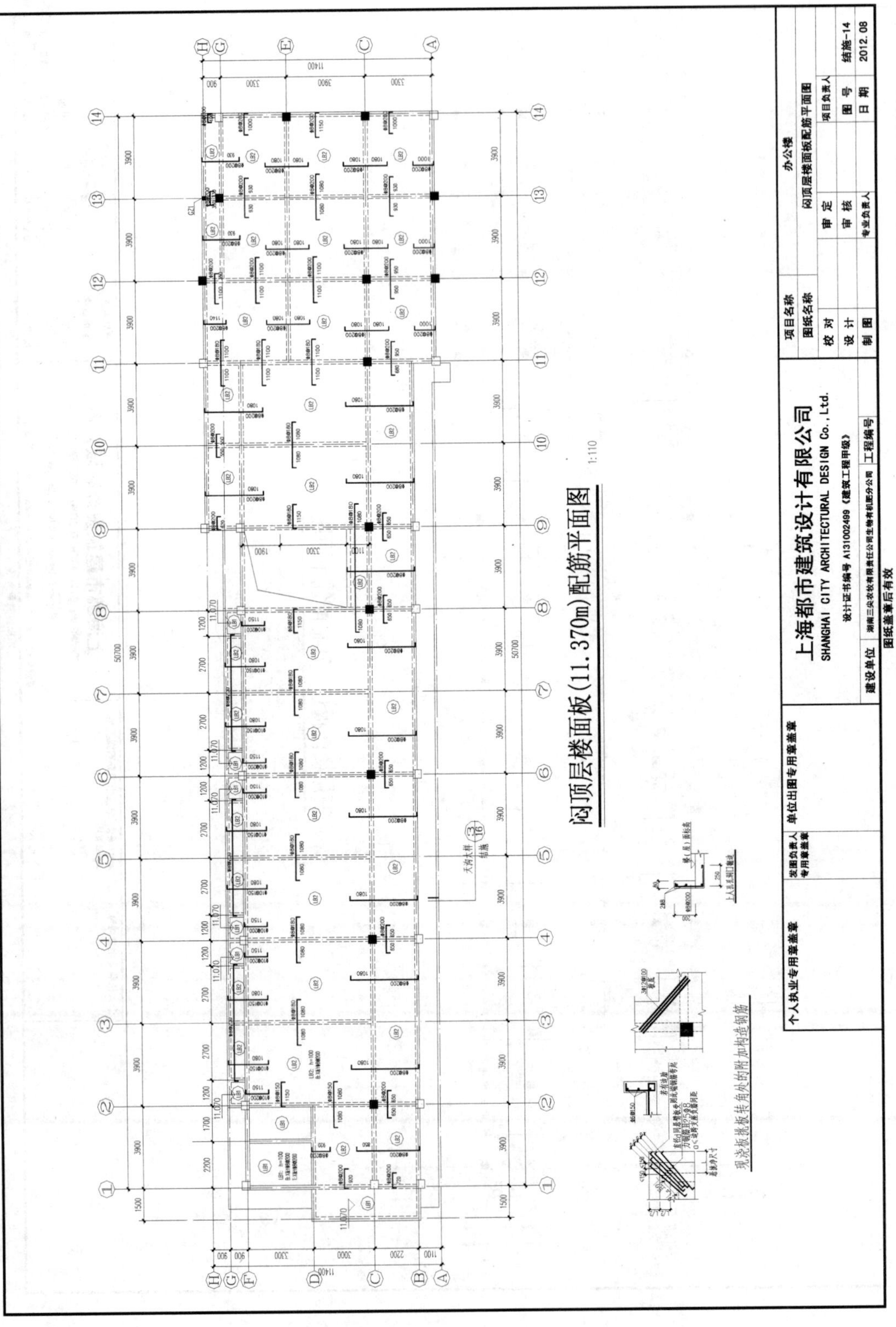

闷顶层楼面板(11.370m)配筋平面图
1:110
现浇板挑板转角处附加构造钢筋
上海都市建筑设计有限公司
SHANGHAI CITY ARCHITECTURAL DESIGN Co., Ltd.
设计证书编号 A131002499《建筑工程甲级》
项目名称 办公楼
图纸名称 闷顶层楼面板配筋平面图
图号 结施-14
日期 2012.08
图纸盖章后有效

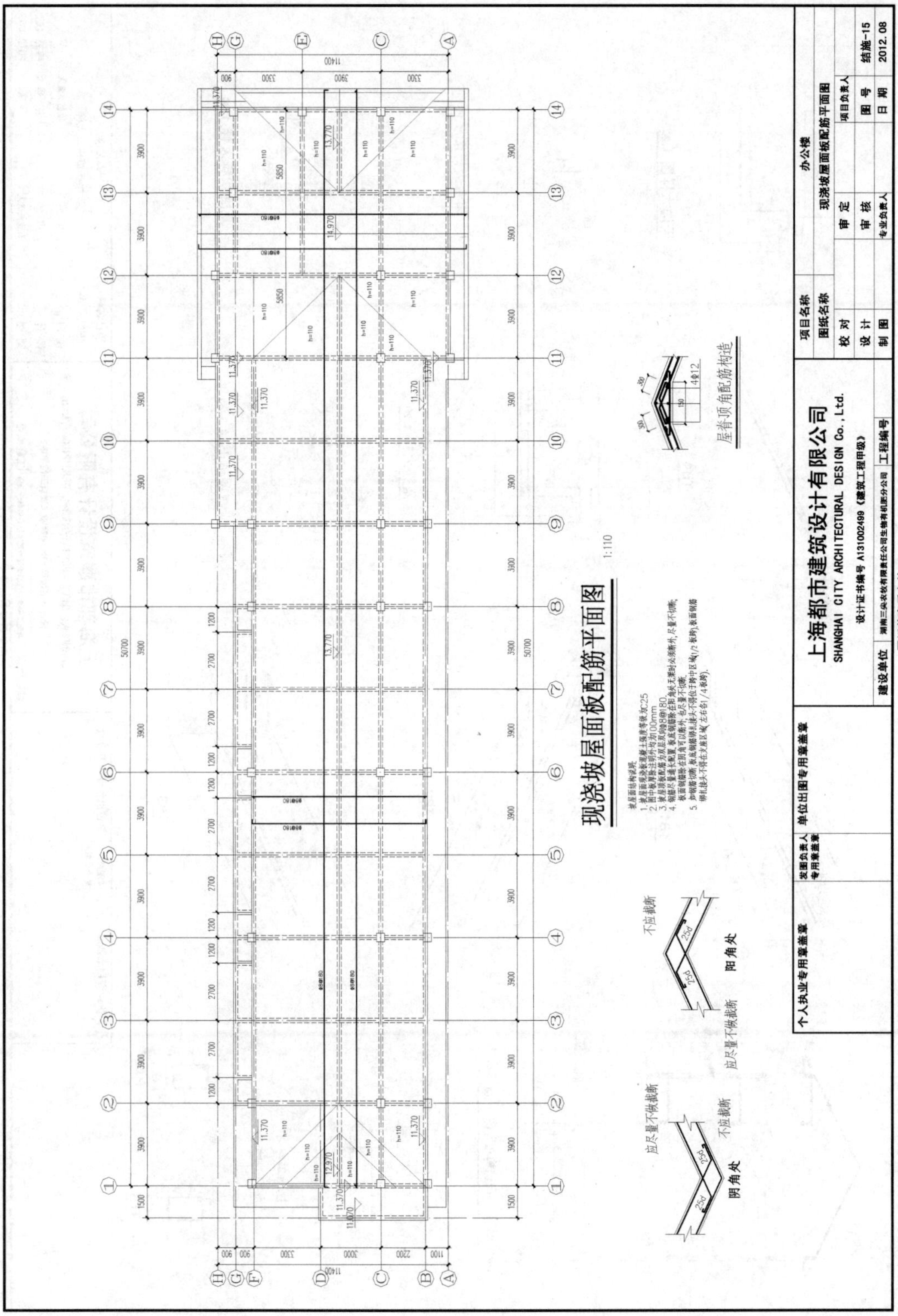
现浇坡屋面板配筋平面图
1:110
屋脊顶角配筋构造
阴角处
阳角处
应尽量不做裁断
不应裁断
个人执业专用章盖章
单位出图专用章盖章
上海都市建筑设计有限公司
SHANGHAI CITY ARCHITECTURAL DESIGN Co.,Ltd.
设计证书编号 A131002499《建筑工程甲级》
建设单位
工程编号
图纸盖章后有效
项目名称
办公楼
图纸名称
现浇坡屋面板配筋平面图
审定
审核
校对
设计
制图
项目负责人
专业负责人
图号
结施-15
日期
2012.08

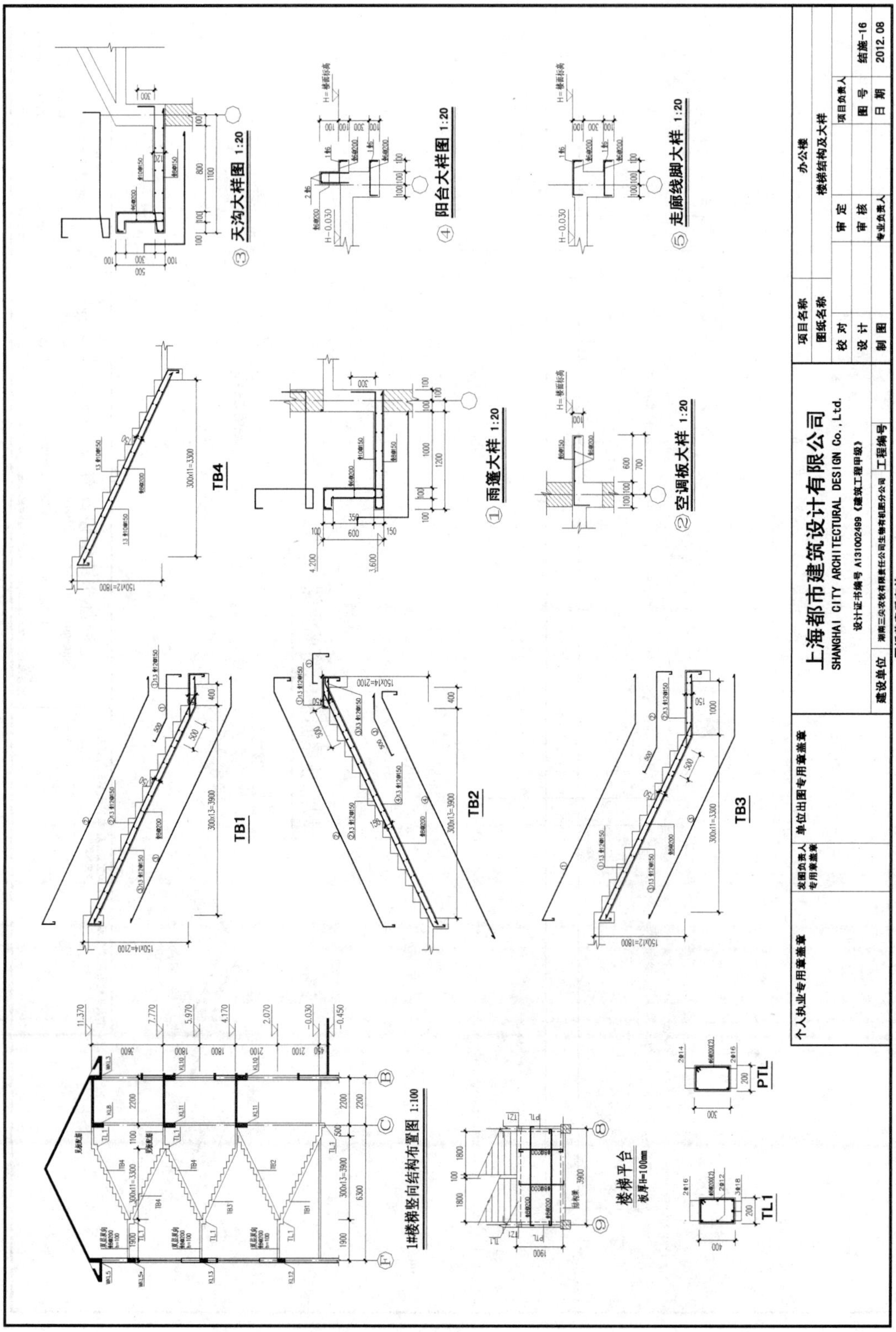

③ 天沟大样图 1:20
④ 阳台大样图 1:20
⑤ 走廊线脚大样 1:20
TB4
① 雨篷大样 1:20
② 空调板大样 1:20
TB1
TB2
TB3
1#楼梯竖向结构布置图 1:100
楼梯平台
板厚H=100mm
PTL
TL1
上海都市建筑设计有限公司
SHANGHAI CITY ARCHITECTURAL DESIGN Co., Ltd.
建设单位
工程编号
项目名称
办公楼
图纸名称
楼梯结构及大样
校对
审定
项目负责人
设计
审核
图号
结施-16
制图
专业负责人
日期
2012.08
个人执业专用章盖章
单位出图专用章盖章
图纸盖章后有效

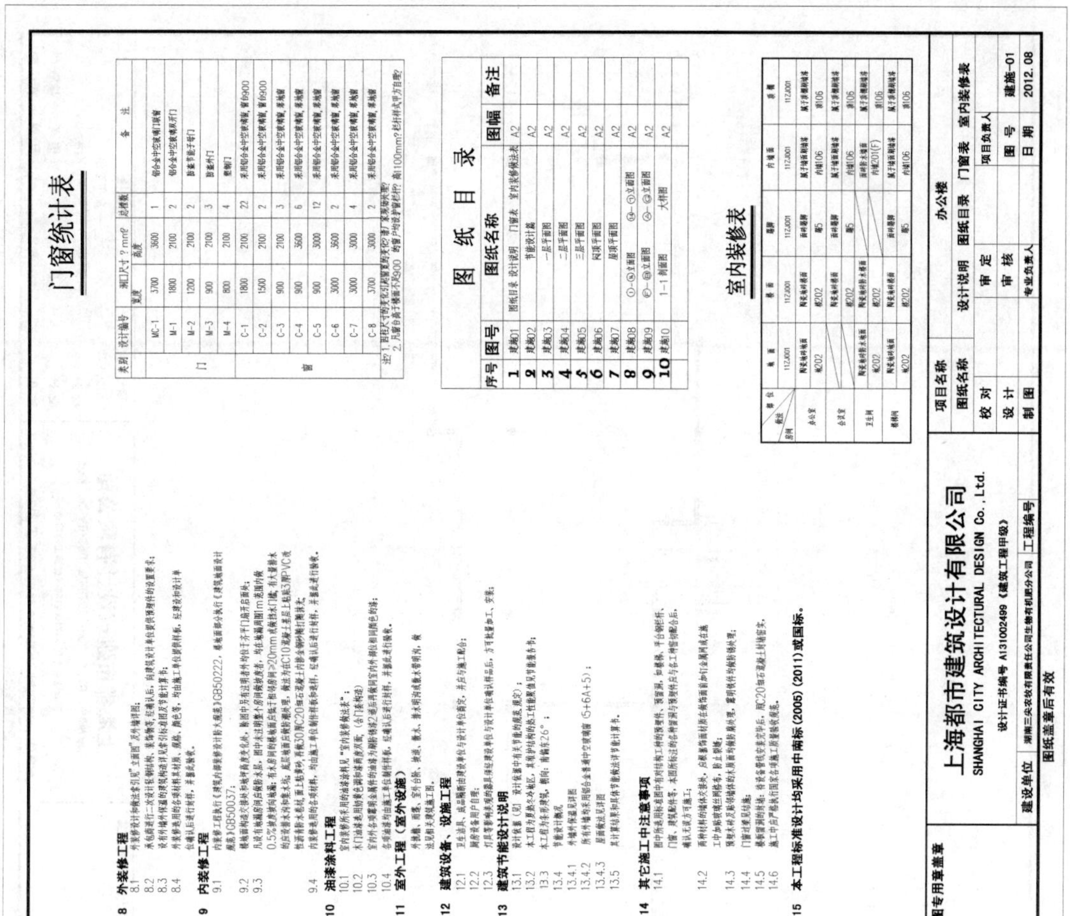
施工图设计说明
门窗统计表
图　纸　目　录
室内装修表
上海都市建筑设计有限公司
SHANGHAI CITY ARCHITECTURAL DESIGN Co., Ltd.
办公楼
设计说明　图纸目录　门窗表　室内装修表
建施-01
2012.08
本工程标准设计均采用中南标(2005)(2011)或国标。

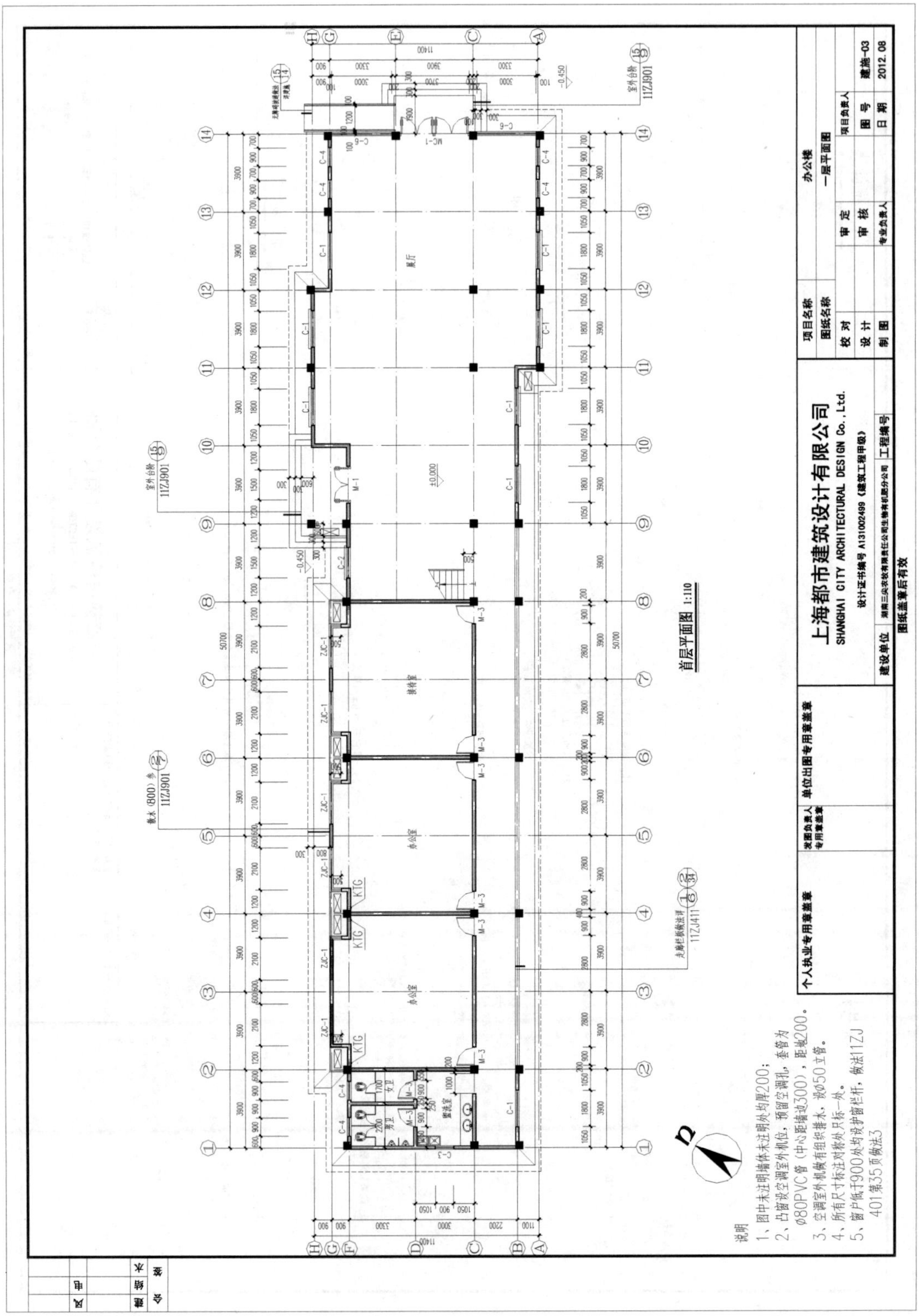
首层平面图 1:110
说明
1、图中未注明墙体未注明处均厚200；
2、凸窗设空调室外机位，预留空调孔，套管为ø80PVC管（中心距墙边300），距地200。
3、空调室外机做有组织排水，设ø50立管。
4、所有尺寸标注对称处只标一处。
5、窗户低于900处均设护窗栏杆，做法11ZJ401第35页做法3
上海都市建筑设计有限公司
SHANGHAI CITY ARCHITECTURAL DESIGN Co., Ltd.
办公楼
一层平面图
建施-03
2012.08

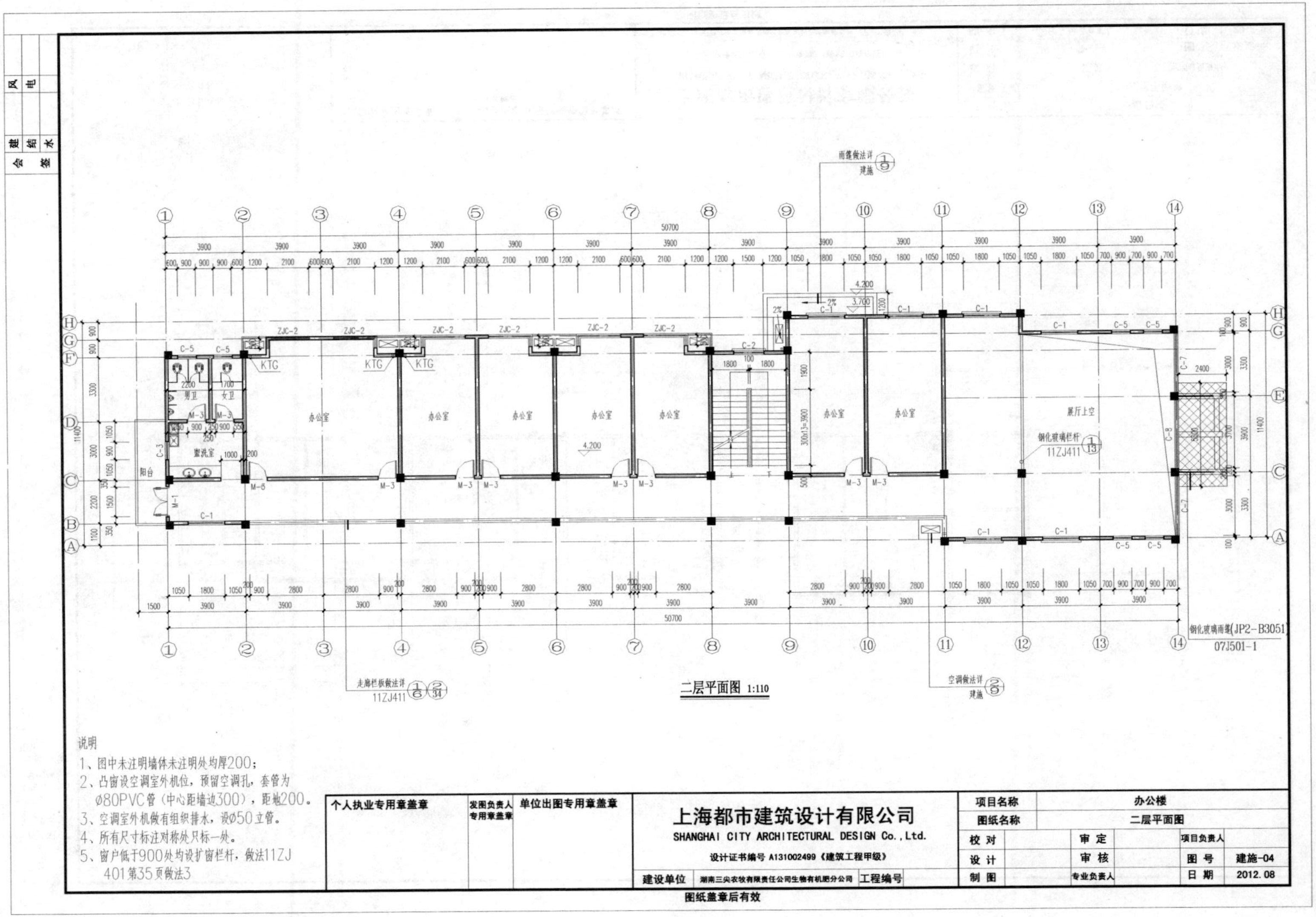
二层平面图 1:110
办公室
展厅上空
盥洗室
男卫
女卫
阳台
钢化玻璃栏杆
11ZJ411
雨篷做法详
建施
走廊栏板做法详
11ZJ411
空调做法详
建施
钢化玻璃雨篷(JP2-B3051)
07J501-1
50700
11400
说明
1、图中未注明墙体未注明处均厚200；
2、凸窗设空调室外机位，预留空调孔，套管为
Ø80PVC管（中心距墙边300），距地200。
3、空调室外机做有组织排水，设Ø50立管。
4、所有尺寸标注对称处只标一处。
5、窗户低于900处均设护窗栏杆，做法11ZJ
401第35页做法3
个人执业专用章盖章
发图负责人专用章盖章
单位出图专用章盖章
上海都市建筑设计有限公司
SHANGHAI CITY ARCHITECTURAL DESIGN Co.,Ltd.
设计证书编号 A131002499《建筑工程甲级》
建设单位
湖南三尖农牧有限责任公司生物有机肥分公司
工程编号
图纸盖章后有效
项目名称
办公楼
图纸名称
二层平面图
校 对
审 定
项目负责人
设 计
审 核
图 号
建施-04
制 图
专业负责人
日 期
2012.08
会签
建
结
水
风
电

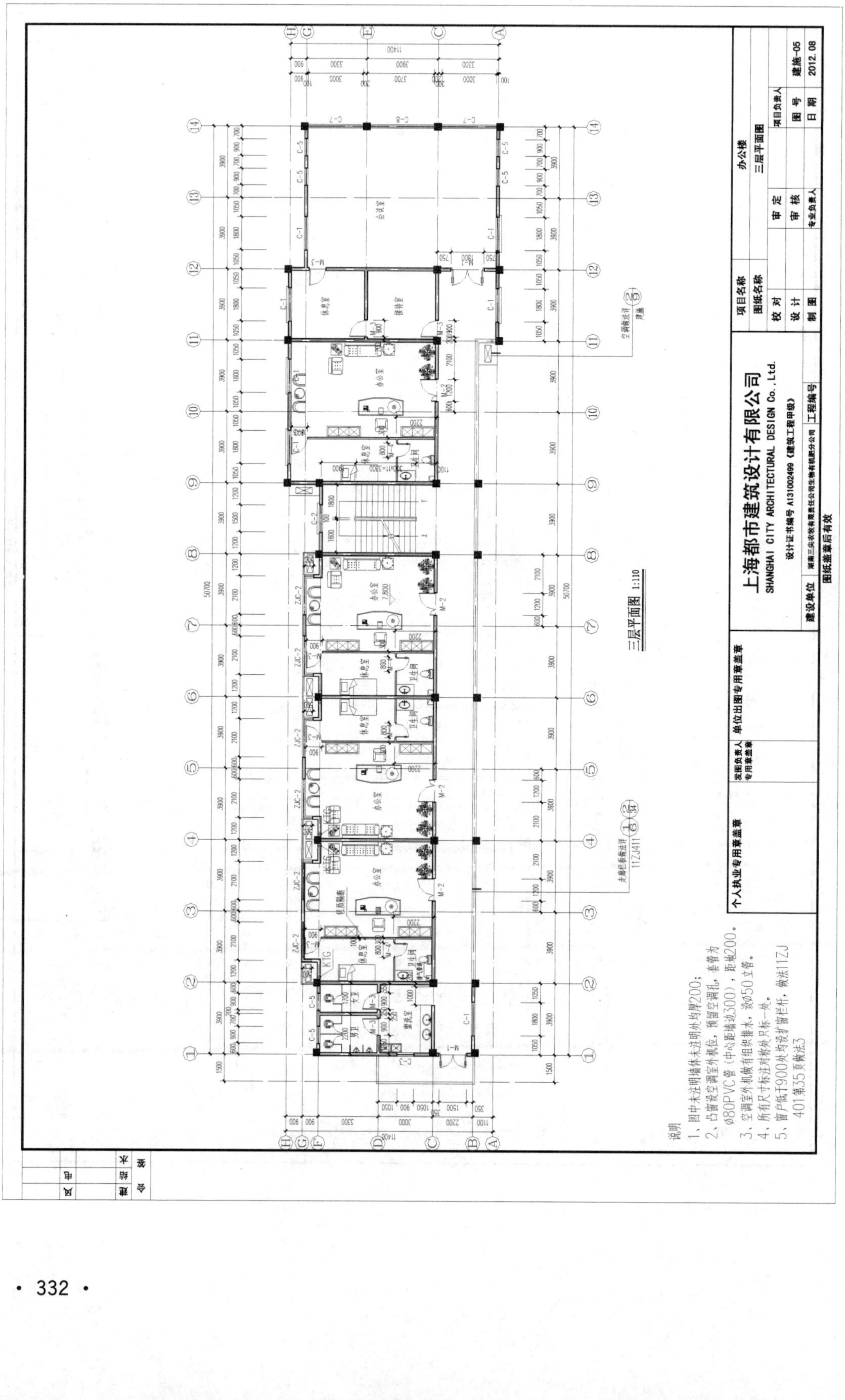
三层平面图 1:110
上海都市建筑设计有限公司
SHANGHAI CITY ARCHITECTURAL DESIGN Co.,Ltd.
办公楼
三层平面图
建施-05
2012.08
说明
1、图中未注明墙体未注明外均厚200；
2、凸窗设空调室外机位，预留空调孔，套管为φ80PVC管（中心距墙边300），距地200。
3、空调室外机板有组织排水，设φ50立管。
4、所有尺寸标注对称处只标一处。
5、窗户低于900处均设护窗栏杆，做法11ZJ401第35页做法3

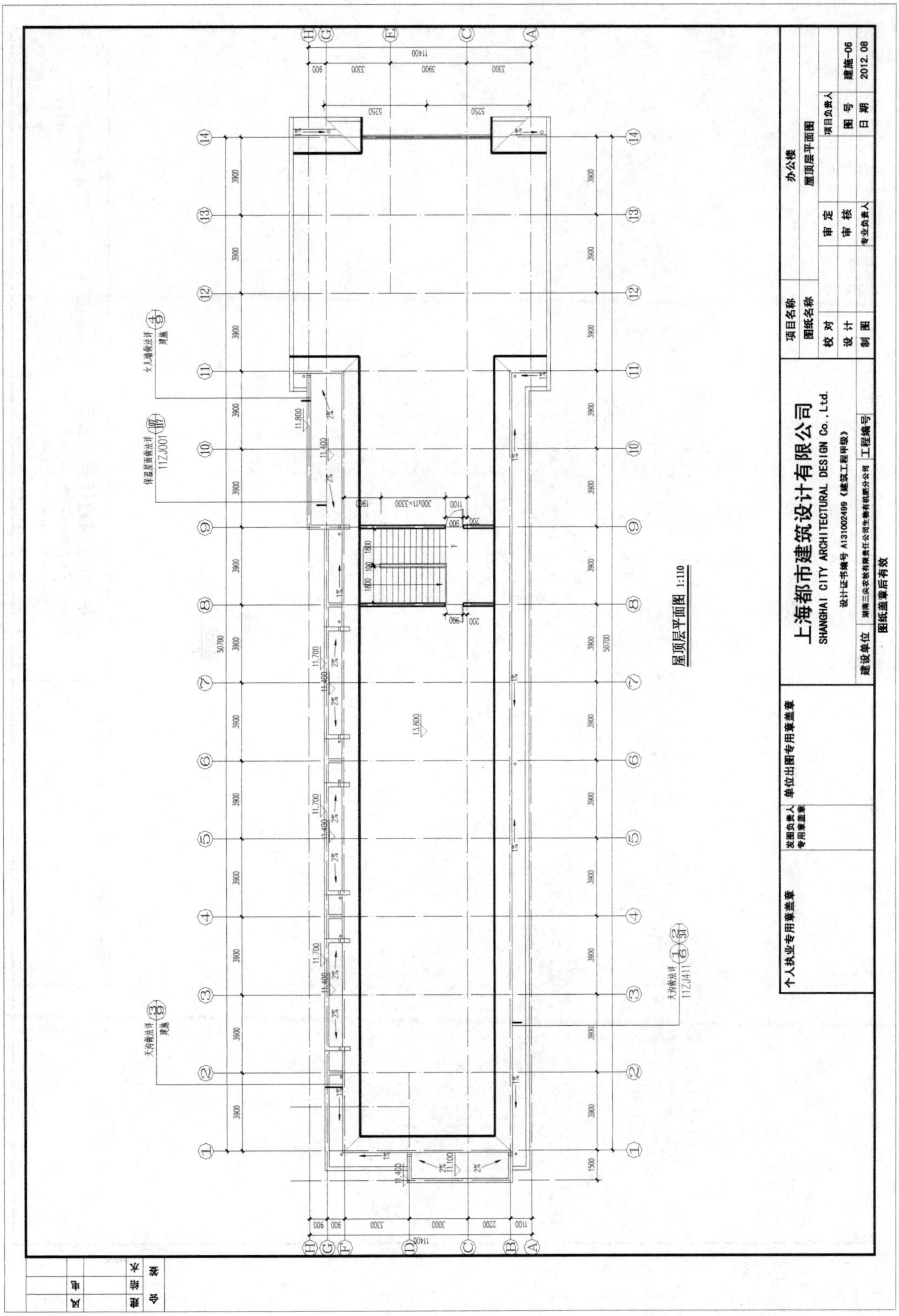
屋顶层平面图 1:110
上海都市建筑设计有限公司
SHANGHAI CITY ARCHITECTURAL DESIGN Co., Ltd.
项目名称
办公楼
图纸名称
屋顶层平面图
图号
建施-06
日期
2012.08
图纸盖章后有效

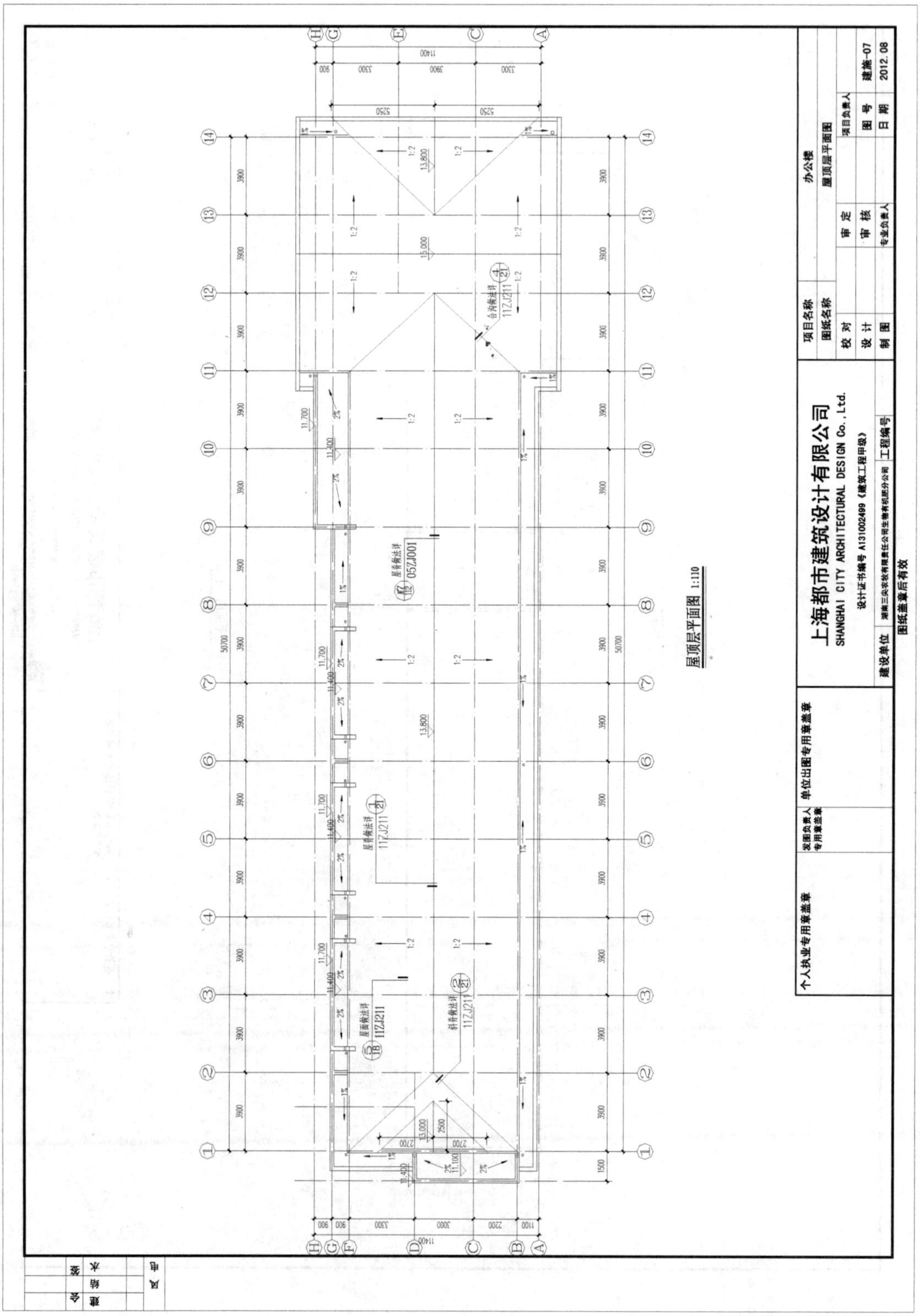
屋顶层平面图 1:110
上海都市建筑设计有限公司
SHANGHAI CITY ARCHITECTURAL DESIGN Co.,Ltd.
项目名称
办公楼
图纸名称
屋顶层平面图
图号
建施-07
日期
2012.08

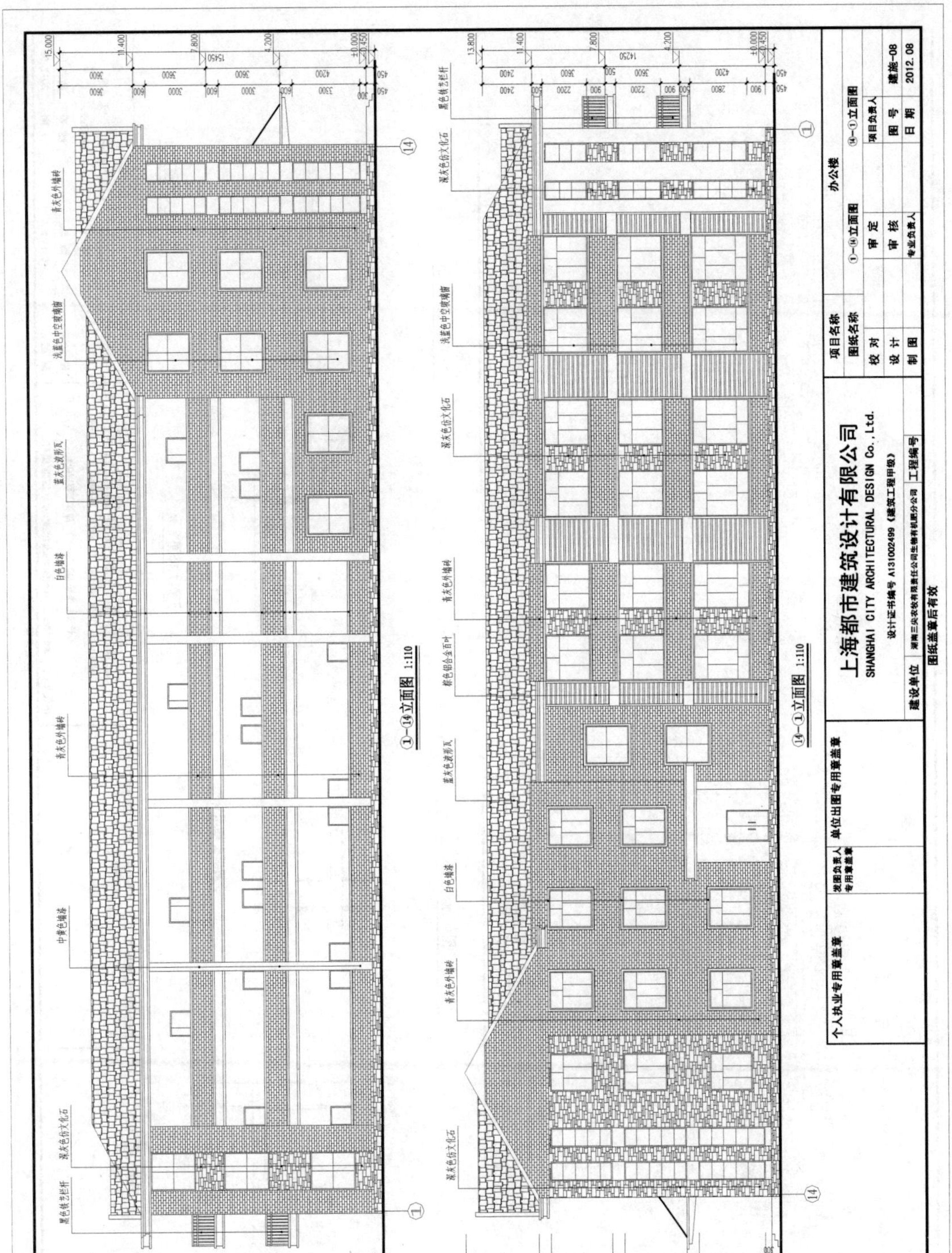
①-⑭立面图 1:110
⑭-①立面图 1:110
上海都市建筑设计有限公司
SHANGHAI CITY ARCHITECTURAL DESIGN Co., Ltd.
设计证书编号 A131002499《建筑工程甲级》
办公楼
①-⑭立面图
⑭-①立面图
建施-08
2012.08
图纸盖章后有效

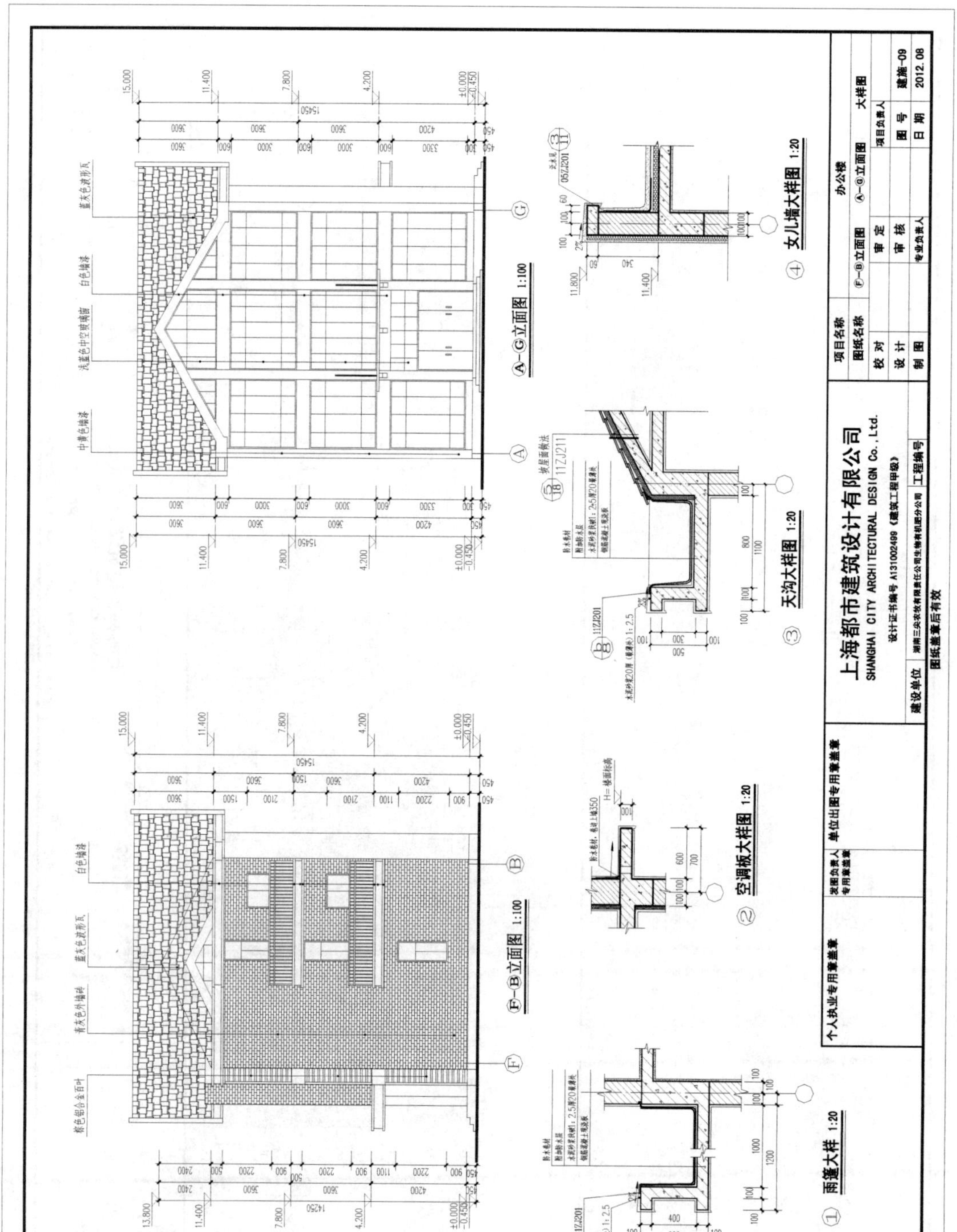

Ⓐ-Ⓖ立面图 1:100
Ⓕ-Ⓑ立面图 1:100
① 雨篷大样 1:20
② 空调板大样图 1:20
③ 天沟大样图 1:20
④ 女儿墙大样图 1:20
上海都市建筑设计有限公司
SHANGHAI CITY ARCHITECTURAL DESIGN Co., Ltd.
设计证书编号 A131002499《建筑工程甲级》
图纸盖章后有效
项目名称 办公楼
图纸名称 Ⓕ-Ⓑ立面图 Ⓐ-Ⓖ立面图 大样图
图号 建施-09
日期 2012.08

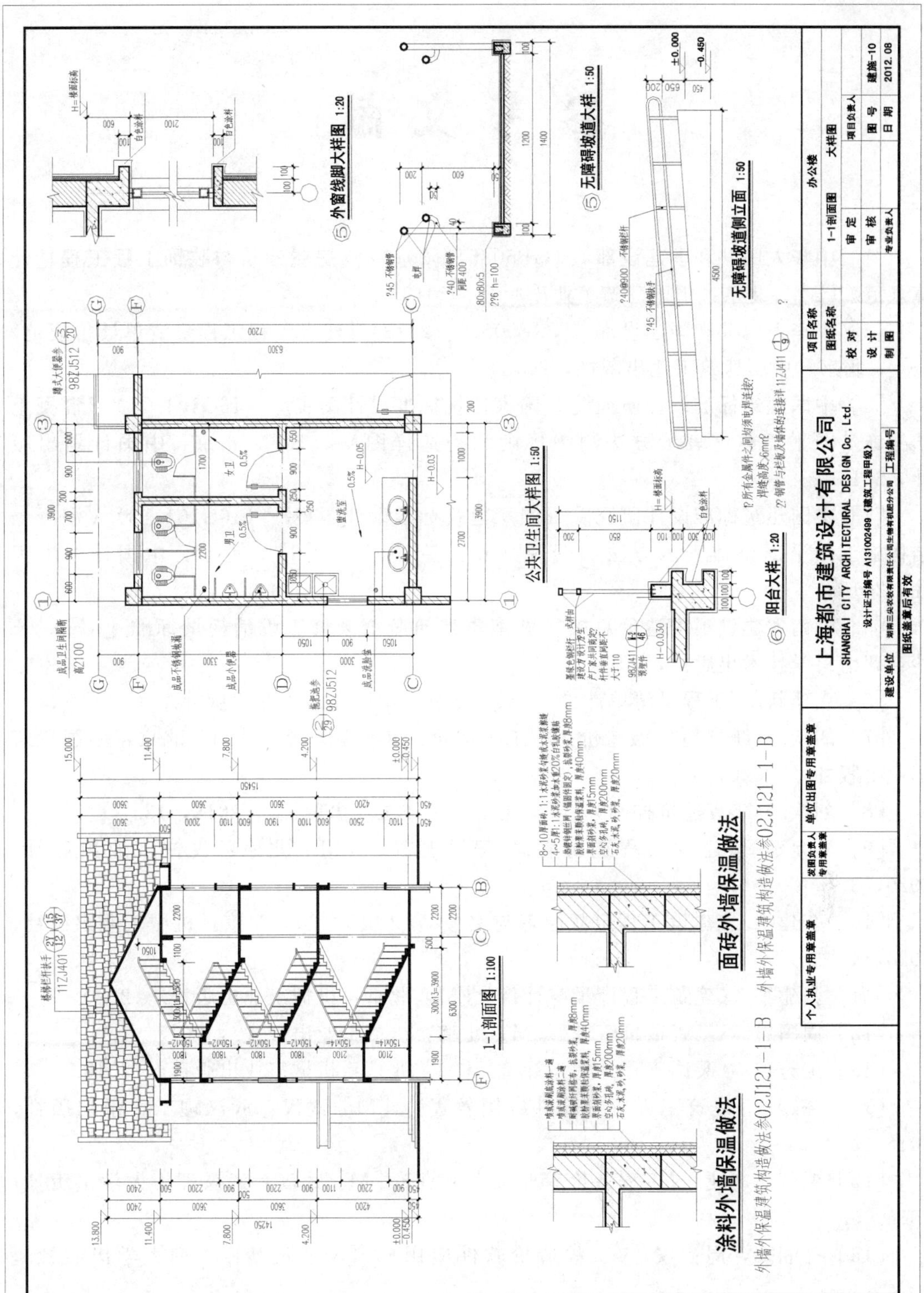
上海都市建筑设计有限公司
SHANGHAI CITY ARCHITECTURAL DESIGN Co.,Ltd.
1-1剖面图 1:100
涂料外墙保温做法
外墙外保温建筑构造做法参02J121-1-B
面砖外墙保温做法
外墙外保温建筑构造做法参02J121-1-B
公共卫生间大样图 1:50
阳台大样 1:20
外窗线脚大样 1:20
无障碍坡道大样 1:50
无障碍坡道侧立面 1:50
办公楼
1-1剖面图
大样图
建施-10
2012.08

参考文献

［1］中华人民共和国建设部．（GB50854—2013）《房屋建筑与装饰工程工程量计算规范》［S］．北京：中国建筑工业出版社，2013.

［2］中华人民共和国建设部．（GB50500—2013）《建设工程工程量清单计价规范》［S］．北京：中国建筑工业出版社，2013.

［3］中国建筑标准设计研究院．国家建筑标准设计图集//（16G101—1）《混凝土结构施工图平面整体表示方法制图规则和构造详图》［S］．北京：中国计划出版社，2016.

［4］中国建筑标准设计研究院．国家建筑标准设计图集//（16G101—3）《混凝土结构施工图平面整体表示方法制图规则和构造详图》［S］．北京：中国计划出版社，2016.

［5］湖南省建设工程造价总站．湖南省建筑装饰装修工程消耗量标准［M］．长沙：湖南科学技术出版社，2014.

［6］袁建新.《工程量清单计价》［M］北京：中国建筑工业出版社.，2020，6.

［7］胡跃.《跳出造价做造价——工程造价疑难问题解析》［M］北京：中国建筑工业出版社.，2020，6.

［8］刘钦.《工程造价控制》［M］北京：机械工业出版社.，2018，12.

［9］刘允延.《建设工程造价管理 第2版》［M］北京：机械工业出版社，2020，3.

［10］李建峰.《建设工程定额原理与实务 第2版》［M］北京：机械工业出版社，2020，4.

［11］张建平.《建筑工程计量与计价》［M］北京：机械工业出版社.，2020，3.

［12］周国恩.《工程造价管理》［M］北京：机械工业出版社.，2017. 7.

［13］王秀英.《装饰工程计量与计价》［M］北京：机械工业出版社.，2019. 7.

［14］饶婕.《建筑工程造价软件应用教程》［M］武汉：武汉理工大学出版社，2016. 3.

［15］熊燕，饶婕.《工程造价专业综合实训》［M］武汉：武汉理工大学出版社，2016. 6.

［16］孙湘晖，周怡安.《工程造价软件应用》［M］长沙：中南大学出版社.，2015. 1.

［19］GB－T50353－2014，2014 建筑工程建筑面积计算规范［S］．北京：中国计划出版社，2014